U0731783

国家社会科学基金项目(11BZX067)

道德代价论

DAODE DAIJIA LUN

吴灿新 等著

人民出版社

导　　论

　　中国改革开放像一股巨大的历史洪流,汹涌澎湃,滚滚向前,奔腾不息。在 30 多年的伟大历史进程中,它掀起了社会发展的滔滔巨浪,猛烈涤荡着一切社会要素,引发了社会翻天覆地的历史变迁;它造就了令世界为之瞩目的骄人成就,推动着中国社会迅猛发展,开创了中国社会历史发展的新天地。然而,正如太阳底下也有阴影一样,在中国一派太平盛世的背后,也隐藏着不少危机与挑战。其中一个最严峻的危机和挑战,就是在改革开放这股巨大的历史洪流之中,夹裹着大大小小的道德代价之毒水污泥,正在严重地侵蚀着中国社会的肌体、污染着国人的精神家园,它使改革开放付出了沉重的发展代价,务必引起国人的深切关注和高度重视。

一、"道德代价"问题研究的意义

　　人类社会的本质是人所特有的社会实践活动。人类正是在社会实践活动中,能动地认识世界和改造世界,创造着人类社会的历史。物质世界是人类社会实践活动的广阔舞台,意义世界是人类社会实践活动的舞台导演。改革开放无疑是人类社会发展史上最伟大的一项社会实践活动,研究这一项最伟大的社会实践活动中所衍生的道德代价问题之意义,正在于推动经济全球化时代的中国社会主义现代化建设,更好更快地在世界广阔的舞台上导演出更雄壮、更威武、更辉煌的历史篇章。

1

（一）中国改革开放发展的必然要求

1978 年 12 月 18 日至 22 日，党的十一届三中全会在北京胜利召开。从此，她开创了中国历史上一个崭新的时代——改革开放新时代。迄今为止，她已经走过 30 多个春秋，取得了极其辉煌的成就。正如胡锦涛《在庆祝中国共产党成立 90 周年大会上的讲话》中所说："我们党紧紧依靠人民进行了改革开放新的伟大革命，开创、坚持、发展了中国特色社会主义。……推动社会主义现代化建设取得举世瞩目的伟大成就。"[①]"今天，一个生机盎然的社会主义中国已经巍然屹立在世界东方，13 亿中国人民正在中国特色社会主义伟大旗帜指引下满怀信心走向中华民族伟大复兴。"[②]党的十八届三中全会也强调："改革开放是党在新的时代条件下带领全国各族人民进行的新的伟大革命，是当代中国最鲜明的特色。党的十一届三中全会召开三十五年来，我们党以巨大的政治勇气，锐意推进经济体制、政治体制、文化体制、社会体制、生态文明体制和党的建设制度改革，不断扩大开放，决心之大、变革之深、影响之广前所未有，成就举世瞩目。"[③]

然而，习近平在党的十八届三中全会上依然指出："当前，国内外环境都在发生极为广泛而深刻的变化，我国发展面临一系列突出矛盾和挑战，前进道路上还有不少困难和问题。比如：发展中不平衡、不协调、不可持续问题依然突出，科技创新能力不强，产业结构不合理，发展方式依然粗放，城乡区域发展差距和居民收入分配差距依然较大，社会矛盾明显增多，教育、就业、社会保障、医疗、住房、生态环境、食品药品安全、安全生产、社会治安、执法司法等关系群众切身利益的问题较多，部分群众生活困难，形式主义、官僚主义、享乐主义和奢靡之风问题突出，一些领域消极腐败现象易发多发，反腐败斗争形势依然严峻，等等。"[④]

无疑，改革开放以来，摆在中国人前面的，不仅有前所未有的机遇，还有前所未有的挑战。伴随着改革开放的辉煌成就而来的，还有一个不曾预料到的

---

① 胡锦涛：《在庆祝中国共产党成立 90 周年大会上的讲话》，人民出版社 2011 年版，第 1—2 页。
② 胡锦涛：《在庆祝中国共产党成立 90 周年大会上的讲话》，人民出版社 2011 年版，第 4 页。
③ 《中共中央关于全面深化改革若干重大问题的决定》，人民出版社 2013 年版，第 2 页。
④ 习近平：《关于〈中共中央关于全面深化改革若干重大问题的决定〉的说明》，《羊城晚报》2013 年 11 月 16 日。

沉重社会代价——道德代价。

如果回顾一下改革开放30多年来的历程,就不难看出,道德代价的付出,是如此的沉重,又是如此的令人不安。

在此,可以将改革开放以来道德代价付出的历程分成三个阶段。

第一阶段,道德代价的初现期。这个时期,大约是1979年至1992年。

改革开放从十一届三中全会起步,十二大以后全面展开。它经历了从农村改革到城市改革,从经济体制的改革到各方面体制的改革,从对内搞活到对外开放的波澜壮阔的历史进程。

随着改革开放的春风劲吹,计划经济时代的坚冰被打破。经济体制改革一马当先,经济特区冲锋在前,杀开了一条血路,迎来了中国经济社会发展的春天。然而,春天也正是各种细菌病毒活跃繁殖的时期,改革开放所付出的道德代价也由此而逐渐显现出来。如各种社会渣滓沉渣泛起,黄赌毒重新出现,经济犯罪日益增长,腐败现象开始滋长,拜金主义、极端个人主义和享乐主义抬头,各种消极道德现象此起彼伏。

违法犯罪现象是消极道德现象的极端反映。1993年的《最高人民法院工作报告》中指出,1987年至1992年,全国法院共受理一审刑事案件2016357件,其中1992年受理的422991件,平均每年上升7.9%。共审结黄赌毒犯罪案件69060件,判处犯罪分子101367人,其中1992年判处24879人。5年共审结贪污、受贿案件101831件。中纪委在向党的十四大提交的工作报告中说,5年来,各级纪检机关共查处党内各类违纪案件874690件,处分党员733543人,其中开除党籍154289人,由司法机关依法给予刑事处分的党员42416人。在受处分的党员干部中,县团级16108人,地师级1430人,省军级110人。

这一时期道德代价产生的特点,概括起来主要有以下几点:第一,经济领域道德代价突出。道德无非是社会经济状况的产物,改革开放首先从经济领域突破,在经济体制转型的漏洞中,种种消极道德现象首先滋生起来,经济犯罪问题特别突出。第二,婚姻家庭领域道德代价先行。随着经济变革和对外开放,拜金主义、极端个人主义和享乐主义抬头,西方性解放思潮流入国门,抢先在社会管治最薄弱的婚姻家庭领域发生作用,由于经济因素、性的因素而导致婚姻破裂、家庭失和的现象大量浮现。第三,政治腐败开始增长。这一时期是经济原始积累时期,经济犯罪主要表现在两个方面:一是走私;二是利用双轨制漏洞。一些人与政府官员相勾结,从而诱发了政府官员腐败现象的增长。

第二阶段,道德代价的凸显期。这个时期,大约从1993年至2002年。

邓小平南方谈话以后,党的十四大确立了建立社会主义市场经济体制的改革目标,改革开放和现代化建设进入新的阶段。按照建立社会主义市场经济体制的要求,我国大步推进了财政、税收、金融、外贸、外汇、计划、投资、价格、流通、住房和社会保障等体制改革,市场在资源配置中的基础性作用明显增强,宏观调控体系的框架得到初步建立。国有企业改革在试点基础上积极推进。以公有制为主体、多种经济成分共同发展的格局进一步展开。到2001年,我国国内生产总值达到95933亿元,比1989年增长近两倍,年均增长9.3%,经济总量已居世界第六位。

随着改革开放的进一步发展,在中国经济社会加速发展的进程中,道德代价也随之凸显出来。在经济领域,在追求财富的过程中,道德失范现象非常惊人。信用缺失、假冒伪劣、缺斤少两、偷税漏税现象开始泛滥;分配不公、高利剥削、化公为私、贫富分化现象日趋严重。许多人在追求财富过程中,各种寡廉鲜耻、不择手段的行径引发了大量的犯罪行为。在政治领域,以权谋私、行贿受贿、贪污腐化;结党营私、任人唯亲、买官卖官;官僚主义、欺上瞒下、鱼肉百姓;形式主义、弄虚作假、铺张浪费等现象也与日俱增。在文化领域,唯利是图、下流低俗、精神萎靡;抄袭造假、粗制滥造、冒名顶替;颠倒是非、歪曲事实、混淆视听;出卖人格、崇权媚势、崇洋媚外诸现象也不断涌现。在社会领域,诚信低迷、坑蒙拐骗、人人相防;黄赌毒、迷信活动、黑社会组织猖獗,各种违法犯罪现象日益增长。

因此,2002年江泽民在党的十六大报告中指出:"必须清醒地看到,我们工作中还有不少困难和问题。农民和城镇部分居民收入增长缓慢,失业人员增多,有些群众的生活还很困难;收入分配关系尚未理顺;市场经济秩序有待继续整顿和规范;有些地方社会治安状况不好;一些党员领导干部的形式主义、官僚主义作风和弄虚作假、铺张浪费行为相当严重,有些腐败现象仍然突出;党的领导方式和执政方式与新形势新任务的要求还不完全适应,有的党组织软弱涣散。"①中纪委在向党的十六大提交的工作报告中说:"1997年10月

---

① 本书编写组:《十六大报告辅导读本》,人民出版社2002年版,第4—5页。

至 2002 年 9 月,全国纪检监察机关共立案 861917 件,结案 842760 件,给予党纪政纪处分 846150 人,其中开除党籍 137711 人。被开除党籍又受到刑事追究的 37790 人。在受处分的党员干部中,县(处)级干部 28996 人,厅(局)级干部 2422 人,省(部)级干部 98 人。"

2003 年的《最高人民法院工作报告》指出,1998 年至 2002 年,最高人民法院共审结各类案件 20293 件,比前 5 年上升 46%;地方各级人民法院和专门人民法院共审结各类案件 2960 万件,比前 5 年上升 22%。5 年来,共审结一审刑事案件 283 万件,比前 5 年上升 16%,判处犯罪分子 322 万人,上升 18%。重点打击黑社会性质组织犯罪,一批曾称霸一方、无恶不作的犯罪分子受到严惩。严厉惩处杀人、抢劫、绑架等严重暴力犯罪,爆炸、放火、投放危险物质等严重危害公共安全犯罪,盗窃等多发性犯罪;依法惩处毒品、淫秽物品和非法出版物犯罪;严厉打击拐卖妇女儿童等犯罪。共审结上述案件 109 万件,判处犯罪分子 161 万人,分别比前 5 年上升 7%和 14%。此外,还审结诈骗、寻衅滋事、交通肇事等案件 130 万件,判处犯罪分子 140 万人,分别比前 5 年上升 26%和 20%。依法严惩破坏社会主义市场经济秩序犯罪。人民法院积极参与整顿和规范市场经济秩序工作,重点打击涉及食品、药品、棉花、农资、医疗器械等生产、销售伪劣商品犯罪,走私①、金融诈骗、偷税、骗取出口退税、骗汇以及制贩假币等犯罪。共审各类结经济案件 71 213 件,比前 5 年上升 68%,判处犯罪分子 89 896 人,比前 5 年增长 1.3 倍,为国家和集体挽回直接经济损失 138 亿元。依法严惩贪污贿赂等职务犯罪,共判处犯罪分子 83308 人。其中,县(处)级以上公务人员 2662 人,比前 5 年上升 65%。加强婚姻家庭等案件的审理,共审结 678 万件,比前 5 年上升 5%;注重保护妇女、老人、未成年人、残疾人的合法权益。妥善处理人身、财产损害赔偿案件,依法制裁侵权行为,共审结 179 万件,比前 5 年上升 60%。

这一时期道德代价凸显的特点,概括起来主要有以下几点:第一,各类消极道德现象增长速度快。从有计划的商品经济转入到市场经济的轨道,整个经济社会转型急剧,人们的生产生活方式发生巨大变化,新旧社会调控机制承接空隙加大,道德失范现象严重,各类消极道德现象"高速增长"。第二,经济

---

① 其中最重大的走私案有厦门赖昌星案、汕头"815"案和 1998 年湛江特大走私案。

犯罪、政治腐败与刑事犯罪现象异常突出。市场经济的逐利本性与财富"无限效用"的巨大诱惑,驱使人们唯利是图;而新的体制机制正在形成中,使各种违法犯罪成本偏低,特别是官商勾结加剧,人口流动加快,引发了以经济犯罪、政治腐败与刑事犯罪现象三大违法犯罪现象急增。第三,各类消极道德现象出现屡打屡增势头。经济体制改革的迅猛推进,全民经商潮横扫各行各业,人们的发财欲望被极大地刺激起来,虽然法制建设也急速发展,但是,由于缺乏文化建设特别是思想道德建设的有力指引,造成各类消极道德现象出现屡打屡增势头。

第三阶段,道德代价的蔓延期。这个时期,大约从2003年至今。

党的十六大确立了从总体小康到全面建设小康社会的奋斗目标。中国顺应国内外形势的发展变化,抓住重要战略机遇期,发扬求真务实、开拓进取精神,坚持理论创新和实践创新,着力推动科学发展、促进社会和谐,完善社会主义市场经济体制,推动中国以世界上少有的速度持续快速发展起来。温家宝在2013年3月5日的政府工作报告中指出,过去的5年,"是我国发展进程中极不平凡的五年。我们有效应对国际金融危机的严重冲击,保持经济平稳较快发展,国内生产总值从26.6万亿元增加到51.9万亿元,跃升到世界第二位;公共财政收入从5.1万亿元增加到11.7万亿元;累计新增城镇就业5870万人,城镇居民人均可支配收入和农村居民人均纯收入年均分别增长8.8%、9.9%;粮食产量实现"九连增";重要领域改革取得新进展,开放型经济达到新水平;创新型国家建设取得新成就,载人航天、探月工程、载人深潜、北斗卫星导航系统、超级计算机、高速铁路等实现重大突破,第一艘航母"辽宁舰"入列;成功举办北京奥运会、残奥会和上海世博会;夺取抗击汶川特大地震、玉树强烈地震、舟曲特大山洪泥石流等严重自然灾害和灾后恢复重建重大胜利。我国社会生产力和综合国力显著提高,人民生活水平和社会保障水平显著提高,国际地位和国际影响力显著提高"①。随着科学发展观的提出与践行,和谐社会的努力建构,各种消极道德现象快速增长的势头得到了一定程度上的遏制。然而,由于改革开放的深化发展,体制改革步入到深水区,许多社会矛盾逐渐激化;与此同时,各种消极道德现象也在蔓延开来。特别是政治腐败问

① 温家宝:《政府工作报告》,《羊城晚报》2013年3月19日。

题的长期存在,其恶劣的示范效应严重地影响到社会各个领域消极道德现象不断扩散。从经济领域到政治领域,从社会领域到文化领域,都付出了不同程度的道德代价。经济信用缺失依然严重,假冒伪劣现象更加突出,诸如"毒奶粉"①"瘦肉精"、"地沟油"、"染色馒头"、"牛肉膏"、"回炉面包"、"毒米"、"毒酒"、"勾兑葡萄酒"、"苏丹红染色脐橙"等问题十分严重;②政治腐败依然严峻,它最主要表现为权钱交易(权力寻租)的"经济腐败"、权色交易的"生活作风腐败"、权权交易的"吏治腐败"和官僚主义的"工作作风腐败"。中纪委在向党的十七大提交的工作报告中说:"2002 年 12 月至 2007 年 6 月,全国纪律检查机关共立案 677924 件,结案 679846 件(包括十六大前未办结案件),给予党纪处分 518484 人。查处陈良宇、杜世成、郑筱萸等极少数高级干部严重违纪案件。"中纪委在向十八大提交的工作报告又说:"2007 年 11 月至 2012 年 6 月,全国纪检监察机关共立案 643759 件,结案 639068 件,给予党纪政纪处分 668429 人。涉嫌犯罪被移送司法机关处理 24584 人。全国共查办商业贿赂案件 81391 件,涉案金额 222.03 亿元。坚决查处了薄熙来、刘志军、许宗衡等一批重大违纪违法案件,表明了我们党反对腐败的坚强决心。"③

2012 年的《最高人民法院工作报告》指出,一年来,全国法院共审结一审刑事案件 84 万件,同比上升 7.7%;判处罪犯 105.1 万人,同比上升 4.4%。其中,审结杀人、抢劫、绑架、爆炸、黑社会性质组织、拐卖妇女儿童犯罪案件 6.9 万件,判处罪犯 10.5 万人;审结涉及"瘦肉精"、"地沟油"等生产销售有毒有害食品犯罪案件 278 件,判处罪犯 320 人;审结重大责任事故犯罪案件 1400 件,判处罪犯 1876 人;审结贪污贿赂渎职犯罪案件 2.7 万件,判处罪犯 2.9 万人。

据《中国青年报》报道,《中国青年报》社会调查中心通过"题客调查网",于 2012 年 5 月对 7804 人进行的一项调查显示,76.1%的人坦言现在社会做

---

① 三鹿集团三聚氰胺的奶粉事件,震惊全国。全国因食用含三聚氰胺的奶粉导致住院的婴幼儿 1 万余人,4 例患儿死亡。

② 2011 年 4 月 16 日,国务院总理温家宝在同国务院参事和中央文史研究馆馆员座谈时说,近年来相继发生"毒奶粉"、"瘦肉精"、"地沟油"、"染色馒头"等事件,这些恶性的食品安全事件足以表明,诚信的缺失、道德的滑坡已经到了何等严重的地步。一个国家,如果没有国民素质的提高和道德的力量,绝不可能成为一个真正强大的国家、一个受人尊敬的国家。

③ 《党的十八大文件汇编》,党建读物出版社 2012 年版,第 103 页。

好人好事的环境差,其中 39.1% 的人认为非常差。有 68.3% 的人表示做好事被嘲笑的现象较多;77.9% 的人直言在当下做好人的成本高。其中 71% 的人表示会被怀疑动机不单纯;62.4% 的人认为是得不到鼓励还要付出代价,心理不平衡;50.6% 的人认为会被嘲笑,被认为太傻;31.3% 的人感觉做好人经常感到孤独,陷入自我怀疑。①

这一时期道德代价蔓延的特点,概括起来主要有以下几点:第一,各类消极道德现象涉及面广。随着全面对外开放的发展,西方资本主义文化中的腐朽思想影响日甚;随着改革的不断深化,封建主义文化残余负隅顽抗;随着市场经济的全面推进,其负面效应日益增长;随着多元价值观的崛起,拜金主义、极端个人主义和享乐主义泛滥,消极道德现象弥漫于社会的各个领域、各个行业、各个阶层、各个方面。第二,社会道德滑坡问题十分严重。随着消极道德现象全方位地蔓延开来,社会出现诚信危机、信仰危机、精神危机,道德滑坡严重,许多人类社会生活的基本规则都难以遵守,人类的道德底线被严重冲击。第三,消极道德现象重发、多发、群发。虽然消极道德现象快速增长的势头被压制,但一些领域的消极道德重大事件出现了多发与群发势头。特别是政治领域中的腐败现象加剧,近年来腐败行为的"有组织犯罪"特征日趋明显,"一查一串、一端一窝"。②

通过对中国改革开放历程中道德代价产生发展的状况分析,不难看出,随着改革开放的发展,道德代价的付出也日趋沉重。无疑,改革开放的发展,在客观上必然要付出一定的道德代价。然而,这种道德代价在客观上已经侵蚀了中国的社会肌体,污染了人们的精神家园,毒化了国民的思想灵魂,损害了中国共产党在中国人民心中的道德形象,损害了中国人民在世界人民心中的道德形象;因而,它客观上也已影响到中国改革开放和社会主义现代化建设的健康顺利发展,影响到中华民族完成民族振兴伟业的历史使命。如果任其发展下去,就有可能毁掉中华民族和平崛起的美好前程。黑格尔在其名著《历

---

① 《近八成受访者痛感做好人成本高》,《羊城晚报》2012 年 5 月 23 日。

② 广东茂名重大系列腐败案涉及省管干部 24 人,县处级干部 218 人,波及党政部门 105 个,市辖 6 个县(区)的主要领导全部涉案,就是一个典型案例。广州市检察院检察长王福成在接受《羊城晚报》独家专访时披露:近年来职务犯罪呈现五大特点——大案要案多发,高发领域集中,窝案串案案中案现象突出,作案手法日趋复杂化隐蔽化智能化,利用组织人事权受贿增多。参见《羊城晚报》2013 年 1 月 22 日。

史哲学》中就说过:"人类绝对的和崇高的使命,就在于他知道什么是善和什么是恶,他的使命便是他的鉴别善恶的能力。总而言之,人类对于道德要负责的,不但对恶要负责,对善也要负责;不仅仅对于一个特殊事物负责,对于一切事物负责,而且对于附属于他的个人自由的善和恶也要负责。"①必须要有高度的文化自觉和道德自觉,认真研究道德代价问题,为扫除改革开放、深化发展的重大障碍而作出应有的努力。

(二) 人类社会发展的历史反思

为深化对中国改革开放道德代价问题研究意义的认识,还必须对人类社会发展的历史进行深刻反思。

社会发展的普遍性与特殊性是辩证统一的。社会发展的特殊性包含着社会发展的普遍性,共性寓于个性之中;社会发展的普遍性又贯穿于社会发展的特殊性之中,共性统摄着个性。因此,只有对人类社会发展进行深刻反思,才能更清楚地认知道德代价问题,才能更好地探寻改革开放道德代价发生发展的内在规律。

翻开人类社会发展的历史画卷,可以看到,道德代价是人类社会发展难以避免的伴随物。

人类的原始社会状态,很难给予准确的描述。根据对一些滞留在原始状态的民族生活状态的考察,以及一些考古资料,大致可以窥见一斑。"在原始社会里,由于生产力水平十分低下,人们必须结成集体,共同劳动,相互协作,才能在恶劣的自然环境中生存和发展下去。原始公有制、原始平等和原始民主,成为这一时期道德的自然基础和社会基础,并由此决定了原始人的道德关系及其道德行为、道德品质的最基本的特征。"②对于这种情况,恩格斯曾作过生动的描述:"而这种十分单纯质朴的氏族制度是一种多么美妙的制度呵!没有大兵、宪兵和警察,没有贵族、国王、总督、地方官和法官,没有监狱,没有诉讼,而一切都是有条有理的。一切争端和纠纷,都由当事人的全体即氏族或部落来解决,或者由各个氏族相互解决;血族复仇仅仅当作一种极端的、很少

---

① [德]黑格尔:《历史哲学》,王造时译,上海书店出版社2001年版,第34页。
② 罗国杰主编:《伦理学》,人民出版社1989年版,第99—100页。

应用的威胁手段;……一切问题,都由当事人自己解决,在大多数情况下,历来的习俗就把一切调整好了。"①然而,人类原始社会毕竟是一个落后野蛮的社会,随着生产力的发展、社会三大分工的出现,产生了私有制和阶级,人类进入到一个文明时代。可是,奴隶社会的产生和发展,却付出了沉重的道德代价。正如恩格斯所指出的:从原始社会到奴隶社会固然是一种历史的进步,在这种历史进步中,原始社会的共同体的权力必然被打破,"不过它是被那种使人感到从一开始就是一种退化,一种离开古代氏族社会的淳朴道德高峰的堕落的势力所打破的。最卑下的利益——无耻的贪欲、狂暴的享受、卑劣的名利欲、对公共财产的自私自利的掠夺——揭开了新的、文明的阶级社会;最卑鄙的手段——偷盗、强制、欺诈、背信——毁坏了古老的没有阶级的氏族社会,把它引向崩溃"②。

  建立在私有制基础上的阶级社会,经过封建社会进入到其最高级的社会形态——资本主义社会。商品经济的发展,文艺复兴的崛起,工业革命的爆发,推动着资本主义社会不可避免地替代了封建社会,使人类社会发展到一个更高的历史阶段。对于这一进步,马克思主义的经典作家在《共产党宣言》中高度赞扬道:"资产阶级在历史上曾经起过非常革命的作用。它第一个证明了,人的活动能够取得什么样的成就。它创造了完全不同于埃及金字塔、罗马水道和哥特式教堂的奇迹;它完成了完全不同于民族大迁徙和十字军征讨的远征。"③然而,他们也同时严厉批判了这种历史进步所付出的极其沉重的道德代价。

  ——"它无情地斩断了把人们束缚于天然尊长的形形色色的封建羁绊,它使人和人之间除了赤裸裸的利害关系,除了冷酷无情的'现金交易',就再也没有任何别的联系了。它把宗教虔诚、骑士热忱、小市民伤感这些情感的神圣发作,淹没在利己主义打算的冰水之中。它把人的尊严变成了交换价值,用一种没有良心的贸易自由代替了无数特许的和自力挣得的自由。总而言之,它用公开的、无耻的、直接的、露骨的剥削代替了由宗教幻想和政治幻想掩盖

---

① 《马克思恩格斯选集》第4卷,人民出版社1995年版,第95页。
② 《马克思恩格斯选集》第4卷,人民出版社1995年版,第97页。
③ 《马克思恩格斯选集》第1卷,人民出版社1995年版,第274、275页。

着的剥削。"①

——"封建奴役制的废除使'现金支付成为人们之间唯一的纽带'。这样一来,财产,这个同人的、精神的要素相对立的自然的、无精神内容的要素,就被捧上宝座,最后,为了完成这种外在化,金钱,这个财产的外在化了的空洞抽象物,就成了世界的统治者。人已经不再是人的奴隶,而变成了物的奴隶;人的关系的颠倒完成了;现代生意经世界的奴役,即一种完善、发达而普遍的出卖,比封建时代的农奴制更不合乎人性、更无所不包;卖淫比初夜权更不道德、更残暴。"②

——"随着资本主义生产在工场手工业时期的发展,欧洲的舆论丢掉了最后一点羞耻心和良心。各国恬不知耻地夸耀一切当作资本积累手段的卑鄙行径。"③

早在一个多世纪以前,许多思想家也看到并批判了资本主义现代化进程中的道德代价。例如英国哲学家柯尔律治"他对法理社会、'掠夺的道德'和其他'违反自然'的现象大加奚落,——那些都是他在他所处时代的英国所亲身体验的——也就是说:个人主义的自私撕毁了社会的经纬"④。此外,当时的英国的浪漫诗人们,"他们和柯氏一样对功利个人主义、庸俗的商业化人生把所有的人类关系简约为金钱关系等感到痛心的厌恶"⑤。而法国思想家托克维尔认为,作为其基础的个人主义"使每个国民倾向于把他自己从其同侪的大众中孤立起来",这个过程"开始只腐蚀了公共生活的种种德性;从长远来看——攻击和摧毁所有的外物,最终归属于纯然的个体主义"。⑥

然而,马克思、恩格斯与其他的批判者根本不同的是,他们并没有仅仅停留在这种严厉的道德批判中;他们一方面看到了资本主义社会替代封建主义社会所产生的剧烈道德阵痛的历史必然性;另一方面更看到了人类社会不得不通过这种剧烈道德阵痛的付出,为自己开辟走向更高级的社会之路。因此,

①　《马克思恩格斯选集》第1卷,人民出版社1995年版,第274—275页。
②　《马克思恩格斯文集》第1卷,人民出版社2009年版,第94—95页。
③　《马克思恩格斯文集》第5卷,人民出版社2009年版,第869—870页。
④　[美]艾恺:《世界范围内的反现代化思潮》,贵州人民出版社1991年版,第47页。
⑤　[美]艾恺:《世界范围内的反现代化思潮》,贵州人民出版社1991年版,第48页。
⑥　[美]艾恺:《世界范围内的反现代化思潮》,贵州人民出版社1991年版,第53页。

对资本主义社会极其惨痛的道德代价的否定,不是为了留恋过去,倒退回去;而是为了更好地前进,更好地走向未来。为此,恩格斯在批判蒲鲁东主义者的"历史退步论"时旗帜鲜明地指出:"自从资本主义生产被大规模采用时起,工人的物质状况总地来讲是更为恶化了,对于这一点只有资产者才表示怀疑。但是,难道我们因此就应当深切地眷恋(也是很贫乏的)埃及的肉锅,眷恋那仅仅培养奴隶精神的农村小工业或者眷恋'野蛮人'吗?恰恰相反。"①

恩格斯在《英国状况·十八世纪》一书中还指出:"在封建主义的废墟上产生了基督教国家,这是基督教世界秩序在政治方面达到的顶点。基督教世界秩序再也不能向前发展了;它必然要在自身内部崩溃并让位给合乎人性、合乎理性的制度。基督教国家只是一般国家所能采取的最后一种表现形式;随着基督教国家的衰亡,国家本身也必然要衰亡。人类分解为一大堆孤立的、互相排斥的原子,这种情况本身就是一切同业公会利益、民族利益以及一切特殊利益的消灭,是人类走向自由的自主联合以前必经的最后阶段。人,如果正像他现在接近于要做的那样,要重新回到自身,那么通过金钱的统治而完成外在化,就是必由之路。"②

历史的反思无疑向人们清晰地展现出,人类社会的发展必然要付出或多或少的道德代价;人类文明进步的历史进程中总是伴随着一定程度的退步。然而,在历史进步中,道德代价作为一种否定的因素,预示着对现存的否定,它警示与促动人类社会走向更加合乎人性、合乎理性的未来理想社会。这种人类社会历史发展的普遍性,给人们对人类社会历史发展的特殊性展示了一个充分理解的历史图式。无疑,中国改革开放的伟大历史进程,道德代价的出现有其难以避免的历史必然性;然而,唯有不断克服这种道德代价,中国改革开放才能走向更加合乎人性、合乎理性的未来。

(三) 发展学特别是发展伦理学的理论拓展

中国较早研究"发展与代价"问题的学者丰子义指出:"全球性发展问题的加剧和'有增长无发展'现象的出现,逼迫着人们去探究发展背后的代价问

---

① 《马克思恩格斯文集》第3卷,人民出版社2009年版,第257页。
② 《马克思恩格斯文集》第1卷,人民出版社2009年版,第94—95页。

题,这样就引出了考察发展活动的代价学的视角。其实,有发展就必然存在着发展的代价,代价如同发展背后折射出来的'阴影',它同发展可谓'形影不离'。但为什么直至今天我们才如此关注发展的代价问题呢?这实在是发展代价的严重性所使然。"①社会发展实践既是发展理论产生的不竭的源泉和最终目的,也是发展理论产生的巨大动力。正是日益沉重的代价,催生着发展学的崛起。在这个意义上,代价问题的凸显,既是发展学发生的直接原因,也是发展学直接要解决的根本目的。

对"代价问题"颇有研究的著作《低代价发展论》认为:"伴随着发展在当代人类实践活动中主导性地位的确立,发展研究业已成为一门跨学科的全球性'显学'。在理论界,出现了发展哲学等从抽象的角度对社会发展进行一般和系统探讨的发展学学科。"②发展哲学作为一门从整体上研究社会发展的"部门哲学",既是系统说明发展实践的理论化的发展观,又是系统评价发展实践的发展价值观和指导人类从事发展活动的重要方法论。它作为一个学科群,又可以分为两大层次:理论发展哲学或元发展哲学、发展哲学性学科。

理论发展哲学或元发展哲学也即狭义的发展哲学,是发展哲学学科群的核心。它主要以"发展真"为研究对象,贯穿着发展哲学基本问题于其中的发展观体系。而发展哲学性学科主要指应该和能够从发展哲学中分化出来、具有自身特定的研究对象,但同发展哲学有着极密切的联系、仍然具有发展哲学的某些特性的学科。这些学科主要有发展伦理学、发展美学、发展代价学等。其中,发展伦理学是以发展善,具体说是以社会发展进程中的伦理道德问题为其主要研究对象的一门应用性伦理学学科,在某种意义上说,发展伦理学是关于发展善的学问;发展美学是以发展美为主要研究对象的;而发展代价学则是以社会发展的代价问题为其主要研究对象的一门发展哲学性学科。如果说,以发展真为主要研究对象的理论发展哲学反映了社会发展的客观存在、本质和规律,它回答的是社会发展"是什么"之类的问题;以发展善为主要研究对象的发展伦理学反映了社会为何发展之类的"应当性"问题,它主要回答的是社会发展的价值性、目的性和道德制约性等问题;以发展美为主要研究对象的

---

① 邱耕田:《低代价发展论》,人民出版社 2006 年版,"序"第 1 页。
② 邱耕田:《低代价发展论》,人民出版社 2006 年版,第 1 页。

发展美学则从一个独特的视角反映了社会发展(得)怎么样的问题,它回答的是社会发展的形象性、愉悦性和审美创造性等问题;而以发展代价为主要研究对象的发展代价学,主要回答的是发展与代价的关系问题以及社会如何实施低代价发展之类的问题(社会如何全面、协调、可持续发展之类的问题)。①

道德代价既然作为一般代价中的一种特殊代价,因而,道德代价问题的研究既涉及理论发展哲学对一般代价的研究,也涉及发展代价学对一般发展与代价关系的研究;还涉及发展美学对发展善与发展美相互关系的研究。但是,不仅理论发展哲学还是发展代价学或是发展美学对代价问题的探讨(理论发展哲学对代价问题的研究,主要是从发展真的视角去探寻代价的发展规律;发展代价学对代价问题的研究,虽然其研究的视角比较全面,但并没有着重从发展善的视角去探寻代价问题,更没有专门研究道德代价问题;发展美学主要是从发展美的视角去研究代价问题中的善与美的关系问题),基本没有"发展善"的研究视角,而且更没有(就它们的学科研究对象而言也不可能)深入到道德代价的探究之中。这就显示出对道德代价问题的研究在学科理论划界上,它既不属于发展哲学也不属于发展代价学更不属于发展美学的专门研究领域。由此可见,对道德代价问题的研究,一方面必然有利于理论发展哲学、发展美学、发展代价学的理论拓展;另一方面,也在不同程度上受到理论发展哲学、发展美学、发展代价学研究视角的制约。

那么,道德代价问题属于发展伦理学的专门领域吗? 道德代价问题的研究能够在发展伦理学这块土地上飞驰吗? 或者说,道德代价问题的研究能够开拓发展伦理学的理论视野吗? 要回答这些问题,必须从发展伦理学的理论内涵入手。

中国发展伦理学的研究发轫于 20 世纪 90 年代。到 2010 年,中国发展伦理学的研究有了很大发展。其中王玲玲、冯皓的著作《发展伦理探究》比较有代表性。其认为,发展伦理学是从伦理的视角研究和评判发展,并力图挖掘出"发展"内含的伦理意义和价值。它以当代人类整体发展实践面临的伦理困境和由此引发的自然和社会问题作为研究对象。以往的社会发展主要存在着两种缺失:一是可持续性的缺失——这是外在的、属于"器物"层面的;二是价

---

① 参见邱耕田:《低代价发展论》,人民出版社 2006 年版,第1—3页。

值理性的缺失——这是内在的、属于精神方面的。而发展伦理学实现了社会发展的工具理性与道德价值理性的统一。因此,发展伦理学有两个最基本的研究触角:一是从伦理的视域去审视、评判、解蔽发展的诸问题;二是探讨如何通过道德来规约发展的诸因素,以保证发展不致偏离其终极价值目标。基于此,发展伦理学力图把发展作为一个必须加以伦理检视的问题域,从社会发展的宏大背景出发,论析发展是什么、发展为什么等问题;及时跟踪和梳理学术界围绕发展目标、发展理念、发展制度、发展模式、发展战略、发展道路、发展手段等一系列问题展开的学术讨论和进展;从伦理视阈重新审视、评价和规范人类社会的发展问题,通过对以往的发展进行价值评判,对未来的发展进行展望和价值引领;通过阐发普遍公正的理论依据和现实依据,以及和谐发展的价值向度,论证发展的最终归宿——科学发展。① 由此可见,发展伦理学重点是从社会发展的宏大背景出发,去探讨发展善的问题。然而,社会发展的伦理的善与伦理的恶是一种客观存在的辩证统一关系。没有善,就无所谓恶;反之亦然。社会发展作为前进的、上升的运动,发展总是朝着"善"之方向运动的。但作为一种过程,它无法完全脱离"恶",也无法完全避免"恶"。善与恶既相互肯定,又相互否定;发展不是对"恶"一劳永逸的克服,而是在对"恶"的否定之否定的过程中接近更高的善;社会发展就是在发展的善恶矛盾运动中不断走向更高的发展阶段。

因此,发展伦理学一方面以研究发展善为主旨;但另一方面,它又必须研究发展恶。并且,在一定的意义上可以说,研究发展恶不仅是研究发展善不可分割的必然要求,也是发展伦理学存在发展的理论前提和理论拓展。正如第三任中国伦理学会会长万俊人所说:"在某种意义上说,只有了解了'付出',才能真正了解'发展'。进而,只有当我们所获得的'发展'大于或远远大于我们所为之付出的'代价'时,我们才有理由说,我们是真的获得了'发展',为这样的'发展'付出代价才是值得的。这并非仅仅是基于单纯'经济理性'的推理,因为这一论断中的'代价'或'成本'并不仅仅是经济的,还有社会的、环境的甚至包括社会政治、文化和精神道德的成长。"②

---

① 参见王玲玲、冯皓:《发展伦理探究》,人民出版社2010年版,第53—57页。
② 王玲玲、冯皓:《发展伦理探究》,人民出版社2010年版,"序"第2页。

至此,可以说,道德代价问题的研究,不仅在理论上,有助于对人类社会发展中的一般道德代价规律的认识,有助于对中国改革开放历程中的道德代价问题的认识,有助于进一步拓展发展伦理学研究的理论视域;而且在实践上,有助于更好地推动社会主义道德建设,有助于更好地克服中国改革开放深化中的发展恶,有助于更好地推进中国社会主义现代化建设。

二、道德代价问题研究概述

社会发展与道德代价的关系问题,历来是人类所面临的恒久而常新的重大社会矛盾问题。特别到了现当代,随着各种道德代价的惨痛付出,社会发展与道德代价的关系问题凸显出来,已经成为当今世界关注和思考的热点问题之一。

(一) 国外对道德代价问题的研究状况

在国外,对于社会发展与道德代价关系问题的关注和思考,有着悠久的历史。特别是在西方世界,从柏拉图到霍布斯、卢梭到马克思恩格斯等,许多思想家都曾在不同程度和从不同视角对社会发展的道德代价问题作了相应的思考。

从历史上看,在古代社会,对于人类及其社会的运动变化,主要有两种基本的认识:一种坚持历史"退步论",它把人类社会历史看成是一个逐渐退步的历程,比如西方的"金、银、铜、铁"等时代观念,从根本上否定社会历史的"进步";另一种主张历史"循环论",它认为社会历史就是一个循环往复的"重复"过程,而所谓"发展"只不过是社会历史循环的一个环节。随着人类社会从农业社会走向工业社会,社会发展进程不断加快,社会变迁日益显著,"发展"才逐渐受到人们的重视和肯定;与此同时,"代价"这个概念也相应地确立起来。因此,严格意义上对于社会发展与社会代价、道德代价的关系问题的探讨,还是近代特别是现当代的重大事情。①

---

① 参见韩庆祥等:《代价论与当代中国发展——关于发展与代价问题的哲学反思》,《中国社会科学》2000年第3期。

在西方,对于社会发展与道德代价关系问题的关注与思考,曾经经历了三个历史阶段。

第一阶段,形成期。其中最重要的代表人物是英国哲学家霍布斯和法国思想家卢梭以及德国哲学家黑格尔。17世纪时的霍布斯认为,人天生具有趋利避害的利己本性,在"自然状态"时,人与人在利己本性的驱动下,"人对人像狼"一样,相互争斗与厮杀,虽然人运用和发展自己的理性,发现和颁布了"自然法",建立了秩序社会和法治国家;但是,人的本性却丝毫没有改变。资本主义取代封建主义的历史进程就可以充分表明,正是资本家的为富不仁、唯利是图,才推动着资本主义的崛起;而这种为富不仁、唯利是图的价值取向,都只不过是人的"自然倾向"的具体表现。可见,霍布斯立足于人的利己本性,从论证资本主义替代封建主义的历史合理性出发,论及社会发展必然要付出道德代价,从而在近代初次提及了社会发展的道德代价问题。①

而最早鲜明地提出道德代价问题的是法国思想家卢梭。与霍布斯"性恶论"观点迥然不同,他认为处在"自然状态"下的人"彼此之间没有任何道德上的关系,也没有人所公认的义务,所以他们既不可能是善的也不可能是恶的,既无所谓邪恶也无所谓美德"②。但其本性是"向善"的,人与人之间也是平等的。然而随着人类文明的发展和科学技术的进步,人类渐渐地背离了自己的天然善良本性,人们的道德也随之逐渐堕落;特别是随着私有制的产生,科学艺术的进步,人类社会便出现了贫富对立,"平等就消失了",从此使人的本性越变越坏。"总而言之,一方面是竞争和倾轧;另一方面是利害冲突,人人都时时隐藏着损人利己之心。这一切灾祸,都是私有财产的第一个后果,同时也是新产生不平等的必然产物"。③ 然而,卢梭并没有对人类失去信心,更没有主张退回到人类的"自然状态";相反,他进一步指出,正由于人的道德堕落归根结底是由社会的不平等造成的,因而,要恢复人的善良本性,使人们的道德高尚起来,就必须推翻不平等的社会制度,并基于每一个人的自由意志订立

---

① 参见牛西平:《试论社会发展代价理论的历史嬗变及其现代价值》,《理论导刊》2005年第11期。

② [法]卢梭:《论人类不平等的起源和基础》,李常山译,商务印书馆1982年版,第97页。

③ [法]卢梭:《论人类不平等的起源和基础》,李常山译,商务印书馆1982年版,第125页。

社会契约,建立起人人自由平等的新社会。总地来说,卢梭的社会发展与道德代价理论的主要内容有这样两个方面:一是科学与艺术的进步要以人类道德的堕落和社会风尚的颓废为代价;二是人类文明的进步要以人的颓废和堕落为代价。

德国哲学家黑格尔则在霍布斯和卢梭的思想阶梯上,又大大地前进了一步。他不仅有了更加明确的代价意识,而且他的社会发展与道德代价思想还具有深刻的辩证性质:以"恶"的形式表现出来的道德代价却换取了社会的发展,道德代价与社会发展于是获得了内在统一性。可以看到,黑格尔正是从"概念"自身的辩证运动出发,也就是从"绝对精神"自我异化、自我扬弃的"否定之否定"的逻辑出发,来解释说明社会历史发展进程中"社会发展"与"道德代价"之间的内在关系。在黑格尔看来,人类的"精神世界"即社会历史是不断发展的,而发展在本质上则是趋向于"善","历史所记载的一般抽象的变化,就已经在普遍的方式之下被了解为一种达到更完善、更完美的境界的进展"①。但这种向"善"的发展却须通过"恶"方能达到。也就是说,人类社会的合乎逻辑的发展往往存在于对以往一切现存事物的否定之中;人对自身私利的追求即"恶欲",既造成对原有社会的否定,又成为推动社会发展的一种力量,而这正是"理性的狡计"。黑格尔立足于人类社会的内在矛盾运动和人的恶欲,来揭示人类社会发展与道德代价之间的关系,成为这一时期道德代价思想发展的高峰。

第二阶段,成熟期。这一时期的代表人物是马克思和恩格斯。马克思和恩格斯对黑格尔"作为推动原则和创造原则的否定的辩证法"进行了批判继承,从哲学的高度深刻地把握了社会发展与道德代价问题。他们一方面高度肯定了资本主义社会发展的巨大成就;另一方面猛烈地批判了资本主义社会发展进程中所产生的巨大道德代价,并从资本主义社会发展与道德代价的"二律背反",即从物的世界"增值"和人的世界"贬值"的关系上,深刻探讨了社会发展与道德代价问题。其主要思想:一是通过深刻揭露资本主义社会的基本矛盾和剥削本质,从而明确指出资本主义制度的建立和发展,要以人们的道德败坏和广大人民的受苦受难为道德代价。二是进一步指出在资本主义私

---

① [德]黑格尔:《历史哲学》,王造时译,上海书店出版社2001年版,第54页。

有制条件下,社会物质财富的增长必然以牺牲个人本身的自由全面发展为代价。因为资本主义社会还处于创造人的社会物质生活条件的阶段,在生产力水平的局限下,特别是在资本主义私有制本性的驱使下,资本主义社会必然以一部分人的发展和享受为目标,必然以牺牲另一部分人的利益为道德代价。"文明每前进一步,不平等也同时前进一步。"三是论述了发展与代价的得失辩证法以及对代价应取的态度。由于资本主义社会的片面和畸形发展,造成了人的世界的贬值,这无疑是"失";虽然这种"失"是必须要"否定"的,但却不能盲目反对,更不能主张倒退;因为人的世界的贬值之"失"却换取了物的世界的增值之"得",而这种"得"却是为人本身的自由全面发展创造物质基础。因此,这种"失"和"得"在社会历史发展过程中具有内在的相反相成的辩证关系,可以说是同一件事情的两个方面或两重属性。因此,他们一方面反对一味为发展中的道德代价悲伤;另一方面则指明扬弃这种道德代价也是一种历史的必然性,这就是通过生产力的发展和社会革命消除私有制社会的异化和灾难。

第三阶段,发展期。这一时期的代表主要体现在罗马俱乐部、以人为中心的综合发展观、法兰克福学派和后现代主义以及可持续发展观的有关论述中。

罗马俱乐部着重从环境、资源和人口角度,描述了发达工业化社会发展所付出的巨大社会代价和道德代价,并明确把其组织的宗旨确定为向发展付出的惨重代价"进攻",增进对"人类困境"和"人类代价"等的了解。1972年,罗马俱乐部发表了第一份轰动世界的研究报告——《增长的极限》,向"经济增长"的发展观提出了尖锐的挑战,"如果世界人口、工业化、污染、粮食生产以及资源消耗按现在的增长趋势继续不变,这个星球上的经济增长就会在今后一百年内某一个时候达到极限。最可能的结果是人口和工业生产能力这两方面发生颇为突然的、无法控制的衰退或下降"①。从而把人们从沉醉于追求经济增长所取得的成就美梦中惊醒。报告重点指出,由于人们对经济增长的盲目追逐,造成了环境污染、资源贫乏、人口爆炸、社会邪恶和核威胁等各方面的严重负面问题,其所付出的巨大代价已达到人类难以承受的地步;并通过对发展与代价关系的思考与计算,提供了一个世界末日的模型,揭示了地球正面临

---

① ［美］D.梅多斯等:《增长的极限》,于树生译,商务印书馆1984年版,第12页。

的"人类困境"和"全球性危机",向世人敲响了警钟,从而提出了当时极具冲击力的经济增长极限理论。"问题的关键不仅是人种是否会继续存在,而更重要的是能否继续存在而不落到一种活得毫无价值的境地"①。

以人为中心的综合发展观着重从人的发展角度,说明发达工业化社会发展中人所付出的惨重道德代价。法国学者佩鲁和英国学者迈尔斯是此发展观的代表人物。佩鲁在其著作《新发展观》中强调指出,战后许多发展中国家实行"赶超发展战略",对发达国家单纯地赶超和模仿,盲目追求经济增长,忽视社会整体的综合协调发展,从而牺牲了老百姓的利益,使社会发展付出沉重代价。由此,佩鲁提出了以人的、所有人的发展为核心的"总体的"、"内源的"、"综合的"发展观,"这种新发展观是'整体的'、'综合的'和'内生的'"②,力图以此克服片面追求经济增长的发展模式所带来的人为道德代价。这种综合发展观强调经济与政治、人与自然的协调,将人与人、人与组织、组织与经济、人与环境的合作作为新的发展主题,把发展看作是以各种内在条件为基础,包含社会、自然等各种因素在内的综合发展过程。

法兰克福学派的代表人物是弗洛姆、马尔库塞和哈贝马斯等人。马尔库塞把现代资本主义的发展描绘成这样一个等式:"技术进步=社会财富的增长(社会生产总值的增长)=奴役的加强。"马尔库塞和弗洛姆、哈贝马斯等人在发展马克思主义的旗号下,从技术异化的角度批评了西方发达资本主义发展所付出的沉重的人的代价。他们指出,在科学技术发达条件下,资本主义社会的发展,要以人的道德牺牲为沉重代价。这些代价主要表现为:科学技术在工业化过程中的无限制开发和利用,使人类生存环境遭到严重破坏;科学技术在机器大工业中的应用,使人成了机器的零件和物的奴隶;科学技术的意识形态化加剧了对人的日常生活和精神世界的统治,使人丧失了反思和批判社会体制的能力;科学技术对人的奴役广泛地侵入人的日常生活世界,造成人的焦虑、不安、孤独、软弱等各种精神疾病,使人成为单向度的人。"发达工业文明的奴隶,是地位提高了的奴隶,但仍然是奴隶,因为决定奴役的'既不是顺从,也不是艰苦劳动,而是处于纯粹工具的地位,人退化到物的境地。'作为工具,

---

① [美]D.梅多斯等:《增长的极限》,于树生译,商务印书馆1984年版,第150页。
② [法]弗朗索瓦·佩鲁:《新发展观》,张宁、丰子义译,华夏出版社1987年版,第2页。

作为物而存在,这就是纯粹的奴役形式。……由于物化凭借技术形式而走向极权主义。"①他们在探讨社会发展与道德代价问题时,也思考了道德代价产生的根源及其降低的方法。他们认为,人类本性的缺陷、片面追求经济增长的发展观,以及"工具理性主义"的文化价值观等,决定着社会发展进程中道德代价问题的存在及其必然性。同时,他们主张以"人的革命"(即通过完善人的心理结构、修正人的价值观念、注重价值理性等,来转变传统的"人是自然界的主人"的文化价值观),去扬弃社会发展中的道德代价。

后现代主义着重探讨了"现代性"及至整个现代文化所导致的社会代价和人的代价,并由此说明这一社会中出现的各种危机。福柯和列维—斯特劳斯等人是后现代主义的主要代表人物。他们重点质疑了"现代性"的合理性,揭露了"现代性"的双重性:它既为人类造就了许许多多的享受生活的机会,又给人类带来了一个"问题与麻烦层出不穷的时代",使人变成了失去批判性、否定性、超越性的"单向度的人"。而"人类中心主义"恰恰是造成这种种社会异化和人的虚妄的根源。由于人类中心主义强调"人是主体"、"人是万物的尺度"和"人具有选择的绝对自由",使人成为自然和自己的"上帝",其实这是一种以文化价值形式表现出来的人类的"自大狂";正是这种"自大狂"使人类陷入了自己一手造成的困境。因此,只有通过消解"人类中心主义"以及作为其哲学基础的"主体形而上学",重建新的文化价值哲学观来克服社会的种种负面问题。

可持续发展思想形成以 1987 年联合国发表的《我们共同的未来》为标志。可持续发展观主要体现在《世界保护策略——可持续发展的生命资源保护》、《我们共同的未来》、《里约热内卢环境与发展宣言》、《21 世纪议程》四个重要文件中。可持续发展观的主要内容是:第一,充分肯定发展的重要性和必要性,承认各国的发展权十分重要。第二,显示了发展与环境的辩证关系,发展与环境应当共生共荣。第三,提出了代际公平与代内公平的概念。在可持续发展观看来,人与自然的关系是平等互惠、相互渗透、共生共荣的;自然界应当成为人类伦理道德的关怀对象,人类应当尊重自然、善待自然、与自然和谐

---

①　[美]赫伯特·马尔库塞:《单向度的人》,张峰、吕世平译,重庆出版社 1988 年版,第30 页。

相处;当代人与后代人、发达国家与欠发达国家之间,应当是一种平等、互利的关系,重视当代人和发达国家的发展责任,兼顾各方利益,是可持续发展的重要保证;经济活动的目的不是单纯的经济增长,而是比增长内涵更为广泛的社会发展,它注重经济系统、环境系统、社会系统的协调,重视发展质量的提高、结构的调整和发展的持续性。

(二) 中国对道德代价问题的研究状况

中国对于社会发展与道德代价问题的关注和思考,虽然在古代的先哲们甚至于孔孟、老庄那里都能找到一些真知灼见,但严格意义上的特别是从学科角度来探讨这个问题,在中国还是 20 世纪 80 年代以来的事情。其动因一是代价问题在当代世界日趋凸显,当代西方对代价问题的研究日益传播开来,对中国学术理论界产生重大影响;二是随着中国改革开放的日益发展,现代化建设进程中的许多代价现象日益增长,从而促使中国人去关注和思考社会发展与道德代价的关系问题。

当代中国学者对社会发展与社会代价、道德代价关系问题的关注与反思,始于 20 世纪 80 年代。在改革开放 30 多年的历程中,大约经历了三个阶段。

第一个阶段,起始期。时间大约为 1984 年至 1993 年。1984 年召开的党的十二届三中全会通过了《中共中央关于经济体制改革的决定》,第一次明确提出:社会主义经济"是在公有制基础上的有计划的商品经济"。1992 年召开的党的十四大则明确提出,建立社会主义市场经济体制是中国经济体制改革的目标模式。

在这一阶段,随着有计划的商品经济的发展,商品经济的负面效应也开始显露出来,从而引起了当代中国学者对社会发展与社会代价、道德代价关系问题的关注和探讨。其主要代表作品有:1988 年罗元在《思想战线》第 3 期上发表的《代价问题探索》,1989 年王永昌和杜大宁在《百科知识》第 1 期上发表的《论代价与进步》,1989 年孔陆泉在《唯实杂志》第 4 期发表的《"道德代价论"质疑》,1993 年刘怀玉在《哲学研究》第 3 期上发表的《马克思的"历史进步代价"理论与发展》。

在这一阶段,重点探讨了三个问题。一是"代价在社会发展中的必然与否问题"。论者在探讨了"代价"的含义之后,主要围绕着"必然与否"展开讨论。少数学者认为,发展中的代价都是人的主观因素所造成,因而,代价不具有必然性。但大多数学者主张代价有其必然性。有的结合马克思的"历史进步代价"理论分析了代价的必然性;有的则从事物发展的全面性角度揭示了代价的必然性;有的还从人类社会发展过程的角度揭示代价的必然性;有的根据发展中代价形成的机制对代价的必然性作了具体的分析:首先,基于历史发展必然性所付出的代价不可避免;其次,历史主体的认识的相对性和历史局限性所造成的代价也难以避免;最后,由某些具体个人的失误所造成的代价则可以避免。二是"代价在社会发展中的地位与意义"。有论者认为社会发展与社会代价、道德代价是辩证统一的关系。一方面,任何社会发展都要付出一定的社会代价、道德代价,社会代价、道德代价是对社会发展的某种否定;另一方面,社会发展问题要通过对社会代价、道德代价的扬弃来实现的,发展即是对代价的扬弃。因此,付出代价并扬弃代价,是发展的一种方式或规律。有论者针对发展与代价的关系,探讨了如何减少代价以促进发展的基本路径。有论者还指出了从代价角度理解社会发展有重要意义:有助于把握国外发展理论的基本线索和对世界发展经验教训的总结;有助于辩证地对待中国发展过程中所付出的代价以及发展与代价关系这一深层次问题。三是"关于我国商品经济发展中的代价问题"。有论者认为,根据发展必然付出代价的规律,商品经济发展是必然要付出代价的。其主要有:拜金主义、利己主义、一定程度的贫富悬殊、个人发展作出的某些牺牲。有论者指出,商品经济中的代价可分为模式代价和过程代价、必然代价和人为代价。有论者还指出,必然性代价可以帮助人们认识到商品经济建设的曲折性和复杂性,同时,必须重视思想道德建设,不能任由消极道德现象泛滥成灾。

　　第二个阶段,发展期。时间大约为 1993 年至 2002 年。随着市场经济的崛起,经济建设的迅猛发展,包括道德代价在内的各种社会代价激增,引起了中国学者们的高度重视和努力探究,迅速推动着中国对社会发展与道德代价关系问题研究的发展。这一时期,许多相关研究成果涌现。其中主要有李菱的《道德建设与代价意识》,曲兴亚、薛玉山的《社会经济发展的道德代价问题》,李刚、高静文的《市场经济与道德代价》,赵民的《试析道德代价论》,张明仓的《道德代价论》,李兰芬的《析经济增长中的伦理代价》,倪愫襄的《道德的代价及其合理性》,韩庆祥的《代价论与当代中国发展》,邱耕田、张荣洁的《简论社会发展的代价规律》,范燕宁的《社会发展代价问题的历史考察与现实分析》,韩庆祥、张曙光、范燕宁的《代价论与当代中国发展》,许先春的《社会发展代价及其调控》,贺善侃的《社会发展代价的实质及支付原则》,袁吉富的《社会发展代价理论建构的四个哲学维度》等论文以及郑也夫的《代价论》,李钢和张晓芒的《社会转型代价论》,韩庆祥的《发展与代价》,丰子义的《现代化中的矛盾与探求》,梁言顺的《低代价经济增长论》等著作。

在这一阶段,全面思考了社会发展与社会代价、道德代价的关系问题,其中在四个方面进行了重点探讨。第一个方面是代价的基本理论问题,涉及诸如社会发展代价和道德代价的含义、表征、类型等内容。

关于社会发展代价的含义,有学者认为,哲学层面的社会代价是指社会发展的矛盾或背反性质的体现,是否定的外化或对象化形式,即发挥着转化功能且自身要被否定掉的价值。有的主张,社会发展代价是指人们在追求社会发展价值的实践中所产生的与社会发展价值相悖的后果。有的还提出,社会发展代价是指人们在社会实践中为满足一定的需要或达到某种目标而导致其他需要和价值目标的牺牲和损害。关于道德代价的含义,有学者认为,道德代价是指在社会发展中人们对道德的牺牲和丧失,主要是指正向的、合乎道德的、善的价值的丧失和舍弃。有的则指出,道德代价实际上有广义和狭义之分,狭义的道德代价是以损害、牺牲为内容的代价,严格地说,是由于片面追求某种价值而否弃一定的道德价值,特别是舍弃先进道德,遵从落后、消极、腐朽的道德而对人们的道德生活所造成的损害。在广义上,道德代价还指称由于否弃先进道德、遵从落后道德而导致的社会代价,即对社会的经济、政治、思想、文化等所造成的损害。

关于社会发展代价的类型,有学者认为,社会发展代价如果按产生的主客观原因分,有必然性代价和人为性代价;按主体活动前提分,有投入性代价和选择性代价;按付出方式分,有损益性代价和交往性代价;按主体存在形态分,有个人代价、集体代价和社会代价;按损耗内容分,有物质性代价和精神性代价;按性质功能分,有必要代价和不必要代价。关于道德代价的表征,有学者指出,在价值观上,极端个人主义、拜金主义和享乐主义盛行;在人际关系上,社会冷漠、缺乏信任;在经济上,假冒伪劣、坑蒙拐骗比比皆是;在社会上,犯罪行为日益增长;在政治上,腐败行为蔓延到各级权力机关。

　　第二个方面是社会代价和道德代价的根源与实质问题。尽管学界对社会发展代价实质的认识不同,但其认识的角度大都选择了社会发展的目标选择、发展进程的复杂性和代价付出的必然性三个方面。对于道德代价的本质和根源,有学者认为,道德代价在本质上反映了人们生存方式的内在矛盾。在现实生活中,道德代价主要表现在四个层面:一是主体在价值冲突和价值选择中,为了某一优先价值而不得不暂时抑制或放弃一定的道德追求;二是主体为了某种私利,视道德为工具而利用道德,或奉行某种落后、消极、腐朽的道德而对社会道德生活造成损害;三是主体在获得享受某一价值成果的同时,不得不忍受同一实践活动附带产生的危害主体健康的道德生活的各种负效应或副产品;四是由于人们的主观错误或失误所造成的对社会道德的损害等。

　　第三个方面是社会发展与社会代价、道德代价的关系问题。有学者认为,两者的辩证关系是:代价产生于发展过程;代价是发展的一个内在环节;代价是发展结果的一种特殊状态。有的学者则认为,两者的辩证关系表现在:两者共同存在于实践结果和矛盾结果的统一中。也就是说,实践不仅为人类带来改造世界的利益,而且同时还会产生或大或小的副作用;代价与发展还具有共长性,也就是说,随着发展的提升,代价对人的反馈作用也在不断增大;代价和发展在具体实践结果中具有非均衡性,即在实践的正负效应同时发生作用的整个过程中,尽管在人类历史上的某个时期或某个局部范围内代价可能是主要的方面,但总的说来发展才是真正起主导作用的方面。

　　第四个方面是社会代价和道德代价的调控问题。有论者指出,树立正确的发展代价观是调控的前提,为此必须克服三种不良倾向:一要克服只看到发展的积极成果,而忽视代价存在的片面性;二要克服以孤立、片面的观点认识代价,把代价的存在和付出视为完全的消极现象;三要克服把代价合理性绝对化。有的认为,要调控道德代价,一要完善各项社会制度,为伦理道德建设提供良好的制度保障和客观条件;二要端正道德认识,矫正"道德浪漫主义"和"非道德主义"倾向;三要健全经济伦理,塑造经济伦理人格。有的也认为,为降低道德代价,一要完善社会主义市场经济制度,为伦理道德建设提供良好的制度保障和客观条件;二要建立伦理道德约束的弹性机制;三要保持道德对现实生活的批判态度和功能。还有的认为,道德代价的调控,应当一要坚持代价最小与善值最大相统一的原则;二要保证代价最少与善值最多的实现,必须坚持社会公正原则;三要减少道德代价其必要环节是选择手段的合理性。

第三个阶段,深化期。时间大约为 2002 年至今。随着中国全面建设小康社会的发展,特别是科学发展观的提出和社会主义和谐社会的建构,以人为本替代了以物为本、全面协调可持续发展替代了片面发展。然而,一方面由于国际局势的跌宕起伏,特别是经济危机、金融危机席卷全球,给世界发展带来了一系列严重的挑战;另一方面,由于中国改革开放走到了一个攻坚阶段,许多深层的社会矛盾开始发作,特别是民生问题异常突出,社会发展代价和道德代价蔓延开来。在这种国内外背景下,社会发展代价和道德代价的探究更加火热,也更加深入。在这一阶段,不仅许多论文更重要的是系统研究性的专著开始井喷。其中代表性的专著有:2003 年周显信等的《目标与代价》,2004 年袁吉富的《社会发展的代价》,2005 年刘福森的《西方文明的危机与发展伦理学》,2006 年邱耕田的《低代价发展论》,2009 年毛园芳的《社会发展与社会代价》,2010 年王玲玲、冯皓的《发展伦理探究》等。

这一阶段,其最主要的特征是研究的广度和深度达到了前所未有的地步。在广度上,基本上涉及社会发展中的所有领域。其中在理论上,重点一是涉及中外思想史上关于代价问题的思考;二是探讨了社会发展代价与道德代价的诸多基本理论问题。在实践上,涉及自然生态、经济、政治、文化、社会等诸领域的社会代价和道德代价问题。在深度上,结合中国的实际,不仅较系统地探讨了低代价发展问题,也较系统地探寻了发展伦理问题,也在一定程度上专门探究了道德代价问题。其中邱耕田的《低代价发展论》,不仅探讨了社会发展与社会代价的关系问题,还重点探寻了社会代价的调控问题。正如丰子义所指出的,邱耕田的《低代价发展论》,比较集中、系统地探讨了如何有效抑制发展代价的问题,从而把代价理论的研究大大向前推进了一步。如果说,在大量探究社会代价的研究成果中,对于道德代价的关注还十分薄弱的话,那么,王玲玲、冯皓的《发展伦理探究》则以社会发展中的道德代价问题作为发展伦理学存在的实践前提,并在书中对道德代价问题作了一定程度的研究,从而在伦理道德的视角上也把代价理论的研究特别是道德代价的研究推进了一步。

(三) 国内外道德代价问题研究的主要成就与发展空间

西方学者对道德代价问题研究的主要成就有以下几点:第一,看到了在社会发展进程中,道德代价产生的必然性;第二,认识到社会发展与道德代价之间的辩证统一关系;第三,探寻了道德代价产生的种种根源:制度的、文化的、技术的、经济的、政治的等;第四,与时俱进地提出了减低道德代价的社会发展观。第五,探寻了减低道德代价的路径和措施。

西方学者对道德代价问题研究的主要特点是:第一,起步早。严格意义上特别是学科意义上对道德代价问题的关注与思考,在西方是近代(特别是 17 世纪)以来的事情。由于西方商品经济在近代以来日益发展,特别是资产阶级革命和工业革命的爆发,一方面推动着西方社会快速发展;另一方面,伴随着社会发展的历史进程,道德代价也迅速增长,从而推动着西方学者在世界范围内很早就对道德代价问题的关注与思考。第二,创新多。随着西方资本主义社会的不断发展,道德代价的出现也呈现出不同的状况与特点,为了减低社会发展中的道德代价,西方学者与时俱进地提出了诸多创新性的思想理论与建议。诸如当代西方学者中,罗马俱乐部的自然生态视角、佩鲁的人的发展视角、法兰克福学派的技术异化视角、后现代主义的文化视角等,以及综合发展观、可持续发展观等的提出,等等。第三,宏观性。西方学者的研究重点放在社会发展与道德代价的关系层面。他们往往站在全球发展的高度,对社会发展中出现的道德代价问题进行了全方位的思考,尤其是发达国家与发展中国家的发展代价问题,全球化过程中发生的代价,现代化进程中经济、政治、文化、社会、生态等诸领域产生的代价,也从以人为核心的角度对发展过程中所生成的代价问题进行了探讨。而这些思索与探讨基本上是从宏观层面进行的把握。

而马克思、恩格斯一生的重点在于革命理论的创建,他们创建了包括马克思主义哲学、马克思主义政治经济学和科学社会主义三大组成部分的马克思主义学说。因此,他们对于社会发展与道德代价思考的理论成果,是马克思主义的有机组成部分。其在揭露资本主义社会的基本矛盾和剥削本质的基础上,指出资本主义制度的建立和发展要以人们的道德败坏和广大人民的受苦受难为代价的历史必然性观点;从影响和制约社会发展的诸多因素及其相互关系入手,指出在资本主义私有制条件下,社会物质财富的增长必然以牺牲个人本身的自由全面的发展为代价,甚至人类"个性的比较高度的发展,只有以牺牲个人的历史过程为代价"的认识;提出了发展与代价的得失辩证法以及对代价应取的态度等思想理论,是探讨社会发展中的道德代价特别是中国改革开放历程中的道德代价的理论指导。

中国学者对道德代价问题研究的主要成就有以下几点:第一,探讨了社会发展与道德代价的含义,基本上树立了对社会代价和道德代价的态度和看法,认为社会代价和道德代价是社会发展的伴生物。第二,研究了社会代价和道德代价的本质和规律,指出代价是社会发展的矛盾或背反性质的体现,是否定的外化或对象化的形式;而道德代价在本质上反映了人们生存方式的内在矛盾。第三,探寻了社会发展与道德代价的辩证统一关系,认为代价产生于发展过程;代价是发展的一个内在环节;代价是发展结果的一种特殊状态。第四,概析了社会代价和道德代价的类型,可以根据不同的视角对社会代价和道德代价进行不同的分类。第五,探究了社会代价和道德代价产生的根源,可将其分为客观性、必然性根源和主观性、人为性原因。第六,研究了西方思想史、马克思主义发展史上的道德代价思想,特别是当代西方学者的道德代价思想。第七,关注到了中国社会发展特别是改革开放发展进程中,社会代价和道德代价支付主体的错位现象。第八,意识到以往社会发展观的局限性,特别是中国经济建设和生产力发展的局限问题,指出社会进步虽以生产力发展、经济发展为前提条件,但并非是唯一重要的目标;以人为本,全面协调可持续发展才是中国社会进步的发展方向。第九,树立了克服困难、调控代价的信心,进而探寻了调控社会代价和道德代价的途径和方法等。

中国学者对道德代价问题研究的主要特点是:第一,起步晚。真正意义上对社会代价和道德代价的研究,在中国还是 20 世纪 80 年代以来的事情。理论是为实践服务的,实践乃是理论发展的动力。中国改革开放以来,伴随着中国社会突飞猛进的发展,各种社会代价和道德代价也不断涌现,这才引起了中国学者对社会代价和道德代价问题的重视与思索。它相对于西方起步于 17 世纪的研究来说,无疑已是起步很晚的事情。第二,发展快。改革开放 30 多年来的一个突出特点,就是"发展快"。社会发展是如此,社会代价和道德代价是如此,而对于社会代价和道德代价的研究也是如此。在西方学者和马恩研究代价理论所搭建的梯级上,中国学者迅速爬升到一个理论的高度。第三,中国化。对于社会代价和道德代价的研究,固然是实践的推动;但就理论学术上来说,主要是通过引进西方和马恩的"代价"理论,结合中国实际实现中国化的一个研究进程。

　　无疑,多年来,中国学界对于社会代价和道德代价的思索,有了长足的进步,取得了较丰硕的成果。但是,还留下了进一步研究发展的广阔空间。这些空间主要有:第一,正如前述,由于社会历史原因,中国学界对社会代价和道德代价问题的研究既起步晚又发展快,因而,这些研究总体上比较粗糙,还不够精细。因此,无论是理论学术上,还是实践操作上,对研究与解决社会代价和道德代价的问题,都留下了进一步作出更加精细、具体的探讨的宽广空间。第二,虽然我们无论是在理论学术上,还是社会实践操作上,都对研究与解决社会代价和道德代价的问题作了相当的努力,也有了比较显著的成果,但在两个有机结合上,还有很大的空间。即一是理论与实践的结合上,目前,学界更多的是偏重于理论学术上的兴趣,对实践问题的探寻力度还相对薄弱。二是引进西方思想理论与中国自我创新的结合上,目前,学界更多的是偏重于对西方理论学术的引进和套用,特别是无形中在学界产生了一种普遍化的偏见,对于社会代价和道德代价的研究,如果缺乏对西方理论学术的引进和套用,甚至于如果少了一些西方的"时髦新词",都被当作是没有"理论学术性"的表现,往往成为被学界排斥的另类,从而也使中国在自我创新性方面留下了广阔的空间。三是在思想史研究方面,虽然有了一些成果,但一方面,无论是对西方思想史的"代价"理论研究,还是对马克思主义思想史的"代价"理论的研究,都还是初步的;另一方面,对于中国思想史研究,则非常薄弱,特别是近现代中国思想史上的"代价"理论的研究更为薄弱。因而,在关于"代价"理论上的思想史研究方面还有十分宽阔的发展空间。四是在"社会代价和道德代价"问题上的探究,主要成果表现在一般社会代价的研究上,对于社会发展中的道德代价问题的探讨,还是初步的,几乎还没有专门的系统的深入的研究,因而,对于道德代价的专门的系统的深入的研究空间,可以说是非常广阔的。五是在探讨社会代价特别是道德代价问题上的问题意识还不够强。目前的研究,虽然有了一定的问题意识,但大多数学者的研究更多的是局限于学术上;这种情况,既与当前学界的不良学风相关,更与高等院校的行政化管理模式与机械式考核制度直接相关。面向实践、面向问题、面向生活、面向群众、面向基层的课题,似乎上不了"理论学术"这一高雅的台面,进入不了许多学者评委的法眼,导致许多学人和研究者望而却步。因而,在强化问题意识上,在为实践服务等方面,道德代价问题的研讨还有着相当大的拓展空间。六是与此相关的是,目前对道德代价调控问题的研究特别单薄。虽然在社会代价方面对于调控方面的研究有了较大的进展,然而,既由于道德代价问题的研究本身还比较单薄,又由于道德代价调控问题的研究更多地带有"实践性"、"应用性"、"操作性",所以,一般性的探讨还有一些,然更加具有"应用性"和"操作性"的道德代价调控问题的研究就拥有了许多可以推进的空间。

三、道德代价问题研究的基本思路与内容

综观国内外对社会发展中的道德代价问题的研究状况,无疑还留有广阔的拓展空间。然而,要在这一广阔的空间中得以驰骋,还需要有正确的探索思路、科学的探讨方法和恰当的研究内容。

(一) 道德代价问题研究的基本思路

道德代价问题研究的基本思路有三:

一是从一般到特殊,从普遍到个别,即从研究代价一般到道德代价一般,再到中国改革开放的道德代价(特殊)。矛盾的普遍性与特殊性是辩证统一的。矛盾的特殊性包含矛盾的普遍性,共性寓于个性之中;矛盾的普遍性又贯穿于矛盾的特殊性之中,共性统摄着个性。当我们面对着中国改革开放的道德代价问题时,摆在我们面前的首先是道德代价的真理性维度,即道德代价的"真假问题",也就是道德代价"是什么"的问题。在真理性维度上,其根本特质是"一元性"。也就是说,普遍性的真理是"放之四海而皆准"的东西,它在特定的时空内对所有特殊性的事物都有定性的功能。因而,我们研究道德代价,就必须从道德代价的普遍性和一般性入手,才能科学地认识道德代价的特殊性。在这里,道德代价的普遍性和一般性既包括它的上属"概念"——"社会代价",更包括它的顶属"概念"——"代价"。因此,我们研究道德代价的思路,首先是厘清"代价"与"社会代价"的概念与一般问题,进而才能探寻道德代价的特殊性概念与问题,最终落脚到中国改革开放的道德代价问题。

同时,真理不仅具有"一元性",而且还具有"多层性"和"多维性"。因为

事物本身是一个复杂的系统,在这个复杂的系统中,在结构上具有不同的层次;因而,事物的本质和规律也具有不同的层次性。这是人类对事物纵深认识的"无限"进程。而在事物复杂的系统结构中,就其时空的运动形式来说,就有四个基本的维度,从而使事物的真理性也呈现出多维度的特征。这是人类对事物横广认识的"无限"进程。从事物的一般到特殊,再从特殊到个别;从事物的一层到二层,再从二层到三层以至无限;从事物的一维到二维,再从二维到三维以至四维,人类就是在这种对相对真理的认识过程中,不断趋向绝对真理的发展。因此,我们对中国改革开放道德代价的认知,也必然要走这条从相对真理不断趋近绝对真理的道路。

二是从历史到现实,即从道德代价思想的历史到当代中国道德代价思想的现实,从道德代价的历史到改革开放道德代价的现实。这是我们研究道德代价问题的历史性维度和现实性维度。世界任何事物都有一个发生发展的过程,从事物的时间存在形式来看,过去就是现在的历史,现在是过去的继续发展。探寻现实,只有借鉴过去了的历史才能看得更清楚。从事物的矛盾运动来看,事物只有发展到一定程度,其内在的矛盾才能暴露出来,只有当事物的内在矛盾显露出来后,才能发现其本质和规律。从因果关系看,事物过去的发展往往是事物现存的原因,而事物的现状,往往也是事物过去发展的结果,同时,又是事物未来发展的原因。因此,探寻中国改革开放历程中的道德代价问题,一方面,在实践上,必须从道德代价发生发展的历史过程,去把握当今中国社会发展中的道德代价问题,以便更好地去揭示改革开放道德代价的本质和规律;另一方面,在理论上,应当从道德代价思想发生发展的历史过程中,去了解当代中国道德代价思想的现实,并由此推进对当代中国道德代价的认识。

三是从理论到实践,再从实践到理论,即从探讨一般理论到道德现实实践,再从道德现实实践中概括出新的理论。这是一个以价值性维度为主导的真理性与价值性相结合的认识维度。从实践到理论,再到新的实践与理论,这是人类认识世界和改造世界的一般规律。实践是理论的基础,是理论产生发展的源泉、动力、目的和检验的唯一标准。只有在实践中,才能检验理论的真理性与否,才能推动理论的发展。而理论只有指引实践,不仅唯此才能达到理论本身的真正目的,而且也才能让实践不至于流于盲目。同时,真理作为一种工具理性的产物和表现形式,最终必须与价值理性的成果相结合。人类的根本特质就是主观能动性,这不仅体现在能动地认识世界方面,更主要或更重要的体现在能动地改造世界方面。理论是人类认识世界的成果,实践则是人类改造世界的桥梁。道德的特质就是一种"实践精神",是一种价值理性的成果;道德代价本质上是一个价值问题,也是一个实践问题。因而,研究中国改革开放的道德代价问题,不仅应当探讨关于道德代价的一般理论,并依据现有的理论,去分析改革开放的道德实践;更重要的是,通过这一过程去检验现有的理论,并从道德现实实践中概括出新的理论,去指导改革开放的道德代价调控实践,以达到最大限度地降低道德代价,顺利推动改革开放的不断深化发展。

总之,通过理论、历史、现实、真理、价值等多维度、多层面的立体研究与纵横交错研究,从而达到对道德代价问题形成比较系统深入的认识目的。

(二) 道德代价问题研究的主要方法

在确定探索道德代价问题的基本思路之后,还应当确定道德代价问题研究的主要方法。

1. 辩证分析方法

唯物主义辩证法既是认识世界的方法论,也是探究中国改革开放道德代价问题的最重要的研究方法。辩证分析的方法,首先是全面分析的方法。世界是普遍联系的,这就要求探究中国改革开放道德代价问题,应当在道德代价与国内外的大局中,在历史过程与现实生活中,在客观规律与主观认识中,在政治、经济、文化、社会与生态环境的关联中;在其正面效应与负面效应中,等等进行全方位研究。其次是动态分析的方法。世界是永恒发展的,运动是绝对的,静止是相对的。这就要求探讨改革开放道德代价问题,应当进行动态分析,并把动态研究与静态研究结合起来。再次是矛盾分析的方法。世界是矛盾的,对立与统一是矛盾的两个基本属性,矛盾的对立统一的相互作用是事物发展的根本动力;矛盾具有普遍性,又有特殊性;事物发展是内部原因与外部原因共同作用的结果,其中内因是主要的原因,外因是重要的条件。因此,探索改革开放道德代价问题,就应当从社会进步与道德代价、发展善与发展恶的对立统一关系中,从道德代价的普遍性与特殊性关系中,从道德代价的内因与外因关系中去进行研究。复次是质量互变分析的方法。事物具有质与量的规定性,事物的发展是量变到质变的不断演进过程。这就要求探求改革开放道德代价问题,应当既对道德代价进行质的分析,也要进行量的分析;从社会进步与道德代价的质量互变过程中去进行研究。最后是否定之否定分析方法。每一事物内部都存在着肯定因素和否定因素,事物的发展就是肯定与否定的矛盾运动过程。因此,探讨改革开放道德代价问题,要看到社会进步与道德代价的矛盾中,其肯定因素和否定因素是什么,两者如何通过否定之否定的历史进程,推动着改革开放的深化发展和道德建设的不断进步。此外,还要运用现象与本质分析方法、内容与形式分析方法、必然性与偶然性分析方法、因果关系分析方法、可能性与现实性分析方法等。

2. 系统分析方法

系统论是现代科学研究的产物。现代系统论是全面揭示对象的系统存在、系统关系及其规律的观点和方法。其基本特征是:不把事物、过程看作是实物、个体、现象的简单堆积,而把它们看作是系统的存在,通过对相关性的研究和定量化,深入认识世界。在系统论看来,任何一个事物都存在着系统和要素两个方面,是诸多要素相互联系的整体,或者说,系统是相互作用的诸要素所构成的整体,要素是整体中的各个部分。一般来说,系统大于其要素相加之和。运用系统分析方法,首先要有相关性分析,就是要在中国改革开放过程系统中,分析道德代价与其他诸要素的相互关联。其次要有整体性分析,就是要在改革开放的道德代价问题的分析中,把道德建设作为一个整体,分析改革开放对整个道德建设的影响。最后要有有序性分析,就是要分析改革开放历程从无序向有序、从低级有序向高级有序的发展过程。

3. 控制论方法

控制论也是现代科学研究的产物。"控制"是指一个有组织的系统,根据内部和外部条件的变化来进行调整,以克服系统的不确定性,使系统稳定地保持或达到某种特定的状态的过程。控制的实质是在一个事物的可能性空间中,通过信息的获取、变换和处理来进行定向选择,以达到控制条件,使事物向预定目标转化。一切控制过程必须具有三个基本条件:一是存在并能辨识事物的可能性空间;二是在可能性空间中选择某种(或一些)特定状态为目标(即必须达到的目的和控制条件);三是依据一定的控制条件,使事物向既定目标转化。控制基本方法有:功能模拟方法、反馈方法、黑箱方法。根据控制论方法,探寻减低中国改革开放道德代价对策时,应当确立合宜的调控目标,创造调控的条件,寻找有效的路径和方法等,并在信息的反馈中不断进行适当的调整,以最大限度地减低道德代价,有序推进中国社会主义现代化建设。

4. 比较分析方法

比较分析的方法,是在理论学术研究中各重要学科广泛使用的一种方法。事物都有自己的质和量的规定性,都有自己的时间和空间存在形式,都有自己的特征和外貌。然而,要孤立地去研究一个事物,往往认知得不太清晰、不够鲜明;只有和其他事物进行必要的比较分析,才能认识得更加清晰。当然,比较分析不仅仅局限于一个事物与另一个事物之间的比较,也不仅仅拘泥于一个方向和方面的比较,还可以在多个事物之间进行比较,可以在多个方向和方面进行比较。运用比较分析方法去研究中国改革开放道德代价问题,既可以从一般与特殊的关系角度,去分析代价、社会代价与道德代价的区别与联系,也可以对道德代价与其他种类的代价——诸如经济代价、政治代价、文化代价、社会(建设)代价、生态环境代价等进行比较探讨,还可以对道德代价本身不同的类型进行比较——诸如"必然性代价"与"人为性代价"、"长期性代价"与"暂时性代价"、"全局性代价"与"局部性代价"、"个人代价"与"集体代价"和"社会代价"、"观念性代价"与"心理性代价"和"风尚性代价"、"经济道德代价"与"政治道德代价"、"文化道德代价"、"民生道德代价"和"生态道德代价"、"公共道德代价"与"职业道德代价"和"家庭道德代价"等。通过这些不同的比较分析,探求道德代价的一般本质、特征和规律,以及各种道德代价的不同特点,以便更好地探寻减低道德代价的有效路径、方式和方法。

5. 综合分析方法

人的认识过程往往有两条路径:一条是从具体到抽象,即从感性具体达到抽象规定,通过分析把整体分解成各个部分,从中抽取出本质的方面并通过概念固定下来;另一条是从抽象上升到具体,即从抽象的规定性达到思维中的具体,从抽象到具体的主要思维方法是综合,即把反映了事物各个方面本质的规定综合起来,形成关于事物的整体认识,使之在具体的思维中再现出来。此时的具体不是现实中的感性具体,不是"混沌的表现",而是思维中的理性具体,是对事物内在联系的本质属性的反映。马克思著作中的《资本论》就是一个运用从抽象上升到具体的方法的典型范例——以商品——资本主义经济关系的抽象而普遍的规定作为逻辑起点,以从抽象到具体作为叙述方法。当然,从具体到抽象和从抽象上升到具体,这两条路径或方法是相辅相成的,都是科学研究的重要方法。综合运用这两种方法,去研究中国改革开放道德代价问题,一方面,要通过对各种道德代价现象的分析,从中抽象出它的本质;另一方面,通过对道德代价的抽象本质进行深入分析,在层层深入分析中达到对道德代价本质、规律、属性和特点的具体。

（三）道德代价问题研究的重要内容

依据道德代价问题研究的基本思路,研究中国改革开放道德代价问题的重要内容可以从以下两个方面来概括。

首先,从研讨的系统圈来看。研究这个问题,牵涉到三个研究"圈":第一个研究"圈"是代价与社会代价的一般问题;第二个研究"圈"是道德代价的一般问题;第三个研究"圈"是中国改革开放的道德代价(特殊)问题。在研究这些问题的过程中,牵涉到三个研究"层":第一个研究"层"是理论层,诸如道德代价的含义、实质、特征、结构、功能、规律、观念、思想等;第二个研究"层"是问题层,诸如道德代价的类型、价值、表现、根源等;第三个研究"层"是对策层,诸如道德代价降低的原则、方针、政策、途径、机制、方式、方法等。

其次,从研讨的具体内容安排来看。

第一章重点探究道德代价的含义问题。从探讨"代价"和"社会代价"入手,在厘清"代价"与"社会代价"的基本含义、实质、特征的基础上,进入到"道德代价"概念的分析和界定。道德代价是人类社会发展进程中往往难以避免的一种精神性代价,社会进步往往要通过付出一定的代价并扬弃特定的代价来为自己开辟道路。道德代价实际上有广义和狭义之分。为了更好地认清道德代价的含义,还必须进一步探讨道德代价与一般社会代价和各种其他的社会代价的关系,以及发展伦理与道德代价的关系等。

第二章重点探讨道德代价思想史问题。人类对道德代价问题的认识由来已久,然而,从学科的严格意义上对道德代价问题进行思索,是近代以来特别是随着资本主义社会确立以来的事情。因此,我们选择了三条思想史线路:一是中国历史上的道德代价思想;二是西方历史上的道德代价思想;三是马克思主义的道德代价思想。

第三章重点探索道德代价的本质、规律及类型问题。道德代价的本质可从本体论的维度、价值论的维度、认识论的维度和方法论的维度加以探讨。道德代价具有客观必然性、普遍性、精神价值性、否定消极性、特殊规范性、内在性、广泛性等基本特征。其基本规律有道德代价与社会进步矛盾运动规律、道德代价与经济关系矛盾运动规律、发展善与发展恶矛盾运动规律。道德代价的基本类型可以分为"主客性道德代价"、"时空性道德代价"、"对象性道德代价"、"内涵性道德代价"、"范围性道德代价"等。

第四章重点探究道德代价的价值问题。道德代价就其主要的和基本的方面来说,具有不可否认的负价值:其一是毁坏道德主体的道德人格,导致道德主体的道德异化;其二是损毁道德主体的精神支柱,荒芜道德主体的精神家园;其三是错误道德主体的价值取向,引导道德主体走上发展邪路。然而,道德代价也有其正价值:一是道德进步和社会进步的一个前提条件;二是道德进步和社会进步的一个必然环节;三是历史发展动力的表现形式。

第五章重点追述道德代价产生发展的历程。根据社会历史发展的脉络,可从前现代社会的道德代价、现代社会的道德代价和后现代社会的道德代价去考察,从中揭示人类社会发展的内在矛盾和道德代价产生发展的一般性根源与规律。其中,特别要从中国现代化发展尤其是改革开放道德代价演变的历程去考察,从中揭示改革开放的内在矛盾和道德代价产生发展的根源与规律。

第六章重点探寻市场经济发展进程中道德代价产生发展的根源和规律。解析中国改革开放的道德代价问题,必须探讨经济关系对道德代价的基础性意义。为此需要把握以下几个方面:一是研究经济、经济基础与道德代价的关系,以期从中发现经济对道德代价的一般意义;二是研究市场、市场经济与道德代价的关系,以期从中发现市场经济对道德代价的特殊意义;三是研究资本、资本逻辑与道德代价的关系,以期从中发现研究资本、资本逻辑对道德代价的重大影响;四是研究计划、社会主义与道德代价的关系,以期从中发现中国社会主义市场经济对道德代价的关键作用。

第七章重点概括和探寻中国改革开放道德代价的现象及其根源。概括改革开放的道德代价现象,可以从两个层面进行:一是表层道德代价;二是深层道德代价。探寻道德代价的根源,也可以从两个层面进行:一是探讨道德代价的一般性根源;二是探讨改革开放道德代价的特殊性根源。

　　第八章重点探求道德代价调控的路径和方法。可从三个层面和角度去进行探索:一是降低中国改革开放所付出的道德代价所应当确立的正确观念、目标和模式问题;二是降低中国改革开放所付出的道德代价所应当确定的正确途径和方式;三是降低中国改革开放所付出的道德代价所应当明确的关键、重点和突破口。

　　第九章重点探讨道德代价机制建设问题。要降低中国改革开放所付出的道德代价,从根本上和长远来说,就必须建立健全降低道德代价的机制。而这种机制,从系统论的视角来说,不仅有道德系统自身运行的内在机制,还有道德系统与整个社会发展系统之间相互作用的外部机制。

第一章　道德代价概念论

　　按照从抽象到具体的研究方法,探讨中国改革开放的道德代价问题,应当从"道德代价"概念的确定开始。然而,道德代价的上溯类别概念,是"社会代价"与"代价"。要确定"道德代价"的概念,又应当首先了解"社会代价"与"代价"的概念含义。而研究"代价"和"社会代价",是有着特定的视角和范围的,它是与"发展"与"社会发展"紧密相关的;也就是说,"代价"是"发展"的"代价","社会代价"是"社会发展"中的代价。因而,研究道德代价,又应当从"发展"与"代价"、"社会发展"与"社会代价"的关系入手。

一、社会发展与社会代价

(一) 发展与社会发展

1. 发展与社会发展的含义

　　"发展"作为现当代的主题之一,无疑是现当代最常使用的概念。然而,"发展"最早只是一个生物学的概念。其本义是指生物从小到大,从不成熟到成熟的生长过程。而哲学上的"发展"(Development),则是指事物由小到大,由简到繁,由低级到高级,由无序到有序的前进上升的运动过程。

　　李秀林、王于、李淮春在其主编的高等学校文科教材《辩证唯物主义和历史唯物主义原理》一书中认为,唯物辩证法把运动、变化、发展结合起来表述自己的发展观。运动、变化、发展是属于同一序列的概念和范畴。运动就其最一般的意义来说,包含着宇宙中发生的一切变化和过程。运动是一切物质的根本存在方式,它主要标志着事物变动不居的动态过程。变化主要指运动的一般内容,即运动的多样性,运动的不同过程、状态和趋向,事物内部和外部联系的演变等。发展则是在运动、变化的基础上进一步揭示物质世界运动的整体趋势和方向性的范畴。发展是指前进的变化或进化,反映着事物由一种质态向另一种质飞跃,或从一种运动形式中产生另一种运动形式的过程,从总体上概括客观世界由低级到高级、由简单到复杂、由无序到有序的上升的有方向的运动。①

运动、变化、发展之间的辩证统一,以及客观世界前进运动的方向性,是通过物质运动形式的多样性及其相互转化表现出来的。恩格斯在《自然辩证法》一书中,依据当时科学达到的水平,按照从低级到高级、由简单到复杂的顺序,把宇宙中各种各样的物质运动归结为机械的、物理的、化学的、生物的和社会的五种基本运动形式。因此,哲学上的"发展",包含着"社会发展"。

社会发展的基本含义可概括为:第一,社会发展是一个前进的上升的运动变化过程;第二,社会发展是以人类为主体的各种社会要素矛盾运动的过程;第三,社会发展是一个在人类社会实践基础上不断走向全面协调可持续发展的过程。在这三个要点中,第一个要点揭示的是社会发展作为一种"发展"的一般含义;第二个要点揭示的是社会发展作为"社会发展"的一般含义;第三个要点揭示的是社会发展作为"社会发展"的特殊含义。

2. 社会发展与社会进步

然而,社会发展是否就是社会进步?

一般而言,社会进步不仅是指人类社会由低级向高级合规律性的前进上升运动,而且也是指人类合目的性地改造社会朝着理想状态不断趋近的演变进化;社会形态的更替和社会文明的发展是社会进步的过程。社会进步包括物质文明、政治文明(或制度文明)、生态文明、社会文明和精神文明的进步,社会文明是社会进步的表现。

由此可以发现,"社会发展"与"社会进步"有一个共同点:即人类社会运动方向的"前进性"和"上升性"。因为"进步"一词,根据《辞源》的释义:"进步:向上或向前"②。《现代汉语词典》的解释:"进步:(人和事物)向前发展,

① 参见李秀林、王于、李淮春主编:《辩证唯物主义和历史唯物主义原理》,中国人民大学出版社1995年版,第155页。
② 《辞源》合订本,商务印书馆1988年版,第1670页。

比原来好。"①这与"发展"一词所规定的"前进上升"的运动过程,是基本一致的。

正因为这一点,在以往许多认知中,都往往把"社会发展"与"社会进步"相等同。或者说,当许多人在认知"社会发展"概念的含义时,往往认为"社会发展"如果不等同于"社会进步",也实质上包含着"社会进步"。

这种认识虽有其一定的合理性,但如果停留在这样一种认知上,不便于对"社会发展"的深化认识。

如果要深化对"社会发展"的认识,更要看到,"社会发展"与"社会进步"之间的区别既是客观存在的也是很明显的。"社会发展"和"社会进步"最重要的区别在于:"社会发展"是一个工具理性探求的范畴,它重在"实然",主要是对社会运动的一种客观描述;而"社会进步"则是一个价值理性探求的范畴,它重在"应然",主要是对社会变化所做的一种奠基于客观事实之上的价值评价。虽然人们评价的标准可能不同,但有一点是相同的,即"社会进步"是个褒性概念;而"社会发展"则是个中性概念。因此,社会进步虽以社会发展为前提、为基础,但社会发展并不意味着就等同于社会进步。

然而,在以往把社会发展等同于社会进步的情况下,人们往往美化"社会发展",把"社会发展"理想化,从而才会生成"发展理想主义"。由此,正如丰子义所说:"第二次世界大战结束以来,在世界范围内盛行着'发展理想主义'的思潮。发展是有必要的,但一旦步入'发展理想主义'的误区,就会给人类的发展带来数不清的困难和危机,因为'发展理想主义'至少存在着这样的缺陷:把发展绝对化和理想化,认为人类的发展历程如同行进在平坦如砥的长安大道上,一路上只能是凯歌高奏、一帆风顺,于是,代价和问题全然不在人们的视野之内。"②

关于这一点,《低代价发展论》也认为,"目前,学界关于社会发展含义的理解,存在着两个方面突出的缺陷:一是将社会发展等同于社会进步;二是基于将社会发展等同于社会进步的认识,相当多的哲学教科书和有关谈论社会发展的著述,在谈到社会发展时,基本上都是这样认为:社会发展是揭示社会

---

① 《现代汉语词典》,商务印书馆2002年版,第659页。
② 邱耕田:《低代价发展论》,人民出版社2006年版,"序"第1页。

进步的哲学范畴,表示社会由低级形态向高级形态的发展过程。其实,这个定义,只是从发展的方向性角度对社会发展的一种把握,并未把社会发展的全部、特别是其实质性内容揭示出来。"①

要把握社会发展的全部、特别是其实质性内容,还应当了解与其相关的另一个概念——社会代价。

(二) 代价与社会代价

1. 代价的涵义

日常用语中,"代价"常指为达到某种目的而作出的某种舍弃、付出、投入和消耗。

《现代汉语辞海》对于"代价"的解释是:(1)获得某种东西所付出的钱;(2)泛指为达到某目的所耗费的物质或精力。②

与"代价"相对应的英语单词是"Cost"和"Price"。"Cost"在《韦伯斯特大辞典》中解释为"丢失、丧失或损失,它们或是作为获得某种东西的必要费用,或是作为一种行动的不可避免的结果或惩罚";而"Price"在《韦伯斯特大辞典》中解释是"得到或提供某物的代价"。

"代价"一词最早滥觞于经济学中,常常和成本混用。它被看作是生产成本、机会成本,以及各种损耗和日常消费。在社会学中,代价被视为一种理性的尺度。美国社会学家乔治·霍曼斯给代价下的定义是:为获得某种报偿而受到的惩罚或放弃的另一收益。③ 在哲学中,代价是事物发展的矛盾或背反性质的体现,是否定的外化或对象化形式,即发挥着转化功能且自身要被否定掉的价值。④

由此可以发现,"代价"的含义有几点基本相同:第一,"代价"是一种客观存在,是一种不以人的主观好恶所转移的客观事实。任何事物的获得和发展,都必然"付出"代价。第二,"代价"的实质是一种否定性事物,它不仅是对事物的获得和发展这一"肯定"的"否定",而且其自身也要被否定。第三,"代

---

① 邱耕田:《低代价发展论》,人民出版社 2006 年版,第 11—12 页。
② 参见倪文杰等主编:《现代汉语辞海》,人民中国出版社 1994 年版,第 176 页。
③ 转引自郑也夫:《代价论》,三联书店 1995 年版,第 2 页。
④ 参见韩庆祥等:《代价论与当代中国发展》,《中国社会科学》2000 年第 3 期。

价"的基本性质是"失",而这种"失"是相对于"得"或为了"得"的"失"。这种"失"不仅是一种事实判断,更是一种价值判断。因而,这种"失"相对于"得"来说,在质上是一种否定。第四,"代价"与"成本"既相区别又相联系:一方面,"代价"与"成本"都属于"否定性"和"失"的方面,在质的规定性上有相似性,因此,在一定意义上,"代价"与"成本"的含义基本相近;"成本实为狭义上的代价,而代价则是引申意义上的成本。"①。另一方面,"成本"不能简单地等同于"代价","代价"与"成本"是有区别的:一则,"成本大多可以量化,而很多的代价却不能量化"②。二则,代价包含的内涵远比成本要丰富得多,代价中既包含有"成本性"代价,即为了获得和发展而必须付出的东西,也包含有消极"后果性"代价,即在获得和发展中所产生的一系列负面的结果。这种负面结果在一定意义上也是一种"惩罚"。三则,成本与代价尽管在内容上有其相近的一面,但终归分属不同的理论层次:成本是经济学意义上的概念,主要讲合算不合算的问题,是一个事实问题;代价则是价值哲学意义上的概念,主要讲合理不合理的问题,是一个价值问题。

2. 社会代价的含义

"代价"在社会发展研究意义上,就是特指"社会代价"。然而,迄今为止,关于"社会代价"的认识,也是不尽相同的。

有学者认为,在哲学意义上,社会代价就是指人类在社会发展过程中所作出的努力和牺牲以及所造成的消极后果。③

也有学者从历史哲学的角度指出,发展的代价是人们在追求和创造价值的社会实践活动中,基于自身社会选择,为换取某种价值目标而对其他价值目标的放弃或损害,以及由此带来的与价值取向相悖的消极后果,它与人们的价值活动密切相关,是在社会发展过程中产生的与人类价值取向相悖的负面价值和价值损失。④

还有学者主张,从历史发展的角度而言,社会代价的基本内涵是指人们在社会实践中为满足一定的需要或达到某种目标而导致某些需要和价值目标的

---

① 转引自郑也夫:《代价论》,三联书店1995年版,第1—2页。
② 王玲玲、冯皓:《发展伦理探究》,人民出版社2010年版,第18页。
③ 参见袁吉富等:《社会发展的代价》,北京大学出版社2004年版,第6页。
④ 参见王玲玲、冯皓:《发展伦理探究》,人民出版社2010年版,第18页。

牺牲和损害。[①]

又有学者强调,社会代价在实质上就是:基于历史发展的内在必然性并为换取某种发展而对其他发展目标的必要抑制和牺牲,它和发展具有互为补偿的性质。[②]

另有学者指出,社会代价是指人们在追求发展价值的实践中所产生的与发展价值相悖的后果;它属于价值范畴,是一种负面价值。[③]

并有学者从社会学的角度对社会代价进行定义,认为社会代价是指主体活动为实现社会进步所消耗的物质和精力、所作出的牺牲以及所受到的惩罚诸方面的总和。[④]

更有学者从哲学的角度分析说,所谓社会代价是指人类在实现社会进步的实践过程中所付出的努力和牺牲,特别是所造成的一系列消极后果。它包括三个方面的内容:一是成本性代价,即为实现社会进步所必须支付的物力、精力和人力;二是牺牲性代价,即人通过牺牲自身的利益甚至生命以实现自身的理想价值或换取社会的进步;三是消极后果性代价,即在实现社会进步的过程中所产生的一系列负面的、有害的结果。[⑤]

同时,有学者指出,从严格的理论意义上来说,社会代价并不属于一般的社会学、经济学范畴,而是属于价值哲学范畴。它是与社会发展的价值取向直接相关的概念,其基本含义是指人类为社会进步所作出的牺牲、付出,以及为实现这种进步所承担的消极后果。[⑥]

综合上述合理性的认识,可见社会代价是一个与社会发展的价值取向直接相关的概念,其基本含义是指人类在社会发展的历史进程中,为追求社会进步所作出的牺牲、付出,以及为实现这种进步所承担的消极后果;它是社会发展的矛盾或背反性质的体现,是否定的外化或对象化形式,其实质是社会发展实践活动的否定性方面,它是与人类追求社会进步价值取向相悖的负面价值

---

① 参见倪愫襄:《道德的代价及其合理性》,《社会科学家》2001 年第 3 期。
② 参见韩庆祥:《发展代价论》,《求索》1999 年第 1 期。
③ 参见许先春:《社会发展代价及其调控》,《人文杂志》2000 年第 2 期。
④ 参见毛园芳:《社会发展与社会代价》,浙江大学出版社 2009 年版,第 16 页。
⑤ 参见邱耕田:《低代价发展论》,人民出版社 2006 年版,第 84 页。
⑥ 参见丰子义:《现代化进程的矛盾与探求》,北京出版社 1999 年版,第 222 页。

和价值损失。

依据上述对社会代价的一些共同性认识,也可以发现社会代价的基本特点:第一,社会代价具有客观性。社会代价在社会发展中是客观存在的,它不是有与无的问题,而只是多与少、大与小、高与低的问题,这种客观存在是不以人的主观意志为转移的客观事实。第二,社会代价具有普遍性。社会代价在社会发展中是普遍存在的,它不仅具有时间存在上的持久性,也具有空间存在上的广泛性。第三,社会代价具有价值性。代价是为了或因为创造满足人的发展需要而作出的舍弃、付出或牺牲,它本质上是一个标志着违反满足作为价值主体的人的发展需要的价值范畴。第四,社会代价具有否定性。社会代价虽对社会发展起着一定的刺激、推动、补偿等的作用,但它的主导性质是一种否定性价值。第五,社会代价具有隐蔽性。由于社会代价具有滞后性、掩盖性、间接性,也造就其隐蔽性。第六,社会代价具有非均衡性与连带性,从而造成了社会代价发生和影响的复杂性和长期性。

(三) 社会进步与社会代价的关系

社会发展理论研究者普遍认为,社会代价与社会发展的关系,是社会发展代价问题研究中的核心问题。对于这一问题,迄今为止,学界可以说已经从这一视角作了比较充分的研究,大多数学者都认为这两者之间存在着辩证统一的关系。然而,正如前述,社会发展与社会进步是两个既相联系又相区别的概念,社会发展作为一个工具理性探求的范畴,它重在"实然",主要是对社会运动的一种客观描述;而"社会进步"则是一个价值理性探求的范畴,它重在"应然",主要是对社会变化所做的一种奠基于客观事实之上的价值评价。虽然人们评价的标准可能不同,但有一点是相同的,即"社会进步"是个肯定性"褒性"概念;而"社会发展"则是个中性概念;"社会代价"则是一个否定性概念。因此,与社会代价相对应的不应该是社会发展,而是社会进步。换句话说,社会发展本身就包含着社会进步与社会代价这对矛盾,为此,当我们去探究社会发展与社会代价的关系时,应当从社会进步与社会代价的矛盾关系入手。

1.社会代价与社会进步相互对立、相互排斥

无论是在内容上还是形式上,社会进步与社会代价之间的区别与对立和排斥都是明显的。

　　首先,从价值观的角度看,在特定的时空内,社会进步与社会代价是人们价值取向中相反的两个侧面:社会进步是与人们的价值取向一致的积极成果;而社会代价则是人们为实现一定的价值目标而付出和牺牲的价值,以及由此所承担的与价值取向相悖的消极后果。①

　　其次,从社会发展的角度而言,社会进步对社会代价有克服性、排斥性的作用,社会代价对社会进步也有限定性、损毁性和否定性的作用;社会进步既扬弃着社会代价,也可能生产着否定自身的社会代价。

　　社会代价与社会进步之间的相互排斥性,主要体现在三个方面:

　　第一,社会进步对社会代价具有制约性。任何社会代价的付出都是在前人创造的社会进步成果基础之上进行的,没有这个基础,社会代价就不可能发生。社会进步为社会代价的产生限定了具体的形式,社会进步的成果如何,直接决定着社会代价的付出方式;社会进步的成果制约着承受和付出社会代价的主体,社会代价的承担者在什么样的历史条件下活动,就会形成什么样的主体,实践主体在社会历史进程中的目标追求和价值选择直接制约着社会代价的产生和付出。

　　第二,社会代价对社会进步有着限制性。社会代价对社会进步的限制性作用主要表现在社会进步的状态与社会代价的付出呈相反关系:社会代价付出的越低,社会进步的程度就越高;社会代价付出得越高,社会进步的程度就越低。如果社会进步大于社会代价的付出,就会推动社会前进;如果社会进步小于社会代价的付出,就会导致社会衰退;如果社会进步等于社会代价的付出,就会导致社会停滞不前。

　　第三,社会代价与社会进步具有相互否定性。社会发展的历史进程中,同时并存着创价(社会进步)与社会代价两极。创价总是要付出一定代价的。具有必然性的和内在根据的社会代价,构成了社会历史自身发展链条中的一个不可缺少的内在环节,社会进步总是要通过付出社会代价并扬弃(辩证的否定)社会代价而实现。在这个意义上,社会代价实际上是对社会发展某种目标的牺牲和否定,而进一步的社会进步又是对这种社会代价的扬弃。付出代价、获得进步、再付出代价、再获得进步——这就是人类社会的波浪式前进

---

　　①　参见邱耕田、张荣洁:《简论社会发展的代价规律》,《社会科学》2000 年第 7 期。

上升运动。①

2. 社会代价与社会进步相互依存、相互转化

社会代价与社会进步相互依存、相互转化关系,具体表现在以下四个方面:

第一,社会代价与社会进步相互依存。它们彼此以对方为自己存在的前提和条件,即没有彼也就没有此;反之亦然。没有社会进步就没有社会代价,社会代价要在社会进步的实践中产生;没有社会代价也不会实现社会进步,社会进步要通过社会代价的付出来取得。

第二,社会代价与社会进步相互包含。在社会发展进程中,社会代价与社会进步之间不存在一条绝对泾渭分明、互不相干的界线,而是呈现出你中有我、我中有你的状况。也就是说,纯粹的社会进步或纯粹的社会代价都是不存在的。②

第三,社会代价与社会进步相互转化。在社会发展进程中,社会代价的付出是为了换取社会进步,即在一方面是某种社会代价的付出或发生,而在另一方面则是它换来人的某种物质或精神需求的满足,是人和社会的进步。在此意义上,可以说,社会代价向社会进步转化。而当人们在新的起点上进行新的社会发展实践时,则又会导致新的社会代价的产生,这又可以看作是社会进步向社会代价的转化。

第四,社会代价与社会进步相互影响。从社会代价与社会进步的各个方面来看,社会代价与社会进步密不可分。就社会代价与社会发展目标而言,社会发展目标制定的是否适当直接影响社会代价的付出;就社会代价与社会发展的动力而言,社会代价是社会进步的一个深层动因;就社会代价与社会发展方式而言,没有离开社会进步的社会代价,也没有离开社会代价的社会进步,社会进步只有通过付出并扬弃社会代价的方式来进行;就社会代价与社会发展程度而言,社会代价影响着社会进步的具体状况;就社会代价与社会发展风险而言,社会发展风险问题包含着潜在的社会代价;就社会代价与社会发展结果而言,社会代价显现着社会进步的局限性。③

---

① 参见毛园芳:《社会发展与社会代价》,浙江大学出版社 2009 年版,第 41—42 页。

② 参见邱耕田:《低代价发展论》,人民出版社 2006 年版,第 120 页。

③ 参见孙来斌、田辉:《社会发展代价问题研究综述》,《北京行政学院学报》2006 年第 3 期。

在社会发展的历史进程中,正是社会进步与社会代价之间辩证统一的矛盾运动,不断推动着社会前进。这也就是社会发展代价规律的基本内容。

二、道德代价的界定

在探讨了社会代价的基本含义和主要特征之后,开始进入到对道德代价概念的探究。要对道德代价概念进行科学的界定,首先应当了解道德代价与社会代价之间的关系。

(一)道德代价与社会代价

社会代价有广义上的社会代价,也有狭义上的社会代价。狭义上的社会代价,主要是一般的社会学、经济学范畴;而广义上的社会代价是属于价值哲学范畴。我们探究社会代价的立足点是广义上的社会代价。

如果说,社会代价是一个"科"概念,那么,严格意义上,道德代价则是一个"种"概念。也就是说,道德代价是其上层"科"概念"社会代价"所包含的一种代价。要了解这一点,我们可以从社会代价的分类上来认知。

社会代价可以按不同标准和方法进行分类。

按主体活动得以进行的前提可划分为"投入性代价"和"选择性代价"。人的活动在一定意义上就是以一种较小的物质和精神的资源投入来获得另一种较大的物质和精神产品的产出,这就是投入性代价;当人类在特定历史时期所拥有的有限资源同人的多样性需求发生矛盾时,有限资源只能被用于满足社会某些方面的需求,在这种情况下,人类不得不以抑制某些需求为代价来满足另一些需求,此即为选择性代价。

按代价的付出方式可划分为"损益性代价"和"交往性代价"。在社会实践活动中,人类为实现某种发展而在物力、财力方面的投入、付出、损耗,就是损益性代价;而交往性代价则是指社会主体为促进自身或整个社会的发展,在社会成员和群体之间展开的各种交往活动所需要的费用及其冲突,以及为此而付出的各种牺牲。

按代价主体的社会存在形态可划分为"个人代价"、"集体代价"和"社会代价"。个人代价是指个人为"类"的发展自觉或不自觉地承受的损失或作出的牺牲;集体代价是指在社会发展过程中,作为个人集合体的行业、团体、单位乃至阶级、阶层、民族等,在社会发展中自觉或不自觉地承受的损失或作出的牺牲;社会代价则是指在共同时代背景下,不同社会利益集团为社会发展进程的某一总目标而共同承担的具有普遍性、共同性的损失和牺牲。

按代价损耗的内容可划分为"物质性代价"和"精神性代价"。各种社会主体为获得自身及社会的发展而不得不放弃的某些物质利益,承受的某些物质损失,以及用于进一步发展的物质投入,就是物质性代价;而精神性代价则是指实践主体为实现某一发展目标,在精神方面承受的各种损失。

按代价的性质和功能可划分为"必要代价"和"不必要代价"。一种投入的选择足以满足人们的某种必要的合理要求,且能够适时补偿人类为此付出的代价,即那种能换取更大发展的、得大于失的代价,就是必要代价;不必要代价则是指由人们失当的投入和选择造成的且无法由需求的满足来合理补偿的代价,即劳民伤财、得不偿失的代价。

按代价产生的根源可划分为"必然性代价"和"人为性代价"。① 必然性代价是指与社会发展有着内在的、必然的联系、一定要作出的某种投入或导致的某种损失、牺牲等,它包括"积极的必然性代价"和"消极的必然性代价";人为性代价就是因人自身的原因而造成的代价,它包括由社会主体认识的历史局限性所造成的"局限性人为代价"、由某些现实个人的失误所造成的"失误性人为代价"和因人对自身利益的极端而恶意的追求所造成的"恶意性人为代价"。

按代价存在的时间可划分为"长远代价"和"眼前代价"。长远代价是指今后长时间内长远利益要被牺牲、损害的代价;而眼前代价则是指目前利益要被牺牲、损害的代价。

按代价涉及的范围可划分为"整体性代价"和"局部性代价"。整体性代价是指所付出的代价是整体性的,涉及社会的方方面面、各个领域和所有范围的代价;而局部性代价则是指所付出的代价是局部性的,只涉及社会的某一方

---

① 参见韩庆祥等:《代价论与当代中国发展》,《中国社会科学》2000 年第 3 期。

面、某一领域、某一范围的代价。①

从上述社会代价的分类中,我们可以看到,如果按社会代价损耗的内容可划分为"物质性代价"和"精神性代价"。而道德代价则是"精神性代价"中的一种代价。道德代价、精神性代价和社会代价构成一种"种"、"属"、"科"的层级关系。

(二) 道德与道德代价

道德代价不仅是社会代价中的"精神性代价"属下的一种"社会代价",而且还是"道德领域"中的"社会代价"。因而,要探究道德代价的含义,还要先了解"道德"与"道德领域"。

道德一词,是由"道"与"德"两字组成的。"道"与"德"的同时出现,在汉语中可追溯到先秦思想家老子所著的《道德经》一书。老子说:"道生之,德畜之,物形之,器成之。是以万物莫不尊道而贵德。道之尊,德之贵,夫莫之命而常自然。"其中"道"指自然运行与人世共通的真理;而"德"是指人世的德性、品行、干道。而"道德"二字连用始于荀子《劝学》篇:"故学至乎礼而止矣,夫是之谓道德之极"。荀况不但将道与德连用,而且赋予了它较为确定的意义,即指人们在社会生活中所形成的道德品质、道德境界和调整人和人之间关系的道德原则和规范。在西方古代文化中,"道德"(Morality)一词起源于拉丁语的"Mores",意为风俗和习惯。后来,明确表示特指人们应当如何的行为规范。

当然,道德的含义也是五花八门的,但是有几点却是比较相同或相近的认识:第一,道德是一种精神文化现象,是一种特殊的社会意识形态;第二,道德是人们在社会生活中应当如何行为的规范体系;第三,道德是用善恶标准去评价的依靠社会舆论、传统习惯和内心信念去维持的一类社会现象(通常包括道德意识现象、道德规范现象和道德活动现象)。

谈到"道德",就不能不谈到"伦理"。在传统上,道德与伦理往往是通用的。从中国的词源含义来看,"伦",本意是辈、类的意思,"理"是条理、道理的意思。伦理二字连用,最早见于战国至秦汉之际的《礼记·乐记》,其中说:

---

① 参见毛园芳:《社会发展与社会代价》,浙江大学出版社 2009 年版,第 22 页。

"乐者,通伦理者也。"在这里,"伦理"已经表示着有关道德理论的意思。① 在西方,"伦理"源于希腊语"Ethos",义为品性与气禀以及风俗与习惯;也与源于拉丁文的"道德"的含义相近。

在西方思想史上,德国哲学家黑格尔明确区分了"伦理"与"道德"的差别:伦理是关于客观善、社会善的,道德是关于主观善、个体善的;伦理是社会关系及其秩序,道德是个人操守与品德精神;伦理是个人存在的本体论根据;主观善、个体善从客观善、社会善中获得自身的内在规定性或客观内容。在中国,长期以来并没有将"伦理"与"道德"区分开来,这一点,从改革开放以来的绝大多数伦理学教科书中都可以得到明证。然而,在改革开放的历史进程中,伦理学界渐渐地把"伦理"与"道德"区分开来,这无疑是一种学术进步。当代中国,伦理学界基本上把"伦理"与"道德"作了如下的区分:第一,伦理具有本体性,它表示一种伦常的客观存在和客观规律;道德具有主体性,它表示对这种伦常的客观存在和客观规律的自觉认识与获得。第二,伦理具有客观性,伦理关系、伦理规律是不以人的意志为转移的客观存在;道德具有主观性,道德主体去认识和反映伦理关系和伦理规律时,不仅认知过程而且认知成果都有主观性。第三,伦理具有社会性,追求的是社会善,表征的是社会关系及其秩序;道德具有个体性,追求的是个体善,表征的是个人操守与品德精神。第四,伦理具有理论性,强调的是理论、学术、学科的建设;道德具有实践性,强调的是行为、品质、操守的建设。也就是说,说伦理具有理论性与说道德具有实践性,是就两者的侧重点来说,当人们在使用伦理一词时,更多的是指向"理论";而使用"道德"一词时,则更多的是指向"实践"。伦理外在于人,通过说服人成为人内在的"道德",而成为人的内在"道德"则更多的是一个实践积累的过程。第五,伦理具有相对统一性,伦理的本体性、客观性和社会性,都成为其相对统一性的内在根据;道德具有不断变化性,道德的主体性、主观性和个体性,都成为其不断变化的重要原因。

人类社会生活的领域,从纵向上分,大致可分为:生态领域、经济领域、政治领域、文化领域;从横向来分,大致可分为:家庭生活领域、社会公共生活领域、职业生活领域。而所谓的"道德领域"并非有专门的"领域",它是渗透于、

---

① 参见罗国杰主编:《伦理学》,人民出版社 1989 年版,第 4 页。

交融于所有的社会生活之中的,因此,"道德领域"只是一种抽象思维的称谓,它指称人们在社会生活中那些具有道德意义并能够进行道德评价的活动、行为和事件等的总和。因而,道德代价作为一种"道德领域"中的社会代价,就是特指在社会发展进程中,那些具有道德意义并能够进行道德评价的活动、行为和事件等的道德价值被牺牲、损害、否定的一种特殊社会代价。

(三) 道德代价的含义

既然社会代价是一个与社会发展的价值取向直接相关的概念,其基本含义是指人类在社会发展的历史进程中,为追求社会进步所作出的牺牲、付出,以及为实现这种进步所承担的消极后果;它是社会发展的矛盾或背反性质的体现,是否定的外化或对象化形式,其实质是社会发展实践活动的否定性方面,它是与人类追求社会进步价值取向相悖的负面价值和价值损失。

既然道德代价不仅是社会代价中的"精神性代价"属下的一种"社会代价",而且还是"道德领域"中的"社会代价"。而且这种"道德领域"中的社会代价,特指的是在社会发展进程中,那些具有道德意义并能够进行道德评价的活动、行为和事件等的道德价值被牺牲、损害、否定的一种特殊社会代价。

那么,可以说,道德代价就是指人类在社会发展的历史进程中,为追求社会进步所引起的道德的损害、损失和牺牲,即主要指正向的、合乎道德的、善的价值的损害、损失和牺牲,以及为实现这种进步所承担的消极道德后果;它是社会发展的矛盾或背反性质的道德体现,是否定的道德外化或对象化形式,其实质是社会发展实践活动在道德上的否定性方面,它是与人类追求社会进步价值取向相悖的负面道德价值和道德价值损失。

道德代价可以分为广义的道德代价和狭义的道德代价。广义的道德代价包括(宏观的)"伦理的代价"(即社会发展进程中出现的伦理价值的损害、沦丧和背弃,诸如环境污染、生态破坏、贫富分化、政治腐败等)和(微观的)"道德的代价"(即一定道德主体在具体的善恶选择中对一定善的价值的背离与放弃,诸如诚信缺失、损人利己等);狭义的道德代价主要是指(微观的)"道德的代价",即一定道德主体在具体的善恶选择中对一定善的价值的背离与放弃,以及直接与道德主体的道德素质、道德人格受损、丧失等方面的代价。

为了更好地探明道德代价的涵义,还有必要进一步弄清与道德代价直接相关的一系列概念和范畴。

1.道德代价与道德价值

已经探明,社会代价具有价值性。道德代价作为社会代价的一种表现形式,也具有鲜明的价值性。然而,道德代价的价值性,是一种特殊的价值性,这就是道德价值性。

道德价值是价值范畴中的一种特殊价值,它和其他价值既有区别,也有联系。

作为哲学意义上的一般价值,是指主体和客体之间一种特定的关系,即客体以自身属性满足主体需要的效益关系。价值根据主客体之间的特定关系,可分为许多种类。最基本的可分为物质价值和精神价值;在精神价值上还可分为真的价值、善的价值和美的价值;在社会生活的层面上又可分为生态价值、经济价值、政治价值、文化价值等。

道德价值是一种精神价值、文化价值,更是一种善的价值。因此,道德价值一方面和其他价值有着共同性:第一,它们都是一个"关系"范畴。价值不是一种实体,而是主客体之间一种特定的关系;因此,构成"价值"的要素有二:一是人即主体的需要与要求;二是事物即客体的某种性质、结构和属性,只有当两者发生"关系"时,"价值"才产生。第二,它们都具有客观性。一方面,价值的产生必须要有其客观基础,这就是各种物质的、精神的现象客观存在的所固有的属性;另一方面,价值同人的需要有关,但人的需要以及需要满足的程度也总是受到社会实践和历史发展的客观制约。第三,它们都具有主体性。一方面,在价值关系中不是人趋近物,而是物趋近人;人作为价值主体的现实需要及其需要的程度,是某物是否具有价值以及价值大小的内在尺度。另一方面,在价值关系中,价值主体具有创造性;无论是主体在同客体的相互作用中发现客体潜在的价值,还是通过实践发明或发现实际掌握客体的方式,及至最后改造客体、实现自己的价值目标,都始终贯穿着主体的创造性活动。第四,价值具有多元性。价值与真理的最大区别之一,就是真理具有一元性,而价值则具有多元性;因为真理是标志主观与客观相符合的哲学范畴,它的根本性标准,就是客观事物本身,它具有客观性;只有与客观事物的实际、本质和规律相符合的主观认识才是"真理";因此,在对同一个客观事物的认识上真理只有一个;当然,这种真理性的认识只有通过实践才能得到检验。而价值的根本性标准则是人的需要及其需要的程度,这种标准具有主观性;由于不同的人和不同时空中的人的需要及其需要的程度也不同,因而价值具有多元性。第四,它们都具有质与量的关系。由于价值的主体性、主观性和多元性,价值不仅有质的区别,还有量的差别;同一个客体,对于不同的主体、对于不同时空中的主体的价值可能呈现出完全不同的性质和数量。[①]

然而,另一方面,道德价值又与其他价值相区别,具有自身的特征。第一,道德价值是一种"善恶"价值。在伦理学上,一般来说,善就是在人和人的关系中表现出来的对他人、对社会的有(正)价值的行为;恶就是对他人、对社会的有害的、产生负价值的行为。具体来说,善就是指一个人或一个群体的行为、活动,符合一定社会或阶级的道德原则、规范的要求;恶就是指一个人或一个群体的行为、活动,违背一定社会或阶级的道德原则、规范的要求。正面的道德价值就是一种善价值;负面的道德价值,则是一种恶价值。第二,道德价值是一种"应当"的价值。道德基于"实然"又追求"应然",因而道德价值并不与事物、对象直接发生关系(事物、对象的价值总是在结果与效用上满足人们的欲求,并作为达到人的某种目的的手段而具有价值的),而是与人的人格、行为和人们的相互关系发生直接联系;它体现着人们之间相互关系的要求、生活的规范和理想目标,带有应当的特性。应当体现着理想要求对现实规定的关系:应当本身包含着现实的规定,而现实的规定同时也包含着某种理想的应当;将现实的潜在性加以充分发挥,就显示出现实本身所具有的理想性;应当既是理想的,又是现实的,是理想与现实的统一。第三,道德价值是一种"内在性"价值。道德价值与政治价值不同的是,它不是以强制的制度和手段发生作用,而是着眼于影响社会意识,协调人际关系,强调人的内在自觉意识。它在发生社会作用时与政治价值有密切联系,包容着某些共同的要求,但它比政治价值更注重人的内在品性和人格。第四,道德价值是一种实践性的精神价值。道德价值与艺术价值、学术价值同属于精神价值,但艺术价值、学术价值只是停留在审美和认知领域,而道德价值要通过人们的社会实践形成并体现出来。它在揭示人们的品性、行为和相互关系的道德价值时,是着眼于实践

[①] 参见李秀林等主编:《辩证唯物主义和历史唯物主义原理》,中国人民大学出版社 1995年版,第 359—367 页。

关系的。作为精神价值,它不是纯粹内在的、静观的精神,而是得之于心,施之于行,内外统一,发生于实践关系中的精神,是"精神——实践"、"实践——精神"价值,是精神与实践的融合。①

如果说道德价值有正面性价值和负面性价值、积极性价值和消极性价值、肯定性价值和否定性价值的话,那么,道德代价本质上就是一种负面性、消极性、否定性的道德价值。如果从道德价值的特征来说,道德代价实质上就是一种"恶"的价值、一种"不应当"的价值、一种消极"内在性"的价值、一种否定性的实践性精神价值。

2.道德代价与道德成本、道德资本

在人们对社会代价的认识中,虽然对于"社会代价与社会成本"的关系,有着不同的认识;但绝大多数学者都认同:社会代价包含着社会成本。

邱耕田在其《低代价发展论》一书中明确提出,代价范畴包含着三个方面的内容:一是成本性代价;二是牺牲性代价;三是消极后果性代价。②

"成本"(英语为"cost")本是经济学上的概念。成本概念本质上是商品经济的价值范畴,是商品价值的组成部分。人们要进行生产经营活动,就必须耗费一定的资源(人力、物力和财力),其所费资源的货币表现及其对象化被称为成本。并且随着商品经济的不断发展,成本概念的内涵和外延都处于不断地变化发展之中。中国成本协会(CCA)发布的CCA2101:2005《成本管理体系术语》标准中第2.1.2条中对成本术语的定义是:——为过程增值和结果有效已付出或应付出的资源代价(指应该付出,但目前还未付出,而且迟早要付出的资源代价)。美国会计学会(AAA)所属的"成本与标准委员会"对成本的定义是:——为了达到特定目的而发生或未发生的价值牺牲,它可用货币单位加以衡量。

由此可见,成本主要有以下几方面的含义:第一,成本属于商品经济的价值范畴,即成本是构成商品价值的重要组成部分,是商品生产中生产要素耗费的货币表现;第二,成本具有补偿的性质,它是为了保证企业再生产而应从销售收入中得到补偿的价值;第三,成本本质上是一种价值牺牲,它作为实现一

① 参见罗国杰主编:《伦理学》,人民出版社1989年版,第327—329页。
② 参见邱耕田:《低代价发展论》,人民出版社2006年版,第84页。

定的目的而付出资源的价值牺牲,可以是多种资源的价值牺牲,也可以是某些方面的资源价值牺牲;甚至从更广的含义看,成本是为达到一种目的而放弃另一种目的所牺牲的经济价值,在经营决策中所用的机会成本就有这种含义。

无疑,哲学意义上的社会代价,必然包含着"社会成本"。而道德代价是社会代价的一种具体形态,一般性是特殊性的共性抽象;因而,在这个层面上,社会发展不仅要付出物质性代价,也要付出包括道德代价在内的精神性代价。在这里,道德代价似应包含道德成本在内。但是,特殊性又比一般性更丰富,一般性不能涵盖所有的特殊性内容。道德代价作为一种特殊的精神性代价,强调的、一种"恶"的价值、一种"不应当"的价值、一种消极"内在性"的价值、一种否定性的实践性精神价值。因而,它本质上不是"付出",更不是"投入",而是一种对"善"的价值、"应当"的价值、积极"内在性"的价值、肯定性的实践性精神价值的损害、牺牲和否定。在这个意义上,道德代价不包含道德成本。

为了进一步了解这一点,还得了解道德成本究竟是指什么?

随着社会主义市场经济在中国的崛起,首先在经济领域中,大量缺失、损害、牺牲道德的经济行为和经济现象涌现。人们发现,要使市场经济得到正常健康有序发展,不仅要依靠法制,还要依赖道德。于是,人们开始把"道德成本"引入企业发展之中。认为,企业发展不仅要有物质性的成本投入,而且还应当加强经济伦理建设和企业道德建设,使企业发展流淌着"道德的血液"。然而,后来有些人则把道德上的损害性代价、牺牲性代价、消极后果性代价都叫作"道德成本"。

具有代表意义的是《企业发展的道德成本》一文①中谈到,道德作为一种无形的精神力量始终是行为约束的最高境界,但道德伦理本身是一种无形的约束力量,正因为这种约束的无形性,道德标准在巨大的利益诱惑面前,就会变得苍白无力了。用"成本"来衡量道德行为的效用和不道德行为的代价,有利于把内置的无形标准转化为外在的有形界限。布坎南指出,当我们违背了内置的行为准则时,其主观感受里就会觉得非常不舒服、不愉快,这种负面效用就是"道德成本"。基于这个界定,由于道德沦丧行为会带来实实在在的外

---

① 参见饶育蕾:《企业发展的道德成本》,《董事会》2009 年第 2 期。

在负效用，即来自于自然界的惩罚、法律的制裁、他人的报复等，它是一项潜在的、或有的成本。道德成本可以归纳为：一是信息伪装成本：为了规避法律道德的约束，决策者往往需要掩盖其行为的事实真相，或者需要制造一些掩人耳目的假象，这些行为都会带来一定的成本支付。当然，相对于可能获取的巨大暴利而言，信息伪装成本就显得微不足道了。二是惩罚成本：一旦违背准则的行为被暴露，自然会受到来自各方面的惩罚。其中，违法行为的法律制裁、经济赔偿等所带来的成本是明确的，但受损害的一方可能实施的报复行为则具有巨大的不确定性和破坏性。三是信誉成本：一旦造成负面的社会舆论及影响，随之而来的损失将是不可估量的。社会道德约束虽然相对含糊，但同样存在对人们行为的惩罚机制，道德感自然地使人们对不道德行为采取不合作态度，使其遭受更大的损失。交易双方的履约机制是基于交易主体相互信任基础上的，其前提是交易主体之间的重复博弈：如果企业存在永续经营的理念，那么博弈双方目前的交易是未来交易的一部分，双方就具有信守承诺的充分激励，从而采取合作的态度。这就是信誉成本对企业道德行为的无形约束。

在此可以看到，其所谓的"道德成本"，实质上应当是"道德代价"。真正的"道德成本"应当是道德主体(个体或集体)为了自身的发展而应当具有和"投放"的道德要素。因而，道德代价和道德成本就有着明显的区别：一是"道德代价"属于否定性方面，包含有损害性、牺牲性代价以及消极"后果性"代价，即在社会发展的历史进程中，被损害、牺牲以及由此而产生的消极道德后果；"道德成本"则属于肯定性方面，即为了获得和发展而必须具备的道德要素，只有具备了相应的道德要素，经济社会才能获得真正发展；二是道德成本与道德代价分属不同的理论层次：道德成本是经济学意义上的概念，主要讲合算不合算的问题，是一个事实问题；道德代价则是价值哲学意义上的概念，主要讲合理不合理的问题，是一个价值问题；三是道德代价在道德价值上是"失"，是"恶"，即在社会发展中一部分善的道德价值的丧失，形成道德价值上的"恶"果；而道德成本在道德价值上是"得"，是"善"，即道德成本的"投入"不但不会使善的道德价值丧失，反而还会进一步强化和增值，形成道德价值的"善"果。因此，我们可以说，"道德成本"实质上就是为了经济社会的发展，而应当投入的必要的相应道德要素，这些道德要素是经济社会进步的不可缺少的必要因素。道德成本、道德代价与社会进步三者的关系可以从比例关系上得到进一步的认知:道德成本与社会进步成正比——经济社会发展中投入的"道德成本"越多,经济社会发展就进步得越快;道德成本与道德代价成反比——经济社会发展中"道德成本"投入得越多,社会进步付出的道德代价就越少;社会进步与道德代价也是成反比——经济社会发展中社会进步越大,道德代价越小。

与"道德成本"相近的一个概念是"道德资本"。

资本,在经济学意义上,指的是用于生产的基本生产要素,即资金、厂房、设备、材料等物质资源。在金融学和会计领域,资本通常用来代表金融财富,特别是用于经商、兴办企业的金融资产。但《道德资本论》作者认为:"所谓资本,从内涵上,它是指投入经济运行过程,能够带来剩余价值或创造新价值,从而实现自身价值保值、增值的一切价值实体和价值符号;从外延上,它既包括资金、厂房、机器设备、劳动力、能源等一切实物形态的价值实体,又包括科学技术、管理、制度、社会意识形态等非实物形态的价值符号。一句话,凡是能创造新价值的有用物均可构成资本。"[①]

随着中国企业的蓬勃发展,企业道德缺失现象也日益增长。特别是近年来,污染、矿难、毒粉丝、毒奶粉、特氟龙、苏丹红、石蜡油等触目惊心的字眼,使人们对"企业道德"、"企业责任"的呼声日益高涨。在人们不断声讨某些企业的"无良行为"之时,"道德资本"概念的不断升温,无疑为广大企业管理者开辟了一条打造企业核心竞争力和促进企业生产力发展的新道路。"道德资本"提倡企业或组织在赚取利润的同时,必须主动承担对环境、社会和利益相关者的责任,因此,"道德资本"和"企业社会责任"是紧密联系在一起的。

所谓道德资本,是指道德投入生产并增进社会财富的能力,是能带来利润和效益的道德理念及其行为;它既包括一切有明文规定的各种道德行为规范体系和制度条例,又包括一切无明文规定的价值观念、道德精神、民风民俗等。从表现形态看,道德资本在微观个体层面,体现为一种人力资本;在中观企业层面,体现为一种无形资产;在宏观社会层面,体现为一种社会资本。从功能发挥来看,道德资本与其他资本不同,它不仅仅是促进经济物品保值、增值的人文动力,而且是一种社会理性精神,其最终目标是为了实现经济效益与社会

---

① 王小锡等:《道德资本论》,人民出版社2005年版,第5—6页。

效益的双赢。

对"道德资本"颇有研究的王小锡认为,作为经济学范畴的资本概念在其初期并非指资本一般,而是资本特殊。20世纪60年代,内含着精神因素的人力资本概念的提出使资本发展成为可以带来价值增值的所有资源的代名词。即是说,资本包括物质资本、货币资本、人力资本、知识资本、社会资本等。作为资本精神形态的"道德资本","从内涵上,它是指投入经济运行过程,以传统习俗、内心信念、社会舆论为主要手段,能够有助于带来剩余价值或创造新价值,从而实现经济物品保值、增值的一切伦理价值符号;从外延上,它既包括一切有明文规定的各种道德行为规范体系和制度条例,又包括一切无明文规定的价值观念、道德精神、民风民俗等"①。简单地说,就是维系和保障经济活动、促进经济增长和企业利润增加的一切道德因素。当然,要说明的是,这里指的道德是科学意义上的道德。道德资本在企业发展中的作用主要有三:首先是提高企业的经营境界,增强企业活力。企业生产是为人的生产,具备崇高道德精神就会对自己的用户负责任。同时,道德能使企业形成一种不断进取的精神和人际间和谐协作的自觉性,并由此促使有形资产最大限度地发挥作用和产生效益,促进劳动生产率提高;反之,则会阻碍企业的发展。其次是促进企业打造人性化的道德产品。所谓产品人性化是指作为生产结果的生产产品能最大限度地满足人的本质需求。只要企业注重生产"道德产品",就会不断扩大市场占有率,也就不会有"三鹿毒奶"那样的事件发生。第三是企业的精神财富和无形资产。实物资本和无形资本只有相得益彰,才能发挥最大效益,因而无形资本的投入显得格外重要。实物资本在生产过程中发挥多大效益,获得多少利润,往往取决于劳动者的价值取向和对自身和社会的负责精神。可见,道德资本比实物资本意义更大,其关键不在于本身的"存量资本",而在于它所带来的"增量资本"。道德资本在使实物资本成为资本的同时能最大限度地激活实物资本,成为获取利润的基础。在此意义上,道德既是企业发展的无形资本,也是一种生产力。

由此可见,道德资本与道德成本是一个比较靠近的概念,但两者角度不同。道德资本着重于"积累",积累得越多,道德的"财富"也就越多;道德成本

---

① 王小锡等:《道德资本论》,人民出版社2005年版,第6页。

着重于"投入",投入得越多,经济社会的"效益"也就越多。同时,道德资本与道德成本相互转化:道德资本的投入就转化为道德成本;而道德成本的道德增殖就转化为道德资本。因此,道德资本与道德成本的关系,与一般的资本与成本的关系不同。一般的资本与成本是既相联系又有区别的两个范畴。第一,资本是一切能带来价值增值的价值;成本是已经对象化了的投入的资本。第二,资本是一种正向效益的价值,一般来说,资本越多,可能获得的效益就越高;成本则是一种负向效益的价值,一般来说,成本越大,可能获得的效益就越低。第三,资本着重于"得",成本则着重于"失";因此,资本是多多益善,成本则是越少越好。但在道德资本与道德成本的关系中,道德资本无疑是一种正向效益的价值,一般来说,资本越多,可能获得的效益就越高;而道德成本却并非是一种负向效益的价值,一般来说,道德成本投入越大,可能获得的效益也就越大。因为道德成本作为一种特殊的精神性成本,它与物质性的成本根本不同的是,一则前者是无形的、内在的;后者是有形的、外在的。二则前者在"生产过程"中不仅没有被"消耗",而且还会增长;后者在"生产过程"中被"消耗",而且最多只是"价值转移"却不会增长。三则前者与效益成正比,即投入的越多,得到的也越多;后者则是与效益成反比,即投入的越多,得到的也就越少。

在这样一个意义上,道德资本与道德代价则是两个根本不同性质的对立性范畴。也就是说,第一,道德资本是一个"褒义"词,它指向道德价值的"得";道德代价则是一个"贬义"词,它指向道德价值的"失"。第二,两者在一定意义上是一种反比例关系,即道德资本的积累越多,付出的道德代价就越少。

3. 道德代价与道德滑坡、道德风险

在改革开放 30 多年来的历程中,"道德滑坡"与"道德风险"在许多报刊杂志上频频出现。"道德滑坡"一词早在 20 世纪 80 年代末 90 年代初就已经出现,到 90 年代中后期达到"第一个高潮"。在 21 世纪,随着消极道德现象的大量涌现,特别是 2011 年 4 月国务院总理温家宝在同国务院参事和中央文史研究馆馆员座谈时说,近年来相继发生"毒奶粉"、"瘦肉精"、"地沟油"、"染色馒头"等事件,这些恶性的食品安全事件足以表明,诚信的缺失、道德的滑坡已经到了何等严重的地步。一个国家,如果没有国民素质的提高和道德

的力量,绝不可能成为一个真正强大的国家、一个受人尊敬的国家。我国的"道德滑坡"现象达到"第二个高潮"。

那么,什么是"道德滑坡"?学界认为:随着中国的改革开放不断推进,以拜金主义、极端个人主义、享乐主义和纵欲主义等为人所鄙弃的落后和腐朽的道德有了市场,且正严重地影响着国人,人们把这种表现在道德领域,并严重影响国人行为、屡屡冲破道德底线的道德退化状况统称为道德滑坡现象。

然而,学界主要的分歧并不在于什么是"道德滑坡"现象,而是中国改革开放以来道德是否"滑坡"? 10多年前,在《当代中国伦理精神——市场经济与伦理精神》一书中,作者已对当时中国学界主要的六种认识作了概括评论,除了"道德滑坡论"之外,还有"道德进步论"、"道德代价论"、"道德爬坡论"、"中性影响论"、"两重效应论"。① 当时学界这些论点,主要是就市场经济与道德发展之间的关系而言;而目前的"道德滑坡论"已不限于这一点,而是在社会发展这一更广阔的背景下来说的。

事实上,在一定意义上,"道德滑坡论"是对中国改革开放以来道德发展状况作出的一种表层性评判。这种评判具有以下特点:一是具有客观性。改革开放30多年来,一方面,经济社会发展都有了长足的进步,特别是经济发展成就辉煌,这是举世公认的客观事实;而另一方面,道德发展滞后,在整个社会生活领域的方方面面,消极道德现象大量滋生蔓延,导致整个社会生产生活付出沉重代价,这也是不可否认的客观事实。当然,人们在评论"道德滑坡"时,并没有忽视改革开放以来道德发展的许多进步现象;但当不仅现代社会生活的一些基本道德准则都受到严重的冲击,而且连千百年来人类逐渐形成的一般社会生活的基本规则也同样受到严重的冲击,连最起码的道德底线也常常失守时,如果还用种种"理由"去否认"道德滑坡",就无异于掩耳盗铃,自欺欺人,这样做显然根本无益于中国社会的进步。二是具有紧迫性。按照后发国家现代化进程的历史经验,在现代化发展的早期都往往经历一个经济发展而道德滑坡的"代价发展期",社会发展不仅要付出沉重的道德代价,还要付出沉重的生态代价(生态污染)、政治代价(政治腐败)、社会代价(贫富悬殊);

---

① 参见吴灿新:《当代中国伦理精神——市场经济与伦理精神》,广东人民出版社2001年版,第6—16页。

尔后,随着经济社会的进一步发展,道德发展逐渐跟进;有学者把这种现象概括为"U"型发展规律。因此,一方面,当中国走过 30 多年的"经济中心"历程后,中国在经济上已经跃升为世界第二大经济体,随着人们物质生活需求的基本满足,人们的文化精神需要特别是道德需要已经到了紧迫的地步;另一方面,在中国经济硬实力强大的同时,道德软实力却非常不尽如人意,道德建设的严重滞后已经到了不得不解决的时候了。"道德滑坡论"高潮的出现,反映了中国经济社会发展的这一客观要求。三是具有表层性。"道德滑坡论"更多的只是对当前中国道德状况的一种表层概括,虽然它也涉及许多的实践与理论问题,但还没有揭示社会发展与道德发展的内在联系,还没有揭示社会发展进程中道德发展的规律性,因此,应当进一步从社会发展与道德代价的内在联系中去探究道德发展的规律性,以深化对道德建设规律的认识。

因而可以说,道德代价是对道德滑坡的深化认识,道德滑坡是反映道德代价的一种表层形态。

对道德风险的认知,是对社会风险的一种延伸认识。

风险,英文为"risk"。其大致有两种定义:一种定义强调了风险表现为不确定性;如 A.H.Mowbray(1995)称风险为不确定性;另一种定义则强调风险表现为损失的不确定性;J.S.Rosenb(1972)将风险定义为损失的不确定性。若风险表现为不确定性,说明风险只能表现出损失,没有从风险中获利的可能性,属于狭义风险。而风险表现为损失的不确定性,说明风险产生的结果可能带来损失、获利或是无损失也无获利,属于广义风险。如今学界主要是在广义的角度上使用"风险"。

由此可见,风险一词的基本的核心含义是"未来结果的不确定性或损失"。现代意义上的风险一词,已经大大超越了最初的"遇到危险"的狭义含义,而是"遇到破坏或损失的机会或危险",可以说,经过二百多年的演义,风险一词越来越被概念化,并随着人类活动的复杂性和深刻性而逐步深化,并被赋予了哲学、经济学、社会学、统计学甚至文化艺术领域的更广泛更深层次的含义,且与人类的决策和行为后果联系越来越紧密,风险一词也成为人们生活中出现频率很高的词汇。

风险有很多类别,社会风险是风险诸多种类中的一种。社会风险是一种导致社会冲突,危及社会稳定和社会秩序的可能性,更直接地说,社会风险意味着爆发社会危机的可能性。一旦这种可能性变成现实性，社会风险就转变成社会危机，对社会稳定和社会秩序都会造成灾难性的影响。

而道德风险则又是社会风险中的一种特殊性精神风险。道德风险是20世纪80年代西方经济学家提出的一个经济哲学范畴的概念，即"从事经济活动的人在最大限度地增进自身效用的同时作出不利于他人的行动"。或者说是：当签约一方不完全承担风险后果时所采取的自身效用最大化的自私行为。道德风险亦称道德危机。而今，"道德风险"一词已经突破经济学的范围，成为研究社会发展中道德损失的不确定性状况的一个重要概念。

道德代价与道德风险也是既相联系又相区别。其区别：一是道德代价是一种确定的道德价值损失；道德风险是一种不确定的道德价值损失。二是道德代价是社会发展中产生的一种消极道德后果；道德风险是社会发展中要应对的一种道德挑战。其联系：一是道德风险既包含着潜在的道德代价，又会引发道德代价；二是两者作为一种主体活动的后果来说，道德风险所造成的道德价值损失在实质上也就是道德代价。因此，在社会发展进程中，加强对道德风险的防范，就会减少道德代价的付出。

三、发展伦理与道德代价

（一）发展伦理学的基本内容

道德代价问题的提出和凸显，源于人们对人类社会发展实践的反思，特别是人们对现代社会发展实践的反思。

在现代社会发展的长期实践中，人们总是习惯于将社会发展等同于经济增长和工业化进程，关注的只是"如何发展"的技术问题，而对于"为什么而发展"和"什么样的发展才是真正（好）的发展"等目的论、价值论的问题熟视无睹、漠不关心。人们总是津津乐道于发展理论的技术科学性，而忽视了对之进行人文哲学——伦理道德的思辨考量，以至于社会发展始终被包裹在经济和科技的学科中。因此，很长一段时间里，人们几乎没有考虑过为什么发展、为谁发展、什么样的发展以及发展的终极价值目标是什么等关乎人的意义、生活的意义和社会的意义等重大问题，从而最终不可避免地导致了发展的目的与手段的双重迷失,使发展走向了异化——反发展。结果,就在我们的物质产品和物质生活日益丰富的同时,我们的精神生活和道德生活却日益走向贫乏和平庸。然而,随着人类道德精神的不断觉醒,人们在社会发展实践中亟须寻找一个和谐的精神家园,一个道德价值之基,一个内在的自我免疫机制。正是在这种社会历史背景之下,发展伦理学应运而生。①

发展伦理学主要是以发展善,或以社会发展进程中的伦理道德问题为其主要研究对象的一门应用性伦理学的分支学科;在某种意义上说,发展伦理学是关于发展善的学问,是发展学与伦理学相互渗透、相互交叉的产物。在西方,发展伦理学的发展史几乎如其现代化的实践进程一样长久。在中国,发展伦理学可称得上是一门新兴的应用伦理学学科,它发轫于20世纪90年代。

正如伦理学与哲学的关系一样,发展伦理学则是发展哲学学科群系中的一门重要学科。发展哲学的学科群系主要由两个层次构成:第一个层次是理论发展哲学或元发展哲学,亦即狭义的发展哲学,是发展哲学学科群系的核心,它主要以"发展真"为研究对象,贯穿着发展哲学基本问题于其中的发展观体系;第二个层次是发展哲学性学科,也可将此称为"广义的发展哲学"。这些学科主要有:发展伦理学、发展美学。如果说,以发展真为主要研究对象的理论发展哲学反映了社会发展的客观存在、本质和规律,它要回答的是社会发展"是什么"之类的问题;以发展美为主要研究对象的发展美学从审美的视角反映了社会发展(得)"怎么样"的问题,它要回答的是社会发展的形象性、愉悦性和审美创造性等问题的话;那么,以发展善为主要研究对象的发展伦理学则反映了社会为何发展之类的"应当性"问题,它要回答的是社会发展的价值性、目的性和道德制约性等问题。②

既然发展伦理学以当代人类整体发展实践面临的伦理困境和由此引发的自然和社会问题作为研究对象,那么它在研究这些问题时就有两个研究触角:一是从伦理的视域去审视、评判、解蔽发展的诸问题;二是探讨如何通过道德规约发展的诸因素,以保证发展不致偏离其终极价值目标。作为反思社会发展合理性的一门科学,发展伦理学一改以往其他学科审视发展的视角,把发展

① 参见王玲玲、冯皓:《发展伦理探究》,人民出版社2010年版,第2页。
② 参见邱耕田:《低代价发展论》,人民出版社2006年版,第2页。

置于哲学和伦理学的价值评判框架内,使发展始终置身于公正的发展路径、幸福的生活质量以及持续的社会进步之中。为此,它要对传统发展观所推崇的发展模式,对当今社会人们追求的经济发展的模式,从更为长远更为深刻的视角进行伦理的反思、评价,力图解决传统发展观的纯物质性与不和谐性导致的诸多问题,以及由此带来的伦理困境和生存危机。

因而,发展伦理学把社会发展作为一个必须加以伦理检视的问题域,从社会发展的宏大背景出发,从伦理的视角,论析发展是什么、发展为什么等问题;监视社会发展实践中提出的发展目标、发展理念、发展制度、发展模式、发展战略、发展道路、发展手段等重大问题;从伦理视域重新审视、评价和规范人类社会的发展问题,通过对以往的发展进行价值评判,对未来的发展进行展望和价值引领;关注发展普遍公正的可能性,同时竭力对与发展交织在一起的现代化问题、贫困问题、可持续性等问题进行价值分析,并对其加以价值清理和排序,提出规约发展的道德原则和规范,探讨发展伦理与经济伦理、生态伦理的关联性和差异性,把发展伦理作为与经济伦理、生态伦理具有密不可分而又各有特色的独立学科来加以把握和阐释,厘清代内发展与代际发展的关系、人类与自然发展的关系;通过阐发普遍公正的理论依据和现实依据,以及和谐发展的价值向度,论证发展伦理的最终归宿——科学发展。

总地说来,发展伦理学的基本使命,就是试图通过价值考量和伦理批判,对有关社会发展的那些看似明晰和确定的前提和观念作出分析和解剖,对社会发展进行价值意义上的"解蔽"和"超越",并力图探讨如何对发展的诸因素给予道德的规约,由此使人类的发展活动保持生机勃勃的求真意识、向善意识和创美意识,从而不断推动社会向未来敞开自我超越和自我创造的空间。①

发展伦理学的出现,使人们对社会发展的认识焕然一新。它主要体现在以下的五个方面:

第一,"发展并非是天然合理的"。发展伦理学研究的开拓者刘福森指出:"现代发展观是建立在'发展是天然合理的'这样一个哲学信念的前提之上的。在它看来,只要是发展就比不发展好;发展得快总比发展得慢好。总

---

① 参见王玲玲、冯皓:《发展伦理探究》,人民出版社 2010 年版,第 56—57 页。

之,发展天然就是好的,发展本身没有好与坏的区分。"①在此理念指引下,人们只关心和追求发展的"更多"、"更快"、"更强"的问题,而"为谁发展"、"怎样的发展才算是好的"或"怎样的发展才算是应当的"等问题则不在人们的视野之中,从而在社会发展进程中付出了沉重的社会代价。在伦理的反思中,人们终于逐步认识到:发展本身并不是天然合理的,发展绝不是一个要不要的问题,而是如何要、为谁要的问题,即要对发展进行应有的评价和限制,特别是要对其进行伦理道德上的限制,要将伦理价值观引入发展观之中。

第二,"人类能够做的并非应当做的"。人类"能够做"的问题,是一个"发展力"的问题,它主要受到两个方面的制约:"技术上行不行?"和"经济上合不合算?"。随着人类社会生产力和科学技术的突飞猛进,人类的发展力达到了前所未有的强大地步,生产力单一化和科技力万能化的倾向日益增长。而生产力单一化、终极化又将整个社会带入了唯经济主义的泥潭,使社会出现了在发展理念上奉行"物本论"、在发展目的上单纯追求经济指标、在发展过程上一味追求发展速度和数量的发展态势;而科技万能化使人们对科学技术抱持一种盲目乐观的期待,以为科技能够成为解决一切问题的万能工具,从而忽视了科学技术可能带来的危害和负面影响。然而,伦理的审视发现,"有能力做的并非一定是应当做的"。在社会发展中,要想把"能够做"转化为"应该做",必须要确立起一种"发展良心"。

第二,"发展与进步是不能等同的"。既然,发展并非是天然合理的、人类有能力做的并非是应当做的,这也就意味着社会发展与社会进步既有关联又有重大的不同。"社会发展"是发展学中属于低层次的"形而下"的范畴,它是人们着重从客观的实践的角度对社会系统的运动变化过程的一种把握和认识。它所概括的范围要大于社会进步,当然包括社会进步,它具有实践性、过程性、局域性特别是代价性等的特点;而"社会进步"是发展学中属于较高层次的"形而上"的范畴,它是社会发展进程中主流的、本质的现象和必然的趋势,具有总体性、趋势性、前进性、结果性等的特点。因此,社会发展与社会进步之间这种区别与关联,在发展伦理学的视角看,只有"合理的应当做的"社会发展,才能真正带来社会进步。

---

① 卢风、刘湘溶主编:《现代发展观与环境伦理》,河北大学出版社2004年版,第38页。

第四,"社会发展必须要有伦理道德的规范"。阿诺德·汤因比在《展望21世纪》中指出,在科学高度发达的今天,人类掌握了惊人的力量,"要对付力量所带来的邪恶结果,需要的不是智力行为,而是伦理行为"①。社会发展离开了伦理道德的规范,必将走向邪路。因为伦理道德的价值,指向人的自由全面发展的最高价值,它回答"什么样发展才是天然合理的?"、"哪些人类应当做的才是能够做的?"、"怎样的社会发展才能真正带来社会进步?"等价值论和道德论的问题,通过为社会发展提供"发展规范",规范着社会发展沿着正确的轨道前进。

第五,"社会发展应当是工具理性和道德价值理性的统一"。社会发展不仅是只受利益驱动规律作用的纯"自然历史进程",而且是内含着道德价值意蕴的"社会历史进程"。这表明,社会发展实践蕴含着两种理性:一种是反映着社会发展客观必然性的认知理性;另一种则是体现着社会发展"合目的性"的价值理性,或曰人文理性。认知理性或科学实证理性,主要关心的是社会发展"是什么"、"怎么样"及社会如何发展得更快等问题,因而其又被称为"工具理性"。而道德价值理性或人文价值理性,主要解决的是社会发展"为了什么"、"应当是什么"、"怎么样才能更好"一类的问题,它主要是给社会发展实践提供一个善的、美的基础和价值引导,给人的发展活动提供一个长远的合理的指向。而无论是工具理性还是道德价值理性,两者缺一不可。缺失工具理性,社会发展无从谈起;缺失道德价值理性,社会发展就会引发种种社会危机。因而,要推动社会进步,社会发展应当是工具理性和道德价值理性的统一。②

(二) 发展善与发展恶

如果说,发展伦理学主要是以发展善,或以社会发展进程中的伦理道德问题为其主要研究对象的一门应用性伦理学的分支学科;甚至在某种意义上说,发展伦理学就是关于发展善的学问,那么,发展伦理学在研究发展善的过程中,必然也要研究发展恶的问题。

发展恶在发展伦理学的视野里,无疑就是社会发展中的道德代价。因为

---

① [英]阿·汤因比、[日]池田大作:《展望21世纪》,荀春生等译,国际文化出版公司1985年版,第3页。

② 参见邱耕田:《低代价发展论》,人民出版社2006年版,第25—39页。

道德代价有两个最基本的规定性：一是道德代价是社会发展进程中的一种特殊的精神性社会代价，是在社会发展进程中产生的消极道德现象；也就是说，道德代价是与社会发展本身直接相关联的一种产物。二是这种在社会发展进程中产生的道德代价，实质上是一种负面性、消极性、否定性的道德价值；也就是一种"恶"的道德价值。

因此，发展伦理学在研究社会发展进程中的伦理道德问题时，它不仅要研究如何使社会发展朝着"善"的方向健康发展，而且还必须研究如何使社会发展在最大限度上减少"发展恶"——道德代价的付出。《发展伦理探究》一书就指出："要讨论发展过程中的生存权利、发展责任和道德规范等'善'的问题，就绕不开与之对立但又与之相依存的'恶'与发展的关系。"[①]发展伦理学如果不研究"发展恶"——道德代价问题，就不是比较科学、比较完善的一门学科，甚至可以说，是发展伦理学的"失职"。

目前最重要的问题，还不是发展伦理学要不要研究"发展恶"——道德代价问题，而是如何确定什么是发展善与发展恶的问题，也就是说，以什么样的"标准"或"尺度"去衡量何为"发展善"、何为"发展恶"的问题。

关于这一个问题，学界有着不同的看法。然而，最基本的看法集中在三个"标准"上：

第一个标准是"生产力标准"。社会生产力的发展，是一切社会发展的根本动力。任何一个社会的发展和进步，都是由于生产力与生产关系的矛盾运动而实现的，归根结底，又可以说是由生产力的发展决定的。因而在这个意义上说，在社会发展进程中，能够推动生产力向前发展的道德现象是善的，反之则为恶的；换言之，某一道德现象是否善恶，关键看其是否有利于生产力的发展。

第二个标准是"社会进步标准"。"社会进步标准"也可称为"历史标准"。"所谓道德评价中的历史标准，就是在评价人们行为的善恶时，把行为放到整个社会历史发展的总链条中去进行考察，看这些行为是否有利于社会的进步，是否有利于大多数人的幸福，是否有利于社会物质文明和精神文明的发展。凡是最终有利于社会进步、大多数人幸福、及物质文明和精神文明发展

---

① 王玲玲、冯皓：《发展伦理探究》，人民出版社 2010 年版，第 104 页。

的行为,就是善的;反之则是恶的。"①

第三个标准是"人的自由全面发展标准"。人的自由全面发展是指社会每一个成员的各方面才能、德性和能力的协调发展,包括人的体力、智力、德性、个性和交往能力等的协调发展。人的自由全面发展是社会发展的终极价值目的,也是社会进步的重要标志和最高价值目标。可以说,一切有利于人的自由全面发展的道德现象都是善的,反之则是恶的。

这三个"标准"既相区别又相联系。从相联系的角度来看,第一,三者在根本上是统一的。人的自由全面发展要以社会进步为基础,而社会进步又必须以生产力发展为前提。也就是说,生产力的不断发展,才能促进社会的不断进步;而只有伴随着社会的不断进步,人的自由全面发展才能不断实现。第二,三者在主体意义上是一致的。生产力的不断发展,占主体地位的人也在不断地得到解放和发展;社会的不断进步,首先是占主体地位的人的不断进步,从而有利于在社会发展中占主体地位的人的全面发展。从相区别的角度来看,第一,三者地位作用不同。"生产力标准"强调的是人类社会发展的物质基础和物质动力的重要意义,它是一个"根本性"的标准;"社会进步标准"强调的是人类社会发展的整体进步状态及其重大意义,它是一个"总体性"的标准;"人的自由全面发展标准"强调的是人类社会发展的终极价值目标,它是一个"最高目的性"的标准。第二,在人类社会发展进程中,三者的发展又不是等同的,甚至于在一定阶段上是矛盾的。也就是说,生产力的发展,并非直接等同于社会进步,更不能等同于人的自由全面发展;甚至于在一定社会历史发展阶段上,生产力的发展,与社会进步特别是人的全面发展是矛盾的,它可能会造成社会的片面发展与人的片面发展甚至于畸形发展。

因此,第一,"生产力标准"只是在人类社会发展的物质基础和物质动力的意义上,也就是指它作为社会进步和人的全面发展的物质基础和根本动力的意义上,决定发展的善恶。但是,它毕竟只是一种"工具性"的价值标准,而不是一种"目的性"的价值标准;在衡量发展善恶的"标准体系"中,它既是"根本性"的价值标准,又是"最低"的价值标准;它还要受到"目的性"的价值标准和"最高"的价值标准——"人的自由全面发展标准"的制约。第二,"社会进

---

① 罗国杰主编:《伦理学》,人民出版社 1989 年版,第 409 页。

步标准"相对于"生产力标准"来说,是一种"目的性"价值标准;但相对于"人的自由全面发展标准"这一"最高目的性"价值标准来说,它又是一种"工具性"标准,因而,"社会进步标准"一方面,制约着"生产力标准",另一方面,又被"人的自由全面发展标准"制约。第三,由于三个标准之间的复杂关系,在评价社会发展中的道德现象时,不能简单化,需要一种辩证的分析评价。而要做到这一点,应当引入"绝对道德价值"或绝对"发展善"和绝对"发展恶"与"相对道德价值"或相对"发展善"和相对"发展恶"的范畴。

(三) 绝对道德价值与相对道德价值

所谓"绝对道德价值"是指道德客体绝对有利于道德主体的道德需要满足的有用性,表现为道德价值的绝对性。首先,道德的"善"价值,是以道德的"真"为基础。也就是说,只有建立在符合人类社会发展规律和自然发展规律的"真"的基础上的道德发展,才能具有绝对的"善"价值。其次,道德标准确立的伦"理",既不是由"天"决定,也不是由"个人"决定,而是由社会成员共同约定的;它不是"天理",也不是"私理",而是"公理",是人类社会生活过程中形成的并被社会成员广泛认可的基本要求和共同需要。所以,它在判断道德客体的道德现象时,也就有了绝对性。最后,"人的自由全面发展"作为评判善恶的最高标准和终极价值,在衡定道德客体是否有利于道德主体的道德需要满足时,也具有了绝对性。

而所谓"相对道德价值"则是指道德客体相对有利于道德主体的道德需要满足的有用性,表现为道德价值的相对性。首先,由于道德主体的多元性以及道德主体的道德需要会随着时空的变换而变化,因而,同一道德客体对于不同的道德主体、不同时空条件下的道德主体的不同需要来说,其道德价值具有了相对性。其次,道德标准的一般性、抽象性与道德现象的特殊性、多样性,使道德标准在评价某一特殊的多种表现形态的道德现象时有其不确定性,因而也就有了相对性。最后,由于道德评价标准体系的层级性,同一道德客体在不同层级的评价标准中有着价值的差异性,从而也有了相对性。

"绝对道德价值"范畴揭示了道德价值标准的确定性与绝对性,"相对道德价值"则揭示了道德价值标准的不确定性和相对性。事实上,道德现象本身就具有绝对道德价值和相对道德价值,是绝对道德价值和相对道德价值的辩证统一。因此,我们必须克服道德价值评价问题上的形而上学——道德价值评价标准上的绝对主义和相对主义。

在运用"绝对道德价值"和"相对道德价值"这两个范畴去认知社会发展进程中的道德代价时,就会进一步形成绝对"发展善"与绝对"发展恶"和相对"发展善"与相对"发展恶"的范畴,以便对复杂的道德代价问题进行辩证的思考。

所谓绝对发展善与绝对发展恶,就是指在人类社会发展进程中,产生的道德现象绝对有利于或有害于道德主体的道德需要的满足。而所谓相对发展善与相对发展恶,就是指在人类社会发展进程中,产生的道德现象相对有利于或有害于道德主体的道德需要的满足。根据绝对"发展善"与相对"发展善"、相对"发展恶"与绝对"发展恶"的范畴,去具体分析社会发展中的某一道德现象时,我们可以看到,各种道德现象并非只有一种善恶上的绝对性,而没有善恶上的相对性;反之亦然。

下面举一个典型的道德现象来分析说明。

这个典型的道德现象就是伴随着中国改革开放进程重新出现的"资本逻辑"现象。一般来说,"资本逻辑"就是资本内在的无限逐利本性驱使其对利润(剩余价值)的疯狂追逐。"资本逻辑"现象是人类社会发展到一定阶段的产物。在人类社会历史上,"资本逻辑"现象得到充分展现的是在资本主义社会。在社会主义初级阶段上,随着社会主义市场经济体制的逐步确立,"资本逻辑"现象已是当今中国客观存在的事实。

那么,又该如何看待当今中国客观存在的"资本逻辑"现象呢?要正确认识这一问题,必须要坚持唯物辩证法的思维。

唯物辩证法的前提是"唯物",就是要按事物的本来面貌去认识事物,就是要坚持实事求是的思想路线。建立社会主义市场经济体制,这是中国社会生产力发展的必然要求,是中国社会主义初级阶段社会基本矛盾运动的必然结果,是中国社会主义社会发展规律的客观要求,因而,社会主义市场经济是中国特色社会主义发展的必由之路。按照市场经济的一般规律,首先必须要有相对独立产权的经济人,而其前提就是要有多种所有制经济存在,因此,"公有制为主体、多种所有制经济共同发展的基本经济制度,是中国特色社会主义制度的重要支柱,也是社会主义市场经济体制的根基。公有制经济和非公有制经济都是社会主义市场经济的重要组成部分,都是我国经济社会发展的重要基础。必须毫不动摇巩固和发展公有制经济,坚持公有制主体地位,发挥国有经济主导作用,不断增强国有经济活力、控制力、影响力。必须毫不动摇鼓励、支持、引导非公有制经济发展,激发非公有制经济活力和创造力。"①随着经济体制改革的不断推进,非公有制经济蓬勃发展,在中国沿海省市非公有制经济已经占据七分天下。与此同时,中国的经济迅猛发展,一跃成为排在美国之后的世界第二大经济体。中国改革开放的实践证明,随着市场经济的繁荣与非公有制经济的发展,"资本逻辑"现象重新出现。

唯物辩证法的核心是"辩证",就是要运用联系和发展的观点特别是对立统一的观点认识事物。按照"生产力标准"来说,"资本逻辑"现象的重新出现不仅是必然的,而且是一种"发展善",具有了"善"的价值。但是,按照"人的自由全面发展标准"来说,它又是一种"发展恶",具有"恶"的价值。按照"生产力标准"和"人的自由全面发展标准"的层级差别,可以清楚地看到:一方面,"资本逻辑"现象在中国社会主义初级阶段是一种相对的"发展善",是有利于社会主义社会生产力发展的,同时,这种"资本逻辑"现象是发生在社会主义社会的,其获取的利润(剩余价值)对于社会主义社会的扩大再生产和提升消费水平,也是有利的,故这种"资本逻辑"现象的相对道德价值要比资本主义国家中"资本逻辑"现象的相对道德价值要高得多。因而,对于符合法律和道德的"资本逻辑"现象,必须支持与保护。另一方面,"资本逻辑"现象对于社会主义的最终价值追求又是一种绝对的"发展恶",对于"人的自由全面发展标准"无疑是一种绝对的"发展恶",是在未来中国社会主义高级阶段要逐步消灭的一种道德代价。邓小平在谈到社会主义本质时,就明确指出:"社会主义的本质,是解放生产力,发展生产力,消灭剥削,消除两极分化,最终达到共同富裕。"②因而,在社会主义初级阶段,对于"资本逻辑"现象如果一味放任,不运用法律和道德去"制约"它,就会犯"右"的错误;然而,在还没有完全具备消灭"资本逻辑"现象的成熟社会条件时,就想盲目地去"否定"甚至"消灭"它,显然要犯"左"的错误。

---

① 《中共中央关于全面深化改革若干重大问题的决定》,人民出版社 2013 年版,第 7—8 页。

② 《邓小平文选》第三卷,人民出版社 1993 年版,第 373 页。

第二章　道德代价思想论

社会发展与道德代价的关系问题,历来是人类所面临的恒久而常新的重大社会矛盾问题。特别到了现当代,随着道德代价的惨痛付出,社会发展与道德代价的关系问题凸显出来,已经成为当今世界关注和思考的热点之一。虽然严格意义上对于社会发展与道德代价的关系问题的探讨,还是近代特别是现当代的重大事情。[1] 但无论是在西方,还是在中国古代,对于社会发展与道德代价关系问题的关注和思考,都有着悠久的历史。

一、西方历史上的道德代价思想

在整个西方伦理思想史的浩瀚空间中,道德代价论占有不可低估的一席之地。从古希腊以来的思想大家们在不同的历史时期,或描述道德代价在特定社会中的表现,或探求道德代价产生的根本原因,或思考道德代价的不可避免性与价值,或探讨如何尽可能减小道德代价的途径,表达了见仁见智的观念和看法,为我们思考当代社会的道德代价问题提供了重要启发。

(一)古希腊—罗马时期:道德代价问题的最初探讨

在西方伦理思想史上,几乎所有的话题都是由苏格拉底、柏拉图、亚里士多德师徒三人所开创的。苏格拉底以"认识你自己"的经典命题把哲学从天

---

① 参见韩庆祥等:《代价论与当代中国发展——关于发展与代价问题的哲学反思》,《中国社会科学》2000年第3期。

上带到人间,使伦理道德成为哲学关注的核心问题。柏拉图则在对"理想国"的综合考量中,借助于与苏格拉底的对话率先开始了对道德代价问题的探究。在他看来,私有财产必然会带来个人道德素养的蜕化,有了私有财产、有了私欲,必然就会使社会的道德付出代价。因此他反对统治者阶层拥有私有财产甚至拥有个人的家庭,认为要成为优秀的统治者就必须做到:"第一,除了绝对的必需品以外,他们任何人不得有任何私产。第二,任何人不应该有不是大家所公有的房屋或仓库。……至于金银我们一定要告诉他们,……世俗的金银是罪恶之源,心灵深处的金银是纯洁无瑕的至宝。"①可以说,正是柏拉图开创了把道德代价的生成与财产(财富)的占有和获取联系起来的先河。

但柏拉图又不是一个私有财产的决定论者,他还特别强调了教育和文化艺术作品对个人道德素质的影响。不良的教育和艺术作品会让道德水准下降,良好的教育和作品则能最大程度上避免道德的代价。柏拉图指出,把最伟大的神描写得丑恶不堪,把诸神之间明争暗斗的事情作为题材,在艺术作品中贯穿邪恶、放荡、卑鄙、龌龊的坏精神,让青少年耳濡目染罪恶的形象,必然会使他们道德败坏。因此为了培养美德,丑恶的假故事、诗必须痛加谴责,只能给青少年听最优美高尚的故事。对整个社会道德规范来说,柏拉图认为各阶层安守本分、各尽其职正是社会正义德性得以维系的根本。"当生意人、辅助者和护国者这三种人在国家里各做各的事而不相互干扰时,便有了正义,从而也就使国家成为正义的国家了。"②反过来,如果生意人、手艺人妄图爬上军人等级,或者军人企图荣升为立法者和护国者等级,则必然会带来不正义,甚至会带来国家的混乱和毁灭。要避免这种情况出现,所有的人都必须成为"正义的个人",用自己的理智支配激情和欲望,遵守所属阶层的道德规范,统治者(立法者和护国者)热爱智慧,军人崇尚勇敢,所有的国民奉行节制,才能实现国家和社会的正义。

亚里士多德继承了柏拉图把道德代价与财产(财富)联系起来的分析思路,认为对财产的过度重视以及对取得财产方式的不当选择就会带来道德代价问题。在他看来,财产是家庭优良生活的前提,获得财产是家务技术的一个

---

① [古希腊]柏拉图:《理想国》,郭斌和、张竹明译,商务印书馆2002年版,第130—131页。
② [古希腊]柏拉图:《理想国》,郭斌和、张竹明译,商务印书馆2002年版,第156页。

部分,不仅有利于个体家庭,也有利于城邦集体。只是一方面,真正的财富必须有一个限度,只要财富能供应一个家庭的良好生活,就足够了。而超过一定的限度,就会因不符合"自然"而变成非正当。不能把财富当作目的,而只能作为手段,"财富显然不是我们在寻求的善。因为,它只是获得某种其他事物的有用手段"①。把财产作为目的,会使人忽视对内在善的追求,而沦为外物的奴隶。亚里士多德发现,当财富以钱币的形式体现出来,人们便开始孜孜追求于没有尽头的赚钱事业,把赚钱作为生活的目的而忘记了良善生活为何,致富成为人生的终极目标,似乎一切事业归根到底都无非在于财富。必须把财富作为手段,如果作为目的,则必将带来道德代价。

另一方面,在获得财产的技术、方法方面,亚里士多德区分出两种:一种是自然的,即人们凭借天赋的能力来获取生活的必需品,就是农、牧、渔、猎等活动;另一种是获得金钱或货币的技术,就是贩卖、经商。在他看来:"前者顺乎自然地由植物和动物取得财富,事属必需,这是可以称道的;后者在交易中损害他人的财货以牟取自己的利益,这不合自然而是应该受到指责的。"②人们以交易的方式通过物物交换以适应相互需要,符合自然的规律;但通过收购他人财物卖给另外一些人以牟取利润,这种"贩卖"则是不合乎自然的。实际上,亚里士多德看到了随着生产力的提高,人们之间分工、交换的发展,货币、贩卖的出现是必然的社会现象,他的批判恰恰是看到了这些新事物带来的"代价":本来作为交易中介的货币却成为人们追逐的最终目标,人们不再主要依靠劳动而是依靠在供求中投机来获得财富,以寻求金钱为目的而想尽一切方法,而不再关注内心的善。因此,不像柏拉图把道德代价的生成归罪于私有财产,亚里士多德则归罪于不惜一切手段无止境地对财产的追逐。

古罗马最重要的哲学家西塞罗沿着这一话题谈到了道德代价问题。他也认同私有财产对个人道德的积极作用,也认为对财产的盲目追逐和无尽贪婪是道德败坏的根源。但是,他并不认为个人对财富无止境的追逐一定会带来道德的败坏,评价标准不是去追逐财富,而是在追逐财富中是否伤害其他人的利益。追逐财富过程中侵犯别人,是个人道德败坏的根源,也是社会道德沦

---

① 〔古希腊〕亚里士多德:《尼各马可伦理学》,廖申白译,商务印书馆2003年版,第12—13页。

② 〔古希腊〕亚里士多德:《政治学》,吴寿彭译,商务印书馆1983年版,第31页。

落、社会纽带难以维系的根源。"对于一个人来说,夺旁人之物,和靠旁人之失而得利,比死亡、贫穷、痛苦,或其他任何人身或财产方面的不幸更有悖于'自然'。因为,首先,对于社会生活和人与人之间的伙伴关系来说,不义是致命的。如果我们每个人为获得某种个人利益想欺骗或伤害旁人,那么,维系人类社会的那些纽带(他们是最符合'自然'规律的)必然会被摧毁。……即使每个人更喜欢为自己而不是为旁人牟取生活必需品,这也并不与'自然'规律相冲突;但是'自然'规律肯定不允许我们采用劫掠他人的方法来增加自己的财产。"①围绕这个问题,西塞罗详细地谈到了义和利的关系。在他看来,义利本是统一的,"道德上的正直与利携手同行",凡是不道德的事情都不可能是有利的。但人们为"貌似之利"动心,而这种"貌似之利"并非真正的"利",对它的盲目追求就必然会损害"义",从而导致道德的败坏。而追求真正的利,则不会带来义的损失,因为求利就是求义,行善总是有利,义利是真正统一的。人们必须在行为中体现义和利的统一,绝不能为貌似之利而不择手段。他为此提出了杜绝不择手段的两种方法:"一种是法律的方法;另一种是哲学家们采用的方法:法律只是以其强有力的威慑力制止这种行为;哲学家们则通过启发人的理想和良知来防止这种行为。理性要求我们不做任何不公正的、不老实的或弄虚作假的事情。"②

　　财产(财富)与个人道德、社会道德的关系是古希腊、古罗马思想家道德代价论的主要内容。他们从德性伦理出发,必然要回答的问题是随着私有财产制度的确立,人们对财富的占有和追逐对整个社会道德,尤其是对塑造个人完善的道德生命体方面的深远影响。这些思想家们往往把德性之人在外在物欲、财产中的迷失作为道德代价论的中心点,提出规避道德代价的途径就是要打破私有财产或者财富对人的控制。犬儒主义奠基人狄欧根尼曾提到过"爱钱是万恶之源",因此主张为了肉体的拯救,必须摒弃对世俗利益的依赖,抑制欲望,放弃占有财产。伊壁鸠鲁则认为,想造就一个富有的人,不是要给他更多的钱,而是要减低他的欲望,要避免展示财富,从而享受退隐的、平静的幸

①　[古罗马]西塞罗:《论老年　论友谊　论责任》,徐奕春译,商务印书馆 2004 年版,第 219 页。

②　[古罗马]西塞罗:《论老年　论友谊　论责任》,徐奕春译,商务印书馆 2004 年版,第 242 页。

福生活。就此而言,作为道德代价论的最初探索,古希腊、罗马思想家最多能够谈及的是个人道德的代价问题,而不是整个社会发展的道德代价问题。尽管也有斯多葛派指出,原始状态下没有私有财产的共同生活和自然权利是最佳的道德理想国;只是有了私有财产,道德理想国就开始了陨落的过程。这一主张算是看到了社会发展尤其是私有制的确立和发展对道德代价的影响,但并不占主流。

(二) 中世纪:道德代价的经院哲学阐释

古罗马之后,西方进入漫长的中世纪,一切思想基本上都由经院哲学家所提供,伦理道德问题也自然由他们来阐释。中世纪前期最著名的神学哲学家、教父哲学首席代表人物奥古斯丁从善与恶的关系探讨了道德代价问题。他认为在人类社会中善与恶总是并存的,是不可分离的。"不管怎么说,若无恶的存在,善也就不能存在,……若无善的事物,恶也就不能存在,但就其本性而言,有恶存在于其中的本性确实是善的。还有,消除恶靠的不是消除恶产生于其中的本性,或消除本性的任何部分,而是依靠治疗和矫正受到恶的侵犯而堕落的本性。"[1]在这段关于善恶辩证法的论述中,奥古斯丁指出上帝赋予人的本性是善的,人是具有善良意志的存在,人类社会本来没有恶。但本性为善的人也会产生邪恶,造成本性的善与具体的恶的并存。只不过,善是符合本性的,邪恶、堕落的存在是非本性的,是可以治疗和矫正的,也是最终可以被善所战胜的。抛开神学的外衣,这种论述对于正确理解人类社会发展进程中的道德代价是有一定意义的,社会的进步是一种善,但它必然会出现恶,善的主流与恶的生成(作为代价)构成人类社会一以贯之的逻辑。社会的维系和发展,必然会有恶的出现,必然要在不断治疗和矫正"恶"中来推进。

问题是,上帝全善全能,创设的人类社会也应该是没有恶的完美社会,那为什么人会犯下恶行,现实社会会出现邪恶呢?奥古斯丁的明确回答是:恶起源于上帝赋予人的自由意志。上帝给人自由意志,是为了让人正当地生活,但自由意志没有按上帝的意志去做,从而造成了恶,生成了恶行,使正义、勇敢的美德之善变为"罪恶"。在《忏悔录》中,他对恶的起源说法表达了这一看法:

---

① [古罗马]奥古斯丁:《上帝之城》,王晓朝译,人民出版社2006年版,第604页。

"我探究的恶究竟是什么,我发现并非实体,而是败坏的意志叛离了最高的本体,即是叛离了你,天主,而自趋于下流。"①恶并非实体的存在,只是自由意志的败坏而叛离上帝意志所带来的结果。自由意志是恶的起源,没有自由意志就无所谓恶,有了自由意志也就有了恶,如果自由意志不能正当使用,被外在的物欲所迷惑,则必然会以恶的出现为代价。人的自由意志在财产上的错误运用,正是导致人类社会道德败坏的根源。在奥古斯丁看来,财产是上帝赠给人的礼物,是一种善;但世俗生活中的人贪恋财物,滋生了贪婪之心,从而带来个人道德的堕落。贪恋财产是自由意志的错误选择,它使人滋生恶的意志,使人们从事恶行。尤其是当人类社会确立了私有财产制度,则更进一步把整个社会带入了道德败坏的危险境地。所以奥古斯丁主张,私有财产必须对社会各种类型的罪恶,如战争与非正义负责。人们如果能够回避财产就应该回避它,不能回避就回避对财产的爱恋。沉浸于对财产的追逐,只会带来腐化、堕落,只能使人生活在"按肉身生活的城";不沉溺于对肉体欲望的满足,追求按灵性生活,就会通往"上帝之城"。与柏拉图、亚里士多德、西塞罗等古希腊哲学家一样,奥古斯丁在宗教哲学中表达了一个同样的主题,即对财产盲目的占有和追逐必然对个人道德带来冲击,私有财产制度是社会道德付出代价的制度根源。

另一位卓越的经院哲学家托马斯·阿奎那跟随奥古斯丁的思路,也谈到了人类社会善与恶并存的问题。从捍卫上帝作为本质的善及其宇宙创造者出发,他认为只有善是普遍的存在,是一种实在,从而把善不仅看作是伦理学的范畴,而且看成了本体论的范畴。恶则根源于善,在善中存在,两者密不可分;但恶不是某种实体的存在,它是具体的善的缺失,是人类社会求善过程中可能付出的代价。也就是说,善并不必然地引起恶,只是偶然引起恶,是人们在社会发展中偏离了终极目的,选择了一个不合时宜的目的所导致的。人类社会发展本身是维系人类社会存在的过程,就是追求善的过程;而在这种追求过程中,人们由于偏离目的难免受到恶的侵袭,出现恶的问题。人是求善的,为什么会出现恶呢?为什么会付出代价呢?阿奎那和奥古斯丁一样,也认为是上帝给了人类自由意志所导致的,自由意志是上帝赋予人去趋向善的,但它却可

① [古罗马]奥古斯丁:《忏悔录》,任晓晋译,华文出版社2003年版,第152页。

能不选择善,当自由意志不选择善而背离终极目的,就必然会带来恶。这种观点,相对于奥古斯丁来说并没有多少创新。

阿奎那有所创见的是在对待财产的问题上。他继承亚里士多德的说法,认为私有财产本身是符合自然的,无须谴责的。"私有权并不违背自然法,它只是由人类的理性所提出的对于自然法的一项补充而已。"①物质财富本来就是为了人类需要而准备的,立法保证私有财产权就是保障人们对财富的所有权。这无可厚非,这与奥古斯丁的看法是不同的。在对待获取财产的方式问题上,阿奎那也赞同亚里士多德所讲的获取财产两种方法的区分:一是为了交换自身所需要的物品;一是为了交换货币,是为了牟利而不是为了生活必需品。但与亚里士多德把前者理解为正当、把后者理解为恶的性质不同的是,阿奎那则认为,"贸易的目的是牟利,虽然牟利本身并不包含任何诚实的或必要的目标,它却也并不包含任何有害的或违反道德的事情。所以,没有什么东西能够阻碍它转向某种诚实的或必要的目标。"②他因此认可了为牟利而进行的交换,并认为它本身并不会带来道德败坏的问题,甚至会带来道德的进步。这并不是说为了牟利的一切方式都是值得称道的,阿奎那明确指出,高利贷的方式在道德上则是绝对不可以允许的,高利贷不公道、不平等、不正当、违反正义,它不合乎道德,但阿奎那还是认为它应存在于人类社会,并获得合法性,因为如果对其惩处,就会阻碍很多有益的事情,干预很多对人类有益的活动,因而必须宽恕这种行径而不予惩罚,这是为了社会发展必须承担的道德代价。在这一点上,阿奎那超越了奥古斯丁,也超越了亚里士多德,他在应然的道德吁求与现实的道德境遇之间作出了选择。对一些社会发展中出现的问题进行道德的批判是必需的,但为了社会的继续发展就必须牺牲一定的道德理想作为代价。作为神学家,阿奎那了不起的地方在于,他更多地关注了现实的经济发展问题,更加意识到经济问题在人类社会发展中的基础性地位。

既然是经院哲学家,奥古斯丁、阿奎那共同提倡的避免道德败坏或者避免恶出现的途径,必然就是依靠信仰,因信得救。人必须成为对上帝绝对虔诚的人,才能成为有真正美德的人,才能成为完善的人,正如奥古斯丁所说:"当我

---

① 〔意〕阿奎那:《阿奎那政治著作选》,马清槐译,商务印书馆1982年版,第142页。
② 〔意〕阿奎那:《阿奎那政治著作选》,马清槐译,商务印书馆1982年版,第144页。

们希望通过至善最终成为完善之人的时候,我们所希望获得的是什么? 除了让肉身停止与灵相争,除了在我们自身不再有灵相争的邪恶,其他什么也没有。但我们在今生没有办法做到这一点,无论我们多么希望能做到。然而,让我们至少明白,在上帝的帮助下,我们不屈从于与灵相争的肉身的欲望,我们不允许自己同意自己犯罪。"①关键是在上帝的指引下,灵魂和理性服从上帝,内在的心灵抵制住肉身的欲望,用灵魂来统治身体,用理性来引导德性,"在今生服从上帝、用心灵统治身体、用理性通过征服或抵挡来统治反对它的恶德,在这样的时候正义就出现在每个人身上。还有,向上帝祈求恩典去行功德、请求上帝饶恕他的冒犯、对所得的赐福感恩,在这样的时候正义也就出现了。然而,在那最后的和平中,我们的本性将会得到永恒与不朽的医治,我们的一切公义都与此相关,这样做也是为了保持公义。到了那个时候,在我们或其他人身上,不会再有恶德。"②一幅没有个人之罪、社会之恶,只有正义、永恒和平的美好图景就这样出样了。生活在现时代的人当然不能抹杀宗教信仰的重要性,它确实是治疗人们道德败坏的一剂良药,问题的关键是,靠这种马克思所说的"精神的鸦片",就能够永远避免社会发展进程中的道德代价,就能避免人的道德败坏、社会道德规范失序吗? 至少到现在为止,我们发现,靠一种精神上的慰藉难以解救在俗世生活的物质之人。道德的问题必须回到现实中来,经院思想家看到了人的意识、感觉的非理想性或者说非完善性带来的人类社会恶的存在现实,开出的药方是依靠宗教来追求灵魂解脱的、超越世俗的理想之人。但人不是抽象的存在物,它是生活在社会中的"现实的人",它会有恶的意志,会在社会发展中带来道德的代价,解决它不能仅仅依靠理想化的宗教教义,必须回到现实中来。

(三) 近代:对道德代价的自觉理论探索

　　根据黑格尔在《哲学史讲演录》中的说法,西方从宗教改革的时候起,就进入了第三个时期。文艺复兴、宗教改革、启蒙运动是这个时期的关键词,它们共同使西方进入到一个推崇理性、进步、自由、平等、博爱的新历史阶段。这

---

① [古罗马]奥古斯丁:《上帝之城》,王晓朝译,人民出版社2006年版,第907—908页。

② [古罗马]奥古斯丁:《上帝之城》,王晓朝译,人民出版社2006年版,第948页。

个时期的思想家们开始撇开神学的束缚,直接面对现实的人类社会,对社会进步发展充满信心,但又对社会发展带来的道德堕落、腐化充满警惕。这些思想家已经能够从社会发展的动态角度来考察宏观的道德代价问题,而不是从静态角度着眼于个人德性的道德代价,道德代价论最终演变成自觉的理论探索。

首当其冲的是空想社会主义者托马斯·莫尔和托马斯·康帕内拉,他们延续了把财产与道德关联起来的西方伦理思想传统,对新确立的私有财产制度提出了最严厉的道德控诉。他们都赞同柏拉图在《理想国》中的理念,认为私有财产才是一个国家、一个社会道德败坏的根源,有私有财产的存在,就谈不上社会的正义与道德的进步。康帕内拉指出,私有制是违反天赋人权的,是违反对人仁爱的道德要求的,只会导致个人的自私自利。莫尔在《乌托邦》中指出:"如不彻底废除私有制,产品不可能公平分配,人类不可能获得幸福。私有制存在一天,人类中绝大的一部分也是最优秀的一部分将始终背上沉重而甩不掉的贫困灾难担子。"①在莫尔所生活的英国,西方思想家一贯强调的私有财产是万恶之源有了现实性,尤其是资本原始积累初期所带来的"羊吃人"的圈地运动,更让他直接看到社会道德状况的极度恶化。因此,在他们看来,必须废除私有制,甚至商品货币,实行公有制和平均分配,进入"乌托邦"或"太阳城",社会才能有公义可言,才能从根本上规避道德下滑。空想社会主义者对社会的道德批判如此强烈,因而对社会现实无比悲观,得出了空想主义的结论。但毋庸否认的是,正是这种道德批判的视角成为后来很多西方思想家审视资本主义制度的通用武器。

对私有财产的道德批判甚至完全否定,并不是这个时期的主流。为新生的资产阶级利益、为私有财产进行合法性论证才是主流,必须容忍牺牲一定的道德代价来推进资本主义的生长与发展,才是占据主导地位的思想。霍布斯实际上论证了"利维坦"的产生是一种自然的历史进步过程,而付出一定的道德代价则是必然的历史现象。在他看来,自然状态下没有统治权,没有公道不公道之说,没有私有财产,没有"你的"、"我的"之分,但由于人的本性是自私自利、趋利避害、残暴好战,导致了自然状态就是一切人以一切人为敌的悲惨的战争状态,人们必须从这种状态下摆脱出来,进入真正的人类社会、组成国

---

① [英]托马斯·莫尔:《乌托邦》,戴镏龄译,商务印书馆1996年版,第44页。

家,以保证能够克制住人们的偏私、自傲、复仇等自然激情,保证自然法本身所要求的正义、公道、谦谨、慈爱等被人们遵从。通过缔结契约所形成的主权国家的出现是重大的历史进步,但是人们为此必须付出的代价是牺牲个人自由和反抗暴政的权利。在这个过程中,私有财产可能会带来的道德难题也是人们必须付出的代价,因为人们也必须尊重他人的私有财产,而且也需要通过买卖、交换、借贷、租赁、雇佣等方式来互相让渡所有权以使国家中的所有人享用。"要维持一个国家,单单是每一个人对一分土地或少数商品享有私有财产权、或是对某些有用的技艺享有天赋所有权是不够的……人们便必须能通过交换和共同订立的契约将自己所能拿出来的东西分给别人,并互相让渡其所有权。"①承认私有产权以及商品货币交换关系的道德正当性,霍布斯明显正是顺应了从中世纪向近代迈进、从封建制度向资本主义制度演变的社会发展趋势。私有财产不再是道德代价的根源,而成为天赋人权,神圣不可侵犯,是社会进步的表征,这一点被之后的思想家所继承。

　　紧随霍布斯之后的荷兰哲学家斯宾诺莎以及与英国政治哲学家洛克也描述了人类从自然状态向社会状态的发展进步过程。斯宾诺莎认为人的天性是不受绝对的压制的,行动往往不听清醒的理智指挥,而为肉体的本能和情绪所支配。每个个体在自然状态下,都发挥自己的天赋之权竭力以保存其自身,因而导致人人生活在恐惧、敌意、怨恨、愤怒、欺骗之中而惴惴不安。所以必须缔结契约,把自己的天赋之权交给享有最大威权的国家。从此以后,"生活不应再为个体的力量与欲望所规定,而是要取决于全体的力量与意志"②。天赋之权让位于国家威权,是人们为更好地生活所必须作出的正确选择,但也同样要以牺牲个人的自由为代价。洛克并不认为自然状态如霍布斯、斯宾诺莎所描述的那样混乱,他认为自然状态本来就是一种平等的状态,在那里人们都是独立的,具有处理自己的人身或财产的无限自由,毫无差别地生来就享有一切同样的有利条件,不存在从属或受制关系。但最大的问题是缺乏公正的裁判者而会发生混乱和无秩序甚至战争,为了避免这种局面,人们组成社会而脱离自然状态。"公民社会的目的原是为了避免并补救自然状态的种种不合适的地

① ［英］霍布斯:《利维坦》,黎思复、黎廷弼译,商务印书馆1985年版,第195页。
② ［荷］斯宾诺莎:《神学政治论》,温锡增译,商务印书馆1997年版,第214页。

方,而这些不合适的地方是由于人人是自己案件的裁判者而必然产生的恶,于是设置一个明确的权威,当这社会的每一成员受到损害或发生任何争执的时候,可以向它申诉,而这社会的每一成员也必须绝对服从。"①公民社会的进步性只是在于弥补自然状态的缺陷,更好地保证人们的自由、平等和私有财产权利,但它要求社会成员的绝对服从作为代价,这与霍布斯、斯宾诺莎并无多大不同。

尽管在看待自然状态上观点不一,这些思想家所形成的共识是公民社会、国家政府的确立,在当时的社会背景下也就是资本主义制度的确立是重大的历史进步,而为了这种社会历史的进步与发展就必须承担它可能带来的代价。探讨道德代价问题的前提是承认社会发展、社会进步,只有坚持社会发展、社会进步而不是社会循环或社会倒退的历史观,才可能相应地确立代价的概念。西方思想家在从以自然经济为主的农业社会向以资本主义市场经济为主的工业社会转变中,坚定不移地确立了社会进步观、社会发展观,也才因此有了道德代价论产生的理论前提。就此意义上可以说,道德代价问题是近代以来才有可能产生的问题。值得一提的是,社会发展繁荣必然要以牺牲人的道德为代价,私人的恶德恰恰成就社会的繁荣发展以及公众利益的实现,这一观点的最早提出者是18世纪初的荷兰人曼德维尔。这位在当时就名声大振、之后又被包括亚当·斯密等众多理论家推崇的思想家,在其代表作《蜜蜂的寓言》一书中指出:"使人变为社会性动物的,并不在于人的追求合作、善良天性、怜悯及友善,并不在于人追求造就令人愉悦外表的其他优点;相反,人的那些最卑劣、最可憎的品质,才恰恰是最不可或缺的造诣,使人适合于最庞大(按照世人的标准衡量)、最幸福与最繁荣的社会"②。个人为追求自身利益的行为却能推进社会公众利益的实现,正是后来赋予资本主义市场经济合道德性的前提。但曼德维尔实际上借此批判的是当时的社会现实,最繁荣的社会造就的不是道德高尚的人,而是具有恶德的人,与传统伦理相悖的自利、奢侈、贪婪等个人道德上的恶行,恰恰是带来社会经济繁荣、财富增长的必要条件。这也预示着,要实现社会的繁荣发展,就要放弃对个人道德高尚的要求,为了进步必

---

① [英]洛克:《政府论》(下篇),叶启芳、瞿菊农译,商务印书馆1996年版,第55页。

② [荷]曼德维尔:《蜜蜂的寓言:私人的恶德,公众的利益》,肖聿译,中国社会科学出版社2002年版,第1页。

然要牺牲道德。

当然,最鲜明、最系统地提出道德代价问题的是卢梭,他的道德代价论起初以经济越发展、道德越退步的道德悖论显示出来。《论科学和艺术》一书中凸显的主题是,物质文明、科学技术、文学艺术的进步带来的却是德性的消失,人们不再尊敬德行,人的灵魂越发腐败,多样的个性被消解,纯朴自然的人性被虚伪所代替,勇敢、尚武的德行被削弱,奢侈成为社会的主要特征。"再也没有诚恳的友情,再也没有真诚的尊敬,再也没有深厚的信心了!怀疑、猜忌、恐惧、冷酷、戒备、仇恨与背叛永远会隐藏在礼仪那种虚伪一致的面幕下边,隐藏在被我们夸耀为我们时代文明的依据的那种文雅的背后。"①在《论人类不平等的起源》中,卢梭则指出从原始的自然状态到文明状态的转变,正是不平等加深的过程,而不平等加深带来的是人的贪婪、压迫、欲望和骄奢,人的崇高而庄严的纯朴本性面目全非。"难填的欲壑,对财富的热望,与其说是出于真实的需要,不如说是出于对超越别人的渴望。这些欲望,激发人们产生相互伤害的阴险意图,以及一种隐秘的嫉妒。这种嫉妒更为可怕,它使人们戴上伪善的面具,从而更加稳妥地实现自己的欲望。总之,一方面是竞争和对抗,另一方面是人们之前的利益冲突,人人暗藏损人利己之心。这一切灾难都是私有制的最初结果,也是不平等发展的必然产物。"②文明社会状态的到来,似乎不是人类社会的进步,而是文明的蜕化,人类社会的完全倒退。

在《社会契约论》中,卢梭实际上改变了自己的看法,承认了从自然状态到社会状态的转变是必然的、进步的发展过程,它使人类摆脱了自然状态带来的对人类生存的威胁,使新的社会道德的出现成为可能。"人类从自然状态一进入社会状态,他们便发生了一种巨大的变化:在他们的行为中,正义代替了本能,从而使他们的行为具有了他们此前所没有的道德性;只是在义务的呼声代替了生理的冲动和权利代替了贪欲的时候,此前只关心他自己的人才发现他今后不能不按照其他的原则行事,即在听从他的天性驱使前先要问一问他的理性。尽管在这种状态中他失去了他从自然界中得到的一些好处,但他也得到了许多巨大的收获:他的能力得到了锻炼和发展,他的眼界开阔了,他

① [法]卢梭:《论科学与艺术》,何兆武译,商务印书馆1997年版,第10页。
② [法]卢梭:《论人类不平等的起源》,高修娟译,上海三联书店2009年版,第59页。

的感情高尚了,他的整个心灵提升到了如此之高的程度……正是从这个时刻起,他从一个愚昧的和能力有限的动物变成了一个聪明的生物,变成了一个人。"①社会契约的缔结所开启的社会状态,使人类有所得有所失,损失的是天然的自由和企图取得、能够取得的一切东西的无限权利,而得到的是社会的自由和对他们拥有的一切东西的所有权,还有的收获则是一种道德的自由,这种自由使人真正成为他自己的主人。社会是进步的,只是付出了代价。卢梭对自己思想的校正,使他成为真正的道德代价论者,而不是道德滑坡论者或者道德悖论者。

对人类社会发展与道德代价关系进行了更为缜密的理性分析的当属黑格尔。他在《历史哲学》中通过对基督教思想的解读得到过与奥古斯丁善恶观类似的一段话:"罪恶生于自觉,这是一个深刻的真理:因为禽兽是无所谓善或者恶的;单纯的自然人也是无所谓善或者恶的。自觉却使那任性任意、具有无限自由的'自我',离开了'意志'的、离开了'善'的纯粹内容——'知识'就是取消了'自然'的统一、就是'堕落';这种'堕落'并不是偶然的、而是永恒的'精神'历史……所以这种'堕落'乃是永恒的'人类神话'——事实上,人类就靠这种过渡而成为人类。"②有了人类的知识、意志、理性、自觉,也就必然会有恶,人类社会正是与恶、堕落相伴随。人的恶欲正是推动人类社会发展的动力,也是人类社会发展必须付出的、不可避免的道德代价,如果说人类历史的发展作为趋向完善或善的过程,那它就必须通过恶来达到。恩格斯曾在批判费尔巴哈贫乏的道德观时,指出了黑格尔思想的深刻性,并对其作了简明的阐释:"在黑格尔那里,恶是历史发展的动力的表现形式。这里有双重意思:一方面,每一种新的进步都必然表现为对某一神圣事物的亵渎,表现为对陈旧的、日渐衰亡的、但为习惯所崇奉的秩序的叛逆;另一方面,自从阶级对立产生以来,正是人的恶劣的情欲—贪欲和权势欲成了历史发展的杠杆。"③恶是求善必不可免的代价,有求善的发展,就有恶的代价的出现,代价与进步正是内在于人类社会有机体中,正是人类社会发展每一个阶段都要面对的矛盾问题。自此,西方的道德代价论思想在黑格尔这里得到了最为清晰的表述。

---

① [法]卢梭:《社会契约论》,李平沤译,商务印书馆 2011 年版,第 24 页。
② [德]黑格尔:《历史哲学》,王造时译,三联书店 1956 年版,第 366 页。
③ 《马克思恩格斯选集》第 4 卷,人民出版社 1995 年版,第 237 页。

（四）现当代：道德代价问题的深入反思

进入到 20 世纪,西方工业文明、资本主义、市场经济、科学技术等现代性要素得到充分发展,其所蕴含的矛盾和弊端也充分呈现出来。西方思想家认识到文艺复兴、启蒙运动鼓吹的现代性、现代化都是双刃剑,给人类社会带来进步、增长、发展的同时,也让人类社会各方面付出了惨重代价。经济发展并不是与道德进步并驾齐驱,反倒导致战乱、经济危机、贫富悬殊、社会不公、人的异化、拜物教、伦理标准多元、美德缺失等现实的道德难题。这决定了现当代西方思想家不再像近代思想家以代价的名义为新生的资本主义制度进行合法性论证,而是从代价的角度对资本主义制度条件下的经济社会发展进行反思批判。

早在 20 世纪 30 年代,法兰克福学派第一代领军人物霍克海默就旗帜鲜明地提出了要进行"唯物主义的批判",为整个学派确立了社会批判的方向,成为直击现代社会各方面代价的"代价论学派"。霍克海默和阿多诺在1940—1945 年写就的《启蒙辩证法》将矛头对准启蒙,认为启蒙本身是要恢复人的主体地位,使人摆脱恐惧成为主人,但完全受到启蒙的社会却重新对人进行了控制。"天堂和地狱是连在一起的"[1],启蒙许诺知识、理性、自由,促使人从蒙昧的神话中清醒过来,但又使技术理性、工具理性成为新神话,社会价值被商品提前预设,人们不再对社会现实进行反思,人的权力日益膨胀,征服欲、占有欲充斥内心。启蒙最终使人沦为服务于技术理性的、丧失价值情感的工具。

同属法兰克福学派的思想家马尔库塞、哈贝马斯则主要对科学、技术给人带来全面异化、使人遭受奴役进行了分析。他们认为,科学技术不是中立的发展指标,更不是进步的标志,而是资本主义统治的合法性工具,它加深了社会的统治、个人的奴役。哈贝马斯指出,技术与科学作为新"意识形态",正是资本主义社会合理性的证据。"第一位的生产力——国家掌管着的科技进步本身——已经成了[统治的]合法性的基础。"[2]这种新意识形态异常隐蔽,让人们难以觉察,它维系了既定阶级局部利益的统治,损害了人类要求解放的整体

---

[1]　[德]霍克海默、阿多诺:《启蒙辩证法》,洪佩郁等译,重庆出版社 1990 年版,第 12 页。

[2]　[德]哈贝马斯:《作为"意识形态"的技术与科学》,李黎、郭官义译,学林出版社 1999 年版,第 68 页。

利益。马尔库塞也明确指出,"技术合理性是保护而不是取消统治的合法性"①,"在技术的面纱背后,在民主政治的面纱的背后,显示出了现实:全面的奴役,人的尊严在作预先规定的自由选择时的沦丧"②。科学技术是人征服自然、利用自然为人类服务的方法,本是服务于人的生活,使人越来越自由、生活舒适的,但并没有解放人类,却转化为统治人的工具,使人失去了丰富的内涵,变成了单向度的人。不仅如此,在马尔库塞的理论语境中,生产和消费本身也是资本主义意识形态的工具,在给人类社会带来便利的同时,使个人和社会都付出了沉重代价。"今天的意识形态的根据是,生产和消费再生产着统治,并为其辩护。然而生产和消费的这种意识形态特征并不能改变它们具有实在的好处这一事实。整体的压抑性在很大程度上就在于其功效,因为它扩大了物质文化的范围,加速了获得生活必需品的过程,降低了安逸和豪华生活的代价,扩大了工业生产的领域——但在同时,它却又在维护着苦役和行使着破坏。个体由此付出的代价是,牺牲了他的时间、意识和愿望;而文明付出的代价则是,牺牲了它向大家许诺的自由、正义和和平。"③

对科学技术给人带来的负面效应的思考当然不是法兰克福学派的专利,作为 20 世纪最有影响的人本主义哲学家,海德格尔也明确指认了现代技术带来的代价,而且这种代价是人本身的异化,是对"存在"本身的异化。"为技术的统治之对象的事物愈来愈快,愈来愈无顾忌,愈来愈满地推行全球,取昔日习见的世事所约定俗成的一切而代之。技术的统治不仅把一切在者都立为生产过程中可制造的东西,而且通过市场把生产的产品提供出来。人的人性与物的物性都在贯彻意图的制造的范围之内分化为一个市场的计算出来的市场价值……由此,人本身及其事物都面临一种日益增长的危险,就是要变成单纯的材料以及变成对象化的功能"。④ 人对技术的应用、对自然的征服带来的是人自身的奴役存在,是人越来越走向作为对象化、材料工具性的存在。这无疑给沉浸于享受现代科技带来的便利生活的人泼来了一盆冷水。这当然不是哗

---

① [美]马尔库塞:《单向度的人》,张峰、吕世平译,上海译文出版社 1989 年版,第 142 页。
② [美]马尔库塞:《工业社会和新左派》,任立编译,商务印书馆 1982 年版,第 90 页。
③ [美]马尔库塞:《爱欲与文明》,黄勇译,上海译文出版社 1989 年版,第 71 页。
④ 转引自洪谦主编:《西方现代资产阶级哲学论著选辑》,商务印书馆 1982 年版,第 380 页。

众取宠的言谈,而是从代价角度去反思现代科学技术必然得到的结论。科学技术发展不是最终的目标,最终的目标是人的良善生活,一切以人为本,由此去评判科学技术确实需要保持冷眼。但以偏概全地看不到科学技术对人类社会发展的进步作用,就必须被批判。绝不能根据经验的抽象分析就宣判科学技术的意识形态性、无道德性、本质异化性,要从未来的发展上看到它的合理开发和运用对人类整体道德水平的进步作用。

提醒人们在面对日新月异的科学技术时,不忘记思考以人为本的真实意蕴,思考人之为人的本真存在和人的生活的良善目的,正是法兰克福学派道德代价论的核心逻辑和根本价值。另外一位代表人物弗洛姆更好地贯彻了这一逻辑,从精神分析的角度对资本主义社会发展所带来的人的异化以及人的病态进行了分析。他指出西方社会在创造巨大物质财富的同时,却导致了现代西方社会成为一个精神不健全的社会,"舒适的物质生活、财富的平均分配以及稳定的民主与和平,都是西方世界社会经济发展的追求目标。然而,最靠近这一目标的那些国家出现了严重精神病的征兆。"①工业社会带来了人类的两个重要心理:其一是以为生活的目的就是最大限度地享乐,就是满足一切愿望或主观需求的绝对享乐主义;其二则是认为自私自利、利己主义和贪婪无度是人类与生俱来的本性。但事实是,人貌似通过利己享乐实现了自由,实际上却被资本牢牢地掌控,成为"大机器中的一个齿轮",他自由了,也同时患上严重的疾病。"他自由了,但这也意味着:他是孤独的,他被隔离了,他受到了来自各方面的威胁……天堂永远地失去了,个人孤苦伶仃地活着,孤零零地面对这个世界,就像一个陌生人被抛入漫无边际和危险的世界一样。新的自由不可避免地带来了深深的不安全、无力量、怀疑、孤独和忧虑感。"②人被社会抛弃了,这恰恰是当代社会最大的道德代价。人本主义逻辑的批判性强度是足够的,关键的是要提出避免道德代价的举措,这当然不是社会批判理论的强项。

与法兰克福的理论旨趣相似的是在20世纪60—70年代开始走俏的后现代主义。如果说法兰克福学派主要是对资本主义社会制度条件下道德代价的揭示,后现代主义则是对现代性以及整个现代文化导致的代价进行全面的揭

---

① [美]埃利希·弗洛姆:《健全的社会》,欧阳谦译,中国文联出版公司1988年版,第9页。

② [美]弗洛姆:《逃避自由》,陈学明译,工人出版社1987年版,第87页。

示。在他们看来,现代性本身是作为一股巨大的进步洪流进入历史舞台的,留下的却是一种无法兑现的、充满欺骗的承诺,它根本不是解放的力量,而是现代社会一切奴役、压抑、压迫甚至一切问题、一切代价的根源。建设性后现代主义者格里芬一语中的:"现代性以试图解放人类的美好愿望开始,却以对人类造成毁灭性威胁的结局而告终。"①现代性高扬人的主体性,却使人被掏空、异化和扭曲,沦为知识、权力和道德的创造物,在科学、技术、信息、消费等现代社会引以为豪的事物的无限发展前景中,人越来越不能支配自己的生活。它把人和自然的关系定位为统治和被统治、改造和被改造的主从关系,最终导致人和自然之间的关系极度恶化从而使人的生存出现危机。

后现代主义伦理学家鲍曼,则直接评析了人类的当代困境。他认为,新时代的多元性、碎片性使道德标准不再有确定性,人的道德选择摇摆不定,道德经验多元差异,道德态度产生分歧。"在规范的多元状态下(我们的时代是一个多元论的时代),对我们而言,道德选择(道德良知紧随其后)在本质上不可避免地是摇摆不定的(矛盾的)。我们的时代是一个强烈地感受到了道德模糊性的时代,这个时代给我们提供了以前从未享受过的选择自由,同时也把我们抛入了一种以前从未如此令人烦恼的不确定状态。"②道德有进步,也有代价,不同的、多元的道德标准,让人们感受到道德自由,却也使道德的规范力量被严重削弱。尽管如此,鲍曼对未来道德进步充满信心,认为后现代伦理标志着一个旧道德的结束,也同时意味着新道德的开始,今天的不确定性的道德只是未来道德进步必要的代价。作为后现代主义理论家,鲍曼还是有一定的乐观精神的,但福柯、德里达、德勒兹、利奥塔、鲍德里亚等后现代主义大师试图解构一切的理论特色使他们越来越将现代性的进步性摒弃,看到的都是现代性的弊端、现代性的黑暗、现代性的奴役,这当然不符合辩证的视角,而且只知解构、不知建构,只大谈特谈各种问题而不提出或根本提不出问题的答案,必然是只能玩弄眩晕的理论,而对现实无益。

一些在理论上不够厚重、但更为务实的思想家立足反思增长、发展,直接谈到了经济发展与道德代价的问题。20 世纪 60 年代,丹尼斯·古雷特(Denis

① [美]大卫·雷·格里芬:《后现代精神》,王成兵译,中央编译出版社 1997 年版,第137 页。
② [英]鲍曼:《后现代伦理学》,张成岗译,江苏人民出版社 2003 年版,第24 页。

Goulet)率先提出"发展"的概念需要重新定义,需要考究本身的伦理道德价值。他认为传统的发展有三个方面的问题必须得到解决:其一是使手段绝对化,不顾社会,为了发展而发展;其二是发展模式使价值物质化,使"做人"就为了"占有",以"值钱"取代"价值"等。其三,产生了结构决定论,国家成为利益的囚徒,目的的工具化降低了作为伦理抉择两大基础的责任与自由。①他为此提出了必须从伦理的角度思考发展的课题,并创立了发展伦理学,"发展伦理学的重要任务是使得发展行动保持人道,以保证在发展旗号下发动的痛苦变革不产生反发展,反发展摧毁文化,付出过度的个人痛苦并牺牲社会福利,这一切都是为了利润,为了绝对化的意识形态,或是为了某种所谓的效率需要"②。

　　诺贝尔经济学奖得主阿马蒂亚·森也持类似逻辑,认为要摆脱发展所遇到的代价,必须重新厘清发展的概念,摆脱狭隘的发展观,而"狭隘的发展观包括发展就是国民生产总值(GNP)增长、或个人收入提高、或工业化、或技术进步、或社会现代化等的观点"③。狭隘的发展使世界达到了前所未有的丰裕,但也生成了贫困以及暴政、经济机会的缺乏、系统化的社会剥夺、忽视公共设施以及压迫性政权的不宽容和过度干预等代价。现在需要做的是把发展看作是"扩展人们享有的真实自由的一个过程","经济增长本身不能理所当然地被看作就是目标。发展必须更加关注使我们生活得更充实和拥有更多的自由。扩展我们有理由珍视的那些自由,不仅能使我们的生活更加丰富和不受局限,而且能使我们成为更加社会化的人、实施我们自己的选择、与我们生活在其中的世界交往并影响它"④。发展要有伦理价值观念的指导,去实现伦理的目标,是这些思想家提出解决当代伦理困境的方案。问题在于,这只是一种理念,这种理念需要通过制度设计来改变实践,而在以追求利润不断扩张为根本目的的资本主宰之下能否设计出行之有效的制度,则是当代西方世界乃至

---

　　①　参见[美]德尼·古莱:《发展伦理学》,高铦等译,社会科学文献出版社2003年版,第20—23页。

　　②　[美]德尼·古莱:《发展伦理学》,高铦等译,社会科学文献出版社2003年版,第31页。

　　③　[印度]阿马蒂亚·森:《以自由看待发展》,任赜、于真译,中国人民大学出版社2002年版,第1页。

　　④　[印度]阿马蒂亚·森:《以自由看待发展》,任赜、于真译,中国人民大学出版社2002年版,第10页。

全世界的难题。

无论如何，人们至少已经对发展历程中的道德、社会代价充分关注，一个不同于以往的"新发展观"历经几十年也已逐渐确立。1962年出版的《寂静的春天》一书，描绘了拓荒者对美国一个小镇的开发带来了植物、动物的灭绝，只留下寂静的田野、树林和村庄的景象，敲响了生态危机的警钟，使人们意识到发展造成了对大自然的威胁、对生存环境的威胁。1972年，罗马俱乐部完成了一份轰动世界的研究报告——《增长的极限》，它重点讲到了环境污染、资源贫乏、人口爆炸、社会邪恶和核威胁等方面的巨大代价，让更多的人感受到片面追求经济增长的困境。1983年，法国经济学家佩鲁接受联合国教科文组织委托，发表了《新发展观》一书，对无极限的增长观提出了质疑，提出了以所有人的发展为核心的"总体的"、"内源的"、"综合的"发展观。1980年，联合国大会向世界发出呼吁：必须研究自然的、社会的、生态的、经济的以及利用自然资源过程中的基本关系，确保全球的发展。可持续发展观从此逐渐获得全球共识，考证社会进步的标准绝不能唯经济发展、唯工具理性、唯科学技术，不能无视经济增长所生成的各方面代价，不能以一种盲目的进化观来支配未来发展，正变成一种现实的行动。

二、中国传统道德代价思想

在几千年来的中国传统社会，由于中华民族得天独厚的生存空间，孕育了以农耕经济为主体的自然经济形态，衍生出特有的稳固的宗法制度，构造起家国一体的高度集权的君主专制，进而产生了注重人伦的伦理中心主义文化，滋生了极为丰富的伦理道德思想，其中也包含着不少有关道德代价问题的思考。当然，在中国传统社会，还没有"道德代价"这一概念，因而，中国传统道德代价思想是以一种中国特有的表达方式呈现的。

在中国原始社会时期，道德的雏形就已经出现了，但这一时期，萌芽状态的道德基本上只限于自发的传统习惯。道德真正开始自觉化、体系化、理论化，当推西周。西周在吸纳殷礼的基础上，又对殷礼进行损益维新，建立了一套完整的宗法等级制度，形成"周礼"并以此纲纪天下，"经国家，定社稷，序民人,利后嗣……"①,并依此制定了一套以"孝"为核心的宗法道德规范和伦理思想。

西周以降,中国社会改朝换代、屡历变迁,周所建立的道德体系亦随之数经冲击和变易。在这个社会演化发展的过程中,产生了大量的道德代价。因此,也引发了人们对道德代价问题的探索。尤其是在社会激荡剧变之期,都会比较集中地出现有关道德式微的描述和批判,同时也出现各种各样的解决道德代价的方案。

(一)义利问题上的道德代价思想

义与利,是中国传统伦理思想史上一对重要范畴,也是经济与道德之间关系的一种中国式特殊表达方式。

中国传统道德代价思想谈义利问题,是以社会发展与道德发展之间关系为基础的。由于中国社会是带着氏族制的脐带跨入文明社会的门槛,从而衍生出中国传统社会稳固的宗法制度,而以一家一户为基本生产生活单位的小农经济,造就了中国人坚固的家庭家族观念,并在灵魂不灭的基石上产生了特有的"祖宗崇拜"伦理文化。在祖宗崇拜伦理文化的影响下,特别是在逐渐有了个体自我意识之后对利益的追逐中,人们普遍认为,祖先们总是伟大的,过去的时代总是要比现在好,从而滋生出了社会越向前发展,社会道德就越退步的思想;或者说,社会历史发展必然付出越来越大的道德代价。道家创始人老子就认为,人类最美好的时代是"顺其自然"的时代,也就是按"道"而行之的时代。但是,随着社会越向前发展,越要付出沉重的道德代价,"道德"必然不断退化。所以他为此感叹道:"失道而后德,失德而后仁,失仁而后义,失义而后礼。夫礼者,忠信之薄,而乱之首也"。② 与此相对应的是,君王之德,也与时俱退;因而,人民对他的态度也不断退化:"太上,下知有之;其次,亲之;其次,誉之;其次,畏之;其次,侮之"。③ 即是说,太古之世的执政者,人民仅仅知道有他;其次之世,人民爱戴他;再次之世,人民颂扬他;更次之世,人民畏惧他;最次之世,人民侮蔑他。

---

① 左丘明:《左传·隐公十一年》,岳麓书社 1988 年版。
② 朱谦之撰:《老子校释·三十八章》,中华书局 1984 年版。
③ 朱谦之撰:《老子校释·十七章》,中华书局 1984 年版。

儒家也基本抱持这种看法。儒家的经典著作《礼记》充分地表达了这一思想。在《礼记·礼运》中,孔子的得意弟子子游说,在古代五帝时,社会生活是那么的美好:"大道之行也,天下为公,选贤与能,讲信修睦。故人不独亲其亲,不独子其子,使老有所终,壮有所用,幼有所长,矜、寡、孤、独、废疾者皆有所养;男有分,女有归。货恶其弃于地也,不必藏于己;力恶其不出于身也,不必为己。是故谋闭而不兴,盗窃乱贼而不作,故外户而不闭,是谓大同"。① 但随着社会的发展,社会的道德风貌发生了退化:"今大道既隐,天下为家,各亲其亲,各子其子,货力而已"。② 从"天下为公"到"天下为家"再到"天下为我",伦理道德一路下滑。孟子也认为,三皇五帝之时,人民安居乐业、尊道重德。而后虽然"一治一乱",③但总地来说,自从"尧舜既没,圣人之道衰,暴君代作。坏宫室以为污池,民无所安息;弃田以为园囿,使民不得衣食。邪说暴行又作,园囿、污池、沛泽多而禽兽至"。④

社会发展而道德退化的根源何在? 或者说,社会发展付出沉重道德代价的问题出在哪里? 从上述可见,中国古代思想家认为主要有两个根源或问题:一个是能否处理好义与利的关系;另一个是君王及其统治者能否做好道德的表率。对第一个问题的探讨发展成为义利之辨;对第二个问题的探讨深化成为理欲之辩。

义利之辨被认为"在道德学说中是极其重要的",⑤程颢甚至认为,天下之事,唯义利而已。因为说到底,人类社会生活不外乎就是两类:一类是物质生活;另一类是精神生活。物质生活的基础在于"利";精神生活的基础在于"义"。只要正确认识和处理好了义和利的关系,就能够避免道德代价而过上幸福的生活。因而义利之辨在一定意义上,是一种最重要的道德思辨。在历史上,"大凡处于社会变革,特别是在社会经济改革时期,义与利的关系总会被人们注目而成为伦理思考的重要议题"⑥。

---

① 戴圣、钱玄:《礼记·礼运》,岳麓书社 2001 年版。
② 戴圣、钱玄:《礼记·礼运》,岳麓书社 2001 年版。
③ 朱熹注:《孟子·滕文公下》,上海古籍出版社 1987 年版。
④ 朱熹注:《孟子·滕文公下》,上海古籍出版社 1987 年版。
⑤ 冯友兰著:《中国哲学简史》,北京大学出版社 1996 年版,第 38 页。
⑥ 朱贻庭主编:《中国传统伦理思想史》,华东师范大学出版社 2009 年版,第 250 页。

何为"义"？"义,所以判断事宜也。"①《礼记·中庸》也云:"义者,宜也。"清代段玉裁《说文解字注》注为:"义之本训,谓礼容各得其宜。礼容得宜则善矣。"换而言之,义是人们在思想、行动上应当遵循的善的法度、原则;或者更具体而言,是使自己的行为合乎礼制。何为"利"？《说文解字》的解释是:"利,铦也。从刀,和然后利。"在甲骨文中,"利"字形似农夫割禾,本意是收获,后延伸至"利益"、"好处"等,并作为违礼行为的思想根源,与"义"相对立。

义利之辨发端于春秋初年。这个时期由于生产工具的变革以及各种"夺田"斗争,私田大量出现,同时私商和私营手工业逐渐兴起,私有经济开始蓬勃发展起来。社会经济基础的大变动首先引起了社会观念层面的大变革,对财富、对权势的贪欲之心在社会上滋长日盛,造成"周道衰而王泽竭,利害兴而人心动"②。其次,源于经济基础变动的贪欲之心,又驱使各种无休止的逐利行为不断激化社会矛盾,也加剧了社会的动荡,晏婴称之为"蕴利生孽"③。义与利的关系问题由此被对举提起。

春秋战国时期,义利之辨主要有三种观点:

一是重义轻利,主要代表为孔子和孟子。

在春秋时代的社会生活中,有一种基本观点,认为义利应该统一,甚至认为义高于利,例如:"居利思义"④、"德义,利之本也"⑤、"义以建利"⑥等。这种观点对以孔子为代表的儒家义利观影响深远。孔子所在的时代,社会矛盾更加尖锐化,"利"的问题更加突出,对社会秩序和道德秩序已经造成了极大干扰,就连周礼保留比较齐备的鲁国也受到物欲横流现象的剧烈冲击。虽然平时"子罕言利"⑦,但为匡正社会风气,孔子仍然旗帜鲜明地提出重义轻利的义利观。一方面,孔子并不一味否定利的存在,他也承认治理国家要"因民之

①　左丘明:《国语·周语下》,上海古籍出版社 1978 年版。
②　陈亮:《陈亮集·孟子》,中华书局 1987 年版。
③　左丘明:《左传·昭公十年》,岳麓书社 1988 年版。
④　左丘明:《左传·昭公二十八年》,岳麓书社 1988 年版。
⑤　左丘明:《左传·昭公二十七年》,岳麓书社 1988 年版。
⑥　左丘明:《左传·成公十六年》,岳麓书社 1988 年版。
⑦　朱熹:《论语集注·子罕》,齐鲁书社 1992 年版。

所利而利之"①,不反对民众追求物质利益;另一方面,他反对自私自利的
"利",主张义重于利——"君子谋道不谋食。耕也,馁在其中矣;学也,禄在其
中矣。君子忧道不忧贫"②,"君子喻于义,小人喻于利"③,要"见利思义"④,
在物质利益面前应以义来取舍利。孟子承继孔子的思想,认为利是万恶之源,
"万乘之国弑其君者,必千乘之家;千乘之国弑其君者,必百乘之家。万取千
焉,千取百焉,不为不多矣。苟为后义而先利,不夺不餍"⑤。因此,孟子主张
"去利怀义"。是"为利"还是"为义",成为区别小人与君子的价值标准——
"鸡鸣而起,孳孳为善者,舜之徒也;鸡鸣而起,孳孳为利者,跖之徒也。欲知
舜与跖之分,无他,利与善之间也"⑥。在孟子看来,"义"最为可贵,因此,为
了"义"甚至可以牺牲生命,即"舍生而取义"⑦。

二是因利轻义,⑧主要代表为商鞅、韩非。

与儒家奠基人孔孟不同认识的是法家代表商鞅、韩非。商鞅认为,民"生
则计利,死则虑名"⑨,即百姓都是为名为利、自私自利的,因此所谓仁义、孝悌
的道德教育并没有多大效果,必须力推法治——"以良民治,必乱至削;以奸
民治,必治至强。"⑩韩非也认为人皆自为,"好利恶害,夫人之所有也。"⑪在韩
非看来,人与人之间的关系不过是赤裸裸的计利关系,如果要用道义来调节人
际关系是不起作用的,必须用法——"圣人之治国,不恃人之为吾善也,而用
其不得为非也。恃人之为吾善也,境内不什数;用人不得为非,一国可使齐。

---

① 朱熹:《论语集注·尧曰》,齐鲁书社 1992 年版。
② 朱熹:《论语集注·卫灵公》,齐鲁书社 1992 年版。
③ 朱熹:《论语集注·里仁》,齐鲁书社 1992 年版。
④ 朱熹:《论语集注·宪问》,齐鲁书社 1992 年版。
⑤ 朱熹注:《孟子·梁惠王上》,上海古籍出版社 1987 年版。
⑥ 朱熹注:《孟子·尽心上》,上海古籍出版社 1987 年版。
⑦ 朱熹注:《孟子·告子上》,上海古籍出版社 1987 年版。
⑧ 学界有学者把法家的义利观表述为"重利轻义",但从法家的代表人物例如商鞅和韩非
的相关叙述来看,他们并没有显示出"重利"的倾向,亦没有对"好利恶害"的自为之心作出或善
或恶的道德评价,也没有反对自为之心,只是"因"之而提出以法代德的主张,故法家的义利观以
"因利轻义"概括可能更合适。
⑨ 冯惠民注:《商鞅·算地》,中华书局 1981 年版。
⑩ 冯惠民注:《商鞅·说民》,中华书局 1981 年版。
⑪ 韩非:《韩非子·难二》,上海古籍出版社 1989 年版。

为治者用众而舍寡,故不务德而务法。"①儒家以义制利,法家则以法制利。

三是贵义尚利,主要代表者为墨家及墨子。

如果说儒家奠基人孔孟和法家代表商鞅、韩非在义利上各持一端的话,墨家首创者墨子则企图在义利上统一起来。在墨子看来,义和利是统一的。墨子一方面贵义——"天下莫贵于义"②,因为"义可以利人,故曰义天下之良宝也"③。另一方面也尚利。墨子所尚之"利",主要是指利天下之利、利人之利;他认为,凡是利天下、利人的行为,就是"义",否则就是"不义"。而且他把"兴天下之利,除天下之害"④作为义的最高目标,具体而言就是要除去民之"三患":"饥者不得食,寒者不得衣,劳者不得息"⑤。为了实现这样的目标,改变诸侯争霸连年征战、侵夺给平民百姓带来的巨大灾难,墨子提出应该要"兼相爱,交相利"⑥,才能实现太平盛世的景况。

两宋时期又是严辨义利的历史阶段。

北宋时期,随着农业技术的提高和南北地区的开发,封建经济获得新的发展——"中国好像进入了现代,一种物质文化由此展开……在 11、12 世纪内,中国大城市里的生活程度可以与世界上任何其他城市比较而无逊色"⑦。但封建贵族、官僚利用特权大肆掠夺兼并土地,造成"天下财力日以困穷,而风俗日以衰坏"⑧,农民生活贫苦交加,被迫进行武装反抗,其中著名的有方腊起义和王小波、李顺起义,这些起义或直接或间接地表达了"均贫富"的要求。加之外有北方民族的威胁,内兼地主阶层内部矛盾激化,因而催生了范仲淹和王安石的变法,但变法并未成功。南宋时期一方面要长期向金纳贡;另一方面要养重兵防御,百姓负担极其沉重,爆发了钟相、杨么起义,起义明确提出了"等贵贱、均贫富"的口号。与此同时,两宋时期市场获得了长足发展,"中国传统市场的革命性变化至宋代已趋完成,同时开始了一个新的发展历程,即由

---

① 韩非:《韩非子·显学》,上海古籍出版社 1989 年版。
② 墨翟:《墨子·贵义》,上海古籍出版社 1989 年版。
③ 墨翟:《墨子·耕柱》,上海古籍出版社 1989 年版。
④ 墨翟:《墨子·兼爱下》,上海古籍出版社 1989 年版。
⑤ 墨翟:《墨子·非乐上》,上海古籍出版社 1989 年版。
⑥ 墨翟:《墨子·兼爱中》,上海古籍出版社 1989 年版。
⑦ 黄仁宇著:《中国大历史》,三联书店 2003 年版,第 128 页。
⑧ 王安石:《王文公文集·上皇帝万言书》,上海人民出版社 1974 年版。

分散趋向整合,由封闭趋向开放,由割据趋向统一。"①正是在这种经济高度繁荣,社会矛盾、民族矛盾与政治斗争相互交织,道德代价凸显之时,刺激了两宋时期义利之辨空前活跃。

此时的义利之辨主要有两大观点:重义轻利和重利轻义。

第一,重义轻利,主要代表者为二程(程颐、程颢)和朱熹。

二程(程颐、程颢)和朱熹是"正统"儒家中最重要的代表人物,他们继承发展了儒家在义利问题上的基本思想。程颢认为,"义利云者,公与私之异也"。② 在处理义与利、公与私的关系时,二程直接继承汉代董仲舒的"正其谊不谋其利,明其道不计其功"③思想,认为"人皆知趋利而避害,圣人则更不论利害,惟看义当为与不当为"④。因此,必须以道义为价值取向,无私去利。朱熹也认为,"事无大小,皆有义利"⑤,在朱熹看来,"义者,天理之所宜","利者,人情之所欲"⑥;君子应严辨义利,"凡事不可先有个利心,才说着利,必害于义。圣人做处,只向义边做"⑦。但二程和朱熹的义利之辨并没有止于此,而是更推进一步,提出"天理人欲"之辩,因此程朱学说又被称为"义理之学"。这种学说只重道义之善恶是非,而不重客观之得失成败——"宋儒虽重是非而轻成败,却又怀有一乐观之信念,即认为世界万事终可以合理",因此"对历史难题不能发挥力量"⑧,这也正是朱陈之争中陈亮所着力批评的。

第二,重利轻义,主要代表者为李觏、王安石和陈亮。

北宋的李觏否定儒家传统的"贵义贱利"观点,公开倡导"利欲可言"的思想:"利可言乎? 曰:人非利不生,曷为不可言? 欲可言乎? 曰:欲者人之情,曷为不可言? 言而不以礼,是贪与淫,罪矣。不贪不淫而曰不可言,无乃贼人之生,反人之情,世俗之不喜儒以此。孟子谓'何必言利',激也。焉有仁义而

① 龙登高:《中国传统市场的整合 11—19 世纪的历程》,《中国经济史研究》1997 年第 2 期。
② 杨时编:《二程粹言·论道》,商务印书馆 1936 年版。
③ 班固:《汉书》卷五十六《董仲舒传》,中华书局 1962 年版。
④ 程颢、程颐:《二程遗书》卷十七,上海古籍出版社 1992 年版。
⑤ 黎靖德编:《朱子语类》卷十三,中华书局 1986 年版。
⑥ 朱熹:《论语集注·里仁》,齐鲁书社 1992 年版。
⑦ 黎靖德编:《朱子语类》卷五十一,中华书局 1986 年版。
⑧ 劳思光:《新编中国哲学史》第三卷上,广西师范大学出版社 2005 年版,第 265 页。

不利者乎?"①认为人有利欲是自然、合理的,只不过应"节以制度"而已。而改革家王安石力倡变法,提出理财为治国要务,认为"政事所以理财,理财乃所谓义也"②,即在政事范围内,理财是公利,因此是"义";同时他也提出,必须把利己与利天下统一起来,才是真正的仁义之道。南宋的陈亮反对程朱空谈天理,主张以"实事实功"作为道德,也即到成处便是有德,事到济处便是有理。陈亮的功利之学,是对李觏、王安石的功利主义思潮的进一步发展。

　　1840年爆发的鸦片战争,拉开了中国历史的近代序幕,中国经历了一连串军事挫败,签订了一系列不平等条约,最终沦为列强竞逐的半殖民地。外遭侵略,晚清内政也极其昏暗,内忧外患让朝野有识之士奏响改革以救亡图存的最强音,启动近代社会的大变革时代。反映在义利之辨上,也体现了强烈的变革意识。传统儒家重义轻利的思想,强调应该通过符合道义的手段获得正当利益,它在历史上曾发挥了积极影响,但经过后儒的片面发展,变成只重道义不讲功利,消极意义日益明显。过度强调道德意义上的善恶是非、极端鄙薄功利价值,在社会上并未达到预期效果,恰恰相反,社会道德风尚日渐堕落——"今日风气,备有元、成时之阿谀,大中时之轻薄,明昌、贞佑时之苟且"③,"百为废弛,贿赂公行,民治污而民气郁,殆将有变"④,国家也日渐积贫积弱。后儒在危机与变革的时代更是备受诟病。魏源指出,"后儒特因孟子义利、王伯(霸)之辨,遂以兵食归之五伯,讳而不言"⑤,势必导致国家贫弱。薛福成也认为,"后世儒者不明吃义,凡一言及利,不问其为公为私,概斥之为言利小人,于是利国利民之术废而不讲久矣"⑥,这种传统观念导致商业历来被视为低贱之业,若要振兴经济、工商立国,必须首先纠正这种传统的义利观。严复也反对"言利为讳"的传统观点,提出自己的义利观的见解:一是"义利合"——"故天演之道,不以浅夫昏子之利为利矣,亦不以谿刻自敦滥施妄与

　　① 李觏:《李觏集》卷二十九,中华书局1981年版。
　　② 王安石:《王文公文集·答曾公立书》,上海人民出版社1974年版。
　　③ 沈垚:《落帆楼集·与张渊甫》,吴兴刘氏嘉业堂,民国7年(1918)版。
　　④ 包世臣:《安吴四种》卷八,注经堂,清同治十一年(1872)刻本。
　　⑤ 魏源:《魏源集·默觚下》,中华书局1976年版。
　　⑥ 薛福成撰:《出使日记续刻》卷四,光绪二十四年传经楼刻本,收录于王有立主编的《中华文史丛书》,台湾华文书局1969年版。

者之义为义,以其无所利也。庶几义利合,民乐从善,而治化之进不远欤"①;二是"两利为利",主张利己与利他的统一;三是"开明自营",主张合理利己主义。总体而言,近代对传统义利观的批判主要针对的是传统义利观中重义讳利的偏颇,强调义与利的统一,为救亡图存、富国强兵、民族振兴谋求观念上的变革。

从社会发展与道德发展的关系问题,追究到道德代价的直接原因——义利关系问题,从而兴起了义利之辨。在春秋战国以来的义利之辨中,贯穿着道义论与功利主义的交锋碰撞,从中也不难看到经济基础的变化对思想观念层面的冲击,蕴利之心驱使人们违礼背义,冲击旧宗法道德体系。恩格斯曾指出:"自从阶级对立产生以来,正是人的恶劣的情欲——贪欲和权势成了历史发展的杠杆"②,中国历史上义与利关系问题的论争、消长,在客观上也带动了传统道德代价思想在社会发展进程中的不断更新变革。

(二) 理欲问题上的道德代价思想

在中国传统伦理思想史上,义利问题,往往被视为是社会发展与道德代价问题的表层根源,而其深层根源则是理欲问题。因此自宋以后,义利之辨与理欲之辨总是密切相关,理欲之辨是义利之辨逻辑演进的必然。可以说,义利关系为"表",理欲关系为"里"。义利关系的正确认识与处理与否,与理欲关系的认识和处理与否是直接相关的。甚至也可以说,只有正确认识和处理好义利关系,才能真正正确认识和处理好义利关系。而君王及其统治者是否能够做好道德的表率,也与其能否正确认识和处理好理欲关系分不开。

从义利之辨到理欲之辨,是探讨社会发展与道德代价关系的深化。义源于理,利源于欲;而理欲的根源又是什么? 是否人性? 那么,什么是人性? 人性是善还是恶? 对这些问题的回答,成为了中国传统伦理思想史上的根本问题。因而,在中国传统道德代价思想史上,对道德代价生成的根源之追问,最终都必然落脚到对"人性"的追究上。

在中国传统道德代价思想史上,占主导地位的认识,都把人性作为道德问

---

① 王栻主编:《严复集》,中华书局 1986 年版,第 859 页。
② 《马克思恩格斯选集》第 4 卷,人民出版社 1995 年版,第 237 页。

题的根基。

在中国,孔子是最早谈及人性的人。他第一个肯定普遍的、一般的人性,提出了"性相近,习相远"的命题。但是这个命题太笼统,可以作多种理解。因而,在孔子之后,这个问题的讨论热闹起来。孟子通过批判告子的观点,第一个明确提出人性善即人性为善德之源的观点。在孟子看来,告子的所谓人性,是人的生物本性,这当然无所谓善恶。但是,人与禽兽的根本区别,不是生物本性,而是人所特有的道德本性。人性天生就具有一种与生俱来的"善端":"恻隐之心,人皆有之;羞恶之心,人皆有之;恭敬之心,人皆有之;是非之心,人皆有之。恻隐之心,仁也;羞恶之心,义也;恭敬之心,礼也;是非之心,智也。仁义礼智,非由外铄我也,我固有之也,弗思耳矣。"①人若重视修养,扩充善端,则成善人,成为一个有德之人;反之,不思修养,放纵欲望,就成恶人,成为一个缺德之人。而荀子则针锋相对地提出了"性恶论",认为人之性是好利多欲的,性中并无礼义,一切善的行为都是后来勉强训练而成。"人之性恶,其善者伪也。人之性,生而有好利焉,顺是,故争夺生而辞让亡焉;生而有疾恶焉,顺是,故残贼生而忠信亡焉;生而有耳目之欲,有好声色焉,顺是,故乱生而礼义文理亡焉。然则从人之性,顺人之情,必出于争夺,合于犯分乱理而归于暴。故必将有师法之化,礼义之道,然后出于辞让,合于文理,而归于治。用此观之,然则人之性恶明矣,其善其伪也。"②到了朱子,通过完善"性两元论"而使以往历史上的人性论达到一种相对统一的认识。他认为:"人之所以生,理与气合而已。……论天地之性,则专指理言;论气质之性,则以理与气杂而言之。"③天地之性,即是理;及理与气合,乃有气质之性。因而,理是纯善的,气则清浊不齐,故气质之性有善有恶。至此,善恶问题与理欲问题勾连起来。

所谓理欲之辩,即天理与人欲之辨。《礼记·乐记》曰:"夫物之感人无穷,而人之好恶无节,则是物至而人化物也。人化物也者,灭天理而穷人欲者也";又曰:"饮食男女,人之大欲存焉"④。这一方面强调天理高于人欲;另一方面也承认了物质欲望具有合理性。

---

① 朱熹注:《孟子·告子上》,上海古籍出版社1987年版。
② 朱砚夫:《荀子·性恶》,中华书局1982年版。
③ 黎靖德编:《朱子语类》卷四,中华书局1986年版。
④ 戴圣、钱玄:《礼记·礼运》,岳麓书社2001年版。

关于理欲之辨,中国传统道德代价思想史上有以下三种观点:

一是以理节欲说。

晏婴认为,"足欲,亡无日矣"①,要求统治者必须限制己欲,不能放纵。荀子认为,"凡语治而待去欲者,无以道欲而困于有欲者也。凡语治而待寡欲者,无以节欲而困于多欲者也"②,主张以道制欲——"君子乐得其道,小人乐得其欲。以道制欲,则乐而不乱;以欲忘道,则惑而不乐"③。董仲舒也认为人欲之为情,情非制度不节,应正法度之宜,制上下之序以防欲,也就是要节民以礼。

二是存理灭欲说。

宋明时期,为了强化道德纲常的统摄力,更有效地维护封建统治秩序,理欲之辨被发展为"存理灭欲"说。二程认为天理与人欲难以统一,"大抵人有身,便有自私之理,宜其与道难一。"④其中程颐曰:"无人欲即是天理"⑤,程颢曰:"人心莫不有知,惟蔽于人欲,则忘天理也"⑥。因此,必须"灭私欲"才能"天理明矣"。⑦甚至为了维护封建纲常秩序,连最基本的生存欲望,也在灭之列。例如有人问程颐:孤苦无依的寡妇,能否再嫁?程颐回答:"只是后世怕寒饿死,故有是说。然而饿死事极小,失节事极大。"⑧朱熹继承了二程思想,指出圣贤千言万语,只是教人明天理,灭人欲。王守仁也认为,"去得人欲,便识天理。"⑨至清代,统治者实行严酷的文化专制政策,大力倡导程朱理学,把程朱理学确定为统治思想,并奉为万世真理。

三是理存于欲说。

宋明时期,随着商品经济的发展和市民阶层的崛起,人们对个人利益和个性发展日益重视。一批进步思想家认识到宋明理学对社会和民族的消极影

---

① 左丘明:《左传·襄公二十八年》,岳麓书社1988年版。
② 朱砚夫:《荀子·正名》,中华书局1982年版。
③ 朱砚夫:《荀子·乐论》,中华书局1982年版。
④ 程颢、程颐:《二程遗书》卷三,上海古籍出版社1992年版。
⑤ 程颢、程颐:《二程遗书》卷十五,上海古籍出版社1992年版。
⑥ 程颢、程颐:《二程遗书》卷十一,上海古籍出版社1992年版。
⑦ 程颢、程颐:《二程遗书》卷二十四,上海古籍出版社1992年版。
⑧ 程颢、程颐:《二程遗书》卷二十二下,上海古籍出版社1992年版。
⑨ 王阳明:《传习录上》,岳麓书社2004年版。

响,宋明理学尤其程朱理学的理欲观也随之受到批判,理存于欲说由此产生。王夫之认为,天理与人欲并不是截然对立的,"私欲之中,天理所寓"①,"人欲之大公,即天理之至正"②。陈确也认为,天理与人欲是统一的,"天理正从人欲中见,人欲恰好处即天理也。"③清代戴震指出,"古贤圣所谓仁义礼智,不求于所谓欲之外,不离乎血气心知"④,在他看来,理欲不仅是统一的,而且欲还是理的基础,"理也者,情之不爽失也。未有情不得而理得者也"⑤。同时,戴震极力指出宋明理学理欲之辨的危害,痛斥其造成的精神摧残甚于严刑峻法——"酷吏以法杀人,后儒以理杀人,浸浸乎舍法而论理,死矣,更无可救矣!"⑥

　　理欲之辨从先秦诸子百家演化至宋明理学,达到了一个历史高峰;到明清之际,正值中国传统伦理思想"演进到了批判总结阶段,即'自我批判'阶段"⑦,进步思想家们祭起了封建社会晚期自我批判的大旗,对宋明理学理欲之辨进行了激烈而深刻的批判。这种集中批判一直延续到近代。康有为否定宋明理学的"去人欲存天理",肯定欲的正当和合理,认为"人生而有欲,天之性哉"⑧,并且认为恰是人们求乐免苦的欲望推动了社会历史的进步,人要想实现理想的大同世界,必须"日益思为求乐免苦之计,是为进化"⑨。五四新文化运动时期,宋明理学的理欲观受到更加尖锐的批判。例如《新青年》有文章指出,理学家一味禁制各种欲望,最终只能是"诈伪之习日益加剧"⑩;古代的禁欲主义"大谬不然",违背人的天性⑪等。进步思想家们肯定欲的合理性,同时也指出,应该对欲因势利导,不可放任自流。"五四"运动以后,随着宋明理学的衰败,"去人欲存天理"的理欲观日薄西山,影响力也随之大为削弱了。

---

① 王夫之:《四书训义》卷二十六,岳麓书社 2011 年版。
② 王夫之:《四书训义》卷三十,岳麓书社 2011 年版。
③ 陈确:《陈确集·无欲作圣辩》,中华书局 1979 年版。
④ 戴震:《孟子字义疏证》,《戴震集》,上海古籍出版社 1980 年版。
⑤ 戴震:《孟子字义疏证》,《戴震集》,上海古籍出版社 1980 年版。
⑥ 戴震:《与某书》,《戴震集》,上海古籍出版社 1980 年版。
⑦ 朱贻庭主编:《中国传统伦理思想史》,华东师范大学出版社 2009 年版,第 330 页。
⑧ 康有为:《大同书·甲部》,华夏出版社 2002 年版。
⑨ 康有为:《大同书·癸部》第一章,华夏出版社 2002 年版。
⑩ 李亦民:《人生唯一之目的》,《新青年》第 1 卷第 2 号。
⑪ 陈独秀:《青年与欲望》,《新青年》第 2 卷第 1 号。

（三）忠孝问题上的道德代价思想

如果说，义利问题与理欲问题的探讨，重点在于揭示道德代价发生之源的话，那么在忠孝问题上的探讨，则重点转向了如何通过构建以忠孝为核心的道德规范体系，以规范人们的行为，防止道德代价的涌现、社会的混乱失序。

在中国传统道德代价思想中，由于历史唯心论的主导，伦理思想家们去寻找防止道德代价之路时，往往强调道德主体的主观能动性。这就是通过"修身"，或去扩充善端，或去"化性起伪"，①或保持天地之性，成为有德之人，方能齐家、治国、平天下。而修身的中心内容，就是以忠孝为核心的道德规范体系。

"忠"与"孝"，是中国传统社会中两个最基本的道德规范——"敦叙风俗以人伦为先，人伦之教以忠孝为主"②。而且"几千年来，直到辛亥革命以前，忠和孝一直是中国封建伦理文化的两大精神支柱，是传统道德规范体系的核心。多民族封建集权的格局下，忠孝既是哲学、伦理准则，又是宗教信仰准则。"③

虽然后世常常将"忠"与"孝"相提并举，但实际上两者并不是同时产生的，"孝"的产生，要比"忠"早得多，在西周就已经广为推行了。

周规定"孝"一是孝敬奉养父母——"武王曰：昧土嗣而股肱，纯其艺黍稷，奔走事厥考厥长。肇牵车牛，远服贾，用孝养厥父母"④；二是祭祀祖先——这是专为周天子、诸侯、宗子而言的，"相维辟公，天子穆穆。于荐广牡，相予肆祀。假哉皇考，绥予孝子"⑤。儒家圣人孔子对孝高度重视，把孝看作为仁之本，"孝弟也者，其为仁之本"。⑥

到春秋战国时期，"孝"的观念受到严峻挑战。这个时期是社会的大变革时代。铁器和耕牛的使用，使生产力获得更快的发展。西周的井田制逐渐崩溃，到战国时期，"授田制"在诸侯国中广泛盛行，封建性的私有土地开始发展起来。经济基础的变革引发了社会关系的深刻变化。儒家亚圣孟子看到了社

---

① 朱砚夫：《荀子·性恶》，中华书局 1982 年版。
② 房玄龄：《晋书·庾纯传》，中华书局 1974 年版。
③ 任继愈：《对忠孝传统应给予新评价》，《北京日报》2008 年 12 月 1 日。
④ 令狐德等：《周书》，中华书局 1971 年版。
⑤ 郭竹平译注：《诗·周颂·雍》，中国社会科学出版社 2003 年版。
⑥ 朱熹注：《论语集注·学而第一》，齐鲁书社 1992 年版。

会历史发展中付出的沉重道德代价,特别是忠孝之道遭损毁。他感叹道:"尧舜既没,圣人之道衰,暴君代作。"①尤其是如今,"邪说暴行有作,臣弑其君者有之,子弑其父者有之"②。孝之道大受冲击,骨肉相残、冷酷无情的子弑父现象层出不穷。"父子之间各以对方是否对己有利而相待……如果这种关系再加权力的因素,那就会导演出一幕幕血淋淋的人间悲剧"③。

历史上有关"忠"的明确记载,最早见于《诗·小雅》:"行归于周,万民所望忠也",主指忠信于周。春秋时期"忠"的观念适用范围相对更广,如儒家创始人孔子答"仁"时就指出:"居处恭,执事敬,与人忠"④,"忠"是具有普遍意义的一般道德要求。但由于社会发展,朝代更替,致使诸侯争霸、灭国绝嗣、君臣易位乱象纷生,不仅"周之子孙日失其序"⑤,而且正如孟子所指出的,"争地一战,杀人盈野;争城一战,杀人盈城"⑥。在这种局势下,为了防止更沉重的道德代价的发生,"忠君"的要求越来越迫切。因此,春秋早期开始流行的"忠"的观念,逐步演化为"忠君"思想,并因为弑父现象中父子关系兼是君臣关系,因此"忠君"与"孝亲"相结合,成为春秋战国时期非常突出而尖锐的道德要求,如《礼记》有云:"忠臣以事其君,孝子以事其亲,其本一也"⑦,《管子》亦云:"不孝则不臣矣"⑧。

面对忠孝之道的衰微,孟子指出,究其原因,是"圣王不作",除了圣王没出现之外,最主要的原因就是"处士横议,杨朱、墨翟之言盈天下。天下之言不归杨,则归墨。杨氏为我,是无君也;墨氏兼爱,是无父也"⑨。为了扭转这种局面,"我亦欲正人心,息邪说,距诐行,放淫辞,以承三圣者"⑩。必须端正人心,扑灭邪说,批判放纵、偏激的行为,排斥荒诞的言论,以此来继承(禹、周公、孔子)三位圣人的事业。

――――――――――

① 朱熹注:《孟子·滕文公下》,上海古籍出版社1987年版。
② 朱熹注:《孟子·滕文公下》,上海古籍出版社1987年版。
③ 朱贻庭主编:《中国传统伦理思想史》,华东师范大学出版社2009年版,第146页
④ 朱熹注:《论语集注·子路》,齐鲁书社1992年版。
⑤ 左丘明:《左传·隐公十一年》,岳麓书社1988年版。
⑥ 朱熹注:《孟子·离娄上》,上海古籍出版社1987年版。
⑦ 戴圣、钱玄:《礼记·祭统》,岳麓书社2001年版。
⑧ 房玄龄,刘续增注:《管子·度地》,上海古籍出版社1989年版。
⑨ 朱熹注:《孟子·滕文公下》,上海古籍出版社1987年版。
⑩ 朱熹注:《孟子·滕文公下》,上海古籍出版社1987年版。

汉代为了巩固和强化封建制度,独尊儒术,高度重视道德教化、移风易俗,大力倡导忠孝思想。一方面以孝治天下,"自天子下至庶人,上下通《孝经》"①,采用各种措施激励孝者,尤其是在察举制度中"举孝廉",选拔孝悌者入仕;另一方面倡导"忠","亲亲之恩莫重于孝,尊尊之义莫大于忠"②;董仲舒也强调,"忠臣之义,孝子之行,取之土。土者,五行最贵者也,其义不可加矣"③。与此同时,西汉建立了以忠孝为核心的"三纲五常",形成了其封建道德规范体系。由于朝廷大力推行,汉代孝道在社会上广为普及,成为最高美德,并涌现出大量著名的孝子。同时由于君权逐步强化,忠的观念被统治者着意倡导。不过,在西汉,忠并未达到与孝同样深入人心的效果。因此,西汉末年,王莽基本没有遇到明显抵抗就轻易篡夺了汉室政权。东汉吸取这一重大教训,不仅嘉奖、褒扬忠义之士,而且在社会上广倡忠之德,宣扬"人道主忠"④。但东汉的忠已经不局限于"忠君",出现了忠德下移的现象,"东汉末群雄割据以致后来三国鼎立,这同门阀的形成,上下间的私恩结合,以及与之相应的忠的下移,无疑是有直接关系的。"⑤

为克服东汉察孝廉,父别居的弊病,魏晋的"孝"重新还原为人的自然情感,"自然亲爱为孝"⑥。而魏晋至隋唐时期由于政局极为动荡,政权大都巧取豪夺而来,"忠"的观念受到严重冲击,人们逐渐认可"良禽择木而栖,贤臣择主而事";尽管如此,在这时期"忠"依然被视为美德。

唐末五代,又是一个分裂、动荡频繁的历史时期。"与此之时,天下大乱,中国之祸,篡世相寻"⑦,在最高统治权力的角逐争斗中,腥风血雨、明争暗斗、杀戮篡夺在这个时期愈演愈烈。五代之时伦常颠覆、道德失控——"干戈兴,学校废,而礼义衰,风俗隳坏"⑧。覆巢之下无完卵。伦理纲常既崩溃,传统的忠、孝之德亦难保全。臣弑君、子弑父层出不穷,致使"君不君,臣不臣,父不

---

① 陈立、吴则虞:《白虎通疏证·论〈孝经〉〈论语〉》,中华书局 1994 年版。
② 班固:《汉书》卷八十《宣元六王传》,中华书局 1962 年版。
③ 董仲舒:《春秋繁露·五行对》,中州古籍出版社 2010 年版。
④ 陈立、吴则虞:《白虎通疏证·论圣王设三教之义》,中华书局 1994 年版。
⑤ 张锡勤、柴文华主编:《中国伦理道德变迁史稿》上卷,人民出版社 2008 年版,第 217 页。
⑥ 王弼:《论语释疑》,《王弼集校释》,中华书局 1980 年版。
⑦ 欧阳修:《新五代史》卷六十一《吴世家》,中华书局 1974 年版。
⑧ 欧阳修:《新五代史》卷三十四《一行传》,中华书局 1974 年版。

父,子不子"①。不仅"干戈起于骨肉,异类合为父子"②,而且"天下之人,视其上易君代国,如更戍长无异"③,"天下五代,士之不幸而生其时,欲全其节而不二者,固鲜矣"④。

五代之乱后,宋明分别开展了重树以忠孝为核心的三纲权威的道德建设运动,使封建道德体系走向完备。随着纲常被进一步神圣化,维护君权、父权的忠与孝也逐步走向绝对化。这一时期由于朝廷对忠、孝过度嘉奖,社会舆论对忠、孝也愈加推崇,因而这个时期,愚孝、愚忠现象日益增多。在孝亲方面,出现诸如夜拊母棺而卧三年的宋代沈宣、三割胸肉又剖胸取肝片进病母食的明代杨氏女……苏轼曾言:"上以孝取人,则勇者割股,怯者庐墓。"⑤在忠方面,宋明两朝吸取五代忠义之气变化殆尽的教训,大力倡忠,忠成为最高道德——"君子行其孝必先以忠。"⑥在朝廷以及理学的双重推动下,忠君观念进一步得到普及,人们普遍认可"子为父死,臣为君死"⑦,即使"君为独夫民贼犹以忠事之"⑧。

清代较前代更加重视表彰忠、孝,各种愚忠、愚孝的行为也随之更为突出,有些甚至几近病态。在此时期出现大量割股、割臂、刺血等野蛮残忍的为孝亲疗疾的行为,如"南丰赵希乾,年十七,母病甚,割心以食母。既剖胸,心不可得,则扣肠而截之……其后胸肉合,肠不得入,粪秽自胸次出,谷道遂闭。"⑨至于忠,曾国藩的言语颇具代表性:"不可有片语违忤三纲之道……君虽不仁,臣不可以不忠。"⑩尽管清代突出强调臣下对君上的无条件的忠,但清朝中晚期士林风气败坏,士大夫"孝弟忠信礼义廉耻之防荡然无复存"⑪,兼之清朝文字狱极其严酷,导致官吏多只知谄媚,成为"缚草为形,实之腐肉,教之拜起"⑫

----

① 欧阳修:《新五代史》卷三十四《一行传》,中华书局 1974 年版。
② 欧阳修:《新五代史》卷三十六《义儿传》,中华书局 1974 年版。
③ 欧阳修:《新五代史》卷四十九《杂传》,中华书局 1974 年版。
④ 欧阳修:《新五代史》卷三十三《死事传》,中华书局 1974 年版。
⑤ 脱脱等撰:《宋史》卷一百五十五《选举一》,,中华书局 1985 年版。
⑥ 马融:《忠经·保孝行章》,《忠经·孝经》,三秦出版社 2008 年版。
⑦ 脱脱等撰:《宋史》卷四百五十二《忠义七》,,中华书局 1985 年版。
⑧ 蔡尚思、方行编:《谭嗣同全集》增订本,中华书局 1981 年版,第 340 页。
⑨ 《清稗类钞》第五册,中华书局 1996 年版,第 2442 页。
⑩ 曾国藩:《家训卷》下,《曾文正公全集》,中国书店出版社 2011 年版。
⑪ 姚莹,《中复堂遗稿》卷一《黄右爰近思录集说序》,《近代中国史料丛刊续编》第六辑,文海出版社民国六十三年至七十一年(1974—1982)版。
⑫ 龚自珍:《龚自珍全集》,上海古籍出版社 1999 年版,第 339 页。

的行尸走肉……

经过西周、春秋的酝酿和积淀,奠定了传统忠孝之道的基调,忠孝之道开始在历朝历代之间辗转流传。在历史发展的某些阶段,或突出孝、或移孝于忠、或忠孝俱彰,一般都反映了当时社会现实中存在某种突出问题以及相应所产生的道德需要。就效果而言,几千年来以忠孝为核心的封建道德体系,在封建社会中一直起着调节和平衡人伦关系、安定社会秩序的重要作用,起着团结各族人民、形成文化共识的精神纽带作用,从而在一定程度上起到阻截道德代价的作用。但它的消极意义也显而易见,因而在近代、特别是在"五四"新文化运动时期,传统忠孝观念受到了猛烈抨击。例如谭嗣同认为三纲五常之中"君臣一伦,尤为黑暗否塞,无复人理"①,"君为独夫民贼而犹以忠事之,是辅桀也,是助纣也"②。鞠普也批判传统的忠是以助强权为忠,以媚一人为忠。鲁迅则批判被封建统治者扭曲了的所谓"孝道"是"长者本位与利己思想、权利思想很重,义务思想和责任心却很轻。以为父子关系,只需'父兮生我'一件事,幼者的全部,便应为长者所有。尤其堕落的是因此责望报偿,以为幼者的全部,理该做长者的牺牲"③。吴虞也指出传统"孝"的实质是顺从,目的是扼杀人的主体意识,"使四万万人作亿兆死人之奴隶"④。以忠孝为核心的封建道德体系,特别是"忠"与"孝"这对调节人伦关系的道德规范,在社会历史发展中,沉沉浮浮,时盛时衰,在道德进步与道德代价的矛盾运动中前进;特别在历史流转的某些阶段,过犹不及,走上异化,反而成为许多道德代价浮现的直接社会思想根源。

(四) 礼制问题上的道德代价思想

在以忠孝为核心的传统道德规范体系的修身,靠的是道德主体的主观能动性,要"格物、致知、诚意、正心"。"古之欲明明德于天下者,先治其国;欲治其国者,先齐其家;欲齐其家者,先修其身;欲修其身者,先正其心;欲正其心

① 蔡尚思、方行编:《谭嗣同全集》增订本,中华书局 1981 年版,第 337 页。
② 蔡尚思、方行编:《谭嗣同全集》增订本,中华书局 1981 年版,第 340 页。
③ 鲁迅:《我们现在怎样做父亲》,载《新青年》1919 年 11 月第 6 卷第 6 号。
④ 吴虞:《吴虞文录》卷上,上海书店 1990 年版,第 23 页。

者,先诚其意;欲诚其意者,先致其知;致知在格物"。① 然而,仅靠主观自律是不行的,还必须同时依靠客观他律,这样,就必须实现道德规范的制度化——礼制。

在中国传统社会,最早完善礼制的,应是周公。周公总结了以往朝代更替的经验教训,认识到,要使国家长治久安,不仅要实行"敬德保民"的德治,还必须要将"德治"制度化;为此,他"制礼作乐"——其"德治"思想的制度化。周公"制礼作乐"中的"礼",强调的是"别",即所谓"尊尊";"制礼作乐"中的"乐",主要作用是"和",即所谓"亲亲"。有别有和,是巩固周人内部团结的两个不可分割的有机组成部分。"礼"虽萌生于夏代,发展于殷代,却形成于周代。周代把夏、殷的"礼"这种原来祭祀等仪式的规定,改变而为包括宗教、政治、道德等在内的国家典章制度和"道德之器械"。周公"制礼作乐",就是制定和推行了一套维护君臣宗法和上下等级的典章制度。主要有"畿服"制、"爵谥"制、"法"制、"嫡长子继承"制和"乐"制等。其中最重要的是嫡长子继承制和贵贱等级制。在殷商时,君位的继承多半是兄终弟及,传位不定。周公确立的嫡长子继承制,即以血缘为纽带,规定周天子的王位由长子继承。同时把其他庶子分封为诸侯卿大夫。他们与天子的关系是地方与中央、小宗与大宗的关系。周公还制定了一系列严格的君臣、父子、兄弟、亲疏、尊卑、贵贱的礼仪制度,以调整中央和地方、王侯与臣民的关系,加强中央政权的统治,这就是所谓的礼乐制度。

礼制作为一种制度设计,必须要有根本的伦理精神作为支撑与引导,而在孔子那里,这种根本的伦理精神就是"仁"。在中国古代,最早将礼与仁相提并论的是孔子。孔子十分推崇周公的礼制,不仅认为礼制是治国之本,"为国以礼",②而且认为,理想的社会应当是既承继"周礼"、又以"仁"为主的"仁"、"礼"结合的模式。"克己复礼为仁。一日克己复礼,天下归仁焉"。③ 这种模式"在孔子的时代虽无实现的社会条件,但毕竟适应了正在产生中的以父家长制为基础的封建宗法等级秩序,因而随着封建制的诞生和确立,日益显示出

---

① 戴圣、钱玄:《礼记·大学第四十二》,岳麓书社2001年版。
② 朱熹:《论语集注·先进第十一》,齐鲁书社1992年版。
③ 朱熹:《论语集注·颜渊第十二》,齐鲁书社1992年版。

它那持久不竭的生命活力。"①"礼"与"仁"也因此成为后世特别注重的伦理追求。

《说文》曰:"礼,履也,所以事神致福也。从示从豊,豊亦声。"其本义为宗教仪节,而后范围逐渐扩大,被当作"一切习惯风俗所承认的规矩"、"合于义理可以做行为规范的规矩,可以随时改良变换,不限于旧俗古礼"②。这是"礼"在西周时期实现的由宗教向伦理的转换,并往往以"礼制"、"礼教"形式发挥作用。而"仁"的观念最早形成于殷商时期,但真正作为道德规范出现,则在春秋时期,如"亲仁善邻,国之宝也"③。至孔墨时期,"仁"的观念在社会生活中越来越显重要。尤其孔子,他对"仁"更是重视有加,把"仁"作为其思想体系的核心。

春秋时期的鲁国,是古代文化重镇,保留了大量的西周文化。孔子十五志于学,一生对周礼推崇有加,"周监乎二代,郁郁乎文哉,吾从周。"④在孔子看来,周公所制的一整套礼仪规范,"辨君臣上下长幼之位"、"别男女父子兄弟之亲"⑤,使人们各安其位、谐而不乱,因此是维系社会秩序的良好制度。但现实中周礼的衰微、社会的各种混乱无序,让孔子认为"天下无道"⑥,表示强烈不满。例如,"孔子谓季氏:'八佾舞于庭。是可忍也,孰不可忍也'","三家者以雍彻。子曰:'相维辟公,天子穆穆'。奚取于三家之堂!"⑦孔子认为,身为鲁卿的季氏以及孟孙氏、叔孙氏,在家庙用天子礼乐,颠倒尊卑、上下,是严重的僭越;而对礼的破坏是为恶的根源,"是可忍,孰不可忍","人而不仁,如礼何? 人而不仁,如乐何?"⑧孔子认为,"礼之用,和为贵。先王之道,斯为美;小大由之。有所不行,知和而和,不以礼节之,亦不可行也。"⑨但"礼"最本质的东西,"是人们对遵守宗法等级差别的自觉意识,即'仁爱'之心。"⑩换而言

---

① 朱贻庭主编:《中国传统伦理思想史》,华东师范大学出版社 2009 年版,第 47 页。
② 胡适著:《中国哲学史大纲》,上海古籍出版社 1997 年版,第 98 页。
③ 左丘明:《左传·隐公六年》,岳麓书社 1988 年版。
④ 朱熹:《论语·八佾》,齐鲁书社 1992 年版。
⑤ 戴圣、钱玄:《礼记·哀公问》,岳麓书社 2001 年版。
⑥ 朱熹:《论语集注·季氏》,齐鲁书社 1992 年版。
⑦ 朱熹:《论语集注·八佾》,齐鲁书社 1992 年版。
⑧ 朱熹:《论语集注·八佾》,齐鲁书社 1992 年版。
⑨ 朱熹:《论语集注·学而》,齐鲁书社 1992 年版。
⑩ 朱贻庭主编:《中国传统伦理思想史》,华东师范大学出版社 2009 年版,第 45 页。

之,作为道德情感的"仁",是"礼"的基础和本质;而"礼"则是"仁"的外化和节度。因此,孔子有"人而不仁,如礼何"的反诘。颜渊请教道:"请问其目?"子曰:"非礼勿视,非礼勿听,非礼勿言,非礼勿动。"①"仁"与"礼"交互相融,君礼臣忠、父慈子孝、兄友弟悌……使人伦关系中既有严格的宗法等级秩序,又有人与人间的温情脉脉。"礼"、"仁"统一,这是孔子应对春秋"礼坏乐崩"大乱局的理想的社会伦理模式。

但道家对周礼并不以为然,对儒家倡导的仁义礼治更持批判态度。《老子》就指出,"大道废,有仁义。智慧出,有大伪。六亲不和,有孝慈。国家昏乱,有忠臣"②,"故失道而后德,失德而后仁,失仁而后义,失义而后礼。夫礼者,忠信之薄而乱之首"③。庄子也认为,仁义道德诱发人们的求利贪欲,使其"为之仁义以矫之",实际上"则并与仁义而窃之",造成"窃钩者诛窃国者侯,诸侯之门而仁义存焉"的颠倒景象。④ 经过春秋战国的社会变革及秦汉朝代更迭,随着儒学定于一尊,以仁义之道为核心、强调礼以养情的儒家伦理思想也成为巩固封建统治的有力杠杆。到汉末及魏晋时期,庄子所批判的伪仁矫义现象在名教(亦称礼教,源于孔子"正名"主张与礼制的结合)危机中再次展露无遗。"建安七子"之一的徐干在批判尚名察举的积弊时指出,"详察其为也,非欲忧国恤民;谋道讲德也,徒营己治私,求势逐利而已。"⑤魏晋时期,当权者如曹氏、司马氏、贾充等,表面上推崇儒家礼法名教,却行篡夺、贪鄙、诛杀异己之实,正如鲁迅先生所指出的,魏晋统治者"所谓崇奉礼教,是用于自利"⑥;而门阀士族生活腐朽,"遂令仁义幽沦,儒雅蒙尘,礼坏乐崩,中原倾覆"⑦,最后在士人中演绎出鄙弃虚伪名教礼俗、反儒家伦理道德而行之的"魏晋风度"。

宋政权建立以后,为了重振纲常、恢复社会秩序,必须重新整理传统道德规范体系。北宋的李觏强调礼为五常之首,"饮食、衣服、宫室、器皿、夫妇、父

---

① 朱熹:《论语集注·颜渊》,齐鲁书社 1992 年版。
② 朱谦之撰:《老子校释·十八章》,中华书局 1981 年版。
③ 朱谦之撰:《老子校释·三十八章》,中华书局 1981 年版。
④ 刘英、刘旭注释:《庄子·胠箧》,中国社会科学出版社 2004 年版。
⑤ 徐干:《中论·遣交》,巴蜀书社 2000 年版。
⑥ 鲁迅:《鲁迅全集》第 3 卷,人民文学出版社 1981 年版,第 392 页。
⑦ 房玄龄:《晋书·范宁传》,中华书局 1974 年版。

于、长幼、君臣、上下、师友、宾客、死丧、祭祀,礼之本也。曰乐、曰政、曰刑,礼之支也。而刑者,又政之属矣。曰仁、曰义、曰智、曰信,礼之别名也。是七者,盖皆礼矣"。① 他认为,要拨正五代乱局、恢复社会秩序,只有重尊周礼。几十年后,宋明理学强调仁为五常之首,"百行万善总于五常,五常又总于仁"②,"仁者以天地万物为一体"③。随着宋明纲常礼教日益严酷,引发了不少士人言行相违背的双重人格。就如李贽批判的,这些假道学家"转转反复,以欺世获利,名为山人而心同商贾,口谈道德而志在穿窬",败俗伤世,因此李贽斥道:"今之讲周、程、张、朱者可诛也。"④

客观而言,孔子所倡导的"礼""仁"统一,将仪式节文与道德情感融为一体,本是对周礼的发展与完善,对于道德代价的发生有着重要的制约价值。但在后世的演化中,却渐渐失却真义,走向极端化,难以脱离庄子所诟病的窠臼,甚至走向"杀人"、"吃人"的地步。因此,中国步入近代社会以后(尤其是进入"五四"新文化运动时期),由于思想界大力倡导民主与科学,主张人格独立与个性解放,遂引发了轰轰烈烈的反礼教斗争。鲁迅借"狂人"之口,揭露旧礼教和"仁义道德"的"吃人"本质,"我翻开历史一查,这历史没有年代,歪歪斜斜地每页上都写着'仁义道德'几个字。我横竖睡不着,仔细看了半夜,才从字缝里看出字来,满本都写着两个字'吃人'!"⑤吴虞批判传统礼教"最接近专制之精神。知分之出于专制,而吾国之礼意可推矣"⑥。在这一时期,思想斗士们主要把矛头指向"三纲",侧重于批判封建礼教维护封建制度的实质及其造成的种种恶果,五常中的"仁"有时反而得到肯定和倡导。例如谭嗣同就以西方的自由、平等、博爱的人道主义精神为参照,对儒家的仁学作了继承和改造,提出了以通为第一义的仁说,具体而言,就是要实现"上下通"、"中外通"、"人我通"、"男女内外通"⑦,以改变封建专制制度和封建等级伦常秩序。

---

① 李觏:《李觏集》卷二,中华书局 1981 年版。
② 黎靖德编:《朱子语类》卷六,中华书局 1986 年版。
③ 程颢、程颐:《二程遗书》卷二,上海古籍出版社 1992 年版。
④ 李贽:《焚书》卷二《又与焦弱侯》,社会科学文献出版社 2013 年版。
⑤ 鲁迅:《鲁迅全集》第一卷,人民文学出版社 1981 年版,第 425 页。
⑥ 吴虞:《吴虞集》,四川人民出版社 1985 年版,第 129 页。
⑦ 参见谭嗣同:《谭嗣同全集》(增订本)下册,中华书局 1981 年版,第 291 页。

三、马克思主义道德代价思想

马克思、恩格斯创立了马克思主义,使之成为无产阶级革命和建设最锐利的思想武器。然而,马克思恩格斯是否有道德代价思想? 如果有的话,他们是如何表达并如何去解决的? 事实上,马克思、恩格斯在创建唯物史观的过程中,他们充分表现了对作为意识形态重要构成部分的道德问题的判断和时代审视,并相应地表达了他们关于道德代价问题的基本思想。

在探究马克思主义道德代价思想之前,有必要首先对他们的道德观作分析;只有明了他们的道德观念,才能把握好他们的道德代价思想。

(一) 马克思主义的道德观

马克思、恩格斯一生并未有道德问题方面的专著,他们的道德思想多散见于论战时期的著作,而且他们在论述道德问题时也并非全部直接论述,最集中的道德问题论述应是恩格斯的《反杜林论》。在这部经典著作中,恩格斯针对唯心主义哲学家杜林在平等、自由、道德等问题方面的思想混乱,比较全面地阐释了马克思主义的道德观。

1. 平等是具体的而非永恒的

在《反杜林论》中,唯心主义哲学家杜林从其先验原则出发,推出两个意志完全平等的人作为其永恒平等观念的出发点,以确立其"道德上的正义的基本形式"作为适用于一切世界的道德观和正义观。但是,恩格斯通过杜林自己的"三个退却"批判性地指出:"两个意志的完全平等,只是在这两个意志什么愿望也没有的时候才存在;一旦它们不再是抽象的人的意志而转为现实的个人的意志,转为两个现实的人的意志的时候,平等就完结了"①。所谓两个意志完全平等的抽象人,在现实社会生活中是根本不可能存在的,杜林的这番论述不仅不能增进对平等的理解,反而更有力地充当了资产阶级法权制度下的不平等现实的辩护工具。

---

① 《马克思恩格斯选集》第3卷,人民出版社1995年版,第443页。

而针对蒲鲁东主义者把公平当作"是人类自身的本质"①、使其成为永恒公平的想法,恩格斯同样予以了严厉地批判。他说:"而这个公平始终只是现存经济关系的或者反映其保守方面、或者反映其革命方面的观念化的神圣化的表现。希腊人和罗马人的公平认为奴隶制度是公平的;1789 年资产者的公平要求废除封建制度,因为据说它不公平。……所以,关于永恒公平的观念不仅因时因地而变,甚至也因人而异"②。

对此,恩格斯鲜明地表达了马克思主义的平等观念:(1)平等观念是历史的产物,是一定社会经济基础的反映。在原始社会,由于生产力水平低下,生产资料公有,产品必须平均分配,决定了在人们之间存在着平等的权利。到了奴隶社会和封建社会,被压迫者为了团结斗争的需要,也有过平等的要求。随着资本主义经济关系的产生和发展,产生了近代资产阶级的平等要求,同时也出现了无产阶级的平等要求。恩格斯说:"可见,平等的观念,无论以资产阶级的形式出现,还是以无产阶级的形式出现,本身都是一种历史的产物,这一观念的形成,需要一定的历史条件,而这种历史条件本身又以长期的以往的历史为前提。所以,这样的平等观念说它是什么都行,就不能说是永恒的真理"③。(2)平等不应当是表面的,不仅在国家的领域中实行,它还应当是实际的,在社会、经济的领域中来实现;从而提出了平等的政治权利、社会权利和经济权利要求。就现实性社会关系而言,就人的共同特性而言,"一切人,或至少是一个国家的一切公民,或一个社会的一切成员,都应当有平等的政治地位和社会地位"④。即作为公民和社会成员的人,他(她)在国家和社会中拥有与其身份相适应的平等的公民权利。这才是一个正义国家的根本实现方式。(3)"无产阶级平等要求的实际内容都是消灭阶级的要求。任何超出这个范围的平等要求,都必然要流于荒谬。"⑤虽然在私有制的财产关系上形成了可能谈论人的平等和人权问题的民族国家体系,并使得自由与平等在其历史的发展中很自然地被宣布为"人权",但是这种资产阶级性质的人权却同时

---

① 《马克思恩格斯选集》第 3 卷,人民出版社 1995 年版,第 208 页。
② 《马克思恩格斯选集》第 3 卷,人民出版社 1995 年版,第 212 页。
③ 《马克思恩格斯选集》第 3 卷,人民出版社 1995 年版,第 448 页。
④ 《马克思恩格斯选集》第 3 卷,人民出版社 1995 年版,第 444 页。
⑤ 《马克思恩格斯选集》第 3 卷,人民出版社 1995 年版,第 448 页。

保留了阶级特权和种族特权①，因此，真正的平等就必然从消灭阶级特权转向无产阶级提出的消灭阶级本身。马克思也在《哥达纲领批判》中说道，只有随着阶级差别的消灭，一切由这些差别产生的社会的和政治的不平等才会自行消失。

对于马克思恩格斯而言，探讨正义、公平和道德的内涵及其实现绝不能诉诸于抽象的资产阶级权利，而必须着眼于现实的经济状况。虽然蒲鲁东曾明确提出，必须推翻资产阶级私有制，让每个人都平等地"占有"生产资料、平等地参加劳动、平等地享有财产，这样才符合正义原则。虽然他对资本主义所有权进行批判，并提出工人的劳动产品只属于作为唯一生产者的工人，因此应该在工人之间平均分配，但是这只具有道义上的力量，还没有跳出资产阶级抽象权利的范畴。对此，恩格斯说道："按照资产阶级经济学的规律，产品的绝大部分并不属于生产这些产品的工人。如果我们说，这是不公平的，不应该这样，那么这首先同经济学没有什么关系。我们不过是说，这个经济事实同我们的道德情感相矛盾。所以马克思从来不把他的共产主义要求建立在这样的基础上，而是建立在资本主义生产方式的必然的、我们眼见一天甚于一天的崩溃上。"②

2.道德是具有阶级性的意识形态

自从社会分裂为利益相对立的阶级以来，社会就没有统一的道德。恩格斯认为每个社会集团都有它自己的荣辱观。每一个人在阶级社会里都从属于一定的阶级，不属于这个阶级便属于那个阶级，实际生活中从来没有而且也不可能有超阶级的人。人们总是站在自己阶级的立场上去进行道德评价，对于什么是善、什么是恶、什么是光荣、什么是耻辱、什么是乐、什么是苦、什么是正义、什么是不正义等的评价，不同阶级的人是不一样的，甚至完全相反。"工人比起资产阶级来，说的是另一种方言，有不同的思想和观念，习俗和道德原则，不同的宗教和政治"。③ 可以断言，在阶级社会中，有多少个阶级就有多少种道德，阶级不同则道德观念相异。甚至，在同一阶级内部，不同的阶层、集团

① 参见《马克思恩格斯选集》第3卷，人民出版社1995年版，第445、447页。
② 《马克思恩格斯全集》第21卷，人民出版社1965年版，第209页。
③ 《马克思恩格斯文集》第1卷，人民出版社2009年版，第437页。

也各有自己的道德观念和不同的道德评价。

在阶级社会中,不同阶级的根本利益不同,不同的阶级利益决定了不同的道德观念。不同阶级的人的经济利益是不同的,甚至是尖锐对立的,出于维护本阶级的根本利益,各个阶级都需要提出道德的基本原则和若干道德规范,以便据此调节人们的行为。另外,人们又正是从自己的阶级利益中吸取道德观念,提炼出自己阶级利益所需要的道德原则和规范。这就是说,不同阶级的经济利益决定各自阶级的道德观念,不同阶级的道德观念又反过来为各自阶级的经济利益服务。它通过社会舆论、传统习惯等力量,借助宣传、教育等手段,使自己阶级的道德观念深入人心,使人们按照自己阶级的道德原则、规范去调节行为,从而有效地维护自己阶级的根本利益,道德观念构成了社会意识形态的重要内容。

显然,当社会还是在阶级对立中运动,人们还未超越出阶级道德时,夸谈超出一切时代和民族差异之上的永恒道德原则,是荒谬可笑的。只有彻底消灭了阶级和阶级差异,狭隘的道德观念才会失去其意识形式的面纱。因为恩格斯说得好,在未来共产主义社会里,当私有财产消灭以后,当人们的道德水平已经达到很高的要求时,谁要再提"切勿偷盗"就将是一件十分可笑的事情。

3. 道德是社会经济状况的产物

道德并非像杜林所说的那样,是从来就有、永恒不变的。它萌芽于原始社会,后不断成长发展,当人类进入阶级社会,道德就变成了阶级的道德。每个阶级都有自己的道德,凌驾于一切民族和时代之上的永恒不变的道德是没有的。正如恩格斯所说:"善恶观念从一个民族到另一个民族、从一个时代到另一个时代变更得这样厉害,以致它们常常是互相直接矛盾的"。① 如古代杀死战俘被认为是合乎道德的,今天则被认为是不道德的,僵死不变的善恶规范是没有的。因此,唯物史观"拒绝想把任何道德教条当作永恒的、终极的、从此不变的伦理规律强加给我们的一切无理要求,……相反的,我们断定,一切以往的道德论归根结底都是当时的社会经济状况的产物"②。作为一种社会历

---

① 《马克思恩格斯选集》第 3 卷,人民出版社 1995 年版,第 433 页。
② 《马克思恩格斯选集》第 3 卷,人民出版社 1995 年版,第 435 页。

史性的现象,道德是在不断发生变化的,换言之,道德也是以一种更替的方式实现着自己新的生成的。新道德与旧道德的冲突总是以某一方的胜利而结束,但是这种胜利是附着于社会存在本身的变迁,即在社会生产力与生产关系的变革中来实现的,而绝非道德意识本身。道德的冲突,是因为道德作为社会意识的形式与现存社会关系发生了矛盾,而这一矛盾的解决不能通过道德的方式来解决,而是社会存在本身的问题。因为"如果这种理论、神学、哲学、道德等等和现存的关系发生矛盾,那么,这仅仅是因为现存的社会关系和现存的生产力发生了矛盾"①。不是人们的意识决定着生活,而是人们现实的生活决定着意识。这就是唯物史观最根本的观点。

正是通过对杜林的批判,恩格斯得出这样的结论:道德观念是由阶级关系和经济关系决定的。"人们自觉地或不自觉地,归根结底总是从他们阶级地位所依据的实际关系中——从他们进行生产和交换的经济关系中,获得自己的伦理观念。"②而只有在不仅消灭了阶级对立,而且在实际生活中也忘却了这种对立的时候,真正人的道德才成为可能。

(二) 道德代价是人的异化之苦果

如果不存在永恒的道德,只有阶级的道德,道德无非是当时社会经济阶级状况的产物,那么,道德代价的产生就是历史的必然。因为,对于以追求人类普遍解放和人的自由全面发展为最高目的的马克思主义而言,那些仅仅停留于道德伦理的呼喊并不能真正解决现实的社会问题。"在资本主义生产方式的必然的、我们眼见一天甚于一天的崩溃"到来之前,在人性、人本身的存在遭受着种种的异化之时,我们不能仅仅抱着道德主义的同情,也绝不能仅仅付诸道德主义的实践。而更应当看到,在人类社会历史发展的视角上,人之异化是走向人的全面发展的必经阶段和必然代价;要从根本上解决人的异化问题,就必须从现实的社会矛盾运动中寻找必然之路。这种主动地将道德视为社会发展的必然代价的观念,充分地表现在马克思早年的《1844 年经济学哲学手稿》这部著作中。

---

① 《马克思恩格斯选集》第 1 卷,人民出版社 1995 年版,第 82 页。
② 《马克思恩格斯选集》第 3 卷,人民出版社 1995 年版,第 434 页。

在这部著作中,马克思写道,由于资本和私有制,工人的劳动变成异化劳动,而异化劳动直接导致了人本身存在方式的四种异化——劳动产品与工人相异化、劳动与工人相异化、人与自己的类本质相异化、人与人之间相异化。

对于劳动和劳动产品而言,马克思认为劳动是人的"自由的生命表现",是"生活的乐趣"。但在资本主义私有制条件下,劳动却成了损害劳动者的身体和心灵的强制性的差使,成了对人的折磨,劳动把人降低成为动物。工人"在自己的劳动中不是肯定自己,而是否定自己,不是感到幸福,而是感到不幸,不是自由地发挥自己的体力和智力,而是使自己的肉体受折磨、精神遭摧残"①。

异化劳动所形成的异化,直接导致劳动者和人的类本质的异化。马克思认为,人不仅仅是自然存在的个体,而且是自觉的族类存在,是人类,生产生活就是类生活,人的类特性是自由的自觉的活动。但异化劳动颠倒了类和个体的关系,这种关系的极端表现就是"人同自己的劳动产品、自己的生命活动、自己的类本质相异化这一事实所造成的直接结果就是人同人相异化。当人同自身相对立的时候,他也同他人相对立"②。而其中所谓的"异化"、人的"类本质"等都是对黑格尔与费尔巴哈人本主义哲学的借用,马克思说道:"人是类存在物,不仅因为人在实践上和理论上都把类——他自身的类以及其他物的类——当作自己的对象;……人把自身当作现有的、有生命的类来对待,因为人把自身当作普遍的因而也是自由的存在物来对待"③。而"异化劳动从人那里夺去了他的生产的对象,也就从人那里夺去了他的类生活,即他的现实的类的对象性,把人对动物所具有的优点变成缺点,因为从人那里夺走了他的无机的身体即自然界"④。在这里我们明显可以看出,劳动变成异化劳动促成私有财产关系的形成和制度化——私有制的形成,这种制度在异化中生成也就必须在异化过程中被消灭。对于人之异化,从道德情感方面毋庸忽视,必须抱有深切的同情,但必须上升到社会发展的层面上,融入历史解放与人之全面发展的规律性诉求之中。

---

① 《1844年经济学哲学手稿》,人民出版社2000年版,第54页。
② 《1844年经济学哲学手稿》,人民出版社2000年版,第59页。
③ 《1844年经济学哲学手稿》,人民出版社2000年版,第56页。
④ 《1844年经济学哲学手稿》,人民出版社2000年版,第58页。

马克思对此评价道:"通过私有财产及其富有和贫困——或物质的和精神的富有和贫困——的运动,正在生成的社会发现这种形成所需的全部材料;同样,已经生成的社会,创造着具有人的本质的这种全部丰富性的人,创造着具有丰富的、全面而深刻的感觉的人作为这个社会的恒久的现实。"①这里,马克思就不仅是从抽象的人的本质的异化和劳动的异化方面来表达他的人道主义观念,而是同时认为,异化也是一种使人、人性丰富的力量,人性的丰富正是在这种异化的社会过程中被创造的同时,也在人的实践劳动中消灭着产生异化力量的本身。②

在马克思看来,异化作为资本主义文明社会的必然伴随现象,它完全将工人的道德置于无意义的地步;而工人则必须是无道德意识的主体才能将自己变成一件商品,进入资本主义私有制结构来获取微薄的生活生存资料。这种肉体式的简单生存不过是动物式的机能。即使如此,马克思恩格斯却也清楚地看到,在人类社会历史发展中,人若不使自己异化,若不使自己首先埋葬于资本主义,就不可能为未来更美好的社会奠定基础。相对于封建社会,资本主义绝对是一种历史进步。恩格斯对此有着深刻地说明:"自从资本主义生产被大规模采用时起,工人的物质状况总的来讲是更为恶化了,对于这一点只有资产者才表示怀疑。但是,难道我们因此就应当渴慕地……惋惜那仅仅培养奴隶精神的农村小工业或者惋惜'野蛮人'吗? 恰恰相反。只有现代大工业所造成的、摆脱了一切历来的枷锁,也摆脱了将其束缚在土地上的枷锁并且被一起赶进大城市的无产阶级,才能实现消灭一切阶级剥削和一切阶级统治的伟大社会变革。"③资本主义以无产者、野蛮人的道德和肉体牺牲换来了历史的进步,也造成了自身的掘墓人——无产阶级。这其中,阶级、民族意义上的道德牺牲必须被置于人与历史的进步主义过程中去。

---

① 《马克思恩格斯文集》第 1 卷,人民出版社 2009 年版,第 192 页。

② 对于这一点,在《马克思恩格斯全集》30 卷(1857—1858 年经济学手稿)的第 112 页中,马克思在论述人的全面发展和自由的个性时指出:"要使这种个性成为可能,能力的发展就要达到一定的程度和全面性,这正是以建立在交换价值基础上的生产为前提的,这种生产才在产生出个人同自己和同别人相异化的普遍性的同时,也产生出个人关系和个人能力的普遍性和全面性。"所以,这个论述也应答了马克思在《1844 年经济学哲学手稿》中所说的"自我异化的扬弃同自我异化走的是一条道路"这一让人困惑的命题。

③ 《马克思恩格斯选集》第三卷,人民出版社 1995 年版,第 149—150 页。

（三）道德代价是历史发展的必然

对于人类历史发展的评判一般有两种尺度：负有解释的历史尺度与负有价值评价的道德价值尺度。历史尺度是对历史发展规律的认同，重客观解释而无所谓好坏；道德价值尺度则是对历史发展的主体性评价，一定有善恶之分。任何一种价值、伦理、道德观念都是当时的具体时代、具体社会形态、具体的人所拥有的一种关系和意识形态，它们只具有历史性、时间性、生成性，而不具有真正的普遍性。所谓全人类共有的价值观、伦理观、道德观，基本上是理论家们所提出和构建的一种理论、逻辑的抽象，是从人类社会的"现有"的异化与不满中抽象与提升出来的"应有"之观念。因此，这种"应有"之观念是作为一种形而上学的东西起着价值普遍性的规范意义作用的，但是，绝对不意味着它曾是、或就是一种现实的存在。

作为一种唯物主义历史观，它坚持历史发展的必然性。历史逻辑尺度第一、道德价值评价尺度第二构成了唯物史观研看历史的根本原则。19世纪50年代，马克思极为关注东方社会尤其是沦为殖民地的印度的历史命运。当时，殖民主义者破坏了印度古老的村社制度，印度国家宗法制的和平的社会组织崩溃、瓦解，它们的成员既丧失自己的古老形式的文明又丧失祖传的谋生手段。对此，马克思无情地批判了西方资本主义在印度所造成的种种令人发指的罪行，认为不列颠东印度公司在亚洲式专制基础上建立起来的"欧洲式专制"，比萨尔赛达神庙里面目狰狞的神像更为可怕。但是，马克思并没有停留在人的价值层次，局限于道德情感上，以对资本主义的道德谴责来代替对历史的客观分析。

在1853年6月7—10日，在其撰写的《不列颠在印度的统治》一文中，马克思谈道，英国人破坏了印度"小小的半野蛮半文明的公社"，摧毁了它们的经济基础，在亚洲造成了唯一的一次社会革命。虽然这非常残酷、让人怜惜，但这就是历史的必然进程。马克思从他的唯物史观看来，虽然历史离不开道德、正义这些美妙的字眼，但历史只会按照自己的规律前行，它必须为一个更伟大的目标而不得不"容忍"道德的缺损，因为历史的进步必然要以道德上的缺损为代价。

在1853年7月22日的《不列颠在印度统治的未来结果》中，马克思继续通过对英国资本主义文明所带来的现代化结果之分析，强化了道德代价付出的必然性的思想。¹他说道，英国为印度带来了由铁路系统产生的现代工业，它瓦解了印度种姓制度造成的传统分工，但是种姓制度却是印度进步和强盛的基本障碍。显然，在马克思的视野里，传统印度的道德风尚只是一种半文明的愚昧落后。因为即使英国资产阶级在印度实行的一切，既不会使人民群众得到解放，也不会根本改变他们的社会状况，但有一点他们能做到，就是为印度生产力的发展创造物质前提，尽管英国把其资产阶级文明的极端伪善和它的野蛮本性赤裸裸地从故乡转向印度这个古老的殖民地。

资产阶级文明为古老的世界带来了新的气象，这是资本主义现代生产制度的必然结果，它无法抗拒。因为，马克思说道，资本主义将其整个生产和生活方式建立在资本的绝对统治上面，这种资本的集中对于世界市场的破坏性影响，不过是在广大范围内显示目前正在每个文明城市起着作用的政治经济学本身的内在规律罢了。虽然资产阶级在每一个地方都带去了资本原始的罪恶，但这种道德的罪恶却是历史发展进程中的必然要求。

对此，马克思写道："资产阶级历史时期负有为新世界创造物质基础的使命：一方面要造成以全人类互相依赖为基础的普遍交往，以及进行这种交往的工具；另一方面要发展人的生产力，把物质生产变成对自然力的科学统治。资产阶级的工业和商业正为新世界创造这些物质条件，正像地质变革创造了地球表层一样。只有在伟大的社会革命支配了资产阶级时代的成果，支配了世界市场和现代生产力，并且使这一切都服从于最先进的民族的共同监督的时候，人类的进步才会不再像可怕的异教神怪那样，只有用被杀害者的头颅做酒杯才能喝下甜美的酒浆。"①

当然，马克思并非冷血的非道德主义者，他也不是为西方资本主义的殖民侵略而辩护，他是深刻地认识到，资本的贪婪本性决定了西方资产阶级不可能自觉地为东方社会落后的国家开创资本主义的美好前景，他并未把资本主义生产方式理解为世界历史本身；相反，他认为真正的世界历史性活动是推翻一切民族中的资本主义制度及其他剥削制度，建立起完全平等的民族关系。而这种平等的民族关系实际上就是一种人与人之间的全面而自由发展的关系。但是，这种自由的发展必须有一个依托——物质生产力而不是寄托于某种道

---

① 《马克思恩格斯选集》第 1 卷，人民出版社 1995 年版，第 773 页。

德本身。资本所具有的双重面目不仅给资本主义带来操纵世界的霸权力量，也强迫东方社会进入到它所创造的历史文明体系之中。

（四）资本主义道德的缺损及未来走向

道德代价思想贯穿于马克思主义理论的全部，在《资本论》中同样可以有所体现。作为科学地解释了资本主义生产方式和人类社会的生产演变机制的马克思主义政治经济学，《资本论》一直受西方马克思主义研究学者的关注，其中许多分析认为，马克思在这部著作中缺少道德问题或者公正视野，只是一种事实论述。虽然以剥削和剩余价值为特征的资本主义生产方式被描述为必然要灭亡的，但在他们看来似乎并无不正当之处，这不过是资本主义生产方式的必然表现。

但是，从商品拜物教到货币拜物教再到资本拜物教的分析，从对古代共同体社会的怀念，我们却可以明显地看出马克思浓重的道德主义情怀，他在论述这些问题时并非是道德无涉的，而是仍然充满着道德代价与历史进步的博弈。

1. 货币拜物教——资本主义社会中伦理关系的迷失与再造

货币拜物教是商品拜物教发展的必然结果，这一点马克思在《政治经济学批判（1857—1858 年手稿）》中已经作出了详细分析。这里只作简单评述。

首先，马克思指出，货币作为交换价值表现的是一切个性、一切特性都被否定和消灭的一种一般的东西。人们活动的社会性质，"在这里表现为对于个人是异己的东西，物的东西；不是表现为个人的相互关系，而是表现为他们从属于这样一些关系，这些关系是不以个人为转移而存在的，并且是由毫不相干的个人互相的利害冲突而产生的。活动和产品的普遍交换已成为每一单个人的生存条件，这种普遍交换，他们的相互联系，表现为对他们本身来说是异己的、独立的东西，表现为一种物。在交换价值上，人的社会关系转化为物的社会关系；人的能力转化为物的能力"①。发达的资本主义交换关系打破、替代了封建时代封闭的社会交往关系，从历史进步层面来看绝对要比没有联系的单一个人要好，但是，这种交换关系中的人的独立性如血统差异、教育身份等同样被打破粉碎，人们之间的关系在古代似乎还表现为人的关系，而在现代

---

① 《马克思恩格斯全集》第 30 卷，人民出版社 1998 年版，第 107 页。

世界,"人的关系则表现为生产关系和交换关系的纯粹产物"①。所谓的道德、伦理在现代的货币交换关系中,也不过是物的交换下的商品交换。

其次,马克思论述了货币拜物教对封建伦理的破坏,对资本主义伦理的塑造。货币作为一般等价物的特点使得一切都可以通过货币来让渡并得以实现,这样一来,封建社会中的"所谓不可让渡的、永恒的财产以及与之相适应的不动的、固定的财产关系,都在货币面前瓦解了"②。同时,资产阶级的享乐主义、个人主义却大行其道不断形成,资产阶级社会中的道德败坏现象更有过之于封建社会时期的明目张胆。在这样的社会里,"没有任何绝对的价值,因为对货币来说,价值本身是相对的。没有任何东西是不可让渡的,因为一切东西都可以为换取货币而让渡。没有任何东西是高尚的、神圣的等,因为一切东西都可以通过货币而占有。正如在上帝面前人人平等一样,在货币面前不存在'不能估价、不能抵押或转让的','处于人类商业之外的','谁也不能占有的','神圣的'和'宗教的东西'"③。

如果说货币拜物教仍然是一种充满了具体过程的可以让人感知的异化,那么它的高级阶段——资本拜物教——则彻底将人控制在资本这一抽象的统治工具下,将资本主义的道德伦理关系完全给予了异化的支配。

2. 所有制问题——历史的进步与道德的退化?

哪一种生产才是最合乎人性需求的生产方式? 是原始共同体还是现代所有制? 马克思给出了回答:原始的更富有人性,现代的更违背人性。

在对亚细亚公社所有制和欧洲公社所有制进行了分析之后,马克思得出结论,这些公社所有制在纯粹的经济层面的瓦解是历史的必然,但是在伦理道德层面就不那么乐观,由公社所有制向财产私有制的演变表现为私有财产和人作为劳动主体的本质的异化过程,劳动不再是人的社会存在方式的本质确证。

对于古代社会而言,财富的意义只在于两个方面:"一方面,财富是物,它体现在人作为主体与之相对立的那种物即物质产品中;另一方面,财富作为价

---

① 《马克思恩格斯全集》第 30 卷,人民出版社 1998 年版,第 115 页。
② 《马克思恩格斯全集》第 46 卷(下册),人民出版社 1980 年版,第 368 页。
③ 《马克思恩格斯全集》第 31 卷,人民出版社 1998 年版,第 252 页。

值,是对他人劳动的单纯支配权,不过不是以统治为目的,而是以私人享受等为目的。在所有这一切形式中,财富都以物的形态出现,不管它是物也好,还是存在于个人之外并偶然地同他并存的物为中介的关系也好。"①显然,生产使用价值才是古代社会的目的。

马克思认为:"古代的观点和现代世界相比,就显得崇高得多,根据古代的观点,人,不管是处在怎样狭隘的民族的、宗教的、政治的规定上,总是表现为生产的目的,在现代世界,生产表现为人的目的,而财富则表现为生产的目的"②。在古代社会,人与人之间是相互依存的共同体关系,而在资本主义社会则是极端的利己关系。古代共同体对其成员在政治和道德上都负有一定的义务,资本主义社会共同体除了服从于经济上追求财富的规律之外,任由从属于资本的创造财富的劳动主体的贫穷和道德上的堕落,表现为生产是人的目的,人彻底沦为一种绝对的虚无。这一点正如《1844年经济学哲学手稿》中所说:"一切肉体的和精神的感觉都被这一切感觉的单纯异化即拥有的感觉所代替。人这个存在物必须被归结为这种绝对的贫困,这样他才能够从自身产生出他的内在丰富性。"③

古代共同体的这种生产方式究竟会具有什么样的价值意义? 马克思说道:"在资产阶级经济以及与之相适应的生产时代中,人的内在本质的这种充分发挥,表现为完全的空虚化;这种普遍的对象化过程,表现为全面的异化,而一切既定的片面目的的废弃,则表现为为了某种纯粹外在的目的而牺牲自己的目的本身。因此,一方面,稚气的古代世界显得较为崇高;另一方面,古代世界在人们力图寻求闭锁的形态、形式以及寻求既定的限制的一切方面,确实较为崇高。古代世界是从狭隘的观点来看的满足,而现代则不给予满足。换句话说,凡是现代表现为自我满足的地方,它就是鄙俗的。"④尽管资本主义现代生产方式,将人从封闭的专制社会关系中解放出来,挣脱了人身依附,但人的这种自由在异化劳动的状态下变为一种片面发展的孤立的人。古代世界还有人身依赖的道德情感,而资本主义的现代世界只有残酷的金钱关系,道德已经

---

① 《马克思恩格斯全集》第30卷,人民出版社1995年版,第479页。
② 《马克思恩格斯全集》第30卷,人民出版社1998年版,第479页。
③ 《马克思恩格斯文集》第1卷,人民出版社2009年版,第190页。
④ 《马克思恩格斯全集》第30卷,人民出版社1995年版,第480页。

遁形。

　　但是,历史终究是历史。任何对于历史崇高的怀念在马克思恩格斯那里也是无法重走的历史,历史只能在道德代价的让渡中不断向前。即使历史是"恶"的历史。作为一个理性的历史主义者,马克思不会把历史的发展尺度简单地付诸于道德怀念,因为离开了历史真实性要求的道德理想终究只是一种远在天国的空头支票。甚至,当我们过多地倡导这样的道德呼吁时,道德主义就会采取对历史的过度介入而成为某种意识形态的残酷面纱,这一点阿尔都塞在《保卫马克思》中已经论述得很详细。

　　这也可以从马克思对资本的伟大作用的论述中得以发现,他说资本的伟大历史方面就是创造了剩余劳动,这是单纯从使用价值和生存的观点来看的多余劳动,"而一旦到了那样的时候,即一方面,需要发展到这种程度,以致超过必要劳动的剩余劳动本身成了从个人需要本身产生的普遍需要;另一方面,普遍的勤劳,由于世世代代所经历的资本的严格纪律,发展成为新的一代的普遍财产,最后,这种普遍的勤劳,由于资本的无止境的致富欲望及其唯一能实现这种欲望的条件不断地驱使劳动生产力向前发展,而达到这样的程度,以致一方面整个社会只需用较少的劳动时间就能占有并保持普遍财富;另一方面劳动的社会将科学地对待自己的不断发展的再生产过程,对待自己的越来越丰富的再生产过程,从而,人不再从事那种可以让物来替人从事的劳动——一旦到了那样的时候,资本的历史使命就完成了"①。

　　因此,在人之自身与外在世界的对立和融合中实现自己存在和发展的历史道路上,马克思给出的答案是,只有将我们所追求的以公平、正义、自由、人道等为主要内容的道德价值置于资本的历史运动之中——即使这种运动过程多么艰难、多么的非人道甚至是反人道——才能实现最终的、最伟大的道德理想。

　　马克思主义之前的进步思想家,特别是空想社会主义思想家,对于历史上和现实社会中出现的沉痛道德代价,仅仅停留在道德的同情与批判之上,仅仅停留在道德主义的实践之上,仅仅停留在对理想社会的空想之上。而马克思恩格斯在创立历史唯物主义和剩余价值理论的基础上,使社会主义从空想发

_____

① 《马克思恩格斯全集》第30卷,人民出版社1995年版,第286页。

展到科学。恩格斯曾这样说过:"这两个伟大的发现——唯物主义历史观和通过剩余价值揭开资本主义生产的秘密,都应当归功于马克思。由于这些发现,社会主义变成了科学"。① 马克思主义对道德代价的认识与态度,与空想社会主义根本不同的是,不仅一方面严厉地批判了资本主义社会的沉痛道德代价,批判了资本主义的非人性、不道德性和不人道;另一方面找到了建立一个合乎人性、合乎人道、合乎道德理想的理想社会的必由之路;把合目的性建立在合规律性的科学基础之上,把合规律性与合目的性统一起来。

3. 扬弃道德代价——异化与自我异化的扬弃

按唯物史观进步主义的分析,从更高社会形态及人之发展阶段来看,资本主义显然是不合理和反道德的。走向社会主义和共产主义及人之自由而全面的发展,就构成最合理和最道德的状态。但是,如何实现? 这个过程又是否充满着道德代价的让渡? 或者纯粹是历史本身的规律性达及?

唯物史观认为,对于正义、平等和公正等这些观念,必须将其与具体的历史时代相结合,与具体的社会形式、具体的阶级本身相结合,并被化为实践性的运动,才能被真正实现。也就是说,在唯物史观看来,普遍性的正义、平等和自由等观念在道义和思想上是鼓舞人心的,但是在具体的现实社会中,这种普遍性的正义等就会变成具体的正义观、平等观和自由观。

社会存在决定着社会意识,有什么样的社会关系就会产生反映这个社会基础的观念的意识形态。针对资本主义社会中异化劳动所造成的人的价值被异化的事实,马克思认为,这可以通过异化的扬弃与自我扬弃得以解决,而不是借助于观念的自省。

在《1844年经济学哲学手稿》中,马克思对异化劳动作了充分的批判之后,就说道:"通过私有财产及其富有和贫困——或物质的和精神的富有和贫困——的运动,正在生成的社会发现这种形成所需的全部材料;同样,已经生成的社会,创造着具有人的本质的这种全部丰富性的人,创造着具有丰富的、全面而深刻的感觉的人作为这个社会的恒久的现实"②。这里,马克思从抽象的人的本质的异化和劳动的异化方面表达出他的伦理共议观念,但是,他更认

---

① 《马克思恩格斯选集》第3卷,人民出版社1995年版,第740页。
② 《马克思恩格斯文集》第1卷,人民出版社2009年版,第192页。

为,异化也是一种使人、人性不断丰富和发展的力量,正是在这种异化的社会过程中人性既得以生成,同时又在这种异化劳动中消灭着产生异化力量的本身。

这种消灭异化的力量本身,就是无产阶级的自我再生产。

在1843年写的《黑格尔法哲学批判导言》一文中,马克思针对当时德国解放的实际可能性指出,必须形成一个被戴上彻底的锁链的阶级,"形成一个由于自己遭受普遍苦难而具有普遍性质的领域",并在最后形成一个"若不从其他一切社会领域解放出来从而解放其他一切社会领域就不能解放自己的领域,总之,形成这样一个领域,它表明人的完全丧失,并因而只有通过人的完全恢复才能恢复自己本身。社会解体的这个结果,就是无产阶级这个特殊等级"①。只有彻底异化出一个一无所有的无产阶级,才能在人性复归的解放道路上,使革命变得最彻底、最坚决。

这一思想被一直贯穿于唯物史观之中。唯物史观认为,实现人类未来自由发展的理想王国不是靠伦理共产主义那种普遍价值观念和人性观念的指导,更不能靠资产阶级,只能依赖于这个时代中遭受压迫最为严重的无产阶级。马克思认为,在资本主义社会中,无产阶级是整个社会中受剥削、受压迫、异化最为严重的一个阶段,它若要实现自身的解放,即"无产者,为了实现自己的个性,就应当消灭他们迄今面临的生存条件,消灭这个同时也是整个迄今为止的社会的生存条件,即消灭劳动"②。无产阶级只有通过人的完全恢复才能恢复自己,他"不把哲学变成现实,就不可能消灭自身"③。所以,在唯物史观看来,实现人的解放、实现每个人的自由与个性的充分发展,仅凭人道主义的爱和正义的说教是不可能实现的,只能通过无产阶级的革命。

1871年,马克思在总结巴黎公社经验时指出:"公社并不取消阶级斗争……但是,公社提供合理的环境,使阶级斗争能够以最合理、最人道的方式经历它的几个不同阶段。"④在唯物史观看来,伦理共产主义者的正义、平等、

---

① 《马克思恩格斯选集》第1卷,人民出版社1995年版,第15页。
② 《马克思恩格斯选集》第1卷,人民出版社1995年版,第121页。
③ 《马克思恩格斯选集》第1卷,人民出版社1995年版,第15—16页。
④ 《马克思恩格斯选集》第3卷,人民出版社1995年版,第98页。

公正和人道等原则和观念在道义上是有很重要的指引作用的,但是,如果他们以为用这些观念就可以说明什么是人道和正义的话,那还是太抽象了,因为,只靠一些道德说教和伦理规范来解释与说明历史、解决社会历史政治问题,这根本是不可能的。

无产阶级的革命必须首先在物质生产力的占有上实现联合,只有这样,才能为人的自由全面发展提供切实的基础。马克思在《德意志意识形态》中曾直接说过,在基础发生变革的时代,旧的一切生产关系形式、观念的和精神的上层建筑也都要发生变革,被资产阶级利用来作为其意识形态工具的"人道主义",同样会发生变革,会向更高一级、更伟大的道德理想发展。在唯物史观看来,"每个人的自由而全面发展"才是道德让渡历史之后的最高价值追求,这种追求必须在无产阶级发动的社会主义革命、共产主义革命中才能得到实现。这样,在由联合起来的无产者对社会生产力的共同占有的共产主义社会中,"生产资料的全国性的集中将成为由自由平等的生产者的各联合体所构成的社会的全国性的基础,这些生产者将按照共同的合理的计划进行社会劳动。这就是19世纪的伟大经济运动所追求的人道目标。"[1]正是在这种未来社会里,人们能够"在最无愧于和最适合于他们的人类本性的条件下来进行这种物质变换"。"在这个必然王国的彼岸,作为目的本身的人类能力的发挥,真正的自由王国,就开始了。"[2]但是,马克思恩格斯同样看到,实现未来人的自由而全面发展的道德理想,是以现实的必然性为基础和条件的,即只能在物质生产领域的彼岸中才有可能。

另外一点,除了对生产力的占有之外,还必须有道德观念自身的改造与提高。按恩格斯的分析,那就是无产阶级道德的形成与普及。但什么是无产阶级道德?马克思恩格斯并未给出严格的说明。而列宁在新生苏维埃政权诞生及建设中继续了马克思恩格斯的道德思想,对旧社会的道德和资产阶级道德进行了严厉地批判,并将无产阶级道德直接转化为共产主义道德。在他看来,共产主义道德就在于平等、团结、自由、正义,在于以一致的纪律和反对剥削者的自觉的群众斗争,并在这个斗争中培养有能力、有教养的自由而全面发展的

---

① 《马克思恩格斯全集》第18卷,人民出版社1964年版,第67页。
② 《马克思恩格斯全集》第25卷,人民出版社1974年版,第927页。

共产主义新人。这种道德原则可以清除利己主义道德的影响,提高劳动生产率和巩固新政权,它会成为人们的行为准则,并体现在日常生活之中,保证全体社会成员自由全面的发展。

第三章　道德代价本质论

认识事物,最根本的就是要把握事物的本质及其发展规律。由于道德代价是社会代价中的一种精神性代价,因而,揭示道德代价的本质,应当从揭示社会代价的本质着手。通过一般性的认识,再到特殊性的认识,从而逐步展现道德代价的本质、特征、规律和类型。

一、道德代价的实质

（一）社会代价的本质

既然道德代价是社会代价的一种特殊表现形式,特指人类在社会发展的历史进程中,为追求社会进步所作出的"道德领域"方面的牺牲,以及为实现这种进步所承担的消极道德后果;那么,要探讨道德代价的本质问题,就应当首先探究社会代价的本质问题。

本质是事物的根本性质,是构成事物的各必要要素之间相对稳定的内在联系,是事物外部表现形态的根据。事物本身所包含的特殊矛盾构成该事物的特殊本质。本质与规律性、必然性是同等程度的范畴,它是事物内部所包含的一系列规律性和必然性的综合,认清事物的本质就可以把握事物发展的规律性、必然性。

社会代价的本质就是社会代价的根本性质,是产生社会代价的各必要要素之间相对稳定的内在联系,是社会代价外部表现形态的根据。

社会代价的本质问题,是社会代价考察的本体论问题。那么,又应当如何去对这一问题进行比较科学的考察呢?

　　袁吉富对此提出了自己独到的见解。他认为,在该问题的考察上,学界主要有两种基本的思路:一是围绕社会发展与社会代价的关系来对社会代价本质进行界定;二是从社会发展的某一侧面来探讨社会代价的本质。其实这两种思路都不合适,因为,与社会发展代价的本质相对应的应是社会发展的本质,而不是社会发展本身。事实上,社会发展代价的本质的秘密就存在于社会发展的本质之中。由于社会实践活动是社会的本质,所以,社会发展的本质就是人的实践活动及其能力的发展。

　　要从人的实践活动中去揭示社会代价的本质,就必须准确地把握作为社会发展本质的实践本质及其特征。

　　实践作为一种社会现象,在西方古希腊时期就已引起哲学家们的注意,而到了18世纪,德国哲学家康德才正式把"实践"概念引入到哲学之中;黑格尔则进一步提出了"实践理念"的概念,并把它作为达到和实现"绝对理念"的一个必经的环节,认为理论理念的任务是消除主观性的片面性,即接受存在的世界,使真实有效的客观性作为思想的内容;而实践理念高于理论理念,它的任务在于扬弃客观世界的片面性,按照主观的内在本性去规定并改造客观世界的事物和现象。黑格尔以这种抽象思辨的形式揭示了人类实践活动的创造性特征,不但指出了理论活动与实践活动的区别,而且涉及实践在改造世界,从而创造人类历史方面的重要意义,因此具有较大的合理性。但是,黑格尔讲的实践在根本上是抽象的理念活动,而不是现实的人的活动。尽管他提出了实践、特别是劳动对人的解放具有积极意义,但究其实质,还是把实践限制在精神、观念活动的范围,"抽象地发展了"人的实践活动的"能动的方面"。

　　马克思主义哲学发现物质生产活动是人的"第一个历史活动",也是每日每时必须进行的基本活动。当马克思把物质生产作为实践首要的、决定性的形式和实践的根本内容时,他所理解的实践是同物质自然过程既相联系又相区别的自觉的社会过程。物质生产首先是人以自身的活动来引起、调整和控制人与自然之间物质变换的过程;在这个过程中,人和人之间又必然要结成一定的社会关系并互换其活动,人和自然的关系制约着人和人的社会关系,人和人的社会关系又制约着人和自然的关系;同时,物质生产过程结束时得到的结果,在这个过程开始时就作为目的在生产者头脑中以观念的形式存在着,"这个目的是他所知道的,是作为规律决定着他的活动的方式和方法的"①。这就是说,物质生产实践既是人和自然之间物质变换的过程,又是人和人之间互换其活动的社会过程,同时还是人和自然之间物质与观念的变换过程。这样马克思主义哲学就找到了把能动性、自主性、创造性与现实性、客观性、物质性统一起来的基础。由此,马克思主义哲学也揭示了实践的本质:它是人能动地改造客观世界的物质活动,是人所特有的对象性活动。

依据实践的这一本质,目前学界主要从三个角度来对实践进行把握的:第一,实践是感性的物质活动;第二,实践是能动的活动;第三,实践是社会历史性的活动。这些认识无疑是正确的,但却不够全面,它还忽视了实践活动的另外一个重要的基本特征,即实践活动是人类有意识地付出体力和智力以及消耗先前所创造的各种成果的活动,脱离了这个基本特征,其他三个特征就不可能真实地存在。

实践作为人类社会独特的存在方式,其存在和发展也是一系列矛盾双方既对立又统一来推动进行的。黑格尔指出,人类社会的"发展的原则包含一个更广阔的原则,就是有一个内在的决定,一个在本身存在的、自己实现自己的假定作为一切发展的基础"。而所谓自己实现自己的过程,就是"一种严重的非已所愿的、反对自己的过程"。② 黑格尔的上述思想是深刻的,它告诉我们,人类社会之所以能够呈现出发展状态,自身内在的否定机制是基础。从此出发,我们可以认识到,如果实践活动中不包含着这一内在机制,就不可能呈现这一种发展过程。因而,实践活动是一个由肯定方面和否定方面组成的矛盾统一体,其中的社会历史性、能动性、直接现实性的综合体就是肯定方面,而代价付出则是其否定方面。正是由于这两个对立面之间的矛盾运动以及肯定方面总体上的主导地位,才推动了实践活动不断由低级向高级的发展。

从对实践的基本特征的分析中,可以揭示出社会发展代价的本质。所谓社会发展代价的本质,根本上指的就是实践活动的否定性方面,是指实践活动中主体对自身能力及其成果的否定。不言而喻,这个方面是实践活动得以可

---

① 《马克思恩格斯选集》第 2 卷,人民出版社 1995 年版,第 178 页。

② [德]黑格尔:《历史哲学》,王造时译,商务印书馆 1963 年版,第 55—56 页。

能的条件之一,是人的存在方式的重要方面。①

张明仓则从社会实践过程中,创价与代价的矛盾运动视角来认识社会发展代价的实质。他认为,社会生活本质上是实践的,创价与代价之间的矛盾则是人类实践永恒的内在矛盾。现代社会实践中,各种非主体效应甚至反主体效应日益突出,原因之一就在于对创价与代价之矛盾缺乏充分认识和有效处理。创价和代价是人类实践中同时并存的两极。创价着重指人们的价值创造活动或创造的价值成果,它既是人们从事实践活动的主要目的,又是人们实践活动的主要过程和主要结果;代价实质上是与创价相对应的实践的另一极,是实践主体为了或因为创造一定的价值而作出的舍弃、付出或牺牲。②

冯东飞在张明仓思索的基础上,对创价与代价矛盾问题进行了进一步的思考。他认为,要把代价问题作为一个哲学问题来研究,就必须对我们所知的一切代价作统一的、终极的说明。归根结底,我们所知的一切代价都是相对于人的创价活动而言的。众所周知,马克思在《1844 年经济学哲学手稿》中指出,人的活动与动物的本能活动是有着本质区别的,动物的活动是由其生理本能导引的,它无意识地适应于自然的现实状态,本质上与自然是同一的。而人的活动特别是实践虽然受着客观条件和规律的限制,但却不是为了实现客体的规律,而是具有其"内在尺度",为着实现其价值目的而不断进行创价活动的过程。马克思说:"动物只是按照它所属的那个种的尺度和需要来建造,而人懂得按照任何一个种的尺度来进行生产,并且懂得处处都把内在的尺度运用于对象;因此,人也按照美的规律来构造。"③显然,上述"内在尺度"以及"按照美的规律来构造"的"美的尺度"就是指人创造价值的活动过程。这说明人高于、超出自然之处,就是能把两个尺度自然地统一起来,进行价值创造活动,哲学上叫"创价活动"。这种创价活动是人的活动最普遍、最一般的本质概括,因此,我们把代价问题作为一个哲学问题来研究,就应该从人的创价活动出发。

相对于人的创价活动而言,代价主要包括以下两个方面:其一是人的创价

---

① 参见袁吉富:《社会发展代价理论建构的四个哲学维度》,《北京大学学报》(哲学社会科学版)2002 年第 4 期。

② 参见张明仓:《论创价代价矛盾》,《东岳论丛》1997 年第 1 期。

③ 《马克思恩格斯选集》第 1 卷,人民出版社 1995 年版,第 47 页。

活动过程中必要的、必需的价值付出与损失,也就是通常讲的成本,它构成新价值的主要部分;其二是非成本类的价值损失,它主要表现为人们"放弃"的其他价值选择可能带来的价值损失,以及人们在价值活动过程中的消极后果。

人类活动的实践证明:代价与人类的创价活动是相伴随的,并且随着人的创价活动的水平、范围和能力在社会发展中提高的同时,造成代价和危机的能力也随之上升,代价产生的可能范围和程度也随之扩大和加深。正如英国著名历史学家爱德华·卡尔所指出的:"每一发明、每一改革、在历史过程中发现的每一新技术不仅有它积极的一面,而且有它消极的一面。代价总是要有人来承担的。我不知道在发明印刷术多久之后,批评的人才开始指出它有助于散布错误的意见。今天,对由于汽车的出现而带来的公路上的死伤感到哀悼,这是很寻常的事情;甚至有些科学家对自己发现了解放原子能的种种办法,感到遗憾,因为它可能而且已经作为造成巨大灾难的用途。"①

相对于人的创价活动而言的代价付出有各种各样的表现形式,但总体上又可把它分为两大类型,一类是与创价活动有内在必然联系的"必然性代价";另一类是在创价活动中由人为因素造成的人为代价。必然性代价植根于人的创价活动之中,其产生有内在的原因。人类历史发展的实践已证明,人类的创价活动总是与代价付出相伴随的。人类从原始社会进入奴隶社会是一种历史进步,但这种进步是以原始平等的丧失和淳朴道德的失落以及私有制的出现为代价。资本主义取代封建社会是人类社会历史发展的重大进步,资本主义创造了巨大的生产力,使人从人的依赖关系中解放出来。但是,资本主义在实现社会进步的同时,也为此付出了巨大的代价。为此,马尔库塞克指出,科学技术的进步,本应给人的自由全面发展带来福音,然而,在资本主义新的极权主义制度下,科学技术与资本主义政治结成联盟,成为对人实行社会控制的新机制,使社会变成一个"单向度的社会"。在这个单向度社会中,人被塑造成了"工业文明的奴隶",大批量地生产出麻木而顺从社会机器的又自感幸福的"单向度人";政治成了没有反对派,丧失批判性的"单向度政治";高层次文化被现实挤出门外,文化被赋予商品的形式,变成了"单向度文化";从而使整个社会付出了极其沉重的代价。事实上,自近代工业革命以来,随着科学

① [英]爱德华·卡尔:《历史是什么》,吴柱存译,商务印书馆1981年版,第160页。

技术的进一步发展,实现了物质财富的巨大增长,但由此引发的"全球性问题"则是人类为此付出的沉重代价。韦政通在阐述现代化的矛盾运动时指出:"现代化是人类以混乱及痛苦为代价来换取新机会及新希望的过程,此过程同时具有创造性与毁灭性。"①对此,美国学者艾恺表达了同样的意思。他认为:"现代化是一个古典意义的悲剧,它带来的每一个利益都要求人类付出对他们仍有价值的其他东西作为代价。"②他还认为:"持续的反现代化批判的贡献与意义是:在批评的过程中,辩明了现代化过程的真正本质,也确定了人类应付出的代价。"③可见,人类的创价活动是以付出代价的方式为自己开辟道路的,代价的实质是对创价的否定,又并通过这种否定来达到创价的实现。④

从上述学者们对社会代价本质的探讨来看,第一,社会代价是人类社会发展实践活动的否定性方面,是指实践活动中主体对自身能力及其成果的否定。第二,人类社会发展实践活动是一个创价与代价矛盾运动的过程,代价是对创价的否定,而这种否定则是创价实现的内在逻辑。

(二)道德代价的本质

道德代价的本质就是它作为一种特殊的精神性社会代价的根本性质,是产生道德代价的各必要要素之间相对稳定的内在联系,是道德代价外部表现形态的内在根据。

道德代价既然是社会发展代价中的一种特殊代价,因此学界对社会代价本质的探索思路,对道德代价本质的揭示无疑有着重要的借鉴价值。

首先,道德代价是社会发展进程中的特殊产物,因而,从本体论的维度,道德代价的本质只能从人类社会发展实践活动的内在矛盾运动中去探究。"实践"在词义上就是实行或行动,它指的是人们实现某种主观目的的活动。在马克思主义哲学中,实践是指人能动地改造客观世界的物质活动,是人所特有的对象性活动,是人类的存在方式。人类的社会实践形式主要有三种:一是处

---

① 姚蜀平:《现代化与文化的变迁》,陕西科学技术出版社1988年版,第4页。
② [美]艾恺:《世界范围内的反现代化思潮》,贵州人民出版社1991年版,第212页。
③ [美]艾恺:《世界范围内的反现代化思潮》,贵州人民出版社1991年版,第213页。
④ 参见冯东飞:《创价活动中的代价问题思考》,《理论探索》2007年第3期。

理人和自然之间关系的活动,即物质生产活动;二是处理人与人的社会关系的活动,即人类的社会交往、组织、管理和变革社会关系的活动;三是以观察、实验和科学研究为内容的科学活动。无论哪一种人类社会实践,都必须包含着其肯定的方面和其否定的方面。其肯定的方面就是实践活动中主体对自身能力及其成果的肯定;而其否定的方面就是实践活动中主体对自身能力及其成果的否定。这种肯定与否定的对立统一造成了人类社会发展实践活动的内在矛盾运动。社会发展代价和道德代价都是作为这种内在矛盾的否定性方面而客观存在的。由于道德最突出和最重要的社会功能是通过调节人的行为来调节各种社会关系(包含人与人、人与社会、人与自然、人与自我等关系)的,又由于现实的道德没有自己特有的"领域",它存在于所有的社会生活之中,因此,在现实生活中,调节各种社会关系的道德实践活动是与三大社会实践活动交织、交融在一起的。在人类社会发展进程中的道德实践活动,也表现出肯定和否定两个方面的矛盾运动,其肯定方面就是道德实践活动中主体对自身道德能力及其道德成果的肯定,表现为道德进步;而其否定方面就是道德实践活动中主体对自身道德能力及其道德成果的否定,表现为道德代价。因此,从本体论维度可以看到,道德代价实质上就是道德实践活动中的否定性方面,是道德实践主体对自身道德能力及其道德成果的否定。

其次,道德代价又是社会发展进程中产生的一种特殊价值形态,因而,从价值论的维度看,道德代价的本质只能从人类社会发展的创价实践活动的内在矛盾运动中去探究。实践作为只为人所特有的对象性活动,首先凸显了实践活动的对象性质,即它是以人为主体,以世界上任何事物为客体的现实活动。与动物消极地适应自然的活动不同,人的实践活动具有自主性和创造性。实践的自主性表现在人通过实践不但能够认识客观规律,而且能够利用客观规律,使客观规律为人所用,从而使物按人的方式同人发生关系,达到物被人所掌握和占有的目的。实践的创造性表现在,它创造出按照自然规律本身无法产生或产生的几率几乎等于零的事物。人对世界的改造本质上就是创造,没有创造,就不会形成适合人类生存和发展的属人世界。在价值论的维度里,实践活动的这种自主性和创造性,就表现为人能动地创造价值的活动;由于价值本身就是一种主客体间的关系范畴,由于实践活动的根本目的就是不断满足作为主体之人的各种需要,因而,人类社会发展的实践活动就是一种价值创造活动。而这种价值创造活动,存在着创造价值与付出代价的矛盾,即创价与代价的矛盾。道德本质上就是一种价值,道德实践活动就是一种价值创造活动,而这种道德价值的创造活动,也同样存在着道德价值的创造与道德代价的付出的矛盾。可见,从价值论的维度来看,人类的道德创价活动是以付出道德代价的方式为自己开辟道路的,道德代价的实质是对道德创价的否定,并又通过这种否定来达到道德创价的实现。

再次,道德代价也是社会发展进程中产生的一种特殊实践形态,因而,从认识论的维度看,道德代价的本质只能从人类社会发展的认识活动的内在矛盾运动中去探究。认识与实践是人类社会发展的认识活动的内在矛盾,实践是认识的源泉、动力、目的,也是检验认识的真理性的唯一标准。但同时,实践又必须受认识成果的指导,只有在认识真理性成果的指导下,实践才能顺利地推动社会进步;而没有认识真理性成果指导的实践,则是盲目的实践,是必然要付出社会代价的实践。从认识论的维度来看,道德代价一方面是由于认识的错误而引导进行错误的道德实践所造成的;另一方面,是由于面对新的实践并缺乏经验更缺乏理性认识而进行的实践探索所产生的。在探索性实践活动中,创新性活动是其最重要的一种表现形式。创新性活动是相对于常规性活动而言的,虽然总体来说,创新性是人类社会发展实践活动的本质之一,但在具体的实践活动中,并非每一次实践活动都是创新性的活动,而只有创新性在实践活动中占主导地位时,这一实践活动才能称为创新性活动;反之,则称为常规活动。创新性活动往往要面临着更多更大的社会风险,因而也往往有可能产生更多更大的包含着道德代价在内的社会代价。而这种包含着道德代价在内的社会代价,作为一种认识与实践的否定性因素,去检验认识的真理性之性质与程度,去修正与改进实践的方向、规模和速度,不断推动着创新性活动走向成功。因而,在认识论的维度,道德代价的实质就是人们在推进社会发展进行道德实践活动的过程中,认识与实践矛盾运动的否定性因素,并以其否定性来推动人们的道德认识和道德实践的不断前进。

最后,道德代价还是社会发展进程中产生的一种特殊道德形态,因而,从方法论的维度看,道德代价的本质只能从人类社会发展中的道德实践活动的内在矛盾运动中去探究。本体论、认识论、价值论是有着紧密的联系的,当人们以本体论、认识论、价值论为指导去认识和改造世界时,这三者就会变换为方法。而对这些方法加以考察,就是方法论。应该说,社会发展哲学和发展伦理学涉及许多的方法,但其中的一种是社会发展哲学特别是发展伦理学所独有的,这就是发展善与发展恶的辩证关系分析法。如果我们把人类社会发展进程中取得的道德文明成果和道德进步称为"发展善"的话,那么,我们也可以把人类社会发展进程中产生的消极道德现象和道德退步称为"发展恶"。而发展善与发展恶则是人类社会发展中的道德实践活动的内在矛盾。发展善与发展恶既对立又统一。这种对立首先表现为两者的相互区别:发展善表征的是人类社会发展中的道德实践活动所取得的积极成果与进步状态;发展恶表征的是人类社会发展中的道德实践活动所产生的消极因素与落后状态。其次,表现为两者的相互否定:发展善是对发展恶的否定,发展恶也是对发展善的否定。最后,表现为两者的相互限制:两者是一种反比例关系,发展善越多就会导致发展恶越少;反之,发展恶越多则会导致发展善越少。而两者的统一首先表现为两者的相互依存:在人类社会发展的道德实践活动过程里,有发展善必有发展恶;反之,有发展恶也就有发展善;没有离开发展善的发展恶,也没有离开发展恶的发展善;两者之间不是有没有的问题,而只是多或少的问题。其次,表现为两者的相互贯通:正如马克思主义哲学矛盾观所说,矛盾的双方不仅互相依存,而且存在着由此达彼的桥梁,存在着向对立面转化的趋势,即相互贯通性。发展善与发展恶矛盾的相互贯通,一方面表现为发展善与发展恶双方互相包含和相互渗透,在现实性上,发展善包含着发展恶,而发展恶也渗透于发展善之中;既没有纯粹的发展善,也没有纯粹的发展恶。因为"任何矛盾都是具体的统一体内的矛盾,二者之间存在着共同的基础和因素,因而必定是互相渗透和互相包含的"①。发展善与发展恶矛盾的相互贯通在另一方面则表现为发展善与发展恶双方互相转化的趋势,即发展善在一定条件下会转化为发展恶,而发展恶在一定条件下也会转化为发展善。正是发展善与发展恶之间既同一又对立的矛盾运动,推动着人类社会发展和道德发展的不断进步。因此,从方法论的维度可以看到,道德代价本质上就是人类社会发展中的道德实践活动所产生的发展恶。

---

① 李秀林等主编:《辩证唯物主义和历史唯物主义原理》,中国人民大学出版社1995年版,第179页。

综合上述,可以揭示出道德代价的本质:它是人类社会发展进程中,道德实践活动中的否定性方面,是道德实践主体对自身道德能力及其道德成果的否定;它既是对道德创价的否定,也是对人们道德认识与道德实践活动的否定;是人类社会道德发展实践活动所产生的发展恶。

(三)道德代价的基本规律

一切科学,都是以其特有的研究对象的本质和规律为研究重点与指归,事物的本质及其规律是各门科学得以成立的客观依据。那么,什么是规律呢?

规律是事物发展中本身所固有的本质的、必然的、稳定的联系。第一,规律是事物的本质联系。客观世界的事物、现象存在着普遍联系,但并不是一切联系都是本质的,都可称为规律。规律和本质是同等程度的概念。列宁说,"规律就是关系",就是"本质的关系或本质之间的关系"。① 也就是说,只有体现了事物本身所固有的、内在的根本性质和发展过程的关系和联系,才是事物发展的真正规律。第二,规律是事物的必然联系。规律和必然性也是同等程度的概念,它代表着事物必定如此、确定不移的趋势。第二,规律是事物的稳定联系。规律是变动不居的现象中相对稳定的联系。规律的稳定性也就是它的重复性。只要具备一定的条件,某种合乎规律的现象就必然重复出现。

既然规律是事物发展中本身所固有的本质的、必然的、稳定的联系,那么,在揭示道德代价的基本规律时,我们就应当抓住道德代价产生中本身所固有的本质的、必然的、稳定的联系去分析。为此,我们可以从以下三个层面进行分析。

第一个层面是社会发展与道德代价之间的关系。道德代价是社会发展进程中的必然产物,社会发展与道德代价之间有着本质的、必然的、稳定的联系。

社会发展与道德代价之间的关系,由于社会发展(包含道德发展)是社会进步(包含道德进步)与社会代价(包含道德代价)的统一;在事实上是通过社会进步(包含道德进步)与道德代价的关系体现出来的。两者首先表现为相互对立、相互排斥。一是在特定的时空内,社会进步(包含道德进步)与道德

---

① 转引自李秀林等主编:《辩证唯物主义和历史唯物主义原理》,中国人民大学出版社1995年版,第159页。

代价是人们在社会发展历程中价值取向相反的两个侧面,在这个意义上,社会进步就是社会发展的积极成果,体现着正面的价值取向;而道德代价则是与人们追求社会进步价值取向相悖的消极道德后果,体现着负面的价值取向。二是社会进步(包含道德进步)既扬弃着道德代价又可能生产着否定自身的道德代价。总之,社会进步对道德代价有克服性、排斥性的作用,道德代价对社会进步有限定性、损毁性和否定性的作用。其次,表现为二者相互依存、相互包含。一是社会进步(包含道德进步)与道德代价各以对方为自己存在的前提和条件,没有社会进步就没有道德代价,道德代价要在社会进步实践中产生;没有道德代价也不会实现社会进步,社会进步要通过道德代价的付出来取得。二是社会进步(包含道德进步)与道德代价相互包含,你中有我,我中有你,纯粹的社会进步或纯粹的道德代价都是不存在的。

第一,从道德代价与社会发展过程来看。一是道德代价产生于社会发展过程之中。没有人的发展实践,没有人对发展目标的价值追求和价值实现活动,道德代价就无从谈起。正是人类的生存发展决定了道德代价的产生。社会发展是以发展主体有自由的选择和创造能力为前提的,但人的选择和创造能力却受到各种主客观条件的制约,二者的矛盾导致在人类社会的发展过程中不断地产生道德代价。因此,道德代价产生的客观必然性植根于发展过程的内在矛盾中。二是道德代价是社会发展的一个内在环节。社会发展过程总是要"付出"一定的道德代价的,在一定意义上,社会发展既是价值转换过程,也是价值补偿过程。作为价值转换过程,应以尽量小的道德代价换取社会发展尽可能大的进步;进步作为价值补偿过程,应以尽可能多的价值去补偿那些为发展而付出的道德代价。道德价值在社会发展过程中的被替代、被补偿、被换取,表明道德代价是社会发展过程中的一个内在环节。三是道德代价是社会发展的一种特殊状态。发展学家 M.A.西纳素指出,发展"既指发展的活动,又意味着结果的状态"①。如果社会发展的结果呈现出正面状态,则表现为社会进步;如果社会发展结果呈现出负面状态,则表现为社会代价和道德代价。道德代价是社会发展结果的特殊价值表现形态,它以负面价值的形式,表征

① [法]F.佩鲁:《新发展观》,张宁、丰子义译,华夏出版社1987年版,第3页。

着、暗含着事物发展的正面价值。①

第二，从道德代价与社会发展目标来看。从应然角度来讲，人们无疑应当追求全面的发展目标，但从实然角度看，由于历史原因和现实条件的限制，人们实际上只能首先追求其中一种主导（例如经济发展）的发展目标，而不能使所有目标（例如道德发展等）整齐划一地得到实现。这就造成社会发展的不平衡，甚至出现"马太"效应，道德代价便由此产生。但是如果人们不顾客观条件同时追求多元的发展目标，则会付出更大的代价，因为多种目标之间总是存在着一定的互相排斥和矛盾的关系，不分轻重缓急和先后顺序的"同步"发展，往往会使整体的发展缓慢甚至陷于停滞。

第三，从道德代价与社会发展手段来看。从应然角度讲，人们应当选择或采取综合的、理想的手段；但从实然角度看，由于历史和现实条件的限制，却只能选择其中一种或几种主要的手段，而很难使其他手段得到利用。既然选择某种手段要放弃其他手段，这就意味着要付出一定的社会代价和道德代价。同时这也容易使人们把某一手段当作目的来看待，拜金主义的产生就与此相关。当前中国历史和现实发展的内在逻辑，制约着我们只能选择市场经济这种手段来发展社会生产力。市场交换的一般等价物是货币。货币可以使它的拥有者在市场上通行无阻，实现他的许多愿望。由于货币具有如此大的魔力，它于是成为许多人追逐和崇拜的对象。

第四，从道德代价与社会发展主体来看。社会发展的承担者和实现者是人，人可以表现为个人、群体和人类三种形式，在这三者之间存在着不同的利益与矛盾，这就可能在顾及一些人的利益时，使其他一些人的利益被忽视或受到一定损害，社会代价和道德代价便由此而生。

第五，从道德代价与社会发展秩序来看。社会发展必将改变既定的社会结构、社会秩序和传统生活方式，调整各阶层、各成员之间的责权利关系。这时，新旧秩序的冲突在所难免，并会招致某些混乱和行为上的偏差。在这种情况下，就必然要付出一定的道德代价。②

---

① 参见许先春：《社会发展代价及其调控》，《人文杂志》2000 年第 2 期。

② 参见韩庆祥等：《代价论与当代中国发展——关于发展与代价问题的哲学反思》，《中国社会科学》2000 年第 3 期。

最后,从道德代价与社会发展规律来看。社会发展必然要付出道德代价,道德代价是社会发展的一个环节。从这个角度而言,社会发展可以看作是人类通过付出道德代价和扬弃道德代价以寻求更大的社会进步的实践活动。因而,社会发展实际上就是扬弃了道德代价的发展。其一,社会发展通过付出道德代价来为自己开辟道路。新发展观的代表人物佩鲁在谈到发展时说:发展与进步"它发生于各种活动和相反活动的过程中,发生于人类行为者彼此冲突的评价中"①。社会发展不会总是一帆风顺的,面临着种种冲突和选择,它必然要通过付出一定代价的方式来为自己开辟道路。其二,社会发展通过扬弃道德代价的方式来达到自己的目的。社会发展是社会进步与社会代价的对立统一体。社会进步与社会代价和道德代价具有对立性,是一种相互否定的性质;但同时二者又有统一性,付出代价是为了换取进步,扬弃代价必将推动进步。进步通过付出代价来实现,并且也为进一步扬弃代价提供了条件。在社会发展的关节点上,必须扬弃旧的道德代价,才能实现新的发展和进步。②

根据社会发展与道德代价之间的关系,借鉴研究社会代价规律的学者们的表述,可以看到,社会发展的道德代价规律,就是社会发展与道德代价之间本质的、必然的、稳定的联系,是人类社会一定要通过付出并扬弃一定的道德代价以实现社会进步的基本趋势。或社会历史发展总是通过付出并扬弃一定的道德代价来为自己开辟道路。③

第二个层面是经济发展与道德代价之间的关系。恩格斯认为:"在道德方面也和人类认识的所有其他部门一样,总地来说是有过进步的。"④当然,这种进步并非是直线型的过程,而是一个曲折进步的历史过程。人类道德的这种曲折前进过程始终与道德进步和道德代价的辩证发展相伴相随。道德发展的过程实际上就是一个道德进步和道德代价不断相互转换的辩证否定过程。而道德进步和道德代价这种不断的相互转换,根源于人们对利益关系的冲突。伦理学的基本问题,就是道德和利益的关系问题。这个问题的第一个方面,就是经济利益和道德的关系问题,即是经济关系决定道德,还是道德决定经济关

---

① [法]F.佩鲁:《新发展观》,张宁、丰子义译,华夏出版社 1987 年版,第 21 页。
② 参见许先春:《社会发展代价及其调控》,《人文杂志》2000 年第 2 期。
③ 参见邱耕田:《低代价发展论》,人民出版社 2006 年版,第 136—137 页。
④ 《马克思恩格斯选集》第 3 卷,人民出版社 1995 年版,第 435 页。

系,以及道德对经济关系有无反作用的问题。马克思认为,人们奋斗所争取的一切,都同他们的利益相关,"每一既定社会的经济关系首先表现为利益"①因此,从根本上来说,经济关系对道德进步和道德代价的不断相互转换具有归根结底的决定性意义。因为道德现象说到底本质上是一种社会意识现象,社会存在决定着社会意识;而社会存在的核心是社会生产方式,社会生产方式是社会生产力与社会生产关系的统一体;社会存在决定着社会意识正是通过社会生产关系也即经济关系实现其决定作用的。因此,恩格斯指出:"人们自觉地或不自觉地,归根结底总是从他们阶级地位所依据的实际关系中——从他们进行生产和交换的经济关系中,获得自己的伦理观念。"②所以,"一切以往的道德论归根结底都是当时的社会经济状况的产物。"③

　　社会经济状况对道德流变的决定性意义,首先表现为社会经济结构根本性质的变化发展直接决定道德的变化发展。有什么样的社会经济结构,相应地也就会有什么样的道德进步和道德代价。社会经济结构即社会的生产关系包括三个方面,即生产资料所有制,人们在生产过程中的地位,以及消费资料的分配形式;其中生产资料的所有制是社会经济结构的基础。在迄今为止的人类社会历史发展过程中,社会经济结构从根本性质上来划分,主要有两种最基本的类型:一种是以生产资料公有制为基础和核心的社会经济结构;另一种是以生产资料私有制为基础和核心的社会经济结构。从原始社会以生产资料原始公有制为基础和核心的社会经济结构,到文明社会以生产资料私有制为基础和核心的社会经济结构,再到社会主义社会以生产资料公有制为主体和主导的社会经济结构;道德发展也伴随着人类社会经济结构这一根本性质的变化发展,以不同的道德进步和道德代价矛盾运动表现出了一种曲折向上的否定之否定的变化发展。在这种道德发展中,经济发展推动着道德善恶在不断发生着变化,从而一方面推进着道德进步;另一方面又产生道德代价;同时,在扬弃着原有的道德代价中发展着进一步的道德进步。原始社会是一种原始公有制经济关系为基础的野蛮社会,它决定了以原始平等、民主为核心的朴素道德进步,也产生了氏族复仇、食人之风、血缘群婚等道德代价。奴隶社会出

---

① 《马克思恩格斯选集》第 3 卷,人民出版社 1995 年版,第 209 页。
② 《马克思恩格斯选集》第 3 卷,人民出版社 1995 年版,第 434 页。
③ 《马克思恩格斯选集》第 3 卷,人民出版社 1995 年版,第 435 页。

现了人类社会历史上的第一个私有制经济关系,它扬弃了原始社会中的氏族复仇、食人之风、血缘群婚等道德代价,推动了道德进步;但同时,它又产生了一系列新的道德代价:"最卑下的利益——无耻的贪欲、狂暴的享受、卑劣的名利欲、对公共财产的自私自利的掠夺"出现了;"最卑鄙的手段——偷盗、强制、欺诈、背信"①也出现了。封建社会经济关系的基础,是封建地主占有生产资料和部分占有生产者。它多少承认了劳动者的人身自由,反对任意虐杀农民,从而在道德上前进了一大步;但是,封建道德的等级制、家长制、愚忠愚孝、听天由命、男尊女卑等,又像锁链一样严重地束缚着人的个性发展。资本主义社会是人类社会历史上最后一个以私有制经济关系为基础的剥削社会,它否定了封建社会的等级制、家长制、愚忠愚孝、听天由命、男尊女卑等等道德代价,推动了道德的进步。但同时,它的每一步推进又产生了新的道德代价。资本主义世界市场的形成以产生殖民主义和殖民地为代价;资本主义机器大生产是以牺牲个人的全面发展为代价;资本家的资本积累以牺牲工人的利益和产生异化劳动为代价;资本主义商品经济的发展是以产生商品拜物教、货币拜物教和人对物的依赖为代价。基于这些带有规律性的现象,马克思指出:"在我们这个时代,每一种事物好像都包含有自己的反面。我们看到,机器具有减少人类劳动和使劳动更有成效的神奇力量,然而却引起了饥饿和过度的疲劳。财富的新源泉,由于某种奇怪的、不可思议的魔力而变成贫困的源泉"。②

但是,在看到道德发展总是被一定社会经济关系所决定的同时,也还必须看到道德发展又有其相对的独立性。关于这一点,恩格斯当年在批判形而上学的"经济决定论"者的简单化思想方法时就曾明确地指出:"并非只有经济状况才是原因,才是积极的,其余一切都不过是消极的结果。这是在归根到底总是得到实现的经济必然性的基础上的互相作用。……所以,并不像人们有时不加思考地想象的那样是经济状况自动发生作用,而是人们自己创造自己的历史,……"③在这里,马克思主义创始人不仅十分重视经济基础的决定作用,也强调了包括道德在内的意识形态并非消极的、被动的,而是积极地以自己特有方式相对独立于、反作用于它的经济基础。因此,在一定的经济关系之

---

① 《马克思恩格斯选集》第4卷,人民出版社1995年版,第97页。
② 《马克思恩格斯选集》第1卷,人民出版社1995年版,第775页。
③ 《马克思恩格斯选集》第4卷,人民出版社1995年版,第732页。

上产生的道德现象,一部分代表着社会进步要求的道德进步现象,会在不同程度上促进经济的发展;而一部分代表着社会落后要求的道德代价现象,则会在不同程度上否定和阻碍着经济的发展。只有不断扬弃这些否定和阻碍着经济发展的道德代价,经济才能进一步发展,道德才能进一步进步。因而,社会经济发展过程中的道德代价规律,就是经济发展与道德代价之间本质的、必然的、稳定的联系,经济发展不仅决定着道德进步与道德代价之间的矛盾运动,而且一定要通过付出并扬弃一定的道德代价以实现物质文明的进步。

第三个层面是发展善与发展恶之间的关系。如果说,前两个层面是从本体论的视角去探讨社会发展进程中的道德代价规律,那么,在这个层面上,是从道德价值论的层面上去探讨社会发展进程中的道德代价规律。无疑,发展善与发展恶的关系,也是一种对立统一的矛盾关系。

首先,发展善与发展恶相互对立。这种相互对立,其一是两者相互区别:发展善与发展恶虽然都是在社会发展进程中产生的道德价值,但是却是两种完全相反的道德价值。发展善是指社会发展进程中产生的正面道德价值——善的价值,这些正面道德价值或善的价值一般而论,表现为有利于社会生产力发展、有利于社会进步、有利于人的自由全面发展的各类道德进步现象。而发展恶则是指社会发展进程中产生的负面道德价值——恶的价值,这些负面道德价值或恶的价值一般而论,表现为有害于社会生产力发展、有害于社会进步、有害于人的自由全面发展的各类道德代价现象。其二是两者相互否定:发展善是对社会发展进程中产生的负面道德价值现象——恶的价值现象的否定;而发展恶则是对社会发展进程中产生的正面道德价值现象——善的价值现象的否定。正是这种相互否定,形成了两者之间的反比例关系。也就是说,在一般情况下,发展善越多,发展恶则越少;反之,发展恶越多,发展善则越少。因此,为了推进社会进步和道德进步,就应当不断努力增进发展善,不断尽力减少发展恶。

其次,发展善与发展恶相互统一。这种相互统一,其一是两者相互依赖:发展善与发展恶这矛盾着的每一方都同对立的一方彼此互相依赖着,而不能孤立存在和发展。没有发展善,也就无所谓发展恶,反之亦然;有着发展善,就必然有发展恶产生;发展善每前进一步,新的发展恶就会出现。因此,在人类社会发展进程中,发展恶是不可能完全彻底被消灭的,而只能在最大限度上减少发展恶。其二是相互贯通:发展善与发展恶这矛盾着的双方相互渗透、相互包含。因为发展善与发展恶二者存在着共同的基础和因素,因而必定是互相渗透和互相包含。社会主义市场经济是中国特色社会主义建设的必由之路,它是当今中国社会发展进程中发展善与发展恶的共同经济基础;在发展市场经济的过程中,既产生了自由、平等、自主、创新等发展善,但同时,也产生和滋长了拜金主义、极端个人主义、享乐主义等发展恶。而自由、平等、自主、创新等发展善,也可能包含着不自由、不平等、自私、破坏等发展恶的成分;拜金主义、极端个人主义、享乐主义等发展恶,也可能包含着自主、个性解放、促进消费等发展善的因素。同时,发展善与发展恶还有着相互转化的趋势。发展善与发展恶在社会发展进程中,并非是一成不变的,在一定的条件下两者能够相互转化。这种相互转化的过程之所以能够实现,就是因为对立面有着内在的有机的联系,存在着由此达彼的桥梁,包含着互相转化的趋势。例如"资本逻辑"现象这种发展恶,就包含着促进社会生产力发展的"发展善";在社会主义市场经济条件下,"资本逻辑"现象这一发展恶,由于它能够促进社会主义社会生产力的发展,也就转化为"发展善"。当然,这种发展善毕竟是一种相对的发展善,本质上却是绝对的发展恶,因而,随着社会主义市场经济的历史使命的终结,它又会成为进一步发展社会主义社会生产力的桎梏,那时,这种发展善又会转化为一种必将被消灭的发展恶。

至此,从发展善与发展恶矛盾运动中,又可以进一步发现社会发展进程中的道德代价规律:发展善以发展恶为存在与发展的前提,并在一定条件下促使发展恶的转化以推动道德进步。

二、道德代价的本质特征

道德代价作为一种特殊的社会代价,与社会代价是一般与特殊的关系,因而,道德代价也具有社会代价的一般性特征:客观性、普遍性、价值性、否定性、隐蔽性、非均衡性与连带性。同时,道德代价又具有自身特殊的本质性特征。

(一)道德代价具有精神性

道德代价作为一种特殊的精神性代价,既与物质性代价不同,也与其他精神代价不同。

首先,物质性代价是一种看得见、摸得着的实体性代价,这种代价的损失往往以具体的物质形态存在,并往往可以用比较精确的数量关系表示出来。如经济发展中所造成的环境污染的代价,无论是水污染、土壤污染、空气污染等,都有着具体的物质形态,也都可以在不同程度上检测出其污染的量化程度及其造成的经济损失的数量。而精神性代价是一种看不见、摸不着的非实体性代价,这种代价的损失往往没有具体的物质形态存在,只能反映在人的言行及其相互关系之中,并往往难以用比较精确的数量关系表示出来。如市场经济发展中滋长的拜金主义,它存在于人的头脑之中,反映在人的言行及其相互关系之中,既没有具体的物质形态存在,也难以用比较精确的数量关系表示出来;只能通过人的拜金主义言行,去模糊性地把握其影响人的程度。其次,物质性代价可以包括"成本性"的实体性代价,而这种代价往往既可以物质的形态也可以价值的形态转移到新的物质成果中去。如建设一条高速公路,必须要投入一定的实体性成本,其包括占用的土地、使用的人力、物力和财力等,这些被消耗(否定)的实体性成本,其价值被转移到了高速公路的价值之中,也以新的物质成果——高速公路的实体性形态表现出来。而精神性代价一般不包括"成本性"的非实体性代价,我们不好说建设一条高速公路,必须要投入多少成本性的精神代价;当然,这并不是说建设一条高速公路我们就不需要有"精神"(如敬业精神、诚信品格、质量意识等)的"投入",只不过这种精神性的投入它本质上不是一种"否定性"的"代价",而恰恰相反,它是一种"肯定性"的东西。也就是说,这种"精神"的"投入",它不像"物质"的投入在建设中被否定,而是被肯定。因而,它不能纳入"代价"之中。再次,道德代价和其他精神性代价也不同。马克思在《1857—1858年经济学手稿》中,曾把人类把握世界的方式分为四种,即科学理论的、艺术的、宗教的和实践精神的。道德是社会意识,是一种思想关系,因此它是一种精神。但是道德作为精神又不同于科学理论、艺术、宗教等其他精神,而是一种以指导行为为目的的、以形成人们正确的行为为内容的精神,因此它又是实践的。道德区别于其他社会意识的根本特征就在于它是一种实践精神;而道德代价区别于其他精神性代价的根本特征也在于它是一种实践精神代价。道德作为实践精神是一种价值,是道德主体的需要同满足这种需要的对象之间的价值关系。需要是人类活动的基本动机,但需要又是分层次的,在物质需要的基础上产生出的精神需要是一种高级的需要,包括艺术的、宗教的和道德的需要等。道德需要促使人类结成相互满足的价值关系,推动人们改善这种关系,调节人与人的交往、协作,完善人的人格,形成人类特有的实践精神。而道德代价则是对人类结成相互满足的价值关系、推动人们改善这种关系、调节好人与人的交往、协作、完善人的人格的一种损害、破坏和否定,是一种与满足人类道德需要相背反的实践精神代价。①

（二）道德代价具有否定性

道德代价既然是社会代价的一种表现形态,因此,它首先就与社会代价一样,在本质上是一个背反满足作为价值主体的人的发展需要的价值范畴,因而,它的本质特征之一必然是一种否定性价值。这种否定性价值主要体现在三个方面:一是它以否定的形式导致社会发展中道德（正面）价值的减少或丧失。这种"失"既是指它发生在人类有目的、有意识的发展实践之中,它所表征的是有人类道德活动参与的"社会活动过程";也是指失去了社会发展本不该失去的东西,这种"失"是为了在更长远或更广阔的时空中换取更大的发展而不得不失去"不该"失的"失"。二是它以否定的形式导致社会发展中道德（正面）价值的抑制、损害或暂时不能实现。人们在面临众多价值目标时,由于选择优先发展（往往是经济发展——经济是人类生存发展的根基,是一切社会进步的物质基础）的主导性价值目标,从而有时导致道德（正面）价值的抑制、损害或暂时不能实现。这些被抑制、损害或暂时不能实现的道德（正面）价值,就是人们为了换取主导性价值而付出的代价。三是它以否定的形式导致社会发展中道德（正面）价值的增加。社会发展是一个极为复杂的运动过程,在这一过程中,社会发展实践中既生成道德正面价值,也会产生道德负面价值;而这种道德负面价值在一定条件下,往往可能通过一种否定性的价值转化,导致道德正面价值的增加。比如社会主义市场经济的发展,既生成诸如人的个性解放、自主意识、开拓进取、平等观念、民主精神等道德正面价值,也会产生诸如拜金主义、极端个人主义、享乐主义等道德负面价值;而这种道

---

① 参见罗国杰主编:《伦理学》,人民出版社 1989 年版,第 54 页。

德负面价值在一定条件下(如人的道德觉醒等),通过一种否定性的价值转化,导致道德正面价值的增加。

其次,道德代价的否定性也与一般社会代价的否定性不同。一般的社会代价对社会发展来说,一方面起着否定、损害、破坏等的作用,这种否定性的价值是主导性的、主要的;但另一方面,它对社会发展又可能起着一定的"肯定性"的刺激、推动、补偿等的作用(如成本性的物质代价,在投入后能够对社会发展起着一定的肯定性的刺激、推动、补偿等的作用),但这种肯定性的价值是非主导性的、次要的。而道德代价对社会发展和道德进步却只起着否定、损害、破坏等的作用,这种否定性的价值是根本性的;而由于道德代价不包含"道德成本"在内,所以,其对社会发展和道德进步的促进,则是以"否定性"的转换方式实现的。比如中国在改革开放初期的经济发展中,由于资金、技术、人才等方面的短缺,引进的大量项目和投资条件过宽、门槛过低,造成了比较严重的环境污染;这种环境污染的社会代价,对中国社会经济的可持续发展,无疑起着否定、损害、破坏等的作用;但同时,一方面它在客观上推动了中国经济的起飞;另　方面,它又在中国经济的起飞中获得了一种价值补偿,并刺激着中国走上可持续发展之路。而与此同时,由于中国改革开放初期法制的不健全和不完善,由于对道德建设的忽视等,中国社会的诚信缺失泛起,假冒伪劣行为泛滥成灾,这种沉重的道德代价对中国社会发展和道德进步起着严重的否定、损害、破坏等的作用,引发了中国当代社会的诚信危机;而这种道德代价它只能通过人们的道德觉醒,并在这种道德觉醒中通过国家和社会以各种方式促使其发生否定性的价值转换,从而才能推动中国社会的发展和道德的进步。

(三)道德代价具有规范性

道德代价与其他的精神性代价相比较来说,其明显的特征还表现在道德代价还包含着一种否定性的特殊规范性。要理解这一点,还必须从道德的本质着手。道德区别于其他意识形态的特殊本质,是它作为一种特殊的调解规范体系。

在人类社会长期的发展中,人的活动、人与人的交往和联系会逐渐形成一定的秩序、节奏;在人与人尤其是个人与他人、个人与整体的关系中,也会相应地产生一定的要求。这些秩序和要求是人类社会实践的产物,也是人们自觉意识到的,正像列宁所指出的那样:"人的实践活动必须亿万次地使人的意识去重复不同的逻辑的式,以便这些式能够获得公理的意义"①。秩序、公理、要求相对于个人而言是一种普遍的规律,是一种"应当",它们改变了人类早期时只知道"日出而作、日落而息",而不知道自己"应该"怎样生活的状况,使人们开始对自己提出了要求,开始把个别的、偶然的、特殊的活动与一般的、普遍的、必然的东西相对应,并把它们区分为现有与应有、事实与应当。因此,"应当"首先是一种关系,是一种人们自觉意识到的关系。"应当"立足于现有事实,但又不等于现有,应当是对现有的肯定与否定的统一,是从现有向应有的过渡,是事实与价值的关系。只有对社会发展的规律必然性达到自觉时,才能发现应当的关系,也才能产生应当的意识。并非所有的可能性都可以转化为应当,只有那些既具有现实基础又符合社会内在必然性的可能才能形成应当,才能作为引导人们达到某一特定境界的应当关系而为人们所认可。其次,应当也是一种秩序,是一种"客观"的力量,支配、左右着人们生活的各个领域。应当本来就是从秩序中来的,但未来发展为应当的秩序还是一种潜在的、无所依托的东西,既不为人们所理解,也得不到自觉地遵守。作为应当的秩序保留了原先的强制性,又具有了相当大的灵活性,人不是秩序的奴隶而是秩序的主人,因为正是人发现、制造了应当,形成了秩序。但应当作为秩序,就变为任性的对立物,它要求人放弃偏执,按照"应当"的生活方式、行为模式去生活、去行动。

应当表现为关系、意识和秩序,是联系社会生活、维持社会存在的必要纽带。经过阶级、国家等群体有意识地加以总结、提炼、概括之后,就形成了人类社会特有的行为规范。随着社会的发展,行为规范不断分化,形成既相联系又相区别的道德、法律、政治等形式。与法律、政治等相比,道德的规范本质更明显、更突出,道德就是由各种各样的规则组成的规范体系。离开规范就无所谓道德;同时,道德规范又有其特殊性:一是一种非制度化的规范,它不像法律规范那样是制度化的规范,它不是被颁布、制定或规定出来的,而是处于同一社会或同一生活环境的人们在长期的共同生活过程中逐渐积累形成的要求、秩

---

① 《列宁全集》第55卷,人民出版社1990年版,第160页。

序和理想。二是一种非强制性的规范,它不像法律规范那样强制人们执行,否则就会受到惩罚;它主要是借助于传统习惯、社会舆论特别是内心信念来实现,依赖于人的自觉性。三是一种内化的规范,它不像法律规范那样,自不自愿都必须遵守;而只有在为人们真心诚意地接受,并转化为人的情感、意志和信念时,才能得到实施。① 道德代价作为包含着一种否定性的特殊规范,也是一种反"应当"的关系、意识的畸形形态,是一种对正当秩序的损害和破坏的反规范;它也是一种破坏应当关系的非制度化、非强制性的规范,也是一种毒化人们心灵的内化规范。

(四) 道德代价具有内在性

道德代价既然是包含着一种否定性的特殊规范,因此它必然具有内在性。这种内在性主要表现在两个方面:一方面,从道德维持的形式来看,道德主要是通过传统习惯、社会舆论和内心信念三种基本形式来维系的。传统习惯是指个人或集体的传统风尚、礼节、习性,是特定社会文化区域内历代人们共同遵守的行为模式或规范。特别是风俗是由于一种历史因素形成的,它对社会成员有一种非常强烈的行为制约作用。社会舆论就是针对特定的现实客体,针对一定范围内的"多数人",基于一定的需要和利益,通过言语、非言语形式公开表达的态度、意见、要求、情绪,通过一定的传播途径进行交流、碰撞、感染,整合而成的、具有强烈实践意向的表层集合意识,是"多数人"整体知觉和共同意志的外化,能够对被评价人施加影响,从而在社会中起到价值导向的作用。无疑,无论是传统习惯还是社会舆论,对于维系道德都有着重大作用,因此,传统习惯是否进步,社会舆论是否正确是十分重要的。如果传统习惯是进步的,社会舆论是正确的,它有利于道德进步;反之,如果传统习惯是落后的,社会舆论是错误的,它不仅本身就表征着一种消极道德现象,而且还会滋长道德代价,阻碍道德进步。然而,无论是传统习惯还是社会舆论,是否对人们发生影响,最终还必须取决于人们的内心信念。内心信念是一种内在的、自觉的道德评价行为,特指人们依照自己已形成的道德良心对自己的行为进行自觉的肯定或否定。道德良心不过是社会的客观道德义务,经过道德规范从他律

---

① 参见罗国杰主编:《伦理学》,人民出版社 1989 年版,第 51—53 页。

向自律的转化过程,而在道德主体的内心深处以自律准则(内心的道德法则)的形式积淀下来的人的道德自制能力。因而,内化的规范就是良心,良心是人们思想、言行的标准、尺度和检察官,良心形成特定的动机、意图、目的,良心促使人去遵守社会规范。如果外在的传统习惯和社会舆论的价值取向与个人良心的价值取向相一致,道德主体就会认同外在的传统习惯和社会舆论的价值取向,这时外在的传统习惯和社会舆论的价值取向才能对道德主体发生影响;反之,如果外在的传统习惯和社会舆论的价值取向与个人的良心的价值取向不相一致,道德主体就会不认同外在的传统习惯和社会舆论的价值取向,这时外在的传统习惯和社会舆论的价值取向根本无法对道德主体发生影响。因而,培植人们的道德良心是道德建设的根本。然而,由于社会的阶级分化、利益分化和文化及价值观多元化,良心也是分化和多元化的。正如马克思所说的:"共和党人的良心不同于保皇党人的良心,有产者的良心不同于无产者的良心,有思想的人的良心不同于没有思想的人的良心。""特权者的'良心'也就是特权化了的良心。"①因此,我们培育人们的良心应当是"善"的良心。在这个意义上,道德代价最根本的就是扭曲人的良心,甚至形成"恶"的"良心"。另一方面,从道德调节的特殊性来看,道德主要通过非强制性的道德主体内在的道德能力的方式来实现的。在社会关系的调节上,道德既有别于凭借权与势以慑服的政治、据道理以说服的科学、借典型形象以感服的文艺和诉诸神秘力量以折服的宗教,也有别于法律。法律调节人们的关系和活动,往往是以国家机器为后盾的,甚至要直接动用国家机器(如法院、警察、监狱、军队等)的,因而往往带有国家强制的性质。道德则不然,它调节人们的关系和活动,并不诉诸国家机器和惩罚手段,而主要是诉诸舆论褒贬、沟通疏导、教育感化等,尤其是注重唤起人们的知耻心,培养人们的道义责任感和善恶判断能力,因而一般不带有国家强制的性质,而更多地依赖于人们的内心觉悟和道德良心。因此,道德代价不仅表现为一种"外在"的恶,更重要的是表现为一种"内在"的恶。要降低社会发展进程中的道德代价,不仅要创造良好的外部社会条件,更重要的是要提高人们内在的道德觉悟,唤起人们的道德觉醒,塑造人们的良善人格。

---

① 《马克思恩格斯全集》第6卷,人民出版社1961年版,第152页。

（五）道德代价具有广泛性

道德代价作为一种"道德领域"或"道德方面"的社会代价,由于"道德"自身的广泛性特点,因而,它也具有一种广泛性特征。这种广泛性特征,主要体现在三个方面:首先,从道德实存的角度和范围来看,道德代价具有广泛性。道德在实存形态中,并非有专门属于道德自身的特殊领域;而所谓的"道德领域"只不过是一种思维上的抽象存在,事实上,在现实社会生活中,道德存在于社会生活的方方面面,渗透和交融于社会生活的方方面面。可以说,哪里有人们的社会生活与社会关系,哪里就有道德的身影。道德实存的这种特殊性,也造成了道德代价存在的广泛性。它不仅可能发生在经济、政治、文化、社会(民生)和生态领域,也可能出现在人们的公共生活、职业生活和家庭生活领域。其次,从道德调节的角度和范围来看,道德代价具有广泛性。道德调节人们的各种社会关系和社会活动,是从现实利益关系的角度,特别是现实生活中个人对待社会整体利益和其他个人利益的态度的角度去进行的。与此不同,政治是从各种社会势力在国家结构中的地位这个角度,去调节人们的各种关系和活动的;法律则是着重从权利及相应义务的角度,去调节人们的各种关系和活动的;科学则是着重从客观必然的角度,去调节人们的各种关系和活动的;宗教则是着重从人对所谓"神谕"的角度,去调节人们的各种关系和活动的;文艺则是着重从审美的角度,去调节人们的各种关系和活动的。正因为如此,道德具有不同于政治、法、科学、宗教和文艺的调节范围。这也就是说,凡涉及现实利益关系,特别是涉及个人对待社会整体利益和其他个人利益的态度的关系和活动,都属于道德调节的范围,也才能属于道德调节的范围。道德代价则表现为一种道德的反调节功能,因道德调节的广泛性,也决定了道德代价的广泛性。最后,从道德影响的角度和范围来看,道德代价具有广泛性。由于事物联系的普遍性,一定时期、一定领域、一定地区的道德代价的发生,也会在不同程度上既影响到其他时期、其他领域、其他地区的道德代价的发生,也会被其他时期、其他领域、其他地区的道德代价所影响。从而造成了道德代价发生和影响的复杂性、长期性和广泛性。例如封建时代的等级观念、男尊女卑意识、家长专制作风、官本位价值取向等,在当代中国仍然有着深远与广泛的影响;在对外全面开放过程中,我们在引进各国特别是西方的先进文化要素时,各国特别是西方的那些落后、腐朽的思想道德现象也在中国广泛传播;甚至可以说,只要是当今世界上有的消极道德现象,当代中国也会或多或少地存在。道德代价这一特征,决定了我们降低道德代价的复杂性、艰巨性、长期性和反复性。

三、道德代价的基本类型

人类社会发展进程中的道德代价是复杂多样的。为了更好地认知道德代价,有必要对道德代价进行分类。根据不同的视角和具体内容,可以分成以下一些类型。

(一)主客性道德代价

根据产生的主客观原因或与社会发展有无必然联系,可以分为"必然性道德代价"与"人为性道德代价"。

1. "必然性道德代价"

所谓"必然性道德代价",是指与社会发展有着客观内在的、必然性联系的,为了换取某种发展所必然产生的道德上的损失、牺牲等。也就是说,必然性道德代价植根于社会发展过程之中,其产生有其内在的客观根据和历史必然性。

人类社会发展的历史,就是一幅伴随着道德代价的滋长而不断进步的历史画卷。人类从野蛮时代进入到文明时代无疑是一种历史的进步,但这种进步却是以原始平等、民主及其朴素道德的丧失和剥削、压迫、"恶劣的情欲"、"最卑下的利益"、"最卑鄙的手段"等的出现为道德代价的,它具有历史的必然性。恩格斯指出:"文明时代以这种基本制度完成了古代氏族社会完全做不到的事情。但是,它是用激起人们的最卑劣的冲动和情欲,并且以损害人们的其他一切禀赋为代价而使之变本加厉的办法来完成这些事情的。"①自从人类进入了阶级对抗和阶级剥削的私有制社会之后,社会历史的进步具有了极端的二律背反性。恩格斯为此进一步说道:"由于文明时代的基础是一个阶

---

① 《马克思恩格斯选集》第4卷,人民出版社1995年版,第177页。

级对另一个阶级的剥削,所以它的全部发展都是在经常的矛盾中进行的。生产的每一进步,同时也就是被压迫阶级即大多数人的生活状况的一个退步。对一些人是好事的,对另一些人必然是坏事,一个阶级的任何新的解放,必然是对另一个阶级的新的压迫。"①因此,整个私有制社会的文明史,就是一部人剥削人、人压迫人的极为残酷的历史。故恩格斯又说:"但历史可以说是所有女神中最残酷的一个,她不仅在战争中,而且在'和平的'经济发展过程中,都驾着凯旋车在堆积如山的尸体上驰骋。"②

社会主义社会虽然消除了阶级对抗,但社会基本矛盾仍然存在。在中国建设社会主义,面临着人民日益增长的物质文化需要同落后的社会生产之间的矛盾。在经过数十年的艰苦探索之后,我们找到了以发展社会主义市场经济作为建设中国特色社会主义的必由之路。然而,市场经济的基本规律决定了,竞争必然导致两极分化;虽然社会主义的本质是"共同富裕",但在市场经济条件下,中国只能走"一部分地区、一部分人先富起来",然后"先富帮后富"、"先富带后富",最终实现"共同富裕"的道路。因此,在改革开放的历史进程中,贫富分化是一种不可避免、必然产生的(经济)道德代价。

可见,必然性道德代价既是社会发展的必然性消极后果,是社会进步不可避免要付出的一种社会代价。因而,要消除某种必然性道德代价,只有当这种道德代价产生存在的必然性根据消除后才有可能。

2."人为性道德代价"

所谓"人为性道德代价",就是指由于人自身主观上的原因而造成的一种道德上的损害、牺牲。这种人为性道德代价产生的根源主要有以下三种。

第一种是由于道德认识群体认识的时代局限性造成的道德代价。人们的认识和实践总是特定时代的认识和实践,总要受到时代各种条件的制约。因为人们只能在一定的历史条件下进行实践与认识,社会历史发展及其社会条件达到什么程度,人们的实践和认识也只能达到什么程度。因此,人们的认识具有其特定时代的历史局限性:其一是任何事物的发展总有一个过程,当事物的发展还没有将其内部矛盾充分展现时,人们往往会将事物的表象或部分矛

---

① 《马克思恩格斯选集》第4卷,人民出版社1995年版,第177—178页。
② 《马克思恩格斯文集》第10卷,人民出版社2009年版,第650—651页。

盾当作事物的本质或全部矛盾去认知,从而往往陷入形而上学的认识之中,由此引发一定的道德代价。其二是原来认为是正确的认识或已被以往的实践所检验过的正确认识,由于实践在不断发展变化,人们依然停留于这种认识而导致在判断、选择和实践活动中的局限与偏差,从而也使人们付出一定的道德代价。中国改革开放初期,一方面由于中国社会发展的迫切需要;另一方面受到当时普遍流行的传统发展观(即以经济增长为社会发展的唯一或主导尺度)与"发展理想主义"的影响,人们在改革开放实践中,往往把"以经济建设为中心"异化成"GDP 主义",异化成"以物为本",异化成"以金钱为中心",结果造成了"见物不见人"、"道德滑坡"等道德代价。

第二种是由于道德认识个体的主观失误所造成的道德代价。每一个道德认识个体由于自然生命周期的限制,由于处于特定的世情和国情之中,由于当时人们认知的水平和实践能力的局限,由于自身认识的偏差等,都会造成其主观认识上的失误,因而产生道德代价。

第三种是由于道德主体的不良思想道德品质而对自身利益的不正当追求所造成的道德代价。人们的生存发展都离不开自身的利益,然而,对自身利益的追求,必须要有正当的途径和手段。然而,一些人由于其不良思想道德品质,采取了不正当的途径和手段,从而造成种种道德代价。

(二) 时空性道德代价

依据造成道德代价的空间范围,可以分为"全局性道德代价"和"局部性道德代价";依据造成道德代价的时间长度,可以分为"长远性道德代价"和"暂时性道德代价"。

1."全局性道德代价"和"局部性道德代价"

所谓"全局性道德代价",是指所产生的道德代价涉及的范围是全局性的,它波及社会的方方面面、各个领域和所有范围。随着中国社会主义市场经济的崛起而衍生的拜金主义,就是这样的一种"全局性道德代价"。

中国经济体制改革的根本目标,就是建立和完善社会主义市场经济体制。社会主义市场经济体制与一般市场经济是特殊与一般的关系。虽然社会主义市场经济体制有其特殊性,诸如它建立的社会基础是社会主义的根本制度、国家宏观调节力度更大更强、社会主义公有制占主体和主导、按劳分配为主等;

然而,它毕竟是"市场经济",因此,就必然有一般市场经济的规律与特征,诸如它也要遵守价值规律、供求规律、竞争规律等。这样一来,市场经济的一般性道德代价也必然在社会主义市场经济中反映出来。我们就以商品拜物教和货币拜物教为例加以分析。

众所周知,市场经济是商品经济发展的高级形态,它以商品交换为基础。"商品作为物品,是简单而又平常的,但物品作为商品,却是复杂而又神秘的。"①马克思曾经这样形容过商品:"它却是一种很古怪的东西,充满形而上学的微妙和神学的怪诞。"②商品之所以让人感到神秘,是由商品形态本身引起的。这是因为,随着劳动产品取得商品形态之后,人类劳动的同一性质,便表现为商品的价值;用时间计算的人类劳动力的支出,便表现为商品的价值量;而人们之间互相交换劳动的关系,则表现为商品与商品互相交换的关系。正因为这样,在人眼里商品这种劳动产品就取得了一种神秘的特性。劳动产品之间的价值关系,本来是人们自己的社会关系,即人和人之间的生产关系。但是在商品生产者看来,这种生产关系却成了物和物之间的关系,乃至物对人的统治关系。这种情况,很像人们在宗教迷信方面的偶像崇拜。马克思就把这种人们在自己观念中对商品的歪曲反映,称为商品拜物教。由于货币是商品价值的代表,商品拜物教就自然演变成货币拜物教。而货币拜物教作为一种道德观念,就成为拜金主义。因此,随着商品经济和市场经济的发展,拜金主义必然滋生起来,它从经济领域向整个社会领域蔓延开来,成为一种全局性的道德代价。在拜金主义者那里,货币就是一个无所不能的"神"。因为"货币的特性的普遍性是货币的本质的万能;因此,它被当成万能之物"③。为此,马克思在《1844 年经济学哲学手稿》一书中,引用了莎士比亚在《雅典的泰门》中形容金钱的魔力的一段话:

"金子? 黄黄的、发光的、宝贵的金子?

——这东西,只这一点点儿,

就可以使黑的变成白的,丑的变成美的;

错的变成对的,卑贱变成尊贵,老人变成少年,懦夫变成勇士。

---

① 徐禾等编:《政治经济学概论》,人民出版社 1975 年版,第 59 页。

② 《马克思恩格斯选集》第 2 卷,人民出版社 1995 年版,第 137 页。

③ 《马克思恩格斯文集》第 1 卷,人民出版社 2009 年版,第 242 页。

这东西会把——祭司和仆人从你们的身旁拉走，

把壮汉头颅底下的枕垫抽去；

这黄色的奴隶可以使异教联盟，同宗分裂；

它可以使受咒诅的人得福，

使害着灰白色的癞病的人为众人所敬爱；

它可以使窃贼得到高爵显位，和元老们分庭抗礼；

它可以使鸡皮黄脸的寡妇重做新娘，

即使她的尊容会使那身染恶疮的人见了呕吐，

有了这东西也会恢复三春的娇艳。

该死的土块，你这人尽可夫的娼妇，

你惯会在乱七八糟的列国之间挑起纷争。"①

无疑，正是市场经济的一般性所滋生的拜金主义，成为当代中国全局性的道德代价，并引发了全局性的"道德滑坡"。

而所谓"局部性道德代价"，是指所产生的道德代价涉及的范围是局部性的，它只发生在社会的某一方面、某个领域和某一范围。

改革开放以来，婚姻登记制度发生了重大变革。过去，每一个人要进行结婚登记，必须要经得当事人所在单位的"同意"，并须出具当事人所在单位的证明，从而曾经付出了公权侵犯"私权"的道德代价。现在，每一个人要进行结婚登记，再也无须取得当事人所在单位的"同意"，也无须出具当事人所在单位的证明，甚至无须告知当事人之外的"任何人"，只要当事人直接到民政部门登记即可。然而，由于婚姻登记信息的不公开、不透明，也使一些人可能多次或多地进行婚姻登记，产生出"隐性"重婚增长的道德代价。而由于这种道德代价涉及的范围只是在特定的婚姻领域，因此是一种局部性道德代价。

2."长远性道德代价"和"暂时性道德代价"

所谓"长远性道德代价"，是指所产生的道德代价存在的时间是长期性的，涉及的利益和影响也是久远性的。而官僚主义就是这样的一种"长远性道德代价"。

自从国家官僚体制产生以来，官僚主义的（政治）道德代价就一直存在，

---

① 《马克思恩格斯文集》第1卷，人民出版社2009年版，第243页。

无论是封建社会、资本主义社会,还是社会主义初级阶段,它都在不同程度上滋生蔓延。早在新民主主义革命时期,毛泽东就看到了官僚主义的危害,反复号召人们与官僚主义作斗争。"官僚主义的领导方式,是任何革命工作所不应有的,经济建设工作同样来不得官僚主义。要把官僚主义方式这个极坏的家伙抛到粪缸里去,因为没有一个同志喜欢它。"①在社会主义建设初期,毛泽东提出要用整风的方法去解决官僚主义问题。"这次整风,就是整顿三风,整顿官僚主义、宗派主义和主观主义。"②中国改革开放后,面对官僚主义的猖獗,邓小平重新强调反对官僚主义的必要性:执政党的地位,很容易使我们同志沾染上官僚主义的习气。脱离实际和脱离群众的危险,对于党的组织和党员来说,不是比过去减少而是比过去增加了。"官僚主义现象是我们党和国家政治生活中广泛存在的一个大问题。"③江泽民在2000年召开的十五届五中全会上也指出:"现在,在工作作风方面存在的问题,群众反映最大的是两个,一是形式主义,二是官僚主义。这必须引起全党上下高度重视,必须痛下决心把这两股歪风刹住,越快越好。"④新世纪新阶段,官僚主义陋习对于党群关系的负面影响仍然很大。胡锦涛在2007年召开的十七大报告中也强调,切实改进党的作风,着力加强反腐倡廉建设。反对形式主义、官僚主义,反对弄虚作假。继承优良传统,弘扬新风正气,以优良的党风促政风带民风。在十八大报告中他又指出:"少数党员干部理想信念动摇、宗旨意识淡薄,形式主义、官僚主义问题突出。"⑤可以说,官僚主义由于历史、体制等原因,不仅产生的历史久远,影响深远,也关系到一个政党、一个政府、一个国家的长远利益,是一种社会发展中的长远道德代价。对于官僚主义,必须要努力遏制它、克服它;但是,要真正消除它,还需要一个比较漫长的历史发展过程。

而所谓"暂时性道德代价",是指所产生的道德代价存在的时间是短期性的,涉及的利益和影响也是目前性的。中国改革开放中的"道德失范"现象,就是一种"暂时性道德代价"。

① 《毛泽东选集》第一卷,人民出版社1991年版,第124页。
② 《毛泽东文集》第七卷,人民出版社1999年版,第284页。
③ 《邓小平文选》第二卷,人民出版社1994年版,第327页。
④ 《江泽民文选》第三卷,人民出版社2006年版,第132页。
⑤ 《十七大以来重要文献选编》(上),中央文献出版社2009年版,第849页。

中国的改革开放,正如邓小平所说的那样,在一定意义上也是一场"革命"。它是整个社会经济、政治、文化乃至社会管理的体制的根本性变革,是一个社会的根本性转型。在这个社会转型过程中,原有的许多社会规范受到了前所未有的巨大冲击,而新的社会规范又一时难以建立起来;同时,随着计划经济体制向市场经济体制的转轨,随着全面对外开放的深入,国外特别是西方世界大量的文化价值观念涌入国门,形成了文化和价值观的多元化,从而造成了人们思想道德上的困惑、焦虑,许多人感到无所适从,进而造成了中国社会转型期所特有的"道德失范"现象。这种状况,在一定程度上刺激了"道德滑坡",引发了一定程度上的社会道德危机。然而,我们应当看到,"道德失范"现象一方面虽然是改革开放发展进程中难以避免的道德代价,但另一方面,随着改革开放的不断深化发展,随着法治建设和道德建设的不断发展进步、适应中国特色社会主义发展要求的新的社会规范的确立与深入人心,这种现象必将逐渐减少乃至最后消除。因此,"道德失范"现象只是中国社会发展历程中一定阶段上的道德代价,它应当是一种"暂时性道德代价"。当然,对于这种道德代价,也应当高度重视,积极创造条件,以便最大限度地减少其危害及其存在的时间。

(三) 对象性道德代价

按道德代价的社会存在形态,可以分为"个人道德代价"、"集体道德代价"、"社会道德代价"和"人类道德代价"。

1. "个人道德代价"

所谓"个人道德代价",一般是指道德个体在社会发展进程中,其道德上的受损、牺牲以及所承受的道德方面的不良后果。这种"个人道德代价"有两种表现形态:其一是指道德个体为了实现人类社会整体发展的价值目标,为了"类"的发展而自觉或不自觉地承受的道德损失或作出的道德牺牲。

人的自由全面发展,是人类的最高价值追求,也是人类最高的道德价值目标。然而,人是社会的人,是社会历史发展中的人;人的发展总是或多或少要受到社会历史发展的客观进程的制约。特别是在私有制条件下,人被最大限度地"异化",造成了人的片面甚至是畸形的发展。马克思认为,资本主义社会之所以是畸形的、片面的,就是因为资本主义社会还处于创造人的社会物质生活条件的阶段,因而还不能从这种条件出发去开始个人本身自由而全面发展的过程。在这一阶段,由于生产力水平及社会物质生活条件的限制,也由于在此基础上形成的资本主义私有制度的限制,结果使得资本主义社会不是以整个人类的发展为目标,而是以一部分人的发展和享受从而以供这些人发展和享受的物的生产为目标,故而这种目标不能不靠牺牲其他价值目标来实现。人类"个性的比较高度的发展,只有以牺牲个人的历史过程为代价","因为在人类,也像在动植物界一样,种族的利益总是要靠牺牲个体的利益来为自己开辟道路的"。①

其二是指为自己的"发展"或牟取自身利益而承受的道德损失、道德牺牲或遭受的道德惩罚等。比如一些人在拜金主义的影响下,唯利是图、不择手段,在经营活动中坑蒙拐骗、假冒伪劣等不道德乃至违法犯罪的行为,所造成的严重社会后果及给自身带来的道德惩罚与法律制裁等,都属于个人道德代价的范畴。

2."集体道德代价"

所谓"集体道德代价",是指在社会发展进程中或道德集体主体间的相互交往中,所造成的某一国家、民族、阶级、阶层、行业、集团等在道德上的损失、牺牲。自从人类社会分化为阶级社会以来,整个文明社会发展史就是一部统治阶级剥削压迫被统治阶级的历史,就是一部被统治阶级承受沉重的道德代价的历史。恩格斯为此指出:"由于文明时代的基础是一个阶级对另一个阶级的剥削,所以它的全部发展都是在经常的矛盾中进行的。生产的每一进步,同时也就是被压迫阶级即大多数人的生活状况的一个退步。对一些人是好事,对另一些人必然是坏事,一个阶级的任何新的解放,必然是对另一个阶级的新的压迫。"②

3."社会道德代价"

所谓"社会道德代价",是指在社会发展进程中,于共同时代背景下的全社会成员所共同付出或承受的具有普遍性、共同性的道德上的损失或牺牲。改革开放过程中,由于市场经济体制的不成熟,由于法制建设的不健全不完

---

① 《马克思恩格斯全集》第 34 卷,人民出版社 2008 年版,第 127 页。

② 《马克思恩格斯文集》第 4 卷,人民出版社 2009 年版,第 196—197 页。

善,由于长期对道德建设的轻视,由于拜金主义、极端个人主义等的严重影响,造成了整个社会的诚信缺失,人与人缺乏应有的信任感,从而使整个社会付出和承受了沉重的社会道德代价,严重地阻碍了中国经济社会的健康发展,已经到了"不得不"高度重视的时候了。因此,十六大报告明确指出:"认真贯彻公民道德建设实施纲要,弘扬爱国主义精神,以为人民服务为核心、以集体主义为原则、以诚实守信为重点。"①十七大报告强调:"大力弘扬爱国主义、集体主义、社会主义思想,以增强诚信意识为重点,加强社会公德、职业道德、家庭美德、个人品德建设。"②十八大报告进一步要求:"深入开展道德领域突出问题专项教育和治理,加强政务诚信、商务诚信、社会诚信和司法公信建设。"③

4."人类道德代价"

所谓"人类道德代价",是指人类社会发展进程中,整个人类所共同承受或付出的道德上的损失或牺牲。人类社会从野蛮时代走向文明时代,随着私有制的出现和个体婚制的产生,不仅导致了女性的被奴役,而且也导致了男性道德上的损害。恩格斯在《家庭、私有制和国家的起源》一书中,考察了人类两性关系发展史后指出,人类社会发展以来,曾经先后产生了三种主要的婚姻形式:蒙昧时代的群婚制、野蛮时代的偶婚制、文明时代的以通奸和卖淫为补充的专偶制,在野蛮时代的高级阶段,在对偶婚制和专偶制之间,插入了男子对女奴隶的统治和多妻制。"以上全部论述证明,在这种顺序中所表现的进步,其特征就在于,妇女越来越被剥夺了群婚的性的自由,而男性却没有被剥夺。的确,群婚对于男子到今天事实上仍然存在着。凡在妇女方面被认为是犯罪并且要引起严重的法律后果和社会后果的一切,对于男子却被认为是一种光荣,至多也不过被当作可以欣然接受的道德上的小污点。但是,自古就有的淫游制现在在资本主义商品生产的影响下变化越大,越适应于资本主义商品生产,越变为露骨的卖淫,它在道德上的腐蚀作用也就越大。而且它在道德上对男子的腐蚀,比对妇女的腐蚀要厉害得多。卖淫只是使妇女中间不幸成为受害者的人堕落,而且她们也远没有堕落到普通所想象的那种程度。与此

---

① 本书编写组:《十六大报告辅导读本》,人民出版社2002年版,第35页。

② 本书编写组:《十七大报告辅导读本》,人民出版社2007年版,第34页。

③ 胡锦涛:《坚定不移沿着中国特色社会主义道路前进为全面建成小康社会而奋斗——在中国共产党第十八次全国代表大会上的报告》,人民出版社2012年版,第32页。

相反,它败坏着全体男子的品格。"①

(四) 内涵性道德代价

按道德代价的内涵来分,又可以分为"观念性道德代价"、"心理性道德代价"、"风尚性道德代价"、"行为性道德代价"。

1."观念性道德代价"

所谓"观念性道德代价",是指人类社会发展进程中,在道德观念形态上所滋生的错误的道德认识,造成道德价值的损害与损失。道德观念是人们在实践当中形成的各种道德认识的集合体。人们会根据自身形成的道德观念进行各种道德活动,利用道德观念系统对事物进行决策、计划、实践、总结等活动,从而不断丰富生活和提高生产实践水平。道德观念具有主观性、实践性、历史性、发展性等特点。形成正确的道德观念有利于人们实施正确的道德行为,有利于人们自身良好道德品质的形成和社会的道德进步;反之,形成错误的道德观念则往往会作出错误的道德行为,不利于人们自身良好道德品质的形成和社会的道德进步。人类社会从野蛮时代进入到文明时代,由于私有制的产生,私人利益与社会利益的分裂与对立,滋生了一系列错误道德观念,诸如拜金主义、极端个人主义、享乐主义、纵欲主义、道德虚无主义、等级主义、专制主义等的"观念性道德代价",它是一切行为性道德代价的直接思想根源。

2."心理性道德代价"

所谓"心理性道德代价",是指人类社会发展进程中,在道德心理形态上所滋生的负面道德心理,造成道德价值的损害与损失。道德心理是指人们对外部世界的主观反应,道德心理现象包括道德心理过程和道德人格。人的道德心理活动都有一个发生、发展、消失的过程。人们在活动的时候,通过各种感官认识外部世界,通过头脑的活动思考着事物的因果关系,并伴随着喜、怒、哀、乐等情感体验等。这折射着一系列道德心理现象的整个过程就是道德心理过程。健康的道德心理有利于人们健康的道德人格的形成发展;反之,不健康的道德心理则会造成不健康的道德人格,并引发相应的负向性道德行为,造成不良的道德后果。在改革开放进程中,由于市场经济的竞争规律所造成的贫富悬殊现

---

① 《马克思恩格斯选集》第4卷,人民出版社1995年版,第73页。

象,特别是一些"为富不仁"的现象,引发了某些人的"仇富"道德心理。由于政治体制和法制的不健全、不完善,拜金主义、极端个人主义、享乐主义、等级主义、专制主义等的严重影响,在政治领域所造成的严重腐败现象和官僚主义现象,导致一些人产生了"仇官"道德心理。由于社会发展的不平衡,产生了一些特殊的"弱势群体",其中一部分人的发展受到阻碍,从而引发其对社会的不满,滋生了"仇社"道德心理。这些被扭曲的道德心理,就是一种心理性道德代价,它也是一些行为性道德代价的直接心理根源。它既会造成不健康的道德人格,也会引发相应的负向性道德行为,造成不良的道德后果。

3."风尚性道德代价"

所谓"风尚性道德代价",是指人类社会发展进程中,在道德风尚形态上所滋生的负面道德风尚,造成道德价值的损害与损失。道德风尚就是在一定社会时期中社会上流行的风气和习惯。良好的道德风尚,有利于人们良好道德情操的养成,有利于形成良好的社会道德秩序,有利于社会的文明进步。反之,不良的道德风尚则不利于人们良好道德情操的养成,扰乱良好的社会道德秩序,阻碍社会的文明进步。自古以来,"礼尚往来"在适度的范围内,本是一种人与人社会交往中负载道德情感的正当道德风尚,但是随着市场经济的崛起,拜金主义渗透到社会生活的方方面面,渗透到人和人之间的伦理关系之中。"它使人和人之间除了赤裸裸的利害关系,除了冷酷无情的'现金交易',就再也没有任何别的联系了"。① "礼尚往来"越来越超越应有的范围,变成了一种负载"赤裸裸的利害关系"和"冷酷无情的'现金交易'"的不良道德风尚。人们无论办什么事情,都似乎要请客送礼、送"红包",甚至行贿受贿,使整个社会弥漫着一股"铜臭味",败坏了社会风气。

4."行为性道德代价"

所谓"行为性道德代价",是指人类社会发展进程中,在道德行为形态上所滋生的负面道德行为,造成道德价值的损害与损失。人们的道德行为总是在一定的道德观念和道德心理支配下的行为,正确的道德观念与健康的道德心理能够引导人们作出良好的道德行为;而错误的道德观念与病态的道德心理往往会引出不良的甚至恶劣的道德行为。改革开放以来,随着市场经济负面效应的影

---

① 《马克思恩格斯选集》第 1 卷,人民出版社 1995 年版,第 275 页。

响,许多国人深受拜金主义、极端个人主义、享乐主义等错误、腐朽的道德观念的严重影响,引发了贪污受贿、坑蒙拐骗、假冒伪劣、买官卖官、结党营私、见死不救、拾金而昧等不良的、恶劣的道德行为,从而为此付出了沉重的行为性道德代价。

(五) 范围性道德代价

按道德代价发生的领域和范围,可以分成层面性道德代价和领域性道德代价。社会道德生活如果从纵向分,它由下至上可以包括许多的层次:生态层面、经济层面、社会层面、政治层面、文化层面;发生在这些层面上的道德代价就被统称为层面性道德代价。社会道德生活如果从横向分,它主要包括三大领域:公共生活、职业生活、家庭生活;发生在这些领域中的道德代价就被统称为领域性道德代价。

1.层面性道德代价

层面性道德代价根据社会生活的"纵向面"所产生的道德代价,具体可以分为"生态伦理代价"、"经济伦理代价"、"社会伦理代价"、"政治伦理代价"和"文化伦理代价"。

"生态伦理代价"主要指人类社会发展进程中,在生态环境上所发生的负面道德现象,造成道德价值的损害、损失和牺牲,以及可以进行伦理评价的各种消极生态现象。随着近现代工业文明的崛起与迅猛发展,特别是二战以来,世界经济的持续高速增长,生态恶化、环境污染已经成为全球性的社会发展危机,这种沉重的生态伦理代价不仅严重威胁到人类的发展,而且还威胁到人类的生存。面对这种严峻的挑战,人们虽然在技术和制度上作出了巨大的努力,但是,全球范围的生态环境问题却越来越严重。为此,人们发现,"制度层面的措施必须要获得人们的价值观的认可,才能被人们自觉接受。不能获得伦理辩护的措施,很难被人们主动地实施、贯彻或遵守,即使勉强被实施,也会因监督成本太大(因为人们不会自觉而主动地配合)而难以持续。"因此,"必须从观念层面寻求根治环境危机的药方,就是要反思、批判并抛弃那些导致并加剧(或倾向于导致和加剧)现代环境危机的过时的伦理观念,调整人类的价值取向,校正工业文明的发展轨道"。① 从此,生态环境问题成了伦理关注的对

---

① 杨通进:《环境伦理:全球话语　中国视野》,重庆出版社2007年版,"前言"第2页。

象,生态伦理或环境伦理成为了监察社会发展的坚强卫士,生态恶化、环境污染已不再是单纯的"社会发展代价",而且是一种生态伦理代价。

"经济伦理代价"主要指人类社会发展进程中,在经济发展中所发生的负面道德现象,造成道德价值的损害、损失和牺牲,以及可以进行伦理评价的各种消极经济现象。20 世纪 70 年代,作为学科的经济伦理在欧美诞生之后不断发展,从关注经济学视阈中经济行为的伦理和文化,到企业伦理的社会契约、经济主体的超范和道德自由度、全球普世伦理的可能性与现实性、生态伦理和经济可持续发展等问题。"市场经济作为与社会化生产力要求相适应的经济运行体制和资源配置方式,其实质是以市场为枢纽来组织社会生产,以市场机制来配置资源,以达到效益的最大化。要以市场为枢纽来组织社会生产,以市场机制来配置资源和调节经济活动,就必须有与之相适应的、反映市场经济要求的行为规范。这是市场经济运转的必然要求,也是市场经济历史发展的结果。因为,市场经济是一种高度规范化的经济,而高度规范化的经济就必然要求道德立法。"①因此,市场经济中的各种经济活动、经济行为和经济现象,就不仅仅是社会发展中的"经济问题",也是一个"伦理问题";在经济发展中滋长的消极现象,就不仅仅是社会发展中的"经济代价问题",也是一个"经济伦理代价问题"。一个表面上似乎仅仅是"经济现象"——贫富分化问题,但在经济伦理的视野中,无疑也是一个经济伦理的问题,它关涉到效率与公平的伦理关系问题。一个"合理"的社会,一个"应当"的社会,必须正确处理效率与公平的伦理关系问题。经济社会的发展,绝不应当以贫富悬殊为代价;特别是以追求"共同富裕"为根本价值目标的社会主义社会,必须坚持"共建共享"的伦理原则,以使整个社会的人民不断提高物质生活水平。

"社会伦理代价"主要指人类社会发展进程中,在社会建设中所发生的负面道德现象,造成道德价值的损害、损失和牺牲,以及可以进行伦理评价的各种消极社会现象。"社会"有广义的"社会"和狭义的"社会"两种含义。广义的"社会"就是指人类的整个社会生活,它包含整个社会生活的方方面面,诸如经济、政治、文化等。狭义的"社会"主要是指以民生为重点的社会内容,它

---

① 吴灿新等主编:《市场道德论》,广东人民出版社 1995 年版,第 34 页。

主要包含教育、就业、收入分配、社会保障、医疗卫生、社会管理等方面。社会建设问题随着改革开放的历史进程而凸显出来。在改革开放前期，由于传统的发展观的影响，也由于中国的国情所致，把效率放在优先的突出地位，造成公平在不同程度上的缺失，导致了大量的不公平现象发生，诸如教育不公、就业不公、收入分配不公、社会保障不公、医疗卫生不公等消极现象的滋生蔓延，各种社会矛盾加剧，社会和谐安定受到威胁。这些社会发展进程中的代价，在社会伦理的视角中，就是一种沉重的"社会伦理代价"。自从党的十六大以来，特别是中共中央提出构建社会主义和谐社会以来，以民生为重点的社会建设被提到了前所未有的高度。

"政治伦理代价"主要指人类社会发展进程中，在政治建设中所发生的负面道德现象，造成道德价值的损害、损失和牺牲，以及可以进行伦理评价的各种消极政治现象。自从国家产生以来，社会发展在政治伦理方面的代价，除了阶级社会中的政治压迫与奴役之外，其中最主要的就是政治腐败。在社会主义社会，虽然消灭了政治压迫与奴役，但政治腐败还在不同程度上存在。尤其是在社会主义初级阶段，还存在着滋生政治腐败的特殊社会历史根源。其中主要一是随着中国共产党政治地位的转变，一些党员干部经不起执政的考验。中国共产党从革命党变成执政党，政治地位变了，思想道德作风也容易发生变化。早在建国前夕，毛泽东就高瞻远瞩地告诫全党："可能有这样一些共产党人，他们是不曾被拿枪的敌人征服过的，他们在这些敌人面前不愧英雄的称号；但是经不起人们用糖衣裹着的炮弹的攻击，他们在糖弹面前要打败仗。我们必须预防这种情况。"[1]特别是长期的执政地位和任命式的权力授予模式，常常会使许多党员干部忘乎所以，不知道自己的权力是怎么来的，不知道自己的权力是应当干什么的；渐渐忘记了以工农为主体的人民，甚至有意无意地站在与人民对立的立场上。二是市场经济负面效应的冲击，一些党员干部经不起市场经济的考验。社会主义市场经济的崛起，推动着中华民族振兴事业的迅猛发展。然而，无限求利性是以资本为核心的市场经济的本性，它必然会造成货币崇拜和人的物化，滋生出拜金主义、极端个人主义和享乐主义。特别是商品交换原则泛化到政治领域，引发权钱交易、权力出租行为。而执政者首当

---

① 《毛泽东选集》第四卷，人民出版社1991年版，第1438页。

其冲面对这种巨大的冲击,一些人往往经受不住这一严峻考验。三是全面对外开放之中西化的演变,一些党员干部经不起改革开放和外部环境的考验。改革开放以来,随着中国与世界的交往日益频繁,西方思想道德文化涌入国门。而西方文明已从工业文明进入到知识文明阶段,中国才正从农业文明向工业文明过渡。文明进化的规律是,先发文明对后发文明有着巨大的解构、渗透和同化作用;特别是苏联解体、东欧剧变后,西方反共反华势力加紧了对中国西化与分化的攻势。在这种猛烈的攻势下,一些思想道德素质不高的党员干部被其逐渐演变过去。四是受剥削阶级和封建主义腐朽思想的侵蚀。腐败现象在本质上是剥削阶级的产物。中国是一个有着几千年封建历史的国家,剥削阶级和封建主义的特权思想、等级观念和宗法观念根深蒂固,这些思想观念对人们会产生重大影响。

"文化伦理代价"主要指人类社会发展进程中,在文化建设中所发生的负面道德现象,造成道德价值的损害、损失和牺牲,以及可以进行伦理评价的各种消极文化现象。改革开放的中国也付出了沉重的文化伦理代价,主要表现为三个方面:其一是在市场经济负面效应影响下,人们唯利是图,生产和传播一些腐朽、没落、淫秽、卑劣的精神文化产品和思想道德观念;其二是一些精神文化生产传播教育者为了追求名利,不择手段,引发学术领域不正之风滋生蔓延:一是"假",就是成果造假、数字造假、评奖造假、会议造假等。二是劣,就是制造劣质精神产品,恶意反主流,学术上颠倒是非,争论中人身攻击。三是伪,就是抄袭剽窃,请枪手,搞充水。四是冒,就是实际作者被署名作者替代。如领导利用职权在研究成果中挂名,导师在学生的成果中挂名,著作出版的资助者或亲友挂名等。五是庸,就是庸俗与媚俗拉关系。如在发表论文和出版著作中拉关系,在评职称、评科研成果奖中拉关系,在各种审核中(如考评、审阅论文、答辩等)拉关系,在评审学位授权点、科研基地等中拉关系。六是卖,就是出卖学术成果,出卖国家机密,出卖人格。七是媚,就是崇洋媚外,如一些人在研究、写作、评比中,不分青红皂白,盲目地以外国特别是西方的学术观点、学术标准之是为是,以外国特别是西方的学术观点、学术标准之非为非。八是空,就是空而无物。空空洞洞,套话废话大话连篇。九是霸,就是霸权现象。目前在学术界中,一些有影响的流派和专家学者乃至主编,听不得别人的意见,更受不了别人的批评。常常以自己的是为是,以自己的非为非。对不同意见,特别是批评者,采取各种手段进行打压,实行霸权垄断。① 其三是一些民众受到封建残余思想、国外传入的腐朽落后的思想道德价值观和文化生活方式的影响。

2. 领域性道德代价

领域性道德代价是指根据社会生活的"横向面"所产生的道德代价,具体可以分为"公共道德代价"、"职业道德代价"和"家庭道德代价"。

"公共道德代价"主要指人类社会发展进程中,在公共生活领域所发生的负面道德现象,造成道德价值的损害、损失和牺牲。社会公共生活在严格意义上是近现代以来的产物,特别是在中国传统社会,其基本结构一是"家"二是"国"的"二元结构",没有严格意义上的社会公共生活领域,因而,在中国传统道德中,也没有严格意义上的"公德"。在中国传统社会,以家为基,以家为国,家国同构,所以"私德"发达,"公德"缺乏。随着中国社会历史发展的进程,特别是工业文明发展的进程,传统社会走向崩溃,社会公共生活领域日益扩大,社会公共生活道德也日益凸显出来。社会公共生活道德常被简称为"社会公德",它是指为维护、保证社会公共生活正常有序地进行,每个社会成员在公共生活中应当遵守的最起码、最简单的道德规范。改革开放以来,人们的社会交往和社会公共生活变得日益活跃、频繁和复杂,人们的社会公共生活的时空不断扩展,并且变得日趋丰富多彩。与此同时,一方面,适应时代发展的要求,社会公共生活道德得以迅速进步;但另一方面,由于历史上公德的缺位,由于社会的急速转型所造成的新旧道德的猛烈冲突,由于市场经济负面效应的泛化,社会公共生活领域的道德代价也凸显出来。社会交往中人际关系的"功利化"、"金钱化"、"冷漠化"、"隔膜化",不仅把一切社会交往和人际关系纳入"利益"的范畴之中,使人与人的关系打上"冷冰冰的金钱关系"的烙印,而且一切行为往往都以是否有利于"个人利益"为准绳,因此,对危难之事之人麻木冷漠,奉行"明哲保身"信条,袖手旁观,见危不扶、见难不助、见死不救者屡见不鲜。更有甚者,一些见危相扶、见难相助、见死相救、见义勇为之士,反遭许多令人心寒的麻烦、纠缠、欺辱的损害,使社会公共生活付出了沉重

---

① 参见吴灿新:《学术领域不正之风与基本学术道德精神确立》,《广东行政学院学报》2007 年第 5 期。

的道德代价。

"职业道德代价"主要指人类社会发展进程中,在职业生活领域所发生的负面道德现象,造成道德价值的损害、损失和牺牲。自从人类社会分工以来,职业活动就出现了,职业道德也就产生了。职业道德是从事一定职业的人们所结成的职业道德关系、所形成的职业道德意识和所遵循的职业道德规范的统一体,它和人们的职业生活息息相关,是人类职业活动和职业利益的本质要求的道德反映,它伴随着人类社会分工的发展和职业活动的扩展而不断发展。改革开放以来,特别是随着建立在社会化大分工和社会化大生产基础上的市场经济的崛起,新的职业与行业不断涌现,职业生活领域迅速扩展,职业道德建设获得了前所未有的机遇。但是,由于市场经济体制的不健全,由于社会监控体系和组织管理体制的不完善,由于法制传统的缺失与法制的不完备,特别是受以资本为核心的市场经济本性——无限追求最大限度地利润——的负面影响,导致整个职业生活弥漫着一股"金钱至上"、"唯利是图"的"铜臭味",于是乎,行业不正之风越刮越猛。而在各种各样的行业不正之风中,最普遍的和最可怕的一种行业不正之风就是"以职谋私"。所谓的"以职谋私",就是一定的行业、职业中的从业人员,利用其行业、职业的垄断资源,利用其行业、职业、岗位的特殊"职权"和专业技能,为自身牟取不正当的私利。这种以职谋私的行业不正之风,可以说行行都有,比比皆是。特别是在一些诸如供水、供电、供气、供油、交通、电讯、国土、工商管理、城管、税务、海关、政法、银行、医疗等行业、职业、部门和岗位,尤为突出。这种种行业不正之风严重地损害了从业人员的道德人格,败坏了行业和职业的道德风气,污染了社会的道德风尚,付出了沉重的职业道德代价。

"家庭道德代价"主要指人类社会发展进程中,在家庭生活领域所发生的负面道德现象,造成道德价值的损害、损失和牺牲。所谓"家庭道德"就是调整家庭生活与家庭成员之间关系的道德原则和规范。广义的家庭道德,包涵着"性道德"、"恋爱道德"、"婚姻道德"和"家庭生活道德"四个方面。中国社会历来是一个特别重视家庭生活因而也特别重视家庭道德的社会,因而,中国的家庭道德有着悠久历史传统。当然,家庭道德作为一种对人类家庭生活本质要求的道德反映,也会随着社会历史条件的变化而变化。伴随着改革开放的浪潮,尤其是社会主义市场经济的奔腾巨浪,当代中国家庭生活发生了巨大的历史性变迁。一方面,表现为大家庭迅速向小家庭发展,妇女大批走上社会,家庭生活日趋丰富多彩,家务劳动社会化程度越来越高,注重对婚姻生活高质量的追求,注重对爱情的追求,家庭社交活动日益活跃,家庭经济水平正走向全面小康,家庭功能不断衰减,家庭关系逐渐简化,家庭习俗不断发生变化。另一方面,单亲家庭和独身家庭日趋增长;婚外恋、第三者、包二奶、养情人、一夜情、换偶现象有增无减;离婚率不断上升,婚外性行为、婚前性行为、未婚同居、重婚现象日益增多;亲子关系淡化、代沟加剧,弃幼抛老现象突出;财产纠纷、生育纠纷、家庭暴力凸显等。这些因素不仅给现代家庭生活带来了许许多多的烦恼与矛盾,造成了不少的情杀、仇杀刑事案件,也引发了大量的家庭道德代价。

第四章　道德代价价值论

如果说,研究道德代价问题,首先应诉诸于科学理性,对其作出正确的事实判断;那么,在科学理性思维之后,还应当进一步走上价值理性思维,对道德代价作出准确的价值判断,以深化对道德代价的认识。

一、道德代价的负价值

道德代价其实质是社会发展实践活动在道德上的否定性方面,它是与人类追求社会进步价值取向相悖的负面道德价值和道德价值损失。而其负面道德价值与道德价值损失突出地表现在三个方面:损害道德主体的道德人格,导致道德异化;损毁道德主体的精神支柱,荒芜精神家园;误导道德主体的价值取向,导向发展邪路。

(一) 毁坏道德主体的道德人格,导致道德异化

1.道德代价毁坏道德人格

"人格"一词,是个歧义众多的概念。在一般意义上也可称"个性"或"本性"。这个概念源于希腊语"Persona",英语为"personality";原来主要是指演员在舞台上戴的面具,类似于中国京剧中的脸谱,后来心理学借用这个术语用来说明:在人生的大舞台上,人也会根据社会角色的不同来换面具,这些面具就是人格的外在表现。面具后面还有一个实实在在的真我,即真实的人格,它可能和外在的面具截然不同。

事实上,对于"人格",不同的学术领域如哲学、伦理学、法学、心理学等都

有着不同的理解。伦理学研究人格,仅仅与处在社会道德关系之中的、进行着社会道德活动的个人相联系,与人的本性相连。所谓"人格",就是指人与其他动物相区别的内在规定性,是个人做人的尊严、价值和品质的总和,也是个人在一定社会中的地位和作用的统一。

人格虽然实际上是个人的人格,但每个个人的人格之间却有着同一性。这种同一性在于,每个人的人格都是建立在人性的基础上,都是从人的族类那里获得其定性的,都有着做人的尊严。在这个意义上,人格就是人与动物相区别的规定性,有着人的尊严和权利,因而都应当在社会中受到人的待遇。它是每一个人都与生俱来的、相互平等的,都应当得到社会的尊重,不容许任何人污辱和亵渎。然而,如果一个人在后天的行为实践中不断地丧失人性、助长兽性,不以人道待人,势必最终丧失人格,沦为禽兽,为人类所不齿。

从狭义上讲,人格只是个人的品格,是个人的价值和品质的总和。这个意义上的人格,则是后天形成的,它为每个个人所独有。人们受后天社会环境和教育的影响,加上个人后天的努力和实践,这些因素不断地沉积为人们的内在品质,而这种品质又使其具有价值,并使其在社会中居于某种地位、产生某种作用。

在社会中,每一个人都以自己特有的人格同他人区分开来。如果把众多的人格相比较,就有正常与异常、高尚与卑下的差别。心理学总是把人格与人的生理活动、生命活动相连,分别出人格的正常与异常,并试图纠正异常以归于正常。而伦理学则是把个人的人格同其社会道德关系和社会道德活动相连,分别出人格的高尚与卑下,并力图改变人们卑下的人格以归于高尚的人格。由于伦理学从善和恶、高尚和卑下的分别上看待个人人格之间的差别,因而其人格概念也就是道德人格的同义词。

因此,所谓的道德人格,就是具体个人的人格的道德性规定,是个人的脾气习性与后天道德实践活动所形成的道德品质和情操的统一。道德人格标示着个人人格的道德性,同时也标示着整个人类与其他动物的区别。道德人格可以划分为由下到上的数个层阶,那种丧失了最起码的人类道德、处在最低道德人格层次或低于最低道德人格层次的人,可以称为"衣冠禽兽",也就是说他丧失了人格。①

---

① 参见罗国杰主编:《伦理学》,人民出版社 1989 年版,第 438—440 页。

　　道德人格的高低,是衡量一个人人性的标志。人类增进人性、减少兽性的各种努力,都最终表现为道德人格的提高。然而,道德代价却消除人类增进人性、减少兽性的各种努力,导致人性退化、兽性复原,从而毁坏人们的道德人格。

　　那么,道德代价又是如何去毁坏人们的道德人格的呢?

　　道德人格作为人格在道德上的规定,既有心理学所说的人格方面的特征,又有道德品质方面的特征。一个人的人格是认识、情感、意志、信念和习性的统一体,因而,道德人格也是一个人道德认识、道德情感、道德意志、道德信念和道德习惯的有机结合。马克思恩格斯指出:"'特殊的人格'的本质不是它的胡子、它的血液、它的抽象的肉体,而是它的社会特质"。① 因此,一个人的道德人格在本质上是社会道德的反映,是其在长期的社会道德交往中所形成的道德特质的凝结。也就是说,道德人格不是先天的,而是人们在社会道德生活中,在各种道德实践中逐渐形成的。因而,不同的社会道德生活样态,不同的道德实践,则造就不同的道德人格。在道德进步的社会道德生活样态和道德实践中,能够培育出良善的道德人格;相反,在道德的滑坡、堕落、沦丧等社会道德生活样态和道德实践中,则极易养成卑下的道德人格。

　　在道德人格的形成过程之中,道德认识是基础。毛泽东指明:"无论做什么事,不懂得那件事的情形,它的性质,它和它以外的事情的关联,就不知道那件事的规律,就不知道如何去做,就不能做好那件事。"②在道德领域中也是这样,要使人们培育一个良善的道德人格,就必须要有正确的道德认识和道德观念,正确了解和把握什么是善,什么是恶,人生的幸福和价值与道德有何关联等,然后人们才能有所适从,才能有一个明确的道德实践和塑造良善道德人格的正确方向。故古希腊哲人苏格拉底就说,美德即知识。他认为,人们要有美德,就必须先具有关于什么是美德的知识。"而现实中的人之所以会作恶,那是由于其'无知'所致。因为没有关于德性的知识,人才会把坏事当作好事,从而产生作恶的结果。"③道德代价中所包含诸如拜金主义、极端个人主义、享乐主义等错误的道德观念,既是错误道德认识之结果,又必然引导人们发生道

---

① 《马克思恩格斯全集》第3卷,人民出版社2002年版,第29页。
② 《毛泽东选集》第一卷,人民出版社1991年版,第171页。
③ 参见宋希仁主编:《西方伦理思想史》,中国人民大学出版社2004年版,第26—27页。

德认识上的错误,从而颠倒是非、善恶、美丑,造成不良的甚至卑下的道德人格。

在道德人格的形成过程之中,陶冶道德情感是十分重要的一环。列宁曾经说过:"没有'人的感情',就从来没有也不可能有对于真理的追求。"①如果说追求真理需要感情,那么追求善则更需要感情。道德感情是追求善的重要条件。在道德认识的基础上,在道德实践之中,人们不断体验着善恶的不同价值,逐渐形成自己的道德感情。而良善的道德感情一旦形成之后,就会使自己对善产生出的强烈的倾向性和兴趣爱好,就会使自己产生出一股追求善的巨大力量。而道德代价则反向地引导人们形成卑下的道德情感,这种卑下的道德情感一旦形成,就会滋长出喜恶厌善的不良倾向,就会逐渐养成一种不良的甚至卑下的道德人格。

在道德人格的形成过程之中,锤炼道德意志是非常关键的一环。之所以说道德意志非常关键,是因为它是由认知、情感到行为转化的关节点,也是道德人格实际形成的关节点。道德情感固然有巨大的精神力量,然而,要使道德认识不动摇,要让道德情感不变化,就必须要有坚强的道德意志。没有坚强的道德意志,就不能在道德实践中坚定自己的正确道德认识,就不能维系良善的道德情感,就不能克服困难,更不会牺牲个人利益,战胜邪恶和私欲,把善和正义发扬光大,也无从形成良善的道德人格。而道德代价恰恰腐蚀人们良善的道德意志,使人经不起困难和牺牲的考验,使人经不起权力、金钱和美色的巨大诱惑,而走上弃善逐恶的邪路,导致不良的甚至卑下道德人格的形成。

在道德人格的形成过程之中,道德信念居于核心地位,犹如人体的灵魂一样。道德信念是在前三个环节的基础上形成的,只有识深、情笃、意果,才能形成坚定的道德信念。因而,一个人一旦有了坚定的道德信念,不仅会更加坚定自己正确的道德认识,增强自己健康的道德情感,坚实自己的良善道德意志,而且使自己有了强大的精神支柱,由此良善的道德人格也就初步确立。而道德代价所造成的错误道德认识、卑下的道德情感、软弱的道德意志,也就不可能使人们确立起坚定的正确道德信念,从而也就不可能使人们形成良善的道德人格。相反,道德代价会使人们生长起不良的甚至卑下的道德人格。

① 转引自罗国杰主编:《伦理学》,人民出版社1989年版,第450页。

在道德人格的形成过程之中,养成道德习惯是最后的重要环节。良好的道德习惯,乃是正确的道德认识、良善的道德情感、坚强的道德意志、坚定的道德信念与人的肉体的有机融合,它似乎是不思而有、不虑而得、自然而然的。因此,良好的道德习惯乃是良善的道德人格的最后完成。道德人格总是寓于道德习惯之中,根据一个人的道德行为习惯,即可确认其道德人格。道德代价错误人的道德认识,扭曲人的道德情感,消除人的道德意志,腐蚀人的道德信念,造成不良甚至卑下的道德习惯,最终养成不良的甚至卑下的道德人格。

2. 道德代价造成道德异化

"异化"(英语"alienation")一词,源自拉丁文,有转让、疏远、脱离等意。"异化"的词意,不仅在不同的学科中有不同的含义,而且对其所反映的实质内容,不同历史时期的学者也有不同的解释。马克思主义认为,异化作为社会现象同阶级一起产生,是人的物质生产与精神生产及其产品变成异己力量,反过来统治人的一种社会现象。私有制是异化的主要根源,社会分工固定化是它的最终根源。异化概念所反映的是人们的生产活动及其产品反对人们自己的特殊性质和特殊关系。在异化活动中,人的能动性丧失了,遭到异己的物质力量或精神力量的奴役,从而使人的个性不能全面发展,只能片面发展,甚至畸形发展。在资本主义社会里,异化达到最严重的程度。异化在一定历史阶段同对象化与物化有关。但是,异化不等于或归结于对象化与物化。对象化与物化作为人的社会活动,将与人类社会一起长存,而异化活动则是短时期的历史现象,随着私有制和阶级的消亡以及僵化的社会分工的最终消灭,异化必将在社会历史上绝迹。

"道德异化"这个概念,是从"异化"概念中延伸出来的。马克思在《1844年经济学—哲学手稿》中对资本主义社会劳动中发生的异化现象进行了揭露分析,马克思所说的异化,主要有四层含义:一是劳动产品的异化;二是劳动本身的异化;三是人的类本质的异化;四是人与人的异化。马克思对资本主义异化现象的批判,并不仅仅局限于经济的、社会的物质的批判;对共产主义的憧憬,也不只是物质水平上的丰裕,更重要的是对异化的克服和自由全面发展的人之目标实现,使人真正可以"按照美的规律来塑造物体"。这就是马克思主义异化理论的精髓。基于此,马克思的异化理论揭露了人的异化现象,也包含着道德异化现象。

"道德异化"有两层含义:第一层含义是指在人类社会发展的实践过程中,道德走向了自己的反面,成为束缚、限制乃至反对人的发展的桎梏,这种异己的力量通过控制人的精神而扼杀人的独立性和进取心,使人的发展走向了异化。在这一层面上的道德异化,突出地表现在阶级社会中,统治阶级的"道德"成为压迫和奴役被统治阶级的工具,道德本应是发展人、实现人、提升人的一种实践精神,却反过来成为束缚、限制乃至反对人的发展的桎梏。第二层含义是指在人类社会发展的实践过程中,道德的"实然"状态背离了道德的"应然"追求,造成人的发展的异化。在这一层面上的道德异化,着重反映的是在一般的社会发展进程中,道德的滑坡、堕落、沦丧等实际状况,背离了道德进步的发展轨道,造成人的发展的异化。

道德代价错误人的道德认识,扭曲人的道德情感,消除人的道德意志,腐蚀人的道德信念,造成不良甚至卑下的道德习惯,最终养成不良的甚至卑下的道德人格。因而,必然导致道德主体的道德异化。

第一,造成道德主体的客体化。

道德是一种特殊的社会规范,是道德他律性与自律性的统一。道德他律的直接含义,就是指道德主体赖以行动的道德标准或动机,首先是受制于外力,受外在的根据支配和节制。其实质就是要表明道德主体在道德领域内没有绝对的自由,道德主体总是受制于某种外在的必然性,在这种必然性的前提下来行动的。在马克思主义视域中,道德规范本身就是一种社会存在的产物,是一定的社会关系和道德关系在人们的道德意识中的反映和概括。因此,所谓道德规范的他律性,无非是客观的社会道德关系和客观的社会道德要求,对进行道德实践活动的道德主体的一种基本节制或限制。由此可见,道德规范的他律性只在两个意义上有独立的意义:一是表明它的社会客观性意义,即表明它外在于道德主体的客观性质;二是表明它的认识阶段意义,即人们只在分析、揭示道德规范的诸特性时,才能够将道德规范的他律性独立出来进行研究。事实上,一方面,道德规范的他律性总是与自律性紧密相连的。没有道德规范的他律性固然没有道德规范的自律性,但没有道德规范的自律性也同样没有道德规范的他律性;另一方面,道德规范的特殊本质是自律性。所谓自律性,就是本是外在的客观的社会道德关系和客观的社会道德要求,转化成道德主体自身存在发展的内在要求,从而使道德主体自觉自愿、主动积极地"依照"道德规范去进行道德生活,不断趋向"随心所欲不逾矩"之自由境界。也就是说,道德自律性本是道德主体之成为"道德主体"的质的规定性,如果没有这种道德自律性,那么,道德主体就不成其为"道德主体",而只能是一种"道德客体"。或者说,"道德规范的他律性如果不转换为道德主体的自己的规律,那么对道德主体是无道德意义可言的。因此,一切他律的道德规范,都必须转换为自律的道德规范。这也是道德规范区别于其他种类的特殊性之一"①。而道德代价作为社会发展实践活动在道德上的否定性方面,它是与人类追求社会进步和道德进步价值取向相悖的负面道德价值和道德价值损失。由于社会进步和道德进步是建筑在社会发展客观规律的基础之上的,它与反映社会发展客观规律要求的道德规范有着根本的一致性。因而,道德代价本质上是对反映社会发展客观规律要求的道德规范的否定和背反,它必然严重阻碍人们将道德规范的他律性转化为自律性,从而阉割道德规范的本质规定性,使"道德主体"丧失其主体性,进而导致"道德主体"的客体化。

第二,造成道德的工具化。

从社会的视角来看,道德具有调节人与人、人与自然、人与社会的道德关系的特殊功能,它指向和谐社会关系、良好社会秩序和追求社会至善之价值目标,有着治理性与他律性的"工具性"价值。然而,道德的这种特殊的调节功能,并不像法那样,在调节人们的社会关系和社会活动时,往往是以国家机器为后盾,因而往往带有国家强制的性质,带有强烈的他律性质。道德在调节人们的社会关系和社会活动时,并不诉诸国家机器和惩罚手段,而主要诉诸舆论褒贬、沟通疏导、教育感化等,尤其是注重唤起人们的知耻心,培养人们的道义责任感和善恶判断能力,因而一般不带有国家强制的性质,而根本上依赖于人们的道德自律性。由于人是社会的人,造就和谐社会关系、形成良好社会秩序和追求社会至善的社会为人的全面发展提供根本条件;社会进步与人的发展是根本上一致的,这种客观的治理性与他律性的"工具性",也就在道德主体的自律性中转化为一种"目的性"。

从个体的视角来看,道德是人之为人的质的规定性,它在调节人与自我的关系中,指向人的发展、人的幸福和人的至善之价值目标。人固然来自动物

---

① 罗国杰主编:《伦理学》,人民出版社1989年版,第200页。

界,但人又超越动物界;人之所以为人,不是因为人有与生俱来的"兽性"(或动物性、自然本性),而根本上是因为人有后天形成的人性(或社会性、社会属性)。广义的"人性"既包括人的社会属性,也包括人的自然本性;而狭义的人性,就是特指人的社会性,因为人的社会性乃是人的最根本的属性,反映了人的本质。人的自然本性,它受到人的社会性的制约,已不再是纯粹动物式的,而是在社会的形式下进行的。正如马克思所说:"因为只有在社会中,自然界对人说来才是人与人联系的纽带,……自然界才是人自己的人的存在的基础。只有在社会中,人的自然的存在对他说来才是他的人的存在。"[1]人总是在一定的社会中生活,人的活动和享受,都以一定的社会性方式进行;人的特定的地位和职能,都是社会关系的产物;人的本质在其现实性上,"是一切社会关系的总和"[2]。而一切社会关系也同时包含着人们的道德关系,道德性必然成为人之为人的质的规定性,道德性就是"人性"(即狭义上的人性),或者说,人性就是道德性。这一点,在中国传统文化中,尤其是儒家伦理中特别强调。孟子就指出,人与动物的根本区别,就在于人有道德,而动物则没有道德;因为人性中有道德的萌芽,道德是人性的发扬光大(虽然孟子不懂人性也是社会的产物,把人性作为道德的终极根源,但撇开这一点来说,孟子谈人性与道德的关系的这些思想,无疑具有一定的真理性);如果一个人没有道德或道德沦丧,那么他无异于禽兽。在这个意义上,道德就是人之目的,是人应当追求的价值目标,"目的性"而不是"工具性"必然是道德的本质特征。而道德代价作为社会发展实践活动在道德上的否定性方面,它不仅消解人的道德自律性,而且否定人的道德的"目的性";从而使道德成为异己的一种"工具性"东西,造成道德的工具化,导致人性的沉沦,兽性的张扬,使本应成就人的道德成为"道德客体"者的桎梏,使"道德"异化为真正限制人、压迫人、否定人的邪恶力量。

第三,造成道德的私利化。

道德关系是人类社会的一种特殊社会关系。它之所以特殊,就在于它包含着与经济、政治、法权等关系不同的特殊矛盾,具有特殊的规范调节方式。

---

[1] 《马克思恩格斯全集》第 42 卷,人民出版社 1979 年版,第 122 页。

[2] 《马克思恩格斯选集》第 1 卷,人民出版社 1995 年版,第 60 页。

道德关系中的矛盾的特殊性就在于,它是以体现整体利益的原则和规范为善恶标准,在个人利益与社会整体利益发生冲突的时候,往往以必要的自我节制或自我牺牲为前提来调节个人利益与社会整体利益的矛盾。而这种以自律性为基础的自我节制或自我牺牲,是一种道德理性。道德理性是道德主体把握欲望、把握个人利益与社会整体利益关系的一种道德能力。道德理性本源于人的社会性,它在很大程度上,正是一个社会或集体的一种共同意志、共同要求、共同利益的结晶。这种结晶虽直接起源于各个个人,却是各个个人普遍升华了的"公共财产"。因此,道德理性对道德主体而言,是行为的方向盘,它总是指引个人的利益或欲望始终沿着社会或集体的共同利益或共同追求的方向发展,而不能与社会或集体的发展方向背道而驰。然而,与人类追求社会进步和道德进步价值取向相悖的负面道德价值和道德价值损失的道德代价,恰恰把个人利益与社会整体利益、个人欲望与社会或集体的共同追求根本对立起来,并以个人私利与个人欲望的满足与否作为评判道德善恶的根本标准。在极端个人主义者那里,所谓的"道德"异化为他们谋取个人私利的工具,他们不仅可以为牟取一己私利而不惜损害他人、集体、社会的利益,可以拔一毛而利天下却不为,而且还视其丑恶行为为"道德行为",极力为其丑恶行径涂脂抹粉,从而造成道德的私利化。

第四,造成道德维系的虚弱化。

道德作为一种特殊的社会意识形态,与其他的社会意识形态根本不同的是,它主要靠社会舆论、传统习惯、内心信念来维系的。社会舆论、传统习惯对于道德主体来说,无疑具有一定的他律性,然而,正如前述的那样,道德维系的真正本质力量不在于社会舆论和传统习惯,而在于道德主体的内心信念。坚定而良善的内心信念是道德主体自律的内在机制和最集中的表现形式。内心信念就是人们常说的"良心"。黑格尔谈到良心时指出:"良心是希求自在自为的善和义务这种自我规定。"[①]也就是说,良心是社会的客观道德义务,经过道德规范从他律向自律的转化过程,而在道德主体的内心深处,以自律准则(内心的道德法则)的形式积淀下来的人的道德自制能力。良心在日常语义中,往往具有正面的意义,与道德是同义词;但在严格的伦理学意义上,良心既

---

① [德]黑格尔:《法哲学原理》,范扬等译,商务印书馆1961年版,第141页。

可能是正面的即合乎善的良心,也可能是反面的不合乎善的良心;既可能是
"真实的良心",也可能是虚假的良心。道德要得到有效有力的维系,不仅要
求社会舆论的正确性,传统习惯的优良性,更关键的是,要得到道德主体合乎
善的良心的认同。在现实生活中,这种"认同"的状况往往有四种情形:一是
社会舆论的正确,传统习惯的优良,道德主体合乎善的良心的认同;这种情形
下,道德得到了有效有力的维系。二是社会舆论的正确,传统习惯的优良,但
道德主体不合乎善的良心的不认同;这种情形下,道德的维系变得无效又无
力。三是社会舆论的不正确,传统习惯的不优良,道德主体合乎善的良心的不
认同;这种情形下,道德的维系变得比较艰难。四是社会舆论的不正确,传统
习惯的不优良,道德主体不合乎善的良心的认同;这种情形下,道德的维系走
向异化,道德彻底得不到维系,反道德却加剧。道德代价是与人类追求社会进
步和道德进步价值取向相悖的负面道德价值,它导致反面的不合乎善的良心
与虚假的良心形成,不仅造成道德的维系变得无效又无力,甚至还可能造成道
德的维系走向异化,道德彻底得不到维系,反道德却不断加剧的状况。

(二) 损毁道德主体的精神支柱,荒芜精神家园

1. 道德代价损毁道德主体的精神支柱,致使精神动力缺失

何为"精神支柱"? 学界对此有不同的看法。有学者认为,"所谓精神支
柱,是不是可以这样说,在人的心理中起支配作用的因素,称为精神支柱。在
人的心理中起作用的因素很多,主要的、能起支配作用的,大体可归纳为:(1)
情感、抱负、信念、理想;(2)对物质利益的追求;(3)法律、制度的制约。从具
体人来说,各人的情况不同,这些因素在心理中起作用的情况也不同。"①也有
的学者主张:"精神支柱,是一种社会意识形态,是指导、作用、支撑人的思想
行为的意识或观念。……人们常把这种起指导、支撑作用的主体意识或观念
称为精神支柱。"②还有的学者指出:"所谓精神支柱,是指对人们的内心世界
(特别是世界观、人生观和价值观)起支配作用的各种精神要素的总和,它包
括思想理论、理想信念、民族精神、宗教神学等。"③又有学者说:"何为精神支

---

① 魏继让、陈立旭:《论精神支柱及其转换》,《浙江社会科学》1989 年第 3 期。
② 石国臻:《也论"精神支柱"》,《铁道警官高等专科学校学报》2002 年第 2 期。
③ 程潮:《"精神支柱"与中华民族精神》,《广州大学学报》(社会科学版)2004 年第 7 期。

柱？指人们为了追求远大目标而树立的坚定信念,从而产生巨大的动力,即凝聚力、向心力、负重力、持久力。它包括精神状态、思想理论、人格力量等。"①在这些不同认识中,有几点是共同的,第一,精神支柱是一个"精神性"的范畴,属于人们的精神世界(内心世界)的范畴;第二,精神支柱是诸多精神要素中在精神世界(内心世界)中占主导地位、起指导、支配和支撑作用的要素;第三,构成精神支柱的主要要素有理想、信仰、信念等。因此,精神支柱是一个"精神性"范畴,主要指在人们的精神世界(内心世界)中占主导地位、起指导、支配和支撑作用的精神要素集合体,这些主要的精神要素有理想、信仰、信念等。

精神支柱在类型上有个人的精神支柱和群体(团体、民族、社会、国家等)的精神支柱;在性质上有正向性精神支柱(推动社会进步和人的发展的精神支柱)、中性精神支柱(无碍于社会进步和人的发展的精神支柱)和负向性精神支柱(阻碍社会进步和人的发展的精神支柱);在层次上有高层次精神支柱(如共产主义理想等)、中层次精神支柱(如爱国主义精神等)和低层次精神支柱(如追求个人价值实现等)。

正向性精神支柱无论对于个人来说还是对于群体来说,都有着事关重大的意义。首先,精神支柱是个人和群体的灵魂。人与动物的本质区别之一,是人有精神。精神追求是人的高级追求,是人真正成其为人的根本所在。一个人没有精神支柱,就如同没有灵魂,只是一具行尸走肉而已。法国著名的思想家、文学家罗曼·罗兰就说过,理想失去了,青春之花也便凋零了,因为理想是青春的光和热。对于一个民族来说,精神支柱是民族生存发展的至关重要的条件,它是民族凝聚力的重要支撑,是综合国力的重要组成部分。江泽民指出:"一个民族、一个国家,如果没有自己的精神支柱,就等于没有灵魂,就会失去凝聚力和生命力。有没有高昂的民族精神,是衡量一个国家综合国力强弱的一个重要尺度。"②一个丧失了凝聚力和生命力的民族,就会陷入社会动荡的险境,陷入被动挨打的困境,陷入生死存亡的危机,因而,一个民族,一个国家,没有经济实力是弱小的,没有精神支柱也是难以强大的。我们要屹立于

---

① 葛光铮:《对精神支柱的认知》,《湖北成人教育学院学报》2005年第6期。
② 《江泽民论有中国特色社会主义(专题摘编)》,中央文献出版社2002年版,第395页。

世界民族之林,物质上不能贫困,精神上也不能贫困。不能设想一个没有强大精神支柱的民族,可以自立于世界民族之林。其次,精神支柱是个人和群体的精神动力。人是物质与精神的统一体,人不仅有物质的需要,更有精神的需求。中国兵工事业的开拓者、新中国第一代工人作家吴运铎在其撰写的自传《把一切献给党》中就深有体会地说,革命理想,不是可有可无的点缀品,而是一个人生命的动力,有了理想,就等于有了灵魂。人类社会的发展,不仅需要有强大的物质动力,更需要有强大的精神动力。并且,在一定条件下,强大的精神力量可以转化为巨大的物质力量。"强大的精神力量不仅可以促进物质技术力量的发展,而且可以使一定的物质技术力量发挥出更好更大的作用。中华民族有着自己的伟大民族精神。这个民族精神,积千年之精华,博大精深,根深蒂固,是中华民族生命机体中不可分割的重要成分。中华民族在五千年的发展中,历经磨难而信念愈坚,饱尝艰辛而斗志更强,开发建设了祖国的大好河山,创造了灿烂的中华文明,为人类文明进步作出了不可磨灭的贡献。"①

　　道德理想、道德信念和道德信仰等,是与人的精神支柱不可分割的有机组成部分。而道德代价在实质上是社会发展实践活动在道德上的否定性方面,它是与人类追求社会进步与人的全面发展的价值取向相悖的负面道德价值。因此,它必定消解个人或群体的正向性精神支柱,甚至会增强个人或群体的负向性精神支柱,从而,也必定造成个人或群体的精神污染,导致个人或群体的精神疲软,涣散个人的斗志和群体的凝聚力,削弱个人和群体的生命力,消除个人或群体的正向性精神力量,致使个人或群体的正向性精神动力缺失,阻碍社会进步和人的全面发展。

　　2. 道德代价荒芜道德主体的精神家园,引发道德精神危机

　　"精神家园"与"精神支柱"一样,既是近年来学界研究的一个热点,也是一个众说纷纭的命题。由于学界研究"精神家园"的内涵时,各自的侧重点和视角不同,对精神家园内涵的认知也不同。近年来学界的研究认为:②

　　从范畴上来看,精神家园发生属于个人或特定时代某一群体共有的精神

---

① 《江泽民论有中国特色社会主义(专题摘编)》,中央文献出版社 2002 年版,第 395—396 页。

② 参见宫丽:《"精神家园"国内研究现状述评》,《理论与现代化》2010 年第 3 期。

信仰与价值理想的意义世界,表现为与信仰密切相关的一种理想境界、精神心理模式或时代精神。从人的精神内核来看,精神家园是人类自我创造的意义世界和理想境界;建构精神家园实际上就是建构人生的信仰和信念。① 从功能上来看,精神家园是指一个人的精神支柱、情感寄托和心灵归宿。② 从构成要素上看,精神家园是由不同层次的精神要素彼此联结、相互作用而成的精神的有机结构系统。③ 从精神家园与文化的关系来看,精神家园的内涵与文化认同息息相关,文化认同感是家园感产生的基础。④

由此可见,精神家园是一种与物质家园相对应的,建立在文化认同基础上的精神文化的价值系统,是人们建构起来的一种意义世界和理想境界;是人们心灵获得安慰的地方,是人们的精神的安身立命之所。

由此看来,精神家园与精神支柱既相似又相异。相似之处:一是两者都是一个精神性范畴;二是两者的基础都在于文化认同;三是两者对人们都具有精神支撑的意义;四是两者都是人们建构起来的一种价值系统和意义世界。相异之处:一是两者的内涵不同,精神家园强调的是文化认同基础上的精神文化的价值系统,是人们建构起来的一种意义世界和理想境界;而精神支柱强调的是在人们的精神世界(内心世界)中占主导地位、起指导、支配和支撑作用的精神要素集合体。二是两者结构上有差异,精神家园既包括情绪、风俗习惯、传统等,又包括政治、法律、道德、宗教、艺术、哲学等精神要素;而精神支柱则主要包括有理想、信仰、信念等精神要素。三是两者在功能上有一定区分,精神家园对人们的生命活动主要具有精神支撑、情感寄托和心灵归宿等作用;精神支柱对人们的生命活动则主要起指导、支配和支撑作用。因此,精神家园包含着精神支柱;精神支柱是精神家园的核心。

精神家园的基本功能之一,是对个人和群体起"精神支撑"作用。而这种

---

① 参见陈胜婷:《构建精神家园——对新时期大学生理想教育的几点思考》,《西南民族学院学报》(哲学社会科学版)2002年第9期。

② 参见李萍、宫艳玮:《对建设中华民族共有精神家园的几点认识》,《理论学习》2008年第2期。

③ 参见苏荣才:《共产主义:当代中国青年精神家园的核心内容》,《马克思主义与现实》1991年第2期。

④ 参见侯小丰:《精神家园、情感依恋与马克思主义哲学中国化》,《学术研究》2007年第9期。

作用类似于信仰。但这种信仰的含义是广义上的,它既包含通常意义上的宗教信仰,也包含团体的信仰、个体的信仰,直至信仰的萌芽——信念。它赋予人们以希望、以意义,由此建立起心理世界的秩序。但它又与宗教信仰不同,它是一种弱信仰,即它不具有强制性的特征,且不以有意识的形态而存在,反之无意识地渗透于人的观念、行为、制度、传统、风俗、典籍等一切领域之中,成为人们不自觉地遵守的规则,它是无形而遍在的。道德代价作为与人类追求社会进步与人的全面发展的价值取向相悖的负面道德价值,它一方面阻碍人们正向性信仰的形成,削弱人们正向性信仰基石;另一方面,则助长人们的负向性信仰的生长,从而引发人们的信仰危机。

精神家园的基本功能之二,是对个人和群体起"情感寄托"作用。精神家园不仅是一种相对"客观"的存在,而且也是一种心理上的存在,是主体的一种主观感受。它所表达的意义,是主体感受到的一种情感状态,即如同在家里的那样一种感觉,也就是一种"家园感",不过这是精神上的家园,它使人们的情感在这种精神的家园中得到了寄托。家园感包含着丰富的多种情感,比如归宿感、认同感、温暖感、安全感、舒服感、慰藉感等。当人们有这些感觉的时候,他就会感到幸福、安逸、自豪、自信,会感到生活有意义。① 道德代价是人类在社会发展的历史进程中,为追求社会进步所引起的道德的损害、损失和牺牲,即主要指正向的、合乎道德的、善的价值的损害、损失和牺牲,以及为实现这种进步所承担的消极道德后果,它必然造成人们精神家园的荒芜、情感无所寄托,从而导致情感扭曲。

精神家园的基本功能之三,是对个人和群体起"心灵归宿"作用。精神家园作为一种文化认同基础上的精神文化的价值系统,是人们建构起来的一种意义世界和理想境界;它确立起人们一切行为的价值指向,表现为人的目的,人的行为总要有所旨归,是"为了"什么而进行的。人们一旦失去了这种价值指向,失去了目的,行动就失去了意义,犹如行走而没有目标。虽然人的精神意识具有超越性和无限性,但这个无限又是有限中的无限,如果不是这样的话,则人的心灵便会感到迷茫而无所归还,如同走在迷路的荒野里。因而,人的心灵就需要某种绝对的东西作为依靠,这绝对之物是人的精神意识的最终

---

① 参见严春友:《"精神家园"综论》,,《太原师范学院学报》2010 年第 1 期。

所指,具有不可超越性。人的精神意识的一切超越活动都只能在这个范围之内进行。这一绝对之物对于人的整个精神世界意义重大,关乎生死。有此绝对之物,人的心灵便秩序井然,心安理得,活着就有意义;反之,则其精神世界秩序紊乱,价值判断失衡,失去活着的根据;结果,不是导致人因绝望而死,就是因失望而胡作非为。道德代价既是人的心灵无所归依、心理失衡的直接恶果,又是进一步造成人的心灵丧失归宿、心理扭曲变态的直接原因。

(三) 错误道德主体的价值取向,导向发展邪路

1. 道德代价对道德个体的反向诱导

价值取向是价值哲学的重要范畴,它指的是一定主体基于自己的价值观在面对或处理各种矛盾、冲突、关系时所持的基本价值立场、价值态度以及所表现出来的基本价值倾向。价值取向的合理化是进步人类的信念。

价值取向有许多分类方式。比较有影响的是美国心理学家罗克奇(Rokeach)的分类。他在其名著《人类价值的本质》中,把价值取向分为两大类:工具价值和终极价值。工具价值指的是反映了人们对实现既定目标手段的看法;终极价值则反映人们有关最终想要达到目标的信念。我们可以把这两类价值取向看成表层的工具性价值观和深层的目的性价值观,前者是为了达到生活目标所采取的手段,后者表明了一种生活目标倾向。

价值取向具有实践品格,它的突出作用是决定、支配主体的价值选择。这种价值选择的根本就在于对一定价值目标的选择。因为价值目标是价值观的核心,每个人的行动都有它的目标,每项事业也都有它的目标。在这些目标之上的、更高更根本的目标就是价值目标。人的生命活动看起来是为一些具体的目标所推动,但对于自觉的人来说,他的生活根本动力还在价值目标,在于远大的、高尚的人生理想。从这个意义上讲,人与动物的根本区别之一,就在于人具有选择和实现价值目标的能力。而贤能之士与愚蠢之人的重要区别,也在于能否自觉地选择和实现正确的价值目标。

正确的价值目标,是由社会历史发展所提出的任务和使命规定的。这种价值目标首先是作为社会目标定向而存在的,在它为人们所普遍接受之后,就成为人们的价值目标。从抽象的具体来说,人的自由全面发展、社会的全面进步,这既是一种最高的价值标准,也是一种最高的价值目标。当然,在社会历

史发展的不同阶段,这种最高的价值标准和最高的价值目标,有着具体的历史任务和历史使命。

价值是现实与理想的统一,是一种"应当",具有强烈的导向性。价值目标从根本方向和路线上给人们指明应当做什么和应当怎样做。人的生命活动离不开价值目标的指导。每一个人在其生命活动中,不是以正确的价值目标为指导,就是以错误的价值目标为指导;不是自觉地确立价值目标,就是盲目地被一定的价值目标所左右。因此,正确的价值取向是非常重要的,它就像人的生命活动的导航仪,指明生命活动的正确航向。美国政治家舒尔茨曾说过,理想犹如天上的星星,我们犹如水手,虽不能到达天上,但是我们的航程可凭它指引。伟大的科学家爱因斯坦也强调,每个人都有一定的理想,这种理想决定着他的努力和判断的方向。就在这个意义上,我从来不把安逸和享乐看作是生活目的的本身——这种伦理基础,我叫它猪栏的理想。

道德代价作为与人类追求社会进步与人的自由全面发展的价值取向相悖的负面道德价值,它不仅本身就是错误的价值取向诱导的恶果,而且也是一种错误的价值取向,它将引导道德个体选择错误的价值目标,走向人生的歧途。从道德个体的角度来说,"价值取向正确与否,关键是在根本价值目标指导下,如何处理个人利益与社会利益的关系"①。这里有两种最典型的价值取向:一种是社会主义集体主义的价值取向,它以个人利益与社会利益相兼顾、相统一为一切行为的出发点和落脚点,以推动个人与社会的共同发展与进步;在个人利益与他人利益和社会利益相矛盾的时候,甚至可以牺牲个人利益,以达到他人利益和社会利益的实现,创造自己崇高的人生价值。另一种是极端个人主义的价值取向,它以一己私利为一切行为的根本出发点和最终落脚点,在个人利益与他人利益和社会利益相矛盾的时候,不惜以牺牲他人利益和社会利益为手段,企图达到个人利益的实现。道德代价在个体身上所体现与所引导的错误价值取向,往往就是一种极端个人主义的价值取向。在这种错误价值取向的诱导下,极端个人主义者为了达到自己的私利而不惜牺牲他人利益和社会利益的行为,其结果不仅给他人利益和社会利益造成了不同程度上的伤害,而且其个人的根本利益也得不到真正实现,它或早或迟都会受到社会

———————————

① 罗国杰主编:《伦理学》,人民出版社 1989 年版,第 338 页。

对他的应有惩罚。

2. 道德代价对社会发展的反向指引

道德代价既是人类在社会发展的历史进程中,为追求社会进步所承担的消极道德后果,又是阻碍社会进步的负面道德因素。它往往以一种错误的社会发展价值导向引导社会走向发展邪路:

第一,以物为本的错误价值导向,造成社会发展的物化不断加剧。

在人类社会历史发展过程中,以物为本的价值取向曾经走过漫长的路程。造成这种历史状况的根源是多方面的。首先,在文明社会出现以来,人们占有物的多寡,决定了人们的社会地位。人们的生存发展状况,既决定于人们对物质生活资料的满足程度,更决定于人们对物质生活资料和物质生产资料的占有程度。因为在人类的社会关系之中,生产关系是起决定性作用的物质关系。人们在生产、分配、交换和消费的过程中形成的生产关系是以生产资料所有制为本质的。而生产资料所有制关系是指生产资料和人的结合方式,其实质就是生产资料归谁所有、由谁支配的问题。在生产资料私有制的历史长河中,占有生产资料的人们,也必定占有最大限度的生活资料,从而也必定处于统治、剥削、压迫、奴役的地位;反之,不占有生产资料的人们,最多也只具有维持生存发展的基本或最低的生活资料,从而也必定处于被统治、被剥削、被压迫、被奴役的地位。因而,对物的追求与对社会地位的追求紧密联系,造成了以物为本的错误价值导向的流传。其次,商品经济的发展,特别是近现代市场经济的发展,造成了物的最高代表者金钱与资本的"神圣"地位,从而也造成了掌握金钱与资本的所有者的"神圣"地位。在一切都可能成为商品,成为金钱与资本的"奴隶"的时代,一切也都有可能被"物化"。马克思在《资本论》中就曾以劳动资料的发展为主要标志,把物质生产力的发展过程分为三个阶段:手工工具阶段、机器阶段和自动控制阶段。与此相适应,出现三种经济形态:自然经济、商品经济和计划产品经济;三种社会形态:以人的依赖(通过人身依附)关系为基础的最初社会形态(或称前现代社会、传统社会),以物的依赖(通过商品交换、关系)为基础的当前社会形态(或称现代社会),个人全面发展的、具有伟大个性自由的未来社会形态(或称未来社会)。在现代市场经济条件下,人们仍然处于以物的依赖为基础的社会形态,在这种社会形态中,以物为本的错误价值导向依然有着坚实的社会基础和强大的价值影响力。在国际社会中,流行于20世纪的经济增长发展观就是以物为本的错误价值导向的典型表现形态。这一经济增长发展观经历过两个阶段:第一个阶段为"工业文明观"阶段,它以工业增长作为衡量发展的尺度,以20世纪20—40年代法兰克福学派为代表;第二阶段为"经济增长观"阶段,它以全社会的经济增长,主要是国民生产总值增长作为衡量的尺度,以20世纪50—60年代发展经济学派为代表。这一传统发展观过度注重物的发展,忽视了人的发展,结果在世界范围内,在经济高速增长的同时,贫富差距日趋扩大,社会矛盾不断涌现,人的物化日益加深,出现了只有经济增长而无社会整体发展的"有增长无发展"的困境。在中国改革开放初期,受到传统经济发展观的深重影响,造成了较长时期的GDP至上主义,在经济突飞猛进的同时,也带来了大量的社会问题,特别是人的片面发展和拜金主义的横行。

第二,以(旧或强)人类中心主义的错误价值导向,造成社会发展的生态环境恶化。

在人类社会历史发展过程中,(旧或强)人类中心主义的错误价值导向,虽然没有以物为本的价值取向的历史久远,然而,其造成的负面影响却十分深远。

根据《韦伯斯特第三次新编国际词典》的解释,人类中心主义包括三个方面的含义:(1)人是宇宙的中心;(2)人是一切事物的尺度;(3)根据人类价值和经验来解释或认知世界。中国的环境伦理研究者杨通进认为,学界对人类中心主义的认识实际上有三种不同意义:

一是认识论(事实描述)意义上的人类中心主义:人所提出的任何一种环境道德,都是人根据自己的思考而得出来的,都是属人的道德。

二是生物学意义上的人类中心主义:人是一个生物,他必然要维护自己的生存和发展。在生物逻辑的限制内,人与所有动物一样,都以自己为中心。

三是价值论意义上的人类中心主义。这种人类中心主义的核心观念是:(1)人的利益是道德原则的唯一相关因素,在设计和选择一项道德原则时,我们只需要看它能否使人的需要和利益得到满足和实现。这一论点暗含的一个前提是,人的本性是自私的,只有他的利益才能推动他的行为。(2)人是唯一的道德代理人,也是唯一的道德顾客,只有人才有资格获得道德关怀。(3)人是唯一具有内在价值的存在物,其他存在物都只具有工具价值,大自然的价值只是人的情感投射的产物。只有在价值论意义上的人类中心主义,才是真正意义上的人类中心主义。①

人类中心主义观点主要有强人类中心主义和弱人类中心主义。

强人类中心主义主张,由于人是一种自在的目的,是最高级的存在物,因而他的一切需要都是合理的,可以为了满足自己的任何需要而毁坏或灭绝任何自然存在物,只要这样做不损害他人的利益,把自然界看作是一个供人任意索取的原料仓库,人完全依据其感性的意愿来满足自身的需要,全然不顾自然界的内在目的性。只有人才具有内在价值,其他自然存在物只有在它们能满足人的兴趣或利益的意义上才具有工具价值,自然存在物的价值不是客观的,而是由人主观地给予定义:对人有价值还是没有价值。

弱人类中心主义认为,应该对人的需要作某些限制,在承认人的利益的同时又肯定自然存在物有内在价值。人类根据理性来调节感性的意愿,有选择性地满足自身的需要。虽然弱人类中心主义的理论落脚点和归宿点与强人类中心主义一样,也是人类的生存和发展的需要,但是弱人类中心主义主张对人的利益和需要进行理性的把握和权衡,反对将人的利益和需要绝对化。自然存在物的价值并不仅仅在于它们能够满足人的利益,还在于它们能丰富人的精神世界,自然物也有其内在价值。弱人类中心主义虽然承认人的优越性,但也承认其他有机体意识生命联合体的价值,人类有义务从道德上关心它们。

强人类中心主义也被称为旧人类中心主义,弱人类中心主义也被称为新人类中心主义。在此谈的错误价值导向,是特指旧(强)人类中心主义的价值导向。在这种错误的价值导向下,必然导致人们在处理人与自然的关系时,在认识和实践的过程中,走向狭隘性、片面性和短视性。正是在这种征服自然、主宰自然理念的误导下,工业革命造成了科学技术在物质上的盲目泛滥,正如恩格斯在《自然辩证法》中曾经指出的,我们不要过分陶醉于我们人类对自然的胜利。对于每一次这样的胜利,自然界都对我们进行了报复。人类对自然粗暴和贪婪地掠夺与征服,引发了对人类的疯狂报复,并最终危及了人类自身的生存。

第三,以效率价值观为主的错误价值导向,造成社会发展的民生矛盾

---

① 参见杨通进:《环境伦理:全球话语中国视野》,重庆出版社 2007 年版,第 162 页。

激化。

在"以物为本"和"经济增长观"的影响下,必然产生出"效率价值观"。在"效率价值观"看来,社会发展的根本是经济发展,经济发展的根本是经济效率的提高;必须把"效率"作为价值观中的主要内容,让全社会都重视效率问题,使经济效率得以最大限度的提高,从而促进经济的快速增长。

"效率价值观"不仅在以往的发达国家中普遍流行,而且在许多后发国家中更为普遍推崇。但是,今天的发展中国家在"效率价值观"引导下,大力推行先增长后分配战略的实施结果却令人不安。从推行这一战略的典型国家如拉丁美洲以及南亚诸国的实践中,我们可以十分清楚地看到,这些国家以高通胀、高失业率、高度腐败、严重的收入两极分化和累累外债为代价,虽然换得了GDP的高速增长,但由此引发的社会矛盾如贫穷困苦、人口激增、资源短缺、分配恶化、政局不稳等问题却使这些国家陷入了苦难的深渊。

"效率价值观"在中国的改革开放过程中,也曾经有过广泛的市场。而"效率价值观"之所以长期以来在中国有着巨大的市场,《发展伦理探究》一书揭示了以下二个方面的深刻根源:

一是"效率价值观"有其哲学基础:生产力决定生产关系,生产力的发展是衡量一切社会进步与否的标准。效率属于现实生产力范畴,公平属于生产关系和上层建筑范畴;从效率与公平在社会发展诸要素的序列来看,虽然兼顾公平是必需的,但效率优先却是必然的,因为它是公平的物质前提。因而在两者的关系中,要以效率为先,兼顾公平。社会主义的根本任务就是解放和发展生产力,消灭剥削和两极分化,实现全体人民的共同富裕。而生产力的发展必须通过提高效率来保证,只有效率真正得到提高,才能消除分化,实现真正的公平,走向共同富裕。所以,把效率优先放在第一位,最大限度地提高效率,是社会主义本质所要求的。而且,坚持效率优先原则也是公平能够实现的物质基础。

二是"效率价值观"有其理论依据:中国曾经在改革开放前因为过分重视公平而忽视了效率,误以为公平就是分配领域的平均主义,这种公平的薪酬体系直接妨碍了效率的实现,结果使人们长期生活在经济困窘的状态中。改革开放后,人们对以往的平均主义进行了坚决地反对和批判,因为平均主义不仅违背了社会主义的分配原则,更在于它严重地阻碍了社会生产力的发展,直接妨碍了效率的实现。

三是"效率价值观"有其现实支撑:改革开放之后实行的社会主义市场经济体制,通过改变原有的过分高度集中的计划经济体制,提高了生产效率,促进了经济的高速发展。在原体制内,资源的配置是通过国家的行政部门依靠计划来下达行政命令进行调节的,其直接后果导致了中国社会经济运行的低效率。而在社会主义市场经济体制条件下,经济运行以市场为轴心,实行竞争机制和优胜劣汰的法则使生产效率得以提高。优胜劣汰、适者生存、效率优先原则是符合市场经济规律的。保持市场经济充满活力,其重要一点就是要在竞争中创造机会公平、效率优先的市场环境。①

正是在这种历史背景下,改革开放以来在较长的一段时期推行的就是效率优先的发展战略。特别是在"哈罗德——杜马模型"理论的影响下,改革开放初期形成了一种这样的理念:在经济发展初期,收入分配不公平有利于资本形成和经济增长,腐败也有利于消解旧体制,而 GDP 的高速增长就是一切,为此甚至可以付出社会、政治、文化方面的代价。只要把蛋糕做大了,经济增长的效益就会通过"涓滴效应"自动流入社会下层,一些社会经济问题就会迎刃而解。"可是,这一理念和策略不仅没有在实践中解决社会的经济问题,反而在事实上导致了纯经济发展的异化——我们并没有因为生产效率的提高和经济的快速发展实现全体人民共同富裕的目标;相反,我们看到了贫富差距正在日益迅速的拉大,由此恶性循环般地进而引发了各方面的问题,愈益严重地阻碍了经济社会进一步的发展。倘若任由其发展下去,那么以破坏法律制度和社会公德从而达到互利目的的社会性腐败必将使我们辛苦取得的改革成果付诸东流。无疑,我们正面临着一个新的抉择——放弃过去单纯以效率优先为目标,没有健康发展的经济增长战略,重新选择具有社会内涵的发展战略。"②

由此可见,道德代价对于社会进步有着巨大的负面价值,必须高度重视和高度警惕,在最大限度上降低和减少道德代价的付出;防止道德代价轻则严重阻碍社会发展,重则颠覆社会进步轨道的现象发生。

---

① 参见王玲玲、冯皓:《发展伦理探究》,人民出版社 2010 年版,第 217—218 页。
② 王玲玲、冯皓:《发展伦理探究》,人民出版社 2010 年版,第 218—219 页。

二、道德代价的正价值

在绝对道德价值上,道德代价具有负面的价值;然而,在相对道德价值上,道德代价又有一定的正面价值。道德代价的正面价值,主要体现为三个方面:道德代价是道德进步和社会进步的一个前提条件;道德代价是道德进步和社会进步的一个必然环节;道德代价是道德进步和社会进步的一种促动力量。

(一) 道德代价是道德进步和社会进步的一个前提条件

社会发展的根本原因无疑是生产力与生产关系、经济基础与上层建筑矛盾运动的必然结果。这是社会发展的基本规律。然而,从代价论的视角看,社会发展还在于社会代价与社会进步的矛盾运动。相应的,从道德代价论的视角看,道德发展也在于道德代价与道德进步的矛盾运动。

道德代价是在社会发展(包括道德发展)进程中产生的消极道德后果,是社会发展中的一种负面道德价值。而道德进步则是在社会发展(包括道德发展)进程中创造的积极道德成果,是社会发展中的一种正面道德价值。因此,道德代价与道德进步是矛盾的双方,两者都统一于社会发展(包括道德发展)之中。没有道德代价,就无所谓道德进步;道德代价无疑是道德进步和社会进步得于存在的一个前提条件。

"然而单说了矛盾双方互为存在的条件,双方之间有同一性,因而能够共处于一个统一体中,这样就够了吗? 还不够。事情不是矛盾双方互相依存就完了,更重要的,还在于矛盾着的事物的互相转化。这就是说,事物内部矛盾着的两方面,因为一定的条件而各向着和自己相反的方面转化了去,向着它的对立方面所处的地位转化了去"。① 道德代价在一定的条件下转化为道德进步,具体来说,有以下几种情形:

第一种,社会发展进程中,由于社会经济形态的变化,道德代价转化为道德进步。道德本质上是一种特殊的社会意识形态,受着社会关系特别是经济

---

① 《毛泽东选集》第一卷,人民出版社1991年版,第328页。

关系的制约。这种制约表现为两个方面:首先,社会经济结构的性质直接决定着各种道德现象的性质。社会经济结构即社会的生产关系,包括生产资料所有制、人们在生产过程中的地位,以及消费资料的分配形式;其中生产资料的所有制是社会经济结构的基础。在私有制社会,善恶标准是以是否有利于私有制为依据的。凡是有利于私有制巩固和发展的道德现象,都会被视为一种善,即为道德进步;而凡是不利于私有制巩固和发展的道德现象,都会被视为一种恶,即为道德代价。而公有制与私有制是根本相对立的生产资料所有制形式,因而,随着公有制的确立,原有的"道德代价"就必将转化为道德进步。例如在资本主义社会中,随着无产阶级的形成,集体主义道德精神也生长起来,这对于维护资本主义私有制的个人主义精神来说,无疑就是一种"恶",就是一种"道德代价";而随着社会主义公有制的确立,集体主义精神就转化为社会的道德进步。其次,在阶级社会中,社会的经济关系直接决定着各种道德体系的社会地位,从而决定着各种道德现象的性质。马克思恩格斯指出:"统治阶级的思想在每一时代都是占统治地位的思想。这就是说,一个阶级是社会上占统治地位的物质力量,同时也是社会上占统治地位的精神力量。支配着物质生产资料的阶级,同时也支配着精神生产资料,因此,那些没有精神生产资料的人的思想,一般是隶属于这个阶级的。"①

因而,主导社会的善恶观念是以统治阶级的善恶观念为准绳的,在统治阶级看来,凡是与其善恶观念相反的道德现象,就是一种"恶",就是一种"道德代价"。然而,当旧的统治阶级被推翻之后,新的统治阶级又会以其新的善恶标准去衡量社会的道德现象。例如在封建社会,地主阶级占统治地位,在他们看来,人们追求平等就是一种"恶",就是一种"道德代价";而随着资产阶级走上历史舞台,平等这种"道德代价"就转化为道德进步。

第二种,社会发展进程中,由于时代发生了变化,道德代价转化为道德进步。道德作为一种特殊的社会意识,是社会存在的反映。每一个时代社会存在的状况都不同,因而反映这个时代社会存在的社会意识也都不同,从而使得每一个时代都有自己的特定道德精神和善恶标准,在一个时代的"恶"和"道德代价",在另一个时代就可能转化为"善"和"道德进步"。在古代,婚姻只是

---

① 《马克思恩格斯选集》第 1 卷,人民出版社 1995 年版,第 98 页。

一种关乎家庭和家族利益的事情，"它绝不是个人性爱的结果，它同个人性爱绝对没有关系，因为婚姻和以前一样仍然是权衡利害的婚姻"[①]。在这种利益婚姻之中，当事人的"性爱"往往起着巨大的破坏作用，因而这种利益婚姻在本质上是排斥"性爱"的；从而，"性爱"被视为一种"恶"，一种"道德代价"。在中国古代，性爱被视为"淫"，"万恶淫为首"，是一种最大的"恶"和"道德代价"。在近现代，随着工业文明的崛起，妇女走向社会，"自由平等博爱"的观念逐渐深入人心，在此基础上生成的现代"性爱"，由"恶"转化为一种"善"，由"道德代价"转化为一种"道德进步"。

第三种，社会发展进程中，由于道德代价造成的社会危机，警醒人们转变观念，道德代价转化为道德进步。人们的认识总是受到实践的制约，在特定的社会实践中，人们会产生出被当时社会认为是所谓"正确的认识"；而这种所谓"正确的认识"，在指引社会实践中却产生了严重的道德代价，人们通过深刻反思，通过吸取教训的方式来推动道德进步。改革开放初期，通过对计划经济时代道德建设在极左思潮影响下产生的"假大空"的道德代价的深刻反思，党的十二届六中全会明确指出，在道德建设上，一定要从实际出发，鼓励先进，照顾多数，把先进性的要求同广泛性的要求结合起来，这样才能连接和引导不同觉悟程度的人们一起向上，形成凝聚亿万人民的强大精神力量，从而提出了道德建设应当实行"先进性与广泛性相结合"的方针，推动了道德进步。然而，在当时国际社会流行的经济增长观的深刻影响下，在国内 GDP 主义日益增长的情形下，中国在高度重视经济建设的同时，却忽视了道德建设，导致道德滑坡，大量的道德代价涌现出来，严重地威胁到社会的稳定和发展。在此情况下，中国又一次痛定思痛，于党的十六大提出了"全面建设小康社会"的目标，并指出："全面建设小康社会，必须大力发展社会主义文化，建设社会主义精神文明。当今世界，文化与经济和政治相互交融，在综合国力竞争中的地位和作用越来越突出。文化的力量，深深熔铸在民族的生命力、创造力和凝聚力之中"[②]。到了党的十七大，党中央进一步反思指出："在新的发展阶段继续全面建设小康社会、发展中国特色社会主义，必须坚持以邓小平理论和"三个代

---

① 《马克思恩格斯选集》第 4 卷，人民出版社 1995 年版，第 62 页。

② 本书编写组：《十六大报告辅导读本》，人民出版社 2002 年版，第 34 页。

表"重要思想为指导,深入贯彻落实科学发展观。"①"科学发展观,第一要义是发展,核心是以人为本,基本要求是全面协调可持续,根本方法是统筹兼顾。"从而突出了科学发展观,强调了以人为本的价值导向,提出了人的全面发展的价值目标,道德建设也日益受到社会的重视,从而又不断地推动着道德进步。

(二) 道德代价是道德进步和社会进步的一个必然环节

在人类社会历史发展进程中,要推动社会进步与道德进步,必然要付出或多或少的道德代价;没有一定的道德代价的付出,要取得社会进步与道德进步在客观上是不可能的。在这个意义上,道德代价成为道德进步和社会进步的一个必然环节。

首先,社会历史发展进程中,客观历史条件的有限性造成了道德代价必然成为道德进步和社会进步的一个重要环节。人类社会的发展,是社会生产力和生产关系、经济基础和上层建筑矛盾运动的过程。在人类社会发展的历史进程中,无论是社会的生产力还是生产关系,无论是经济基础还是上层建筑,都经历了一个由低向高的历史发展过程。在这个发展过程中,都不可避免地要受到当时特定客观历史条件的制约,而这种制约,就必然产生或多或少的道德代价,并通过这种或多或少的道德代价来推进道德进步和社会进步。恩格斯在谈到人类社会从野蛮时代走向文明时代时指出,人类付出了沉重的道德代价:"最卑劣的利益——无耻的贪欲、狂暴的享受、卑下的名利欲、对公共财产的自私自利的掠夺——揭开了新的、文明的阶级社会;最卑鄙的手段——偷盗、强制、欺诈、背信——毁坏了古老的没有阶级的氏族社会,把它引向崩溃"②。马克思在看到资产阶级革命在推动社会生产力巨大发展的同时,也看到了人类为此付出的深重道德代价:"在我们这个时代,每一种事物好像都包含有自己的反面。我们看到,机器具有减少人类劳动和使劳动更有成效的神奇力量,然而却引起了饥饿和过度的疲劳。财富的新源泉,由于某种奇怪的、不可思议的魔力而变成贫困的源泉。技术的胜利,似乎是以道德的败坏为代

---

① 本书编写组:《十七大报告辅导读本》,人民出版社 2007 年版,第 12 页。
② 《马克思恩格斯选集》第 4 卷,人民出版社 1995 年版,第 97 页。

价换来的。随着人类愈益控制自然,个人却似乎愈益成为别人的奴隶或自身的卑劣行为的奴隶。甚至科学的纯洁光辉仿佛也只能在愚昧无知的黑暗背景上闪耀。我们的一切发现和进步,似乎结果是使物质力量成为有智慧的生命,而人的生命则化为愚钝的物质力量。现代工业和科学为一方与现代贫困和衰颓为另一方的这种对抗,我们时代的生产力与社会关系之间的这种对抗,是显而易见的、不可避免的和毋庸争辩的事实"①。资本主义社会所产生的巨大道德代价,为资本主义社会的道德进步和社会进步开辟了道路。对于这一点,恩格斯认为,一方面,我们必须要对资本主义和资产阶级的残酷剥削和压迫所造成的沉重道德代价进行强烈的批判和谴责;但另一方面,我们又不能因此而否定资本主义和资产阶级所带来的社会进步和道德进步。针对蒲鲁东主义者的形而上学认识,恩格斯批评道:"可是现在来了这位痛哭流涕的蒲鲁东主义者,他哀叹工人被逐出自己的家园是一个大退步,而这正是工人获得精神解放的最首要的条件。""27 年以前,我(在《英国工人阶级状况》一书中)正好对 18 世纪英国所发生的劳动者被逐出自己家园的过程的主要特征进行过描写。此外,当时土地所有者和工厂主所干出的无耻勾当,这种驱逐行动必然首先对当事的劳动者在物质上和精神上造成的危害,在那里也作了如实的描述。但是,我能想到要把这种可能是完全必然的历史发展过程看成一种退步,后退到'比野蛮人还低下吗'? 绝对不能"②。

社会主义社会和人类社会的其他社会形态一样,也不可避免地要在社会发展的历史进程中,通过付出一定的道德代价,为社会主义的道德进步和社会进步开辟道路。特别是现实的社会主义社会,都是在经济文化落后的国家出现的,其付出道德代价的可能性就更大。列宁领导俄共和俄国人民建立了第一个社会主义国家,在建设社会主义过程中,列宁看到,在一个经济文化落后的国家要建设社会主义,必须从拒绝风险和代价的空想模式的束缚中解放出来,必须立足于探索受到拥有高度发达的技术和工业的西方国家包围历经磨难而贫穷不堪的苏俄的应对之策,实行对外开放,从而"使我们的策略同历史的这种曲折发展相适应"③。而实施这种对外开放的发展模式,往往不得不付

① 《马克思恩格斯选集》第 1 卷,人民出版社 1995 年版,第 774—775 页。
② 《马克思恩格斯文集》第 3 卷,人民出版社 2009 年版,第 257 页。
③ 《列宁全集》第 42 卷,人民出版社 1986 年版,第 41 页。

出更高的代价,不得不承受某些带有负面效应的实践后果。但是,列宁认为,我们不能因为付出代价而怀疑我们在"倒退",我们退一步是为了更好地进两步。要看到付出代价谋求自身发展有助于维护和巩固社会主义国家的基本制度;有助于学习、借鉴、利用资本主义的文明成果实现社会主义生产力的跨越式发展,从而有助于改善人民生活。邓小平在推动中国改革开放的过程中,非常实际地感受到了改革开放所承受的巨大压力和风险。他认为改革开放是一个新生事物,没有现成的经验可以照搬,势必付出一定的代价。为此,他指出:"不冒点风险,办什么事情都有百分之百的把握,万无一失,谁敢说这样的话?一开始就自以为是,认为百分之百正确,没那么回事。"①对于改革开放过程中出现的道德代价,一方面要不害怕承担风险和代价,改革的胆子要大,但步子要稳。他说:"不改革就没有出路。"②要改革就"不要怕冒风险,胆子还要再大些。如果前怕狼后怕虎,就走不了路"。③ 另一方面,要积极应对道德代价,努力克服道德代价。针对改革开放以来资本主义腐朽思想的侵蚀,经济犯罪和腐败现象的蔓延,邓小平指出:"我们自从实行对外开放和对内搞活经济两个方面的政策以来,不过一两年时间,就有相当多的干部被腐蚀了。卷进经济犯罪活动的人不是小量的,而是大量的。犯罪的严重情况,不是过去'三反'、'五反'那个时候能比的。……这股风来得很猛。如果我们党不严重注意,不坚决刹住这股风,那么,我们的党和国家确实要发生会不会'改变面貌'的问题,这不是危言耸听"④。

其次,社会历史发展进程中,客观社会经济形态的有限性造成了道德代价必然成为道德进步和社会进步的一个重要环节。在人类社会历史上,先后主要出现过四种社会经济形态:原始经济形态、自然经济形态、商品经济(市场经济)形态、传统计划经济形态。在推动社会生产力发展的历史进程中,四种社会经济形态都产生出或多或少的道德代价,并以此成为道德进步和社会进步的一个重要环节。在原始经济形态,以石器和木器为主要标志的生产力极其落后,只能以采集、渔猎为主要生存手段,常常食不果腹,衣不蔽体,从而以

① 《邓小平文选》第三卷,人民出版社 1993 年版,第 372 页。
② 《邓小平文选》第三卷,人民出版社 1993 年版,第 237 页。
③ 《邓小平文选》第三卷,人民出版社 1993 年版,第 263 页。
④ 《邓小平文选》第二卷,人民出版社 1994 年版,第 402—403 页。

食人之风、弃病弱之习、血缘群婚等道德代价,维持人类的生存,使人类摆脱了动物界。在自然经济形态,以铜器和铁器等手工工具为主要标志的生产力,推动了人类走入文明社会。但随着生产力发展所出现的剩余产品、私有制却造成了残酷的阶级剥削和阶级压迫,造成了人对人的依附关系。虽然中国古代是自然经济最发达的国家,曾经创造过世界上最辉煌的农业文明,推动了人类的道德进步和社会进步,但是,它是以极其沉重的道德代价为基础的。在中国封建社会,在土地等级的基础上,形成了人与人之间新的更加复杂的等级关系,使得从奴隶制的重负下解脱出来的农民,重又在新的纲常等级制度中,遭受新的、更"文明"、更野蛮的剥削和压迫。在"君为臣纲、父为子纲、夫为妻纲"的封建伦理纲常的基础上,神权、君权、族权、夫权是压在人们特别是妇女头上的几座大山。它是以牺牲人们的自由、平等、博爱、民主、人权、个性、独立人格、爱情等道德价值为代价,去维系自然经济秩序,维护自然经济时代的社会生产力发展。

在商品经济形态下,特别是在资本主义市场经济形态下,工业革命所造就的大机器生产,使物质财富迅速增长,创造了人类社会历史上灿烂的工业文明。然而,这种灿烂的工业文明,却是建立在"血和剑"的基础之上,是建立在对落后国家的疯狂掠夺和对无产阶级的残酷压榨的基础之上。马克思在《资本论》中指出:"在资本主义制度内部,一切提高社会劳动生产力的方法都是靠牺牲工人个人来实现的;一切发展生产的手段都转变为统治和剥削生产者的手段,都使工人畸形发展,成为局部的人,把工人贬低为机器的附属品,使工人受劳动的折磨,从而使劳动失去内容,并且随着科学作为独立的力量被并入劳动过程而使劳动过程的智力与工人相异化;这些手段使工人的劳动条件变得恶劣,使工人在劳动过程中屈服于最卑鄙的可恶的专制,把工人的生活时间转化为劳动时间,并且把工人的妻子儿女都抛到资本的札格纳特车轮下。……因此,在一极是财富的积累,同时在另一极,即在把自己的产品作为资本来生产的阶级方面,是贫困、劳动折磨、受奴役、无知、粗野和道德堕落的积累。"①正是资本主义市场经济形态下深重的道德代价,才造就了资本主义文明;而也只有通过这种道德代价的付出与扬弃,才能进一步推动人类的更高

---

① 《马克思恩格斯文集》第5卷,人民出版社2009年版,第743—744页。

文明的出现。关于这一点,恩格斯说道:"自从资本主义生产被大规模采用时起,工人的物质状况总地来讲是更为恶化了,对于这一点只有资产者才表示怀疑。但是,难道我们因此就应当深切地眷恋(也是很贫乏的)埃及的肉锅,眷恋那仅仅培养奴隶精神的农村小工业或者眷恋'野蛮人'吗?恰恰相反。只有现代大工业所造成的、摆脱了一切历来的枷锁、也摆脱了将其束缚在土地上的枷锁并且被一起赶进大城市的无产阶级,才能实现消灭一切阶级剥削和一切阶级统治的伟大社会变革"①。

理论逻辑的计划经济形态,本应是市场经济完成其历史使命之后的一种最高级的经济形态。然而,由于诸种因缘,社会主义国家却在经济文化落后的国家中产生了。本应在社会生产力极其发达基础上运行的计划经济,却运行在社会生产力比较落后的轨道上,这就使得这种"传统的计划经济"虽然曾经一度发挥过其巨大的威力,创造了社会主义建设初期的许多人间奇迹;然而由于生产力与生产关系不相适应,所以"传统的计划经济"在其巨大的威力爆发之后,很快就成为强弩之末,反过来阻碍了社会主义建设的进一步发展。在这过程中,它付出了沉重的道德代价,诸如人们自由、平等、民主、人权、个性、独立人格等道德价值被压抑,物质生活简陋,精神生活简单。而随着社会主义市场经济的崛起,社会生产力获得解放,物质财富迅速增长,人们物质生活水平不断提升,社会主义国家实力不断加强。但是,为此又同样付出了沉重的道德代价:贫富差距迅速拉大,拜金主义、极端个人主义、享乐主义广泛流行,社会诚信缺失、信仰危机、黑恶势力增长、各种违法犯罪行为不断涌现,假冒伪劣满天飞,社会腐败激增,环境污染严重等。这种一方面是"经济发展促进道德进步"和另一方面是"经济发展导致道德代价沉重付出"的两极现象,可以说,贯穿了人类社会发展的整个历史进程。而之所以这样,根本上是迄今为止的各种经济形态,都受到其客观历史条件的制约,都有着其巨大的历史局限性和历史缺陷。要解决这一人类历史难题,不仅要随着社会的不断进步,逐步完善社会主义市场经济体制和机制,还要建立健全现代民主政治体制,建设社会主义先进文化,加强文化建设的自觉性和能动性,把以德治国与依法治国相结合,在最大限度上降低和减少各种道德代价,并进一步扬弃道德代价以促进道德

---

① 《马克思恩格斯文集》第3卷,人民出版社2009年版,第257页。

进步和社会进步。

再次,社会历史发展进程中,人类自身本质力量的有限性造成了道德代价必然成为道德进步和社会进步的一个重要环节。人类社会发展的过程,也是人类自身本质力量的不断增长的过程。在这一个漫长的历史过程中,每一个时代的人类,其自身的本质力量的发展总要受到当时代各种历史条件的制约,这些历史条件包括社会生产力发展水平、科学技术发展的程度、社会生产关系的性质、国家政治制度的安排、精神文化发展的水平等。在人类历史的初期,由于各种历史条件的制约,人的认知能力、人的意志能力等都处丁较低水平,都处于一种严重受控状态;因此,它不仅造成了大量道德代价的产生,也无法有效地、自觉地去减少道德代价,而往往只能对道德代价消极被动地适应。然而,随着人类社会实践的不断发展,人类自身的本质力量也不断得以增强,人类对道德代价调控的自觉性也不断得到提升,人类已不再仅仅对道德代价进行消极被动地适应,而是逐渐地加强对道德代价调控的能动性,从而推动道德进步与社会进步。当然,一方面是人类自身的本质力量的不断增强;另一方面是新的道德代价又不断产生;而新的道德代价的产生,又推动着人类在解决新的道德代价的过程中,人类自身的本质力量进一步增强。因而,"从某种意义上来说,人类自身又是通过不断克服失误和失败而不断完善自身的,人类正是在不断总结经验与教训的基础上,使人自身和社会付出的代价越来越合理"①。也正是在这个意义上,道德代价必然成为道德进步和社会进步的一个重要环节。

综上所述,道德代价不仅有巨大的负价值,也有一定的正价值。从客观上来说,人类社会发展的历史进程中,道德代价的产生是不可避免的;并且,人类也总是在不断地付出和克服道德代价中取得道德进步和社会进步的。从主观上来说,人类必须不断加强对道德代价调控的自觉性,不断增强自身的本质力量,使社会历史发展所付出的道德代价不断降低和减少,加速人类的道德进步和社会进步。

---

① 倪愫襄:《道德的代价及其合理性》,《社会科学家》2001年第16卷第3期。

三、"恶是历史发展的动力"

在一般意义上,道德代价在绝对道德价值上是一种恶;然而,这种恶在相对道德价值上有无"善"的价值? 因此,探讨道德代价的价值问题就不能不进一步去探讨"恶"的问题。然而,如何认识恶? 特别是如何理解"恶是历史发展的动力"之说? 历来众说纷纭。

(一) 恶动力说的由来及黑格尔关于恶动力的思想

在中国学界探讨"恶"的价值问题,或者说探讨"恶"是否是"历史发展的动力"问题,源于对恩格斯在《路德维希·费尔巴哈和德国古典哲学的终结》一书中一段评论性的话。

恩格斯在书中评论道,费尔巴哈的贡献是在一定阶段上与黑格尔的唯心主义体系决裂,坚持了唯物主义;但是他不仅在宗教哲学和伦理学上仍然是唯心主义,而且在善恶对立的研究上,他同黑格尔比起来也是肤浅的。因为黑格尔指出,有人以为,当他说人本性是善的这句话时,是说出了一种很伟大的思想;但是他忘记了,当人们说人本性是恶的这句话时,是说出了一种更伟大得多的思想。"在黑格尔那里,恶是历史发展的动力的表现形式。这里有双重意思,一方面,每一种新的进步都必然表现为对某一神圣事物的亵渎,表现为对陈旧的、日渐衰亡的、但为习惯所崇奉的秩序的叛逆;另一方面,自从阶级对立产生以来,正是人的恶劣的情欲——贪欲和权势欲成了历史发展的杠杆,关于这方面,例如封建制度的和资产阶级的历史就是一个独一无二的持续不断的证明。但是,费尔巴哈就没有想到要研究道德上的恶所起的历史作用。"[①]

无疑,恩格斯在此肯定了黑格尔关于"恶是历史发展的动力的表现形式"这一观点,那么如何理解这一观点呢?

要理解这一观点,首先应当了解以下两点:第一点,黑格尔的恶动力说与其之前的西方思想史上的恶动力说的关系;第二点,黑格尔的"恶"以及恶动

---

① 《马克思恩格斯选集》第 4 卷,人民出版社 1995 年版,第 237 页。

力说的真正含义是什么？

在西方思想史上，较早提出"恶"在历史发展中的作用的是古代基督教哲学，其代表人物是奥里留·奥古斯丁。他在《上帝之城》中说，自从亚当犯了原罪以后，世界便被分成两个部分：一个是上帝之城，一个是世俗之城。前者属于上帝的信徒，后者被魔鬼撒旦所统治。在整个人类历史上，存在着两种冲突：第一种冲突是上帝之城与世俗之城的冲突。这种冲突根源于上帝之城中的超越自我的对上帝之爱与世俗之城中的蔑视上帝的自我之爱或自私之爱，两种不同的爱酿成两种城之间的连绵不断的冲突和斗争。第二种冲突是世俗之城内部的冲突。这种冲突根源于人类自私的本性，是人与人之间为了追求一己之私利而互相倾轧、互相斗争。这种冲突和斗争是上帝对人类世俗罪恶的惩罚，并由此展开人类的历史。人类的历史就是上帝的信徒与魔鬼的信徒不断斗争的历史。斗争的结果使人类不断趋向上帝的天国，同时把魔鬼的信徒打入地狱，上帝之城战胜世俗之城，上帝的信徒最终进入幸福的天国。

在近代西方思想史上，较早系统论述恶动力说的是意大利哲学家维柯，《新科学》是其代表作。他认为人的本性是恶，"人类从古到今都有三种邪恶品质：残暴、贪婪和权势欲"[1]。正是人们对自己私利的追求构成了历史运动的动力。"人类由于受到腐化的本性都受制于自私欲和自爱的暴力。这种自私欲迫使他们把私人利益当作主要的向导，他们追求一切对自己有利的事物，而不追求任何对伙伴们有利的事物，他们就不可能把自己的情欲控制住或引导到公道的方面去。"[2]人们追求自己私利的行动，虽然是历史发展的直接动力，但是它却是一种盲目的力量，它不可能引导人类历史有规律地向着确定的方向发展。而只有"天神意旨"才能制约和疏导着恶的力量，使其向一定的方向发展。"天神意旨就是天神的一种立法的心灵。因为由于人类的情欲，每个人都专心致志于私人利益，人们宁可像荒野中的野兽一样生活，立法把人们从这里挽救出来，制定出民政秩序，使人们可以在人类社会中生活。"[3]"我们的批判所用的准则，就是由天神意志所教导的，对一切民族都适用的，也就是人类的共同意识（或常识），这种共同意识是由各种人类制度之间所必有的和

---

[1]　[意]维柯：《新科学》，朱光潜译，人民文学出版社1986年版，第84页。
[2]　[意]维柯：《新科学》，朱光潜译，人民文学出版社1986年版，第140页。
[3]　[意]维柯：《新科学》，朱光潜译，人民文学出版社1986年版，第84页。

谐来决定的,民政世界的美全在于这种和谐。"①共同意识(公众利益)才是历史发展的原动力。

比维柯稍后些的法国思想家卢梭,则从道德批判的角度,揭示了历史进步的矛盾性问题。他用矛盾的观点分析了历史发展与道德的关系。认为在原始的自然状态下,人性本是善的,因为那时人人平等,公平分配,人们和谐相处。但随着社会生产与科学艺术的发展,导致了私有制的产生,它既使人们摆脱了原始的野蛮状态进入到文明社会,却又使社会道德江河日下,社会不平等日趋深化。卢梭指出,私有制是人们"恶"念产生的根源,也是人类一切灾难痛苦的根源,"使人文明起来,而使人类没落下去的东西,在诗人看来是金和银,而在哲学家看来是铁和谷物"②。

尔后的德国哲学家康德既在维柯的观点上向前一步,也继承了卢梭的矛盾分析法。他认为人类历史的发展始于"恶"而终于"善",人类历史的最终目的是善,但达到这一最终目的的动力是恶,恶是善借以实现的工具。在康德看来,在人的自然本性中,既有善的要素,又有恶的倾向。而恶的倾向驱使每一个人为自己的私利而奋斗,从而都在某种程度上推动历史发展。虽然"当我们看到人类在世界的大舞台上表现出来的所作所为,我们就无法抑制自己的某种厌恶之情;而且尽管在个别人的身上随处都闪烁着智慧,可是我们却发现,就其全体而论,一切归根结底都是由愚蠢、幼稚的虚荣,甚至还往往是由幼稚的罪恶和毁灭欲所交织成的"③,但我们仍然要"感谢大自然之有这种不合群性,有这种竞相猜忌的虚荣心,有这种贪得无厌的占有欲和统治欲吧!没有这些东西,人道之中的全部优越的自然禀赋就会永远沉睡而得不到发展",人们就"难以为自己的生存创造出比自己的家畜所具有的更大的价值来了"。④而当每一个人、每个民族根据自己的利益进行活动时,整个人类就朝着一个至善的目标前进。"当每一个人根据自己的心意并且往往是彼此互相冲突地在追求着自己的目标时,他们却不知不觉地是朝着他们自己所不认识的自然目

---

① [意]维柯:《新科学》,朱光潜译,人民文学出版社 1986 年版,第 143 页。
② [法]卢梭:《论人类不平等的起源和基础》,李常山译,商务印书馆 1996 年版,第 121 页。
③ [德]康德:《历史理性批判文集》,何兆武译,商务印书馆 1990 年版,第 2 页。
④ [德]康德:《历史理性批判文集》,何兆武译,商务印书馆 1990 年版,第 7—8 页。

标作为一个引导而在前进着,是为了推进它而在努力着。"①

　　黑格尔在前人探索的基础上又向前走了一大步。他继承了基督教的原罪说,认为人的本性是恶的,正因为人性是恶的,因此人要不断地向善。他接着指出,自由的精神是历史的实体性动力,而由人们的自私心产生的欲望和热情则是历史现象的动力。"我们对历史最初的一瞥,便使我们深信人类的行动都发生于他们的需要、他们的热情、他们的兴趣、他们的个性和才能。当然,这类的需要、热情和兴趣,便是一切行动的唯一的源泉——在这种活动的场面上主要有力的因素。"②因而,他摒弃关心、爱心、德性、仁义、情操之类的"空话",认为个人兴趣和满足自身欲望的目的是一切行动的最有势力的源泉。所以他说,人们的"个别兴趣和自私欲望的满足的目的却是一切行动的最有势力的泉源"③。他还特别高度地赞扬了"热情":"假如没有热情,世界上一切伟大的事业都不会成功。"④那么什么是"热情"? 黑格尔说:"我现在所想表示的热情这个名词,意思是指从私人的利益,特殊的目的,或者简直可以说是利己的企图而产生的人类活动。"⑤黑格尔虽然把自私、恶劣的欲望看成是历史发展的直接动力,但他同时也看到私欲激发起来的热情不能不受理性的控制。从现象上和有限意识方面来看,人的行为和历史是一幕幕热情的冲动和表演;但是,从本质上和无限的理性方面来看,人的行动和历史同样也是理性的表演,因为理性非常狡猾,它利用热情本身作为实现自己目的的工具。"它驱使热情去为它自己工作,热情从这种推动里发展了它的存在,因而热情受了损失,遭到祸殃——这可以叫做'理性的狡计'。"⑥

　　黑格尔还继承了康德将对立与冲突、将"恶"看成历史发展的动力的思想,但又进一步加以改造发展。黑格尔虽然肯定了恶在历史发展中的作用和功能,然而,他所指称的"恶"究竟是在什么意义和层面上的"恶"呢? 实际上,黑格尔关于"恶动力"的思想只是以其深邃的思辨揭示了人类精神历史发展进程中的

①　[德]康德:《历史理性批判文集》,何兆武译,商务印书馆1990年版,第2页。
②　[德]黑格尔:《历史哲学》,王造时译,上海书店出版社2001年版,第20页。
③　[德]黑格尔:《历史哲学》,王造时译,上海书店出版社2001年版,第20页。
④　[德]黑格尔:《历史哲学》,王造时译,上海书店出版社2001年版,第23页。
⑤　[德]黑格尔:《历史哲学》,王造时译,上海书店出版社2001年版,第23页。
⑥　[德]黑格尔:《历史哲学》,王造时译,上海书店出版社2001年版,第33页。

辩证的、合规律性的一面。他在《法哲学原理》中这样说道:"善与恶是不可分割的,其所以不可分割就在于概念使自己成为对象,而作为对象,它就直接具有差别这种规定。恶的意志希求跟意志的普遍性相对立的东西,而善的意志则是按它的真实概念而行动的。"①也就是说,在黑格尔看来,恶的内容与根源在于与普遍性相对立的个体性,虽然在人的理性中,人是个体性与普遍性、主观性与客观性的统一,然而人们往往把自己的主观性个体性与客观性普遍性相分离,从而产生出否定性的恶。黑格尔运用矛盾辩证法解释善恶关系,他指出:应"把否定的东西理解为其本身源出于肯定的东西",与现在的肯定性"保持相对立的否定性,乃是恶"。② 也就是说,恶是对善的现实否定,但善与恶并不是绝对对立的两极,人的意志中间包含善与恶两种可能性,恶本身作为一个环节包含在善的意志中,不含恶的纯善是没有的。"如果我们死抱住纯善——即在它根源上就是善的,那么,这是理智的空虚规定,……所以恶也同善一样,都是导源于意志的,而意志在它的概念中既是善的又是恶的。"③按照黑格尔的理解,凡是合理的必将变成现实的,那么这种否定性的恶就是矛盾发展的动力。善和恶在意志中保持矛盾同一性,直接的、自我同一的意志被看作善,它是肯定的;而冲动、情欲等是与自由意志相对立的,被视作恶。正是恶这种对善的否定性,推动意志通过自我否定而扬弃自身,向更高一层提升,实现人精神上的自我超越与完善。就历史发展而言,黑格尔认为恶是历史发展与道德进步趋于同步的一个环节。因为一方面,人对自身内在的善恶矛盾是自觉的,可以不时反观自身,进行自觉选择,也因为这个原因,人就要对自己的行为负责任,以自觉意识推动历史进步;另一方面,主观意识中的恶在现实性上具有普遍性,"它自在地即是普遍的善行"④。因此,黑格尔认为,在社会历史领域,没有恶,就构不成矛盾;没有矛盾,事物就不能发展,在这个意义上,恶是发展的动力和杠杆。

(二) 如何理解"恶是社会历史发展的杠杆"

在了解了黑格尔的恶动力说的渊源之后,我们可以进一步来理解恩格斯

---

① [德]黑格尔:《法哲学原理》,范扬等译,商务印书馆 1961 年版,第 144 页。
② [德]黑格尔:《法哲学原理》,范扬等译,商务印书馆 1961 年版,第 145 页。
③ [德]黑格尔:《法哲学原理》,范扬等译,商务印书馆 1961 年版,第 145 页。
④ [德]黑格尔:《精神现象学》(下卷),贺麟、王玖兴译,商务印书馆 1979 年版,第 49 页。

对黑格尔恶动力说的评论。多年来,中国学界围绕恩格斯对黑格尔恶动力说的评论,进行了卓有成效的探讨。在这个基础上,大致可以形成以下几点看法:

1.关于历史发展之"恶"的内涵

在马克思恩格斯的思想中,对于历史发展之"恶"的内涵,主要界定在三个方面:

第一,是善恶矛盾中的"恶",这种"恶"既与善相对立,又与善相依存、相转化。因此,一方面,这种"恶"表现为与善这种肯定性力量相对立的否定性力量;另　方面,这种"恶"就是相对意义上的恶。这种恶,也就是恩格斯所说的"每一种新的进步都必然表现为对某一种神圣事物的亵渎,表现为对陈旧的、日渐衰亡的、但为习惯所崇奉的秩序的叛逆"。历史总是在新旧事物的矛盾运动中向前发展的,历史的每一次进步,都要通过对旧事物的否定来实现。对于旧事物而言,新事物的出现是对原有的神圣事物的亵渎,是对原有的习惯所崇奉的秩序的叛逆,也即对原有的肯定性的"善"来说是一种否定性的恶。但这种恶,符合历史发展的客观必然性,在历史的进步中转化为善。因此,从历史发展的长远趋势来说,这种"恶"本质上是一种善。比如自从文明社会以来,社会形态的更替、朝代之间的更替,革命暴力往往起到决定性作用。而对于每一个旧的社会形态和朝代来说,革命暴力就是一种恶,而且是最大的一种恶。然而,正是这种"恶",成为"社会运动借以为自己开辟道路并摧毁僵化的垂死的政治形式的工具","是每一个孕育着新社会的旧社会的助产婆",①成为一种推动历史进步的积极力量。

第二,是私有制基础上的人性之"恶"。这种"恶"不是具体行为之"恶",而是具体行为的人性根源之"恶";而这种人性之"恶"绝不是先天本性之恶,而是后天即私有制基础上产生的人性之"恶"。这种"恶",也就是恩格斯所说的:另一方面,自从阶级对立产生以来,正是人的恶劣的情欲——贪欲和权势欲成了历史发展的杠杆。人类社会的发展,与自然界的自在性发展根本不同的是,人类社会不是一个纯粹客观运动的过程,而是一个合规律性与合目的性相统一的过程,物质力量是社会发展的根本力量,但精神力量也是社会发展的

---

① 《马克思格斯全集》第20卷,人民出版社1995年版,第200页。

重要力量,而且精神力量往往还会转化为强大的物质力量。精神力量固然有善恶之分,然而,并非只有善的精神力量对历史发展起作用,恶的精神力量(比如恶劣的情欲——贪欲和权势欲等)在一定条件下(特别是符合私有制社会发展要求时)也会对历史发展起作用。恩格斯不仅指出了"最卑下的利益——无耻的贪欲、狂暴的享受、卑劣的名利欲、对公共财产的自私自利的掠夺——揭开了新的、文明的阶级社会"①;而且也指出了"关于这方面,例如封建制度的和资产阶级的历史就是一个独一无二的持续不断的证明"②。

第三,是社会发展进程所付出的道德代价。马克思主义认为,社会发展不是直线性的、无矛盾地进行的,社会的每一次进步,都必然地或多或少地要引起相应的道德代价,给某些阶级、民族、国家和人们带来灾难。这些灾难和道德代价对于这阶级、民族、人们来说,无疑是恶的,然而这却是社会进步过程中不可避免的必然性现象。特别是在阶级社会中,社会进步往往通过阶级与阶级、民族与民族、国家与国家之间的剥削、压迫、阶级斗争来实现的。恩格斯在《家庭、私有制和国家的起源》一书中就指出,自从文明社会以来,"在其整整两千五百余年的存在期间,只不过是一幅区区少数人靠牺牲被剥削和被压迫的大多数人而求得发展的图画罢了,而这种情形,现在比从前更加厉害了"③。马克思恩格斯又指出:"资产阶级在它的不到一百年的阶级统治中所创造的生产力,比过去一切世代创造的全部生产力还要多、还要大。"④然而,它对社会带来的道德代价却是极其沉重的,因为"资本来到世间,从头到脚,每个毛孔都滴着血和肮脏的东西"⑤。社会发展就是在社会进步与社会代价、道德进步与道德代价的矛盾运动中前进的。

2. 关于"动力的表现形式"与"杠杆"的认识

要理解恩格斯对黑格尔恶动力说的评论,特别要注意以下几点:

第一,恩格斯指出:在黑格尔那里,恶是历史发展的动力的表现形式。也就是说,马克思主义认为,恶只是历史发展的动力借以表现出来的形式。唯物

---

① 《马克思恩格斯选集》第4卷,人民出版社1995年版,第97页。
② 《马克思恩格斯选集》第4卷,人民出版社1995年版,第237页。
③ 《马克思恩格斯选集》第1卷,人民出版社1995年版,第97页。
④ 《马克思恩格斯选集》第1卷,人民出版社1995年版,第277页。
⑤ 《马克思恩格斯全集》第23卷,人民出版社1972年版,第829页。

史观与以往的唯心史观(包括唯心主义的历史观和旧唯物主义的历史观)根本不同的是,在唯心主义的历史观那里,"都是以哲学家头脑中臆造的联系来代替应当在事变中去证实的现实的联系,把全部历史及其各个部分都看作观念的逐渐实现,而且当然始终只是哲学家本人所喜爱的那些观念的逐渐实现。这样看来,历史是不自觉地,但必然是为了实现某种预定的理想目的而努力,例如在黑格尔那里,是为了实现他的绝对观念而努力,而力求达到这个绝对观念的坚定不移的意向就构成了历史事变中的内在联系。这样,人们就用一种新的——不自觉的或逐渐自觉的——神秘的天意来代替现实的、尚未知道的联系"①。而旧唯物主义的历史观也只是看到人们行动的精神方面的动机,因此,"它的历史观——如果它有某种历史观的话,——本质上也是实用主义的,它按照行动的动机来判断一切,把历史人物分为君子和小人,并且照例认为君子是受骗者,而小人是得胜者。旧唯物主义由此得出的结论是,在历史的研究中不能得到很多有教益的东西;而我们由此得出的结论是,旧唯物主义在历史领域内自己背叛了自己,因为它认为在历史领域中起作用的精神的动力是最终原因,而不去研究隐藏在这些动力后面的是什么,这些动力的动力是什么"②。相反,唯物史观"如果要去探究那些隐藏在——自觉地或不自觉地,而且往往是不自觉地——历史人物的动机背后并且构成历史的真正的最后动力的动力"③。唯物史观"在这里也完全像在自然领域里一样,应该通过发现现实的联系来清除这种臆造的人为的联系;这一任务,归根结底,就是要发现那些作为支配规律在人类社会的历史上起作用的一般运动规律"。④ 马克思恩格斯的伟大贡献之一,就在于他们以实事求是的科学精神创立了唯物史观。唯物史观揭示出,社会存在决定社会意识;人类社会的历史发展,其根本动力不是人们的精神动机,也不是英雄豪杰的精神意志,而是生产力与生产关系、经济基础与上层建筑的矛盾运动,而生产力则是推动社会发展的根本力量;在阶级社会中,这两对社会基本矛盾运动表现出来的直接动力是阶级斗争。善与恶的矛盾与斗争只是社会基本矛盾或阶级斗争在不同利益关系中所表现的

① 《马克思恩格斯选集》第4卷,人民出版社1995年版,第246—247页。
② 《马克思恩格斯选集》第4卷,人民出版社1995年版,第248页。
③ 《马克思恩格斯选集》第4卷,人民出版社1995年版,第249页。
④ 《马克思恩格斯选集》第4卷,人民出版社1995年版,第247页。

形式和手段。因此,一方面,并不是所有的恶都构成社会历史发展动力的形式,只有那些符合社会历史发展的必然性、适应社会历史发展要求的恶,才能成为社会历史发展动力的形式;相反,那些不符合社会历史发展的必然性、不适应社会历史发展要求的恶,就不可能成为社会历史发展动力的形式。另一方面,也并非只有恶才是社会历史发展动力的形式,善也同样是社会历史发展动力的形式;只不过在历史上,包括费尔巴哈在内的许多思想家,都只是看到了善在推动社会历史发展中的作用,却没有看到恶在推动社会历史发展中的意义。因此,恩格斯批评道:费尔巴哈就没有想到要研究道德上的恶所起的历史作用。因而,费尔巴哈们的思想与黑格尔的思想相比起来,就显得肤浅得多。

第二,恩格斯指出:自从阶级对立产生以来,正是人的恶劣的情欲——贪欲和权势欲成了历史发展的杠杆。在这里,恩格斯所指的恶的功能也同样不是"动力",而是"杠杆"。一般来说,动力即一切力量的来源,是推动事物运动的力量。杠杆则是一种简单机械,在力的作用下能绕着固定点转动的硬棒就是杠杆(lever)。杠杆往往能够使力的能量倍增(阿基米德进行过力学方面的研究,并将其运用于杠杆和滑轮的机械设计。据说,他为了宣扬其研究成果而曾夸口说:"给我一个支点,我可以撬动地球。"),使动力得到更好的发挥。唯物史观指出:"我们首先应当确定一切人类生存的第一个前提,也就是一切历史的第一个前提,这个前提是:人们为了能够'创造历史',必须能够生活。但是为了生活,首先就需要吃喝住穿以及其他一些东西。因此第一个历史活动就是生产满足这些需要的资料,即生产物质生活本身,而且这是这样的历史活动,一切历史的一种基本条件,人们单是为了能够生活就必须每日每时去完成它,现在和几千年前都是这样。"①"第二个事实是,已经得到满足的第一个需要本身、满足需要的活动和已经获得的为满足需要而用的工具又引起新的需要,而这种新的需要的产生是第一个历史活动。"②同时,"一开始就进入历史发展过程的第三种关系是:每日都在重新生产自己生命的人们开始生产另外一些人,即繁殖"。因此,"从历史的最初时期起,从第一批人出现时,这三个

① 《马克思恩格斯选集》第 1 卷,人民出版社 1995 年版,第 78—79 页。
② 《马克思恩格斯选集》第 1 卷,人民出版社 1995 年版,第 79 页。

方面就同时存在着,而且现在也还在历史上起着作用"。① 所以,在唯物史观看来,"一开始就表明了人们之间是有物质联系的。这种联系是由需要和生产方式决定的,它和人本身有同样长久的历史;这种联系不断采取新的形式,因而就表现为'历史',它不需要有专门把人们联合起来的任何政治的或宗教的呓语。"②由此可见,人类的"需要"以及"满足需要的活动"既是历史的前提,也是推动历史发展的力量。在这个意义上,"人的恶劣的情欲——贪欲和权势欲成了历史发展的杠杆"。但是,特别需要指出的是,首先,人的需要固然有其自然本性根源,但人与动物的根本区别,就在于人是社会的人,人的需要受到社会本性的制约,人有何种需要,人的需要在何种程度上获得满足,人的需要以何种方式来获得满足等,都受制于人们的社会实践的发展,其中,最根本的要受制于社会生产方式的发展。其次,"恶"的需要或者说人的恶劣的情欲,虽说是推动社会发展的一种力量,但是,这种"力量"并非是社会发展的原动力(根本动力),而只是对社会发展起"杠杆作用",也就是说,它只是在社会发展原动力(根本动力)作用下而产生的一种增力作用。最后,"恶"的需要或说人的恶劣的情欲——贪欲和权势欲等,都是在阶级社会产生以来私有制的基础上的特定历史产物;而这些"恶"的需要或说人的恶劣的情欲——贪欲和权势欲等之所以能够成为"历史发展的杠杆",从根本上来说,是与其社会历史发展的规律相联系的,是与社会历史发展的动力相联系的。因为,由于社会生产力发展的限制和阶级对立的矛盾,在私有制的建立以及在阶级对立的社会变迁中,难以善的形式和手段来适应社会发展的要求,因而,需要通过手段的恶在特定的时期达到社会进步的目的。奴隶制度对氏族制度的摧毁与替代虽是以手段之恶来实现的,但却推动着人类社会从野蛮时代走向文明时代。无疑,"关于这方面,例如封建制度的和资产阶级的历史就是一个独一无二的持续不断的证明"。在资本主义制度建立之初,新兴资产阶级"对直接生产者的剥夺,是用最残酷无情的野蛮手段,在最下流、最龌龊、最卑鄙和最可恶的贪欲的驱使下"③,进行资本的原始积累。英国本土的圈地运动、对印度等东方

---

① 《马克思恩格斯选集》第1卷,人民出版社1995年版,第80页。
② 《马克思恩格斯选集》第1卷,人民出版社1995年版,第81页。
③ 《马克思恩格斯选集》第2卷,人民出版社1995年版,第268页。

国家的征服与掠夺、对美洲土著居民的种族屠杀、商业性的猎获买卖黑奴活动、用血腥残暴的立法迫害无产者和农民，这些都是资本主义兴起之初资产阶级为了满足自己各种恶劣的贪欲，而呈现的一幅幅背信弃义、贿赂、残杀和卑鄙行为的历史图画。尽管如此，资本主义制度毕竟比以往的奴隶制度和封建制度更为进步。

第三，恩格斯指出：在黑格尔那里，恶是历史发展的动力的表现形式。这绝不是说，恶单单自身就可以成为"动力的表现形式"。黑格尔认为："善与恶是不可分割的，其所以不可分割，就在于概念使自己成为对象，而作为对象，它就直接具有差别这种规定。恶的意志希求跟意志的普遍性相对立的东西，而善的意志则是按它的真实概念而行动的。"①由此可见，黑格尔强调了善与恶的不可分割性，看到了善与恶作为道德生活的两个方面，两者是相对立而存在，相斗争而发展。善以恶为前提，恶也以善为前提；善中有恶，恶中有善；善否定恶，恶也否定善；善可转化为恶，恶亦可转化为善；善与恶正是在这种矛盾运动中成为社会发展的"动力的表现形式"和"杠杆"。当然，黑格尔比前人伟大的地方，就在于他在强调善与恶的不可分割性的同时，也特别强调了"恶"的历史作用。黑格尔为此说："如果我们仅仅停留在肯定的东西上，这就是说，如果我们死抱住纯善——即在它根源上就是善的，那么，这是理智的空虚规定。"②也就是说，当精神世界没有差别和对立，仅仅是意志的肯定方面时，精神的历史也就无发展可言。因此，只有存在意志的否定方面，才能怀疑、批判乃至超越现状，才能有历史的发展和进步。③

（三）评价社会历史发展的双重尺度

要进一步正确地理解恩格斯对黑格尔的"恶动力说"的评价，还需要讨论

---

① ［德］黑格尔：《法哲学原理》，范扬等译，商务印书馆1961年版，第144页。

② ［德］黑格尔：《法哲学原理》，范扬等译，商务印书馆1961年版，第145页。

③ 以上关于恶动力说的研究，主要参考张羽佳：《马克思主义关于"恶"的历史作用的思想及其内涵》，《湖北行政学院学报》2005年第4期；倪愫襄：《试析恶在历史中的作用》，《武汉科技大学学报》(社会科学版)2001年第3卷第3期；赵家祥：《一种不可遗忘的历史动力——关于"恶"的历史作用》，《湖南科技大学学报》(社会科学版)2005年第8卷第6期；张青卫：《对黑格尔"恶动力"思想的当代反思——兼与〈黑格尔"恶动力说"正解〉一文商榷》，《内蒙古社会科学(汉语版)》2006年第27卷第2期等。

一下评价社会历史发展的双重尺度:历史尺度与道德尺度(价值尺度)。

1. 评价社会历史发展的历史尺度

马克思主义对社会历史发展的评价,是历史尺度与道德尺度(价值尺度)的辩证统一。

历史尺度,是在对社会历史发展进行科学分析的基础上,对社会历史现象进行评价的客观尺度,它评价一种社会历史现象,总是以是否符合社会历史发展的必然性和客观规律性为标准。它往往有两个基本要求:其一是对任何社会历史现象,都应该从其发生、发展的整个过程来看,都应该放在社会历史发展的必然性和客观规律性的审视下,而不应当从静止不变的状况,离开社会历史发展的必然性和客观规律性来考察;其二是对任何社会历史发展现象,都应该从其所处的历史时代的总的客观情况来进行考察,而不应当仅仅用当下的条件和标准去衡量。

唯物史观的创立,使评价社会历史发展的历史尺度成为科学。在唯物史观看来,物质生产是人类社会存在和发展的第一个历史活动,人类历史要世代更迭下去,就必须每日每时地进行这种活动,在物质生产活动中必然要形成"双重关系:一方面是自然关系,另一方面是社会关系"①。前者形成了生产力,后者形成了生产关系;生产力与生产关系是社会最基本的矛盾,生产力决定生产关系,生产关系反作用于生产力;生产力是社会历史发展的根本力量,生产方式是社会历史发展的根本动力,生产方式内部生产力与生产关系的辩证运动构成了社会发展最基本的规律。它是社会发展的普遍规律,在社会发展的各个阶段、各个时期都毫不例外地起作用,它提供了一把打开社会发展根源之门的金钥匙。因此,历史评价的第一个根本尺度,就是社会生产力。

唯物史观从此出发,进一步揭示了在生产力和生产关系矛盾运动的基础上,形成了经济基础和上层建筑的矛盾及其运动规律。指出人类社会是一个有机体,其主要构成要素是生产力、生产关系(经济基础)和上层建筑(包括政治上层建筑和思想上层建筑)。在这个构成要素中,生产力决定生产关系,而一定社会中占统治地位的生产关系各方面的总和作为社会的经济基础,又决定上层建筑;当然,上层建筑对经济基础也有能动的反作用。由此,经济基础

---

① 《马克思恩格斯选集》第1卷,人民出版社1995年版,第80页。

与上层建筑构成了社会的第二对基本矛盾,两者的辩证运动构成了社会发展的又一基本规律。它也是社会发展的普遍规律,在社会发展的各个阶段、各个时期也都毫不例外地起作用,它提供了又一把打开社会发展根源之门的金钥匙。事实上,社会历史发展就是在两对社会基本矛盾运动中前进与进步的。因此,历史评价的第二个根本尺度,就是社会进步。

由此,历史评价往往依据"生产力"和"社会进步"这两大标准,去考察社会历史发展现象。一般来说,凡是有利于社会生产力发展要求的社会历史发展现象,凡是有利于社会进步发展要求的社会历史发展现象,就是值得肯定的,具有正面价值;否则,就是要被否定的,具有负面价值。

2. 评价社会历史发展的道德尺度

评价社会历史发展的道德尺度是评价社会历史发展的价值尺度的核心,因此,我们在此重点讨论道德尺度问题。

道德尺度,则是建立在人类对社会历史发展的主观能动性的基础上,对社会历史现象进行善恶评价的一种特殊价值尺度,它评价一种社会历史现象,总是以是否符合社会历史发展的合目的性为标准。

道德尺度作为一种价值尺度,与价值本身的现实性与理想性相统一的根本属性相联系,也与道德本身的实践性与精神性的根本属性相关联。因而,道德尺度既具有相对性,又具有绝对性;既具有主观性,又具有客观性。

在现实性与精神性上,道德尺度是具体的、相对的、主观的。因为道德尺度在现实性上,总是依据道德价值主体的需要来评价作为道德价值客体的社会历史发展现象,而由于道德价值主体的多样性、道德价值主体需要的多样性,导致了道德尺度的多元性、多维性,从而使道德尺度具有了相对性和主观性。这一点,恩格斯在《反杜林论》中就指出:"善恶观念从一个民族到另一个民族、从一个时代到另一个时代变更得这样厉害,以致它们常常是互相直接矛盾的。"①道德尺度在精神性上,是经济利益关系的反映。道德的基础是利益,因为"每一既定社会的经济关系首先表现为利益"②。作为社会意识形态之一的道德是社会经济关系的产物,特别在阶级社会中,"人们自觉地或不自觉

---

① 《马克思恩格斯选集》第 3 卷,人民出版社 1995 年版,第 433—434 页。
② 《马克思恩格斯文集》第 3 卷,人民出版社 2009 年版,第 320 页。

地,归根结底总是从他们阶级地位所依据的实际关系中——从他们进行生产和交换的经济关系中,获得自己的伦理观念"①。因此,道德尺度也有了相对性。正是这种道德尺度的相对性与主观性,造成了人们评价社会历史发展现象的诸多分歧。

在理想性与实践性上,道德尺度又是普遍的、绝对的、客观的。因为道德尺度在理想性上,总是表现为对人类理想价值的追求,也总是以人类的价值理想追求去评价作为道德价值客体的社会历史发展现象。道德作为一种价值理性的结晶,基于现实又高于现实,是道德现实与道德理想的统一;特别是道德在本质上是以人本身为目的的,因此,其理想的价值目标,必然指向人的至善——人的自由全面发展。尽管这一理想价值目标是一个漫长的社会历史发展过程,在不同的时代有不同的内容;然而,它作为人类社会历史发展的最高和最终的价值目标,却具有超越性,从而使得这一理想价值目标具有了抽象性、绝对性和客观性。同时,道德尺度在实践性上,它与其他精神性的形态不同的是,它不仅是精神的,更是实践的;这不仅表现在它是在实践活动中生成和展开的,特别是生产实践活动是其客观性坚实的基石;离开了人的实践活动,道德尺度就无从依附。而且表现在道德不能停留在观念的纯粹精神的世界里,更重要的是它必须走向活生生的社会生活的现实世界之中,与人的社会行为与社会活动相交融;从而使得道德尺度必然从精神走向实践,从主观走向客观。正是道德尺度的这种普遍性、绝对性、客观性,使人类对社会历史发展现象的评价又具有了普遍性、绝对性和客观性。也就是说,当人类运用"人的自由全面发展"这一道德尺度去评价社会历史发展现象的时候,可以说,凡是有利于人的自由全面发展要求的社会历史发展现象,就是善的,具有正面道德价值;否则,就是恶的,具有负面道德价值。在这一点上,道德尺度是普遍的、绝对的、客观的。

一方面,道德尺度是具体的、相对的、主观的;另一方面,道德尺度又是普遍的、绝对的、客观的。这就要求我们在运用道德尺度评价具体的社会历史发展现象时,一方面,要依据具体的、相对的、主观的道德尺度去考究;另一方面,又要以普遍的、绝对的、客观的道德尺度去衡量;并以普遍的、绝对的、客观的道德尺度为归依。道德尺度这种具体性、相对性、主观性和道德尺度的这种普

---

① 《马克思恩格斯选集》第 3 卷,人民出版社 1995 年版,第 434 页。

遍性、绝对性、客观性，使得道德评价的结果产生出两种不同的道德价值结果：一种是运用具体的、相对的、主观的道德尺度与运用普遍的、绝对的、客观的道德尺度去评价具体的社会历史发展现象时，都得出同样的结论：善或恶。这种一致性的结果的出现，往往是具体的、相对的、主观的道德尺度与运用普遍的、绝对的、客观的道德尺度具有一致性。但另一种是运用具体的、相对的、主观的道德尺度与运用普遍的、绝对的、客观的道德尺度去评价具体的社会历史发展现象时，得出了不同的结论：一个是善，另一个则是恶；一个是恶，而另一个则是善。在这种情况下，就出现了矛盾：运用具体的、相对的、主观的道德尺度得到的是一个相对的善或恶，而运用普遍的、绝对的、客观的道德尺度则得到的是一个绝对的善或恶。在这种矛盾中，最终必须以绝对的善或恶为准绳。例如中国封建时代的"三纲"，它在封建社会被视为"善"，但是它却是一种相对的"善"（立足于当时社会的主流道德价值观）；而这种相对的"善"却是一种绝对的恶（立足于人的自由全面发展目标），是必须要消除的负面道德现象。相反，一切提倡平等而违反"三纲"的道德现象在当时都被视为"恶"，但这种"恶"是一种相对的"恶"，而这种相对的恶却是绝对的善（立足于人的自由全面发展目标），是必须要弘扬的正面道德现象。又例如，恩格斯在《家庭、私有制和国家的起源》一书中所谈到的一种道德现象——"骑士之爱"，这种"骑士之爱"在欧洲封建社会被视为"恶"（无论是形式上还是内容上），当然也是一种相对的"恶"；而这种"骑士之爱"在人类的理想价值目标上，形式上固然是"绝对的恶"，但其内容上却是"绝对的善"。也就是说，人类发展的正确方向是把一种"破坏婚姻的爱情"，发展成为真正的"婚姻基础的爱情"。

马克思主义产生以前的伦理思想家，在道德尺度的问题上，不能辩证地认识道德尺度的绝对性和相对性的辩证统一，或者片面强调道德尺度的绝对性，而否认道德尺度的相对性；或者片面强调道德尺度的相对性，而否认道德尺度的绝对性。而马克思主义一方面坚决反对片面的道德绝对主义，"我们拒绝想把任何道德教条当作永恒的、终极的、从此不变的伦理规律强加给我们的一切无理要求，这种要求的借口是道德世界也有凌驾于历史和民族差别之上的不变的原则"①。另一方面，也坚决反对片面的道德相对主义，"但是，如果有

---

① 《马克思恩格斯选集》第3卷，人民出版社1995年版，第435页。

人反驳说,无论如何善不是恶,恶不是善;如果把善恶混淆起来,那么一切道德都将完结,而每个人都将可以为所欲为了"①。马克思主义则从人类社会历史发展的过程性与必然性,从人类实践的历史性与目的性,辩证地认识道德尺度的绝对性和相对性的辩证统一。

3.评价社会历史发展的双重尺度的辩证关系

关于评价社会历史发展的双重尺度的辩证关系,学界进行了较为广泛的讨论,其中主要的代表性观点有以下几种:

第一种观点认为,马克思对历史进步的评价主要有两种尺度:一种是历史尺度,也称为客体尺度、外在尺度、科学尺度;一种是价值尺度,也称为主体尺度、内在尺度、道德尺度。所谓历史尺度,即指评价一种社会制度和社会现象,以是否符合历史发展的必然性和客观规律性,是否能够满足全人类的利益、符合全人类的愿望和要求、有利于全人类的发展为标准。而所谓价值尺度,是指判断社会制度和社会现象的价值的有无、性质、大小的标尺和根据,以是否有利于价值主体的利益实现和需要满足为标准。一方面,历史尺度和价值尺度相区别:历史尺度是一维的,价值尺度则是多维的;另一方面,历史尺度与价值尺度又相统一:就历史发展总的趋势来看,两种尺度是一致的。因为伴随着生产力的发展,人们的利益、愿望和要求也不断得到满足。而两种尺度的不一致,则根源于社会基本矛盾运动,其实质在于生产力有所发展而又发展不足。②

另一种观点认为,马克思对社会进步的历史评价和善恶评价所持的两重尺度:历史尺度,是在对经济和历史发展进行科学研究的基础上对历史事件的客观评价尺度;价值尺度,是利用人类的道德武器对历史发展进程中的不合理现象进行评价的主观尺度。对历史事实的评价,要灵活运用历史尺度与价值尺度,对丑恶的历史现象不能放弃正义的道德谴责,也不能用道德的愤怒来代替经济和历史发展的科学分析。在历史尺度与价值尺度相互冲突的时候,马克思恩格斯坚持的是历史尺度的优先原则。唯物史观认为,社会发展虽然是包含了社会意识在内的各种力量的交互作用的合力运动,但生产力是最根本

① 《马克思恩格斯选集》第3卷,人民出版社1995年版,第434页。

② 参见赵家祥:《马克思历史进步评价尺度理论的历史考察》,《贵州师范大学学报》(社会科学版)2010年第6期。

的动力,精神生产总要随着物质生产的改造而改造。所以衡量社会发展状况应以生产力水平、以历史尺度(科学技术水平、生产方式、社会财富增长等客观事实判断)为主要衡量标准。①

再一种观点认为,早年马克思从抽象的价值尺度考察历史,形成了精神的历史决定论;中年马克思从客观的历史尺度考察历史,形成了经济的历史决定论;晚年马克思从总体性价值尺度考察历史,形成了唯物辩证的历史决定论。随着历史研究视角的不断转换,马克思历史决定论具有了能动辩证的理论内涵,从而超越了经济的历史决定论和唯心主义历史决定论的两极对立,实现了历史认识史上的伟大变革。所谓总体性价值尺度是一种通过对抽象的价值尺度和单一的历史尺度的蒸馏和提炼而形成的、以人的发展为最高宗旨的综合性价值尺度。总体性价值尺度把人的价值实现置于优越的地位,其余一切评判标准也只有在价值尺度的关照中才具有合理性和真实的意义。总之,在价值尺度与历史尺度的关系中,以价值尺度关照历史尺度,才能使"以经济必然性为核心"的经济的历史决定论得到升华,克服其机械性的缺陷;只有以历史尺度铺衬价值尺度,才能超越精神的历史决定论,初步形成以现实的人及其历史发展为内核的唯物辩证的历史决定论。②

还有一种观点认为,通过对马克思主义思想史的考察表明,在评价社会进步尺度问题上,马克思恩格斯从来就不是什么抽象的人道主义和机械的经济决定论,而是坚持历史尺度基础上的价值尺度与历史尺度相统一的辩证历史决定论者。首先,既然推动社会进步的根本动力只能是生产力的发展,那么,评价社会进步的根本标准就只能是历史尺度;价值尺度尽管是评价社会进步的重要尺度,但由于人的发展只能建立在生产力发展的基础之上,因而价值尺度只能从属于历史尺度。其次,两种社会进步评价尺度具有统一性。从社会发展的总过程来看,历史尺度与价值尺度是相互蕴含、相互关照的,两种尺度对社会进步作出的评价是完全一致的。最后,两种社会进步评价尺度也具有矛盾性。在社会发展的特定阶段上,价值尺度与历史尺度会出现矛盾。在这

---

① 参见张家羽:《马克思主义关于"恶"的历史作用的思想及其内涵》,《湖北行政学院学报》2005年第4期。

② 参见商逾:《马克思历史决定论新释:历史尺度与价值尺度的相互转换》,《山东大学学报》2004年第5期。

种情况下,不仅两种尺度只能放在人类历史发展的大的时空范围内使用,而不能纠缠于个别事件或短时空范围,而且要使价值尺度的评价服从历史尺度的评价。①

又一种观点认为,许久以来,"价值尺度服从历史尺度"是我们解释二重尺度评价发生冲突时的基本原则。然而,从两个尺度生成的理论根据来看,历史尺度不具备统摄价值尺度的理由;从两个尺度的内涵与外延来分析,二者在马克思主义理论中存在逻辑非对比性。这本不是一个"合题"问题,而是在两个界域中各自如何发挥恰到好处功效的问题。②

从学界的讨论中我们可以见到,在评价社会历史发展的双重尺度的辩证关系问题上,基本一致的认识有两点:第一点,都认同评价社会历史发展具有两个尺度,即历史尺度和价值尺度;第二点,都认同两个尺度之间的辩证关系,即对立统一关系。然而,关键的分歧在于:是否历史尺度优先于价值尺度? 或者说是否价值尺度要服从于历史尺度?

要解决这个分歧,或者说如何去认识这个分歧,还应当讨论这样几个理论问题:

第一,在不同的评价依据上的两个尺度,是否有优先和服从问题? 历史尺度与价值尺度评价的依据是不同的,历史尺度是一种客体尺度、外在尺度、科学尺度,它依据的是社会发展的客观规律性;价值尺度是一种主体尺度、内在尺度、道德尺度,它依据的是社会发展的主观目的性(或主体性)。虽然客观规律性是主观目的性的基础,不建立在客观规律性基础上的主观目的性,是一种虚空的不能实现的主观目的性;比如空想社会主义,有美好的社会理想,有严厉的道德批判,却由于无法找到符合社会发展客观规律性的实现路径,而流于失败,成为一种"乌托邦"。但是,一方面,客观规律性不能等同于更不能取代主观目的性;另一方面,符合客观规律性的社会历史事实并不都符合主观目的性。也就是说,符合客观规律性的社会历史事实只是一种"必然"和"实然",而符合主观目的性却是一种"应然"和"当然";"必然"和"实然"者并非

---

① 参见周世兴:《论马克思恩格斯评价社会进步尺度思想的历史与逻辑》,《河西学院学报》2006 年第 3 期。

② 参见龚培河、万丽华:《"价值尺度服从历史尺度"是一个真命题吗?》,《长白学刊》2008 年第 6 期。

都是"应然"和"当然"者。比如阶级社会中存在着"剥削",这是一种"必然"和"实然",但却不是一种"应然"与"当然"。如果从客观规律性作为主观目的性的基础的角度来说,的确有一个"优先"问题,然而,这种所谓的"优先",只是在客观先于主观,主观要与客观相符合的"认识论"上的"优先",而非两个评价尺度之间的"优先",更不是历史尺度高于甚至取代价值尺度的"优先",也绝不是价值尺度服从于历史尺度的"优先"。

第二,在不同的评价功能上的两个尺度,是否有优先和服从问题?历史尺度与价值尺度评价的功能是不同的,历史尺度评价的功能,是解决社会历史事实的必然性和实然性问题,是一种科学理性或说是一种工具理性的功能;它评价的重点,是"真假是非"问题。也就是说,凡是符合社会历史发展规律要求的,凡是符合生产力发展要求的,凡是符合社会进步发展要求的,都是合理的;否则,则是不合理的。而价值尺度特别是道德尺度评价的功能,是解决社会历史事实的应然性和当然性问题,是一种价值理性或说是一种目的理性的功能,它评价的重点,是"善恶美丑"问题。也就是说,凡是符合全人类根本利益要求的,凡是符合人的自由全面发展要求的,都是善的;否则,则是恶的。无疑,在评价功能上,一方面,两种尺度是无所谓"优先"的,也无所谓"服从"问题;犹如尺与称是两种不同功能的量器,没有哪个优先,谁服从谁一样。另一方面,历史尺度作为一种科学理性或说是一种工具理性的功能,着眼于"认识世界",而价值尺度特别是道德尺度作为一种价值理性或说是一种目的理性的功能,则着眼于"改造世界"。"认识世界"当然"优先"于"改造世界",这不仅由于认识世界的客观规律是改造世界的前提,也是改造世界的客观性依据,人类只有遵循世界的客观规律才能真正改造世界。但"认识世界"的目的在于"改造世界",并且"改造世界"还是"认识世界"的价值指引和价值动力。在这个意义上,"认识世界"却要"服从"于"改造世界"。

第三,在不同的评价结果上的两个尺度,是否有优先和服从问题?历史尺度与价值尺度既然是两个不同的并相对独立的评价尺度,那么,从不同的视角去评价同一个事物,就有不同的评价结果;而这两种不同的评价结果,本身就具有自身的合理性,是无法进行比较的。既不能用历史尺度的合理性评价结果,去否认价值尺度特别是道德尺度的善恶性评价结果;也不能用价值尺度特别是道德尺度的善恶性评价结果,去否认历史尺度的合理性评价结果。当我

们用历史尺度评价一个社会历史事实是"合理"的时候,一方面是说明它具有历史必然性;另一方面说明它具有历史合理性,如果仅仅由于它是一种"恶",而在它还具有历史必然性和历史合理性时,就企图"消灭"它,既不可能,也可能会造成更大的社会代价。例如社会主义初级阶段中存在着的"资本逻辑"现象,由于生产力的不发达,由于市场经济的存在,这种一定程度和一定范围内的"资本逻辑"现象,是有利于中国特色社会主义社会生产力发展的,是有利于中国特色社会主义社会进步的,因而,它还有着一定的历史必然性和历史合理性,要"消灭"它既不可能,也会造成更大的社会代价。而当我们用价值尺度特别是道德尺度评价一个社会历史事实是"恶"时,一方面是说明它本身的价值性质;另一方面是说明不仅要把它限制在历史合理性的范围内;而且还指引着社会发展始终要朝着"消灭"它的方向前进。虽然社会主义初级阶段中存在着的"资本逻辑"现象具有现实的历史合理性,如果说要价值尺度"服从"历史尺度,就必然会放纵"资本逻辑"现象泛滥成灾;我们一些地方政府往往就是犯这种错误,导致"血汗工厂"的涌现,造成工人群体性抗议、群体性上访、自杀等事件不断产生。从价值尺度来看,无论"资本逻辑"有多少历史合理性,但它毕竟是一种"恶",这种"恶"不仅要用法律和道德去限制它,把它限制在有利于而不能有害于社会主义社会生产力发展的范围内;而且,随着社会主义的不断发展,最终必须消灭它。因此,在不同的评价结果上的两个尺度,既没有谁优先于谁,也没有谁服从谁的问题,而是相互参照的问题。

综上所述,历史尺度与道德尺度(价值尺度)是一种对立统一的辩证关系。说两者对立,一是由于两者是评价社会历史发展现象不同的尺度,各自有着自身评价的不同依据,有着不同的评价功能,有着不同的评价结果。二是由于两者各自有着不同的性质,有着不同的特征,有着不同的认识视角,有着不同的认识目的。说两者统一,一是由于两者相互依存。历史尺度与道德尺度(价值尺度)各以对方为存在的理由,历史尺度与道德尺度(价值尺度)相对应;二是由于两者相互渗透。历史尺度中有道德尺度(价值尺度),道德尺度(价值尺度)中有历史尺度。具体来说,首先,生产力的发展与人的发展具有内在的一致性,历史尺度蕴含着道德尺度(价值尺度);其次,人的发展以生产力的发展为基础,道德尺度(价值尺度)也蕴涵着历史尺度;再次,历史尺度与道德尺度(价值尺度)相互关照,离开历史尺度的道德尺度(价值尺度)是空乏

的,而缺乏道德尺度(价值尺度)的历史尺度则是没有方向和生命力的。三是由于两者相互转化。正是因为两者相互渗透,因而,在评价社会历史发展现象时,两者基于实践的基础上又是相互转化的。

在历史尺度与道德尺度(价值尺度)的对立统一关系中,去谈论两者之间的"优先"与"服从"时,是有着严格的限定的。在"存在论"与"认识论"的"先在"与"先行"的意义上,是有一个历史尺度"优先"道德尺度(价值尺度)问题;如果看不到这一点,就容易导致唯心主义的错误。而在"价值论"与"辩证论"的"目的"与"主体"的意义上,则有一个历史尺度"服从"道德尺度(价值尺度)问题,如果看不到这一点,不仅在理论上容易滑入机械唯物主义的泥坑,而且在实践上是极其有害的。而社会历史发展的过程,与自然界的纯粹"自然过程"是完全不同的,它既是一个"自然的历史过程",也是一个"属人的历史过程",是客观规律性与主观目的性的统一的社会实践过程。

第五章　道德代价历程论

人类社会的发展，总是不可避免地滋生或大或小的道德代价。尤其是每一次社会形态的变革总会引起道德观念的变更，发生道德秩序的失序与重建。社会发展追求善的目标，却往往以一定恶的出现为代价，这正是社会发展进程的辩证法。

一、中西方传统社会运演中的道德状况

对于道德代价历程论而言，分析的逻辑应从"传统社会"开始。客观评判传统社会的道德状况，既看到其所具备的道德文化特质，又看到其为维系社会运行所付出的道德代价；既汲取其在推进道德秩序运行方面的传统资源，又摒弃其道德文化的糟粕因素，是正确认识现代社会道德代价的重要一环。

（一）传统社会的道德文化特质

传统社会是一个相对于现代社会的概念，也可称为"前现代社会"。尽管它在东西方呈现出不同的特点，但都历经原始社会、奴隶社会、封建社会三种社会形态的更替运行，且包含着相似的社会结构与精神特质。传统社会在经济发展的缓慢进程中，把伦理道德看作为人的本质存在要素、看作为政治运行的基础方式、看作为社会秩序维系的基石。如果说，现代社会是"经济社会"，传统社会可说是"伦理社会"。"伦理社会"呈现出独特的道德文化气质：

1. 道德的神圣超验地位

与专制君权或神权在政治层面具有至高无上地位相匹配的是，道德在传

统文化领域被赋予了至高无上的地位,处于整个社会思想领域中的最高位阶。道德渗透于几乎所有人的思想与行动中,贯穿于人类社会的各个领域。道德的价值和作用被无限放大,它的地位是不可批判的、毋庸置疑的、不可否定的。尤其是中国传统社会更是如此,梁漱溟就曾指出:"久据中国而不可去者,是伦理理念","纳国家于伦理,合法律于道德,而以教化代政治。自周孔两三千年,中国文化趋重于此"。①

2. 崇高的乌托邦道德理想

传统社会思想家在面对现实不如人意的历史境遇时,总对未来社会有着美好的追想。古希腊柏拉图追求美德、正义与至善相结合的"理想国";老子推崇"甘其食,美其服,安其居,乐其俗。邻国相望,鸡犬之声相闻,民至老死不相往来"的"寡民小国";孔子则主张"使老有所终,壮有所用,幼有所养,鳏、寡、孤、独、废、疾者皆有所养"的"大同社会"等,都是最好的范例。乌托邦是人们对美好社会的追想,尽管它与空想主义就差一步之遥,但一个社会如果没有乌托邦,也就没有奋斗的目标和未来的希望。传统社会的乌托邦道德理想,是遗赠给现代社会不小的精神遗产。

3. 社会主体的德性至上

传统社会对社会主体有一种近乎苛刻的道德修身要求。有德性被认为是做人的前提,人必须是道德生命体。西方传统社会自古希腊荷马时代起,德性就成了古希腊人追求的目标,形成了只有拥有好的品德,才会获得幸福、成功、知识以及欲望满足的普遍观念。中国传统社会尤为如此:"各国的文化都重视道德,但是没有哪一种文化,能像中国传统文化这样把道德作为自己的基础,让道德观念渗透一切;也没有哪一种文化,能像中国传统文化这样,系统强调个人的品德修养,不仅把实践道德视为人性的体现,而且把它看得比生命更可贵。"②强调美德至上,正是传统社会的文化特色。

4. 为政以德的政治诉求

政治作为传统社会的主宰力量,必须是道德化的政治,政需德化,德以化政。"传统社会并未给后人留下系统的关于公共管理方面的知识和技术工

---

① 梁漱溟:《中国文化要义》,学林出版社1987年版,第139页。
② 郑师渠:《中国传统文化漫谈》,北京师范大学出版社1990年版,第38页。

具,支撑古代中国官僚体系运转的不是关于职业化管理的系统知识,而是发达的伦理道德。在古代中国复杂精细的公共管理结构中,充斥着的是道德知识和践行道德的要求,道德成为官员任命的依据,推行道德或实施道德教化成为公共管理的具体内容。道德指导行政,行政推行道德,官僚组织体系为外骨,道德伦理为肌理。"①这种政治逻辑要求政治人必须是率先垂范的道德引领者,政治人只有通过"修身养性"成为道德人,才能够"治国平天下"。

5. 完善的道德践行机制

传统社会形成了一套系统的道德践行机制,用来实现个体的道德社会化。"中国古代社会有严格的道德践行机制:从形而上的道德合法性的论证说明机制,到有教无类、立德树人的道德教育和考核机制,再到崇贤明、举孝廉的道德推举评价机制,这些都充分展示了中国古代道德践行机制的严密逻辑性。"②它包括:宣扬履行道德规范是符合天道的"天人感应"理论;利用统治者身正为范的感化作用以带动民众的行动效仿;采取循循善诱、有教无类、知行并进、身体力行等道德教育方法;通过推举贤明、孝廉的方式推出社会道德模范并对其进行广泛宣传;对违反道德规范的不忠、不孝、不敬等行为从法律和政治上进行严惩;重视从情感诉求和摆明道理的结合来促使人们信服践行道德的价值;把个人修德与个人的养生联系起来等。

6. 伦理秩序的稳定运行

传统社会立足于自然经济基础,形成了一个具有顽强生命力和持久稳定性的、乃至被认为天然的、不可动摇的伦理秩序。"传统经济形态是以家庭为本位的'自然'经济体制,传统道德体系是家庭为伦理范型和亲亲为道德本位的'自然'伦理精神。传统经济的特征是自给自足,传统道德体系和伦理精神的特征也是自给自足。两种'自然'的锁合,形成传统道德体系与传统经济形态的'超稳定''适应'……曾经造就了中国传统社会的繁荣与辉煌。"③

① 黄小勇:《传统社会的道德化行政及其当代影响》,《中国行政管理》2010 年第 12 期。

② 陈力祥:《中国古代社会道德践行机制及其当代价值探析》,《道德与文明》2010 年第 1 期。

③ 樊浩:《道德体系与市场经济"相适应"的价值资源难题》,《东南大学学报》(哲学社会科学版)2005 年第 1 期。

(二) 传统社会内含的道德代价

传统社会的道德文化特质,曾经创造了传统社会的道德文明。但人类社会每前进一步,都是要付出或大或小的代价。就此而言,传统社会的发展史既是一部道德进步史,也是一部道德代价史。

1.道德创设的神秘性

传统社会道德超验的至高地位,建立在对道德的神秘化基础之上。西方中世纪借助于宗教教义,给道德涂上厚重的宗教色彩,打造出绝对的、毋庸置疑的教皇权威。中国传统社会则将道德与天理结合起来,把天说成是"好德恶刑"并能够赏善罚恶的"道德之天",在"推天道以明人事"、"天人合德"等冠冕堂皇的名义下制定出不能违背的道德律令。天的神秘性决定了道德的神秘性和权威性,人们对天的无知、懵懂、敬畏就自然而然演变成对道德的敬畏、对道德权威的膜拜、对道德规范的遵守。"传统社会的文化的中心方面,是传统被看成非常重要的东西。传统不只是被看成某种必须遵循的东西,而且几乎是一种神秘的东西,其中包含着某种神秘的、神圣的成分。……传统的神秘性,在传统名义下权威的合法化,是前现代社会很重要的特点。"①传统社会道德的神秘性使道德与人的现实生活出现割裂,使人们在愚昧、神秘的道德体系中失去理性反思自己道德生活的能力,自觉变成传统道德权威的愚忠者。

2.道德价值的工具性

传统社会宣扬道德观念的神圣,本质上就是把道德作为政治统治的工具。传统社会至高无上的皇权和教权,决定了一切道德规范都应该服务于它、臣服于它,作为它自身合法化的思想文化资源。像中国儒家所主张的"三纲五常",最终也扮演了中国几千年皇权专制制度的合法性资源的角色,成功地掩盖了专制制度本身的暴力、剥削与政治恐怖。"血淋淋的暴力统治是需要儒家温文尔雅的词藻来粉饰的,专制特有的恐怖是需要以儒家的修身养性来抚平的。概言之,具有意识形态权威性的儒家教条渗透于中国几乎所有道德观念和风俗之中而成为中国人的行为基准;作为帝王统治的政治儒术构成皇权统治的思想准则;与法律的混合使用而成为成文法和习惯法甚至潜法律(判

---

① [以]艾森斯塔德:《论传统社会、现代社会和后现代社会》,晓良译,《国外社会科学》1991年第12期。

案的法律外依据）。正是从儒家经典含有的专制文化中,中国皇权专制主义为自己找到了意识形态的'合法性'和'合理性'。"①这当然不仅仅只是儒家伦理学说的悲哀,当道德政治化、政治道德化成为传统社会的常态时,道德本应是感化政治并进而感化社会的手段,却反而被政治利用进而服务了压迫、剥削与暴力,成为统治集团获取、稳固自己利益的手段,这不能不说是道德的异化。

3. 道德主体的依附性

传统社会致力于人们道德素质的提升,却以缺乏理性、自由、独立的道德主体的生成为代价。究其根源,所有专制制度都必然要最大程度地压制人的自由、独立的本性。专制政体的运行,不仅需要暴力和野蛮,更需要利用一元的道德观念和价值观统一规范所有人的思想和行为,并最大可能制约社会主体独立的理性思考能力。不同的是,西方社会对道德主体的压抑采取的方式是强调信仰大于理性,而中国社会所采取的方式则是道德大于理性,社会道德大于个人利益。正如黑格尔所说:"在家庭之内,他们不是人格,因为他们在里面生活的那个团结的单位,乃是血统关系和天然义务。在国家之内,他们一样缺少独立的人格;因为国家内大家长的关系最为显著,皇帝犹如严父,为政府的基础,治理国家的一切部门。"②中国传统社会注重道德修养,实际上也只是通过道德修养来使道德主体归顺于、依附于家族、血缘和宗法的国家制度。"对于中国人而言,任何形态的道德修养都无法脱离其赖以生成的社会生活历史进程——家国一体的社会结构与整体至上的价值环境,使得传统道德修养依附于家国同质的框架之中,在某种程度上成了传达依附性道德理念与塑造'臣民人格'的工具。"③

4. 道德秩序的等级性

与等级森严的专制制度相适应,传统社会的道德秩序也具有等级性。人天生是不平等的,正所谓"天地尊卑,君臣定矣"。"在前现代社会格局中,一个人通过偶然的出生而被抛进等级化社会的一个阶层中。每一个阶层都有一个内在的目的。新生儿被抛进一个特定的、按照目的论建构的世界中,并因此在他或她出生时大体上获得了其命运。"④人们必须安于出身条件,必须遵守

---

①　袁绪程:《中国传统社会制度研究》,《改革与战略》2003 年第 10 期。

②　[德]黑格尔:《历史哲学》,王造时译,北京三联书店 1956 年版,第 165 页。

③　吴昌政、石柳松:《中国传统社会中的道德修养》,《学海》2009 年第 6 期。

④　[匈]阿格尼丝·赫勒:《现代性理论》,李瑞华译,商务印书馆 2005 年版,第 83—84 页。

既定的规范,切不可超越自己的阶层行事,否则就是不正义的,就是不合乎道德的,就是要受到惩罚的。等级秩序大于一切,漫长的传统社会之所以能够维系伦理秩序的长期稳定运行,实际上正是以等级森严的道德不平等性为代价。

5.道德实践的虚伪性

在占主导地位的高调道德下,传统社会实际上上演的是广泛虚伪的道德实践。古代中国建构了相对完美的德性伦理体系,炮制出一套系统的道德规范,社会精英高唱着道德理想的赞歌,极力推崇圣人贤人标准;然而,在私下却广泛信奉卑鄙龌龊的潜规则,成为"伪君子"、"假道学"、"真小人"。"专制制度的基础是暴力。恐怖和谎言是它的派生物。当朝廷推行天下为公、克己复礼,推行忠、孝、仁、义、礼、智、信的一套伦理规范并强迫天生具有自利倾向的臣民接受时,人格分裂成'假、大、空'也就成为专制时代的流行色。讲假话大话套话是官僚的本色;做假账用假称弄虚作假是商人的本色;口是心非阳奉阴违是草民的本色。"①不仅在中国,西方中世纪也是如此,"基督教道德已经成为一种普遍虚伪的东西,再也不能有效地约束信徒们的道德实践,罗马天主教会的教皇、主教、神父和修道院的修士们已经彻底背离了他们挽救世人灵魂的神圣天职,越来越深地涉足于种种卑鄙龌龊的世俗交易中。因此,中世纪基督教文化就不可避免地陷入了深重的自我异化危机之中——它的实践活动已经完全与它的精神原则相分裂和相对立。"②普遍的道德理想与广泛的道德虚伪,共同谱写了传统社会道德状况的合唱曲。

6.道德变革的缓慢性

"在传统社会里,没有民主自由精神,社会关系以血缘和地域为基础,社会结构缺少变化和弹性,国民经济严重依赖古老农业,生产力水平落后,城市化和文化水平十分低下,整个社会孤立、分散、僵化,很少有人了解自己所居狭小之地以外的世界,具有显而易见的封闭性、停滞性、保守性和顽固性,并且表现出持久的韧性。"③道德的进步需要在变革中实现,传统社会形成的这种完备封闭体系,打造出超稳定的社会结构,导致了社会进步的缓慢发展。这种状态一直持续到近代中国,当传统社会无法依靠自身的力量迈向现代社会时,一

---

① 袁绪程:《中国传统社会制度研究》,《改革与战略》2003年第10期。
② 赵林:《中世纪基督教道德的蜕化》,《宗教学研究》2000年第4期。
③ 徐奉臻:《现代性与现代化辨析》,《学习与探索》1999年第1期。

种可怕的外在力量打破了依靠自身不能实现变革的中国传统社会。

（三）传统社会道德状况的启示

对传统社会道德状况的正确分析,可以为我们分析人类社会的发展,为当代中国道德建设提供若干启示。

1. 不能把道德作为评价社会进步的唯一标准

道德进步只是社会进步的一个方面,过度提升道德在社会进步中的地位,坚持道德在社会历史中的本体论,极易导致一种错误观念,即现代社会虽实现了经济的进步,但却导致了道德的堕落,因而,现代社会相对于传统社会并不见得是进步了。这种错误观念美化了传统道德,并以其为唯一标准来评判现代社会。实际上,人类社会的前进往往是以付出一定的道德代价为前提的,而一定的道德代价正是真正的道德进步、社会进步的前提。恩格斯就曾分析过没有阶级的、似乎美好的原始氏族社会向文明阶级社会的历史变更,认为这一过程显示出的是一种既显残酷的历史,但却是社会进步的历史。如果以所谓的理想化道德为标准去评判,从原始社会向阶级社会的"惊险一跳"就不会被认为是进步的一跳;但谁也不能否认"这一跳"确实是人类文明的开端以及社会的进步,以道德作为评价社会进步的唯一标准去否定它,以及去否定传统社会向现代社会的进步发展都是不对的。

2. 不能忽视道德代价在人类社会发展中的负面价值

与过度强调道德相反的另外一种偏激观点是,认为道德代价在社会发展中既然是无法避免的,那就不要把道德问题看得过重,为了追求经济的进步、社会的繁荣,道德代价是不值得一顾的。奥古斯丁在分析辉煌一时的古罗马最终崩溃的原因时提出的观点值得警醒。在他看来,最终摧毁罗马的正是罗马人道德品质的败坏,罗马共和国日益繁华昌盛,公民的传统美德却失去了,人们的道德却沦丧了。"城墙的毁坏是石头和木头的坍塌,而罗马的毁灭是由于他们的荒淫。这里坍塌的不是城墙,而是这座城市的道德品性,他们心中燃烧着的欲火比焚烧他们房子的烈火为甚。"①繁荣社会本身是社会发展的追求,却因道德蜕化带来毁灭性的打击,这恐怕是罗马的统治者所没有想到的。

---

① ［古罗马］奥古斯丁:《上帝之城》,王晓朝译,人民出版社 2006 年版,第 51 页。

可以说,付出一定的道德代价是必然的,但付出过大的道德代价就必然会造成历史的悲剧。过大的道德代价是引起社会变革的重要因子,它可能会带来制度的根本变更;而如果不重视社会道德代价,则甚至会引发整个制度的崩溃。

3.真正的道德进步必须建立在人的理智不断成熟的基础之上

传统社会虽然强调"道德至上",但它忽视的是人类现实生活水平的提高、人类理性智力的发展、人的个性气质的塑造。而当一种社会形态中的道德主体理智发展不成熟、基本的权利得不到保障、道德成为某些特殊利益集团维护自己特殊利益的工具,运行再好的伦理秩序都不能称之为真正进步的伦理秩序。就此而言,现代社会虽然在道德建设方面存在诸多问题,稳定的现代性伦理秩序也没有完全建成,但它追求的基本道德价值理念已经是传统社会所不能比拟的。"现代化社会较之传统社会仍然有着无法比拟的价值优越性,这种优越性集中体现为个人从封建宗法等级制中解放出来所获得的自由权利、独立自主精神、科学理性态度、民主政治生活的价值理念及其制度实践、物质生产活动的高效率、多元的社会生活样式等。"①道德进步、社会进步必须立足于以人为本,建立在人的自由全面发展的基础之上。

4.必须克服道德的伪道德倾向来理解道德的真正价值

传统社会的历史进程表明,所有剥削、压迫、暴力都是在道德的名义下进行的。以道德之名行不道德之事成为传统社会政治统治的惯用伎俩。这一道德悖论的启示在于,不要一提道德,就认为它是道德的,就是良善的,就是美好的,道德本身就有可能是不道德的、非道德的,甚至反道德的,表面的道德论调会掩盖实质的道德压迫,道德会异化人的本真存在,成为阻碍社会进步的反面力量。道德至上主义就是道德异化的表现,就是道德成为统治人的外在力量的根源。道德应该是服务人的现实生活的,是让人的存在更加丰满、更加有意义、更加有价值的,道德的目的是人,而不是相反;伦理价值、道德真理及评价标准并不具有终极意义,人本身才是道德的终极意义、终极目的。

5.必须辩证批判传统社会道德文化以解决现代社会道德困境

面对现代社会出现的各种各样的道德难题,以复兴传统社会道德文化来拯救当代社会道德困局的呼声越来越高,问题是,传统道德文化真有如此非同

---

① 高兆明、李萍等:《现代化进程中的伦理秩序研究》,人民出版社2007年版,第11页。

一般的力量吗？事实上,传统社会的道德文化既有精华,又有糟粕,最容易形成的共识是要取其精华,弃其糟粕,最应该批判的两种态度是传统文化万能论以及传统文化无用论。传统道德文化确实是一份重要的遗产,在重视道德理想、打造道德主体、追求道德政治、稳定道德秩序等方面确实有许多真知灼见,对此应当继承发展。但是,传统道德文化需要重建,需要与现代社会的法律、法规手段结合起来,建立一套道德文化维系与道德理念践行的机制,实现道德从对人的外在规范向关注人的内在品质的转化。

二、西方现代性历史进程中的道德悖论

西方文艺复兴、宗教改革、启蒙运动等重大历史事件开启了世界现代化进程的大门,人类社会由此进入到一个全新的历史阶段,"现代性"同时凝结而成并逐渐被西方乃至全世界各个国家共同采用作为这个时代的"标签"。现代性体现为工业主义、资本主义、市场经济、民族国家、民主法制、科层管理、公民社会等制度体系,内含进步、科学、真理、理性、个体、独立、自由、平等、契约、正义等文化价值观念。它"是一种极其复杂、充满内在矛盾的文明或文化过程,一种悖论式的实践价值取向,一种交织着内在紧张和冲突的存在结构,一种看似透明却又诸多暧昧的生活样式,以及一种夹杂着乐观主义想象与悲观主义情结、确信与困顿的人类精神状态。"①这种矛盾性决定了吉登斯所说的"现代性是一种双重现象",现代性的理念与实践既带来了巨大的道德进步,也一度使现代人陷入到无法摆脱的道德困境。

(一) 瓦解传统与进步神话

"现代性"内含的基本意义是,之前的历史阶段总体上是落后的、黑暗的或者不够进步的,生活在传统社会里的人是受奴役和压迫的,是不自由的、不平等的。人类社会发展到今天,巨大的全方位的社会进步才真正有了可能,光明的前景才真正呈现在人们的面前。现代性因此以"进步"、"革命"、"解放"

---

① 万俊人:《现代性的伦理话语》,黑龙江人民出版社 2002 年版,第 133 页。

作为自己的标语,宣告了人类社会愚昧阶段的结束,宣告了人类作为整个世界的主宰力量,也宣告了束缚人类的宗法超验伦理秩序的终结,宣告了人类道德秩序的革新与进步。现代人能够重新思考自己的生存状态,开始认识到政治伦理秩序可以去除等级化、可以追求平等化、可以更加人性化。西方现代性谋划的最大成就就是使人们对现在充满希望,对未来充满理想,保持积极的、乐观的精神状态。现代性道德充满雄心壮志,它认为可以建构一种放之四海而皆准的道德规范,实现人类社会最为光明的、最为进步的、最为美好的伦理秩序。

现代性所取得的道德知识与道德实践的进步是有目共睹的,但它在谱写进步神话之时留下了败笔,那就是对传统或者说对前现代的彻底否定。现代性为了显示出自己的进步性、革命性,追求与传统社会的割裂。过去不再重要,重要的是现在,更是未来,与传统断裂、瓦解传统成为现代性的内在追求。丹尼斯·贝尔认为:"现代性之本质就是和过去的断裂,它把过去只看成过去,并为了现在或将来将过去一笔勾销。人被责令要更新自己,而不是去延伸存在之巨链。"①马克思对资产阶级时代变革的描述也揭示了现代性瓦解传统之后的面貌:"生产的不断变革,一切社会状况不停的动荡,永远的不安定和变动,这就是资产阶级时代不同于过去一切时代的地方。一切固定的僵化的关系以及与之相适应的素被尊崇的观念和见解都被消除了,一切新形成的关系等不到固定下来就陈旧了。一切等级的和固定的东西都烟消云散了,一切神圣的东西都被亵渎了。"②

斩断与传统的关联既有价值又有缺陷。因为只有打破传统的束缚,使人们从传统的各种锁链中解放出来,才真正有可能寻求人类社会的进步。但现代性在摧毁旧传统秩序的过程中,以现代为中心建构的现代性进步神话对传统的嗤之以鼻,使现代性抛离了传统的道德价值理念,导致现代性在追求全方位社会进步的过程中付出了不必要的代价。传统并不代表落后,当一味否定传统成为现代性的常态时,它必然使传统的伦理秩序、道德权威遭遇"偶像的黄昏",导致现代性伦理秩序难以稳定地得到维系。"现代性不仅需要无情地

---

① [美]丹尼尔·贝尔:《资本主义文化矛盾》,严蓓雯译,人民出版社 2010 年版,第143 页。

② 《马克思恩格斯选集》第 1 卷,人民出版社 1995 年版,第 275 页。

打破任何或所有在前的历史状况,而且也使它本身具有了一种内在断裂和分裂的决无止境的过程的特征。"①现代社会为了宣称进步而向传统挑战,不再依赖传统作为建构文化基础、道德基础的方式,实际上也就阻碍了现代伦理秩序的形成以及人们道德共识的形成,不利于社会道德文明的推进。

现代性以追求人类社会的全面进步作为自己的口号和目标,但这种追求本身就注定了它不能够完全实现。因为人类社会发展的进程不可能没有任何代价地向前推进,现代性道德进步也必然会以牺牲传统精华的道德资源为代价。这正是历史的吊诡。现代性不够完美的实践让人们的现代性美梦惊醒了,现代性的批判与反思伴随着现代性的演变出现了,人们对现代性的进步开始有所保留地接受。建设性后现代主义者大卫·格里芬的话是对的:"现代社会取得了巨大进步,即所谓'进步的神话'。然而,什么是进步?在现代概念看来,现代文明反对过去的迷信,以增长物质享受为己任,不断以技术征服自然,这就是进步。然而,这样就带来了世界和平、自由、幸福和道德了吗?——没有!"②现代性的进步神话并没有在现实中完全呈现,从传统中前进一步是现代性的成就,在自我反思、自我批判中不断完善是现代性下一步的努力方向。从进步神话中走出来,仔细审视现代性的内部矛盾,是走好这一步的前提。

（二）个人主义与主体消亡

瓦解传统、追求进步的现代性,最根本的目标是使人摆脱受宗教、政治、意识形态的蛊惑、操控、奴役的命运,让人真正成为人,成为自由的、独立的主体,而不是从属于自然、奴役于政制、依归于宗教的客体。在"我思故我在"、"人为自然立法"等无比响亮、无比令人振奋的口号下,现代性确实提升了人们认识自然、改造自然以及认识社会、驾驭自我的能动性,使人的实践创造能力得到空前提升,使人的主体独立性牢牢得以确立。人的独立性是现代性得以确立的历史前提,人的解放正是现代性最为重要的承诺,也是它最大的道德正当

---

① ［美］哈维:《后现代的状况:对文化变迁之缘起的研究》,阎嘉译,商务印书馆2003年版,第19页。

② ［美］格里芬:《后现代精神和后现代社会》,谢文郁译,《国外社会科学》1992年第11期。

性。道德进步的前提和根本标志在于主体的觉醒,现代性正标志着这种自觉的、理性的道德主体的成熟。

现代性的这种道德进步,是通过强调个人主体中心地位的个人主义理念实现的。个人而不是家庭、群体或共同体是现代性的最基本单位,现代性把个人作为看待外界万物的基本单位,它坚信"个人"是先在的个人,是先验的存在物,是最原初、最基本的单位。任何其他的共同体,如部落、政府、国家等都有其基础,有其渊源。唯有构成一切共同体基础的抽象的个人,是不需证明、也无法证明的基本单位。个人独立、个人自由、个人自主等是不可动摇、不可更改的准则。个人拥有独立的空间,即有别于公共领域的私人领域,个人在这一领域拥有绝对的主权。密尔指出:"任何人的行为,只有涉及他人的那部分才须对社会负责。在仅涉及本人的那部分,他的独立性在权利上是绝对的。对于本人自己,对于他自己的身和心,个人乃是最高主权者。"①可以说,现代性与个人主体性的倡扬是分不开的,它对于个人主体意识的觉醒、个人权利观念的形成意义重大。

但个人主义理念本身是有问题的,它的实践也给现代性道德带来诸多难题。一方面,个人主义把人毫无例外地界定为理性与欲望的结合体,把用理性来满足自己的欲望需求看作为人为之人的根本特质。潜在隐含的意思是,只要他在理性的指导下、服从理性的秩序,遵守统一的规范和标准,他就是道德的,个人不再要求是道德生命体,个人的美德也不再被推崇,这就一定程度上把道德与人的存在的内在关联给打断了。另一方面,个人主义从根本上抽象掉了个人的社会现实性,似乎个体是能够从社会中分离出来的、能够抽象性存在的人,它可以脱离与自然、与他人、与社会的关系,这就容易造成社会的碎片化而导致个体的孤独感和失落感,而一个孤独的个体必然是道德冷淡与道德麻木的。社会联系的纽带被打断,个体所建构的自我必然是孤独的,所建构的社会必然是碎片化的。关注自我,没有问题;但将伦理秩序与道德判断建基在自己的感觉、感性、生命、体验之上,以此作为判断道德的标准,完全以那个孤独的自我感觉来判定价值观念,则明显是有问题的。

更为严重的问题是,现代个人主义所隐含的意识是力图使人不仅成为自

---

① [英]约翰·密尔:《论自由》,程崇华译,商务印书馆 1979 年版,第 10 页。

然的主人,还要成为社会、政治、宗教力量的主人。现代性不是把自然、环境看作是具有与个人有天然联系的,而是看作是能够被征服和利用的外界力量,它也不是把个人看作是社会、历史中的人,而是人为地将这种纽带撕裂。"'现代性'道德既缺少过去的逆向意识(时间不可重复),也缺少将来的意识(未来不可合理预期)。现在就是一切。这种即时的价值取向,同时意味着对自然环境和生态的价值忽略。或者确切些说,'现代性'道德只注意自然生态的工具性价值及其有效利用。它既缺乏完整的人格认同(常常遗忘心性的内在目的或个人美德),也缺乏充分的群体认同(常常忘记'他人'),亦缺乏真正普遍的生命认同(常常忘记人类以外的存在者)。"①也就是说,现代性只相信人类自己,只相信解放了的现代个人,必然是过度夸大个人的元主体地位,造就人类的狂妄自大。在塑造个人主体意识之时,现代性很容易塑造出"猖獗的个人主义"、"没有限制的自我",从而使现代社会面临(强)人类中心主义与极端个人主义的威胁。

作为现代性道德基础的个人主义需要深刻反思,反思的前提是重新理解个人主义所蕴涵的个体、主体概念。一些西方思想家为此在尼采宣布"上帝死了"之后,提出了"人之死"、"作者之死"、"主体之死"等口号,力求避免对主体的宣扬所可能导致的"现代主义那种主人式的主体"以及"中心——边缘"二元对立境况的出现。人类、个人、主体当然不会消亡,消亡的是自大的、狂妄的、以己为中心的人类、个人、主体,重新复活的是与自然、社会天然联系的、对他者富有责任意识的人类、个人、主体。马克思关于人的理念是重要的资源,他正确地指出:"首先应当避免重新把'社会'当作抽象的东西同个人对立起来。个人是社会存在物。因此,他的生命表现,即使不采取共同的、同其他人一起完成的生命表现这种直接形式,也是社会生活的表现和确证。"②现代性要想走出个人主义的道德困境,必须重塑的理念是"人是社会关系的总和",他是自然中的人、社会中的人、历史中的人,他对自然、社会、历史富有不可推卸的责任和义务,他应该是关心自然、关心社会、关心历史的"道德生命体"。

---

① 万俊人:《现代性的伦理话语》,黑龙江人民出版社 2002 年版,第 138 页。
② 《马克思恩格斯全集》第 42 卷,人民出版社 1979 年版,第 122—123 页。

（三）经济至上与伦理式微

现代性区分于传统社会的基础性表征是经济力量的彰显、经济秩序的崛起以及经济生活的显著地位。资本化、工业化、市场化、商品化、科技化是现代性的主要因素，它以资本主义作为发动机，作为"近代生活里决定命运的最关键力量"（韦伯语）；它把工业作为主导型的产业形态，以工业主义方式生产出大规模琳琅满目的商品；它把市场经济作为社会的经济基础，把交换关系作为基本的交往形式；它把科学技术作为最基本的工具，充分相信科技具备改造一切的力量。资本主义带来了社会生产力的突飞猛进，促使了人们理智的迅速成长；可以说，资本主义为人类道德的进步积聚了雄厚的物质基础以及智力基础。

但它也只是提供了基础，并不意味着现实。资本主义的运行开辟出经济作为现代社会的主要特征，它把经济秩序的正常运行作为制度发展的前提，而不是强调伦理秩序的优先性；它把人们经济生活的舒适、愉悦与享受作为追求，而缺乏对人们道德生活的高度关注，先天地隐含着经济力量决定一切、伦理道德力量相对无力的危险。它确实带来了进步，但也付出了代价。马克思曾对此提出了犀利的批判："资产阶级在它已经取得了统治的地方把一切封建的、宗法的和田园诗般的关系都破坏了。它无情地斩断了把人们束缚于天然尊长的形形色色的封建羁绊，它使人和人之间除了赤裸裸的利害关系，除了冷酷无情的'现金交易'，就再也没有任何别的联系了。"[1]"总而言之，它用公开的、无耻的、直接的、露骨的剥削代替了由宗教幻想和政治幻想掩盖着的剥削。资产阶级抹去了一切向来受人尊崇和令人敬畏的职业的神圣光环。它把医生、律师、教士、诗人和学者变成了它出钱招雇的雇佣劳动者。"[2]

认真分析现实会发现，资本主义所确立的经济秩序、经济原则、经济制度确实改造了社会成员之间的关系，封建制的等级关系、宗法关系等伦理关系被摧毁，是历史的进步；但一种先进的伦理关系并没有建构成形，反而被资本主义、市场经济的经济关系所渗入与主宰。经济作为社会发展的不是最重要的也是关键性的标尺，成功实现了与政治、文化、社会的分割并牢牢地获得了"经济帝国

---

① 《马克思恩格斯选集》第 1 卷，人民出版社 1995 年版，第 274 页。
② 《马克思恩格斯选集》第 3 卷，人民出版社 1995 年版，第 248 页。

主义"地位,经济秩序不仅彻底地摆脱了传统伦理、文化、价值观念的束缚,而且使其他的在人类社会秩序维系中起着重要作用的因素,如政治、宗教、伦理的力量被削弱了。尤其是伦理的力量成为可以被忽略或者被否定的因素,现有的伦理规范也必须服务于经济秩序,根据经济规范和经济原则来制定。比如,资本主义的经济秩序以私人财产保护为基础,伦理道德也把最大可能地保护私有财产作为公平正义的前提。而资本强烈的竞争与扩张本质必然带来社会不平等的加剧,使强者更强,弱者更弱。这几乎是现代社会无法解决的难题。

最为可怕的是,资本主义经济原则会凭借着经济力量的强大渗透到所有的社会领域,让经济秩序成为社会秩序,让经济力量或资本力量成为社会的主宰。它为此力求把现有的一切事物都尽可能变成资本的要素,也试图把这一切事物都变成商品,它要求把市场经济的交换或买卖关系变为最基本、最核心的人际关系,它要求所有成员都以占有尽可能多的商品和财富作为人生的目标,它要求把消费主义、享乐主义、奢侈主义作为社会流行的价值观。它让人们忘记人之为人的本质和人生的真正目标,它要把人与占有财富的数量结合起来(即占有的东西越多,越能成为真正的人),它把无止境地追逐财富或者说营利看作为人生的根本目的。"营利变成人生的目的,而不再是为了满足人的物质生活需求的手段。对于人天生的情感而言,这简直就是我们谈到的'自然'事态的倒错,毫无意义,然而如今却无条件地公然成为资本主义的指导纲领,正如尚未触及资本主义气息的人所会感到的那样的陌生。"①如何打破资本主义目标与手段的颠倒,让资本力量服务于社会和人的真正目的,是现代性留给我们的又一难题。

(四)民主政治与极权主义

现代性的政治表征是民族——国家的生成实践与民主政治理念的深植人心。民族国家确实是西方现代性的产物,霍布斯、洛克、卢梭等社会契约论者为现代民族国家的生成提供了充足的理论合法性论证,现代人滋生了强烈的民族意识、国家认同,确立了自己的国民身份、公民资格,找到了政治国家的归

---

① 〔德〕马克斯·韦伯:《新教伦理与资本主义精神》,康乐、简惠美译,广西师范大学出版社2010年版,第30—31页。

属感。在民族国家的制度设计中,民主、平等、博爱、自由、公平、正义这些价值虽然并未得到公认的、完整的、清晰的界定,但却成为占据政治领域中心舞台的代表性词汇。政治统治不仅应该具有合法性,而且还应该具备合理性以及合德性。相对于传统社会的专制统治,这是现代性政治道德化的重要表现,是人类社会政治文明发展的重大成就。

现代民族国家意识及其实践在推动政治道德化的历程中并不是一帆风顺的。狭隘的、偏激的现代民族主义、国家主义隐藏着深层次的"敌人假设"或"对抗政治"逻辑,包裹着向内团结、向外对抗的根本精神维度,在鼓吹自我民族的历史、文化、语言中难免会塑造出本民族国家的中心意识,并会产生对其他国家或民族的对立或蔑视意识,因而成为现代人类战争的根源之一。正是在民族利益、国家利益的名义下,现代性的道德政治承诺遭遇了史无前例的灭绝人寰,两次世界大战造成人类社会规模空前的大屠杀,反犹主义大行其道,帝国主义横行,军国主义肆虐,极权主义泛滥,死亡集中营的营造,核毁灭的威胁,将人性的残忍和人道主义的无力显示得淋漓尽致。

民主政治的理想也没有在民族国家内部得到令人满意地实现。民主制度实践争议不断,代议制民主、选举民主等现代民主形式越来越显示出贫乏和无力,越来越受到来自不同层面的批判和指责。反倒是行政管理的"官僚制"/"科层制"(bureaucracy)运作得越来越科学,越来越成为普遍通行的社会政治组织制度形式。韦伯指出:"没有任何时代、任何国家,有如近代西方那样,让生活上的政治、技术与经济等基础条件,也就是我们的整个生存,如此绝对而无可避免地落入受过训练的专家所构成的官僚组织的罗网下……"①行政管理的官僚制/科层制对于现代政治乃至社会的运行已然具有不可或缺的意义,但它使现代性的道德政治承诺大打折扣。鲍曼正确地指出,理性的官僚体系用纯粹技术性的、道德中立性的方式刻板地追求效率,要求把人们的专业知识、技能、创造力和奉献精神甚至个人动机最大限度地动员起来,必然会抹杀道德个体的道德选择,生产出道德冷漠和道德盲视的个人。② 最可怕的是,

---

① [德]马克斯·韦伯:《新教伦理与资本主义精神》,康乐、简惠美译,广西师范大学出版社2010年版,"前言"第3页。

② 参见[英]齐格蒙·鲍曼:《现代性与大屠杀》,杨渝东、史建华译,译林出版社2011年版,第136页。

这种忽略道德因素考量的组织体系能够更好地服务于残酷的、卑鄙的目标,给人类社会带来难以磨灭的伤害。

现代性的历史实践证明了最惨无人道的目标是如何在理性、科学的或者还有点民主色彩的科层体系中干成的。在鲍曼看来,现代性官僚/科层体系与大屠杀是有密切联系的,"官僚制度文化是大屠杀主张得以构思,缓慢而持续地发展,并最终得以实现的特定环境"①。官僚制度下的人已经不再是人,而只是被管理的客体化的非人的对象,进行屠杀也只是对其修葺以利于其更好地成长。国家社会管理的工程化、科学化趋势以及道德中立的理性计算精神,共同使得大屠杀成为合法的甚至合乎道德的社会集体行动。大屠杀正是现代性本身的固有可能事件,正是现代性宏伟设计进程中不可或缺的一部分。他的结论当然过于激进,但能给我们提供反思现代性政治的启示。良善政治理念的追求在官僚制体制下走向了专制主义、极权主义,人类为追求政治文明的进步付出的代价之大,令人瞠目结舌。

人类社会如何避免在推进政治道德化的宏伟事业中尽可能少地付出代价,是现代性政治反思的关键问题。在《极权主义的起源》一书的序言中,阿伦特写了一段富有总结意味的话:"反犹主义(不仅仅是仇视犹太人),帝国主义(不仅仅是征服),极权主义(不仅仅是专政)——一个接着一个、一个比一个更野蛮,这说明人类尊严需要一种新的保障。这种保障只有在一种新的政治原则、在一种新的世界法律中才能找到。"②新的政治原则、新的世界法律的建构,当然不是易事。因为古往今来的人类社会一直希望建构出能够切实保障人的尊严的政治原则、法律体制,但却总没能够实现。现代性政治谋划的失败告诉人们,政治理念、政治组织、政治体制不是目的,不能为了理念、为了组织、为了体制而牺牲个体,因为理念、组织、体制一旦建立,并不意味着它一定能够服务于人类社会,人也不一定就能够任意地支配它、改变它,它本来应该服务于人,却可能会异化于人,成为支配人、控制人的外在力量。人是目的,不是实现某种政治理念、完善政治组织和政治体制的手段。这可能是建构新的政治原则的前提。

---

① [英]齐格蒙·鲍曼:《现代性与大屠杀》,杨渝东、史建华译,译林出版社2011年版,第24—25页。

② [美]汉娜·阿伦特:《极权主义的起源》,林骧华译,三联书店2008年版,第3页。

（五）宗教祛魅与信仰虚无

现代性瓦解传统的独特标志是宗教的祛魅化和神学信仰的衰退。黑暗的中世纪是宗教信仰高于一切的世纪,宗教对道德具有绝对的统治地位,这几乎使西方道德发展受到窒息,使西方人的道德自主意识崩溃。现代性终于摆脱了宗教神学的束缚和支配,在中世纪曾有"科学女王"美称的神学在现代世界中失去了恩宠,人们对先验的上帝能否解决现实问题有了怀疑,他们崇尚现代的科学世界观,认为超验的、没有经过科学确证的东西都该被摒弃,只有科学才能够解决宗教所留下的神秘和未知。面对宗教神学所设置的禁区,现代性勇敢地迈了进去,它要让人们的求知欲彻底发挥出来,"启蒙文化用理性和理智的梯级建构了通往天国之城的阶梯。人在攀登过程中会将恐惧、怀疑、神秘和未知留在身后。新的人类学取代了旧的自然神学,这就是进步。"①现代人也不想用一种超自然的力量、先验的价值来支配自己的道德意识和行动,他们追求世俗化的生活方式,相信凭借自己的努力能够找到人生的价值、目标、意义,解决遭遇的矛盾和困境,实现社会的和谐与个人的幸福。

尼采的"上帝死了"那句振聋发聩的口号驱逐了上帝,似乎一切都有可能的社会到来了,但一切都有可能的社会对现代人来说并不一定就是最理想的社会,也更不是道德秩序得以完美构建的社会。宗教力量在现代性进程中的衰微有两重性,好的方面当然是阻挡人理性成熟的桎梏的消解,人的自由原则战胜一切宗教束缚,现代人无须背负太多的神圣负担;坏的方面是亵渎了神圣力量,使人类社会的进步付出了代价,使人们在没有道德权威的情况下无所适从或各行其是。美国学者黑尔用"道德缺口"来解释这个现实:"西方文化中有一套传统的、有神论的信仰和实践,道德以此为背景而具有意义。如果抛离了有神论,那么道德就不能够再按以往的方式具有意义。这种道德特征就是所谓的'道德缺口'(the moral gap)。"②传统伦理的载体被破坏,道德权威从宗教走向世俗,这一转变所形成的道德缺口需要填充,因为正如贝尔所说:"每个社会都想要建立一套人们靠之能将自己与世界联系起来的意义系统。……这些意义存在于宗教、文化和工作中。这些领域内意义的丧失造成

---

① ［美］丹尼尔·贝尔:《资本主义文化矛盾》,严蓓雯译,人民出版社 2010 年版,第 341 页。

② ［美］约翰·黑尔:《西方文化中的"道德缺口"》,王晓朝译,《学术月刊》2003 年第 4 期。

一系列理解的缺乏,这种缺乏让人们无法忍受,迫使他们尽快地去寻求新的意义,以免只剩下虚无感或空虚感。"①

现代运动、现代文化在驱除传统宗教道德之时并没有无缝对接地建立一套行之有效的"意义系统"。"社会行为的合法性从宗教转变成了现代主义文化。随之而来的,是从对'性格'的强调,转变成对'个性'的强调,前者是道德编码和守纪目标的合一,而后者通过寻求个体差异来提升自我。"②贝尔的分析是对的,现代性将自我作为文化鉴赏的试金石,坚持审美的独立性和主观化,更看重新的和实验性的东西,带来的是反对道德规范的反律法主义的蔓延,从而不可能建构超验的道德规范,也不可能向现代人的性格结构、工作和文化提供一套终极意义。归根结底的根源是:"现代性的真正问题是信仰问题。用一个不时兴的话来说,它是精神危机,新的支撑点已经被证实是虚幻的,而旧的铁锚也已沉落水底。如此情势将我们带回到虚无主义;没有过去或未来,只有无尽虚空。"③这是现代性在摧毁蒙昧、神秘、未知的宗教之后出现的后遗症,一种道德文化的虚无主义出现了,一种信仰的虚空出现了,一种无意义感、无价值感萌芽了。吉登斯说过:"在现代性背景下,个人的无意义感,即那种觉得生活没有提供任何有价值的东西的感受,成为根本性的心理问题。"④现代性与心理疾病、精神疾病、信仰疾病、伦理疾病天然地携手出现。在面对信仰缺失、精神虚无的困境中,如何建构一种存在的意义系统,道德理想价值体系该如何建构? 我们能够"通过复兴传统信仰来拯救人类"吗? 我们能找到新的不同于宗教的精神吗? 这当然是令人苦恼的、似乎现在还难以找到答案的难题。

(六) 科技理性与规范虚妄

现代性试图用科技理性代替宗教信仰,创构了新的精神、新的意义、新的

---

①　[美]丹尼尔·贝尔:《资本主义文化矛盾》,严蓓雯译,人民出版社 2010 年版,第159 页。

②　[美]丹尼尔·贝尔:《资本主义文化矛盾》,严蓓雯译,人民出版社 2010 年版,"1978 年再版前言"第 16 页。

③　[美]丹尼尔·贝尔:《资本主义文化矛盾》,严蓓雯译,人民出版社 2010 年版,第 28 页。

④　[英]安东尼·吉登斯:《现代性与自我认同》,赵旭东等译,三联书店 1998 年版,第9 页。

伦理规范。宗教对科学探索的限制被取消了,科技的无限进步不再被看作是狂妄自大,现代性为科学技术的发展扫清了障碍,它无限追求现代科技,把科技作为解决所有问题的基本工具,相信现代科学技术的神奇力量,一切发展都需经过科学的推动,一切问题都能经过技术来解决。科学技术所推动的人类社会进步既体现在显著的生产力水平提高以及经济社会发展上,也体现在人们理性思考能力和理性精神的打造上。科学技术的实质是人的理性精神的彰显,是人们认识世界和思考真理方式的改变。就此而言,韦伯意义上的现代化就是理性化,现代性就是合理性,揭示出了现代性的真谛,也能够表征出现代性的进步性。现代性规划观念"就是要把许多个人自由地和创造性地工作所产生的知识的积累,运用于追求人类的解放和日常生活的丰富。科学对自然的支配使摆脱匮乏、愿望和自然灾害肆虐的自由有了指望。合理的社会组织形式和理性的思维方式的发展,确保了从神话、宗教、迷信的非理性中解放出来,从专横地利用权力和我们自己的人类本性黑暗的一面中解放出来。只有通过这样一种规划,全人类普遍的、永恒的和不变的特质才可能被揭示出来。"①科学代替了宗教,宗教失去了它在解释世界中的支配性地位,科学则重新占据了这个位置,行使着解释世界的职能。

科学成为现代性的支配性世界解释的唯一力量,渗透到生活的所有领域和方面,渗入到人们如何建构道德知识、伦理规范中去。匈牙利著名哲学家赫勒断言:"在现代性中只有一种支配性的想象机制(或世界解释),这就是科学。技术想象和思想把真理对应理论提升为唯一支配的真理概念,并因此把科学提升到支配性世界解释的地位。因此我们现代的'世界图景'作为整体是由作为意识形态的科学所造就的。"②科学的意识形态体现在现代性伦理方面,相信只有经过科学化的道德知识才是可能的道德知识,经过科学验证的道德规范才是应该遵循的道德规范,而且它坚信人的理性能够造塑出普遍的、科学的、放之四海而皆准的伦理规范,从而更好促进人们对世界、自我、道德进步、制度公正甚至人类幸福的理解。

问题在于,人们真的能够找到这种伦理学法典吗?现代性伦理的执着是

---

① [美]哈维:《后现代的状况:对文化变迁之缘起的研究》,阎嘉译,商务印书馆 2003 年版,第 20—21 页。

② [匈]阿格尼丝·赫勒:《现代性理论》,李瑞华译,商务印书馆 2005 年版,第 104 页。

否能换来最终的成功？至少到现在为止，我们没有看到成功的迹象，反倒是看到统一伦理规范的越发不可能性。现代性的发展实践证明：试图去找到无矛盾的、非先验的伦理学法典是狂妄，试图通过建构普遍伦理规范约束个人行为也注定失败。现代性伦理的努力方向也出了问题："遗漏了在道义上真正道德的东西。它把道德现象从个人自治的领域转换到靠权力支持的他治领域。它用可习得规则之知识代替由责任组成的道德自我。它把在以前应采取道德立场时曾经是他者和道德的自我良心的责任转给了法典的制定者和守护者。"①真正支撑道德的是道德个体的道德自治，外在道德规范的建构只是手段，如果把手段当成目标，积聚力量去追求外在道德规范的建构，那就是用错了方向。正如万俊人所总结的那样："现代性道德的痼疾在于对同质化或齐一化理性法则或普遍规范的迷恋。不幸的是，当这种规范伦理失却人类内在美德资源的支撑时，规范伦理的迷恋就会蜕变为一种纯规则主义的、甚至是律法主义的现代性偏执，成为缺乏内在价值动力和人格基础的纯'概念图式'，而非真实有效的道德价值资源。"②当现代社会逐渐不再谈论个人的美德、崇高的境界之时，伦理规范的空洞性、形式性、无力性就越发明显。

　　当然不能完全否定现代性的努力。科技理性的普遍精神追求，把人的理性确立为至高无上的信仰，起到的积极作用是让现代之人摆脱过去那种愚昧的、幼稚的伦理规范和伦理义务。它的解构、摧毁是成功的，但它的建构不能称为成功。究其根源在于科学理性占据了上帝的宝座，科学理性成为新的立法者，科技理性成了绝对的支配者，但它并不是人类生活的全部和人的真正本质，对科学理性的盲目推崇会导致人性的压抑和人的本质的丧失。"在理性规则、更好的秩序、更大的幸福的名义之下，（现代理性之梦）已经对人性（并且通过人性）犯下了最大的罪行。"③现代性反对一切不能经过科学检验的东西，反对一切经不起理性推敲的价值。现代性企图用一种世俗化的、理性化的科学精神来让人们重塑信仰，重建道德价值体系，但是它失败了。靠科学、靠技术、靠理性能够解决若干问题，但解决不了伦理道德、人生意义、全面进步的

---

　　① ［英］齐格蒙特·鲍曼：《后现代伦理学》，张成岗译，江苏人民出版社2003年版，第14页。

　　② 万俊人：《现代性的伦理话语》，黑龙江人民出版社2002年版，第28页。

　　③ ［英］齐格蒙特·鲍曼：《后现代伦理学》，张成岗译，江苏人民出版社2003年版，第280页。

问题,科技机器的能量不能通往无限的目标,不能替代所有的伦理价值,不能填充人的精神生活。

现代性是以促进人类社会的全面进步和个人的彻底解放走进历史舞台的,它为此推崇进步的前景、社会的世俗、个人的价值、科学的功用、理性的精神、经济的发展、民主的政治。反思现代性,绝不能忽视西方现代性对整个人类社会发展进程的推动作用,不能忽视它给人类社会的道德进步带来的前所未有的进步。但现代性本身的矛盾特质以及它的不成功的实践,最终使其没有完成它的承诺,它并没有像它宣称得那样一劳永逸地解决进步和解放的问题,最具道德进步意味的现代性也变成了充满道德问题的现代性。就此可以说:"我们有充分的理由去质疑道德进步的现实,尤其是对现代性主张推动的那种道德进步进行质疑。"①但质疑现代性的道德进步,并不能因噎废食,将现代性理念批得体无完肤,甚至认为现代性在人类解放的名义下重构了一套普遍压迫和奴役的体系,将对人类道德进步有举足轻重作用的现代性说成是社会道德败坏的罪魁祸首。现代性反思、现代性批判不是否定现代性,而是既要看到现代性理念和实践的成就,又要看到其所付出的代价,对现代性弊端保持足够的关注,让现代性的理念更为普遍地被接受,让现代性的缺陷得到最大限度地弥补,让现代性的实践更加完善,使其真正服务于人的生存发展以及社会的良善运行。

三、中国现代化建设进程中的道德变革

现代性起源于欧洲,现代化开始于西方,但现代化并不等同于西方化,不同国家的现代化总会彰显出不同的特色。中国的现代化是世界现代化进程中的一部分,有共性,也有特殊性。自清朝末年的鸦片战争开始,中国现代化可以划分为三个历史阶段,即被动现代化阶段(1840—1949)、现代化最初探索阶段(1949—1978)以及中国特色的现代化建设阶段(1978年至今)。在这三个不同的历史阶段,中国的伦理道德发生了显著的深刻变化,呈现出一副中西道德、新旧道德碰撞的复杂历史画面,图绘出一条从传统道德的批判否定到现

① [英]齐格蒙特·鲍曼:《后现代伦理学》,张成岗译,江苏人民出版社2003年版,第268页。

代道德的理性构建的主线。

（一）被动现代化与中西新旧道德的激烈交锋

中国直到 19 世纪中叶才开始了所谓的现代化进程,在时间上远远落后于文艺复兴所开启的西方现代性。中国的现代化并不是发自社会内部的主动的自我觉醒,而是受外力的推动被迫进行的救国之路的衍生品。鸦片战争一声炮响,给中国带来了无尽屈辱,也带来了近代文明。受"极卑鄙的利益所驱使的"西方列强对中国的侵略充当了马克思所说的"历史的不自觉的工具"①,以其坚船利炮打开中国的国门,促使中国传统社会开始向现代化社会迈进。而这一进程,是以极其惨痛的代价为前提的。

外来力量的冲击使中国改变了闭关锁国的停滞状态,进入到世界现代化的行列中,为道德进步创造出有利的外在环境。中国悠久的历史曾经创造了灿烂辉煌的农业文明,但由此形成的天朝上国目中无人的高傲心态,却导致近代中国在封闭的社会环境中几乎停滞了发展的步伐,尤其是没能抓住工业革命带来的发展机遇,最终落后于世界发展的潮流。当欧美国家都已经进入到工业革命的现代化阶段时,中国的停滞状态依然没能通过内部力量来打破,社会的各个方面依旧如故。正是外来侵略打破了中国社会的鼾睡,这头睡狮从梦中醒来,开始意识到自身已经错过了发展的机会而在世界上落伍了,要救亡图存,迎难而上,奋勇直击,中国社会发展质的飞跃才有可能。

近代中国通往现代化的进程充满曲折,它必须痛苦地扬弃传统文明,低下高昂的头,屈身学习西方文明以建构现代文明。面对梁启超所说的"三千年未有之大变局",它深刻地认识到"天朝上国"无论是技艺、制度还是文化价值观念都存在问题,中国必须低下头来向侵略自己的资本帝国主义学习。洋务运动、戊戌变法、辛亥革命与新文化运动都是标志中国应对西方列强、向西方学习以走向现代化的标志性事件。从鸦片战争时期"师夷之长技以制夷",戊戌变法时期"统筹全局而全变之",到孙中山辛亥革命提出的"三民主义",再到"五四"运动时期打出的"德先生"与"赛先生"的科学、民主旗帜,明显可以看出这种学习经历了从最显层的西方工业技术器物,到西方政治经济制度再

---

① 《马克思恩格斯选集》第 1 卷,人民出版社 1995 年版,第 766 页。

到西方文化价值理念的转变,最终汇聚而成涉及经济政治文化各层面的全方位的学习。尤其是随着西方文明的输入,越来越多的人认识到归根结底是要学习西方的价值理念,包括西方的新道德;而且要真正学习到精髓,就必须打破中国传统的道德文化,用创新的新道德实现救亡图存,最终实现中国社会的全面进步。

打破旧道德、建立新道德逐渐成为时髦的口号,传统伦理观念必须向现代化伦理观念转变,成为这时特有的道德发展标志。梁启超在其《新民说》中对传统道德展开了猛烈轰击,提出了通过"道德之革命"建立"新道德"的主张。胡适则认为,"新文化运动的根本意义是承认中国旧文化不适宜于现代的环境,而提倡充分接受世界的新文明"①,他提出了要承认"物质上不如人"、"机械上不如人"、"政治社会道德不如人",要"重新估定一切价值",对传统道德进行重新评判。陈独秀则号召国人从旧有伦理中觉悟过来,并断言"伦理的觉悟,为吾人最后觉悟之最后觉悟",这种觉悟要依靠"德先生"和"赛先生"。"西洋人因为拥护德、赛两先生,闹了多少杀事,流了多少血,德、赛两先生才渐渐从黑暗中把他们救出,引到光明世界。我们现在认定只有这两位先生,可以救治中国政治上道德上学术上思想上一切的黑暗。"②"要拥护那德先生,便不得不反对孔教、礼法、贞节、旧伦理、旧政治;要拥护那赛先生,便不得不反对旧艺术、旧宗教;要拥护德先生又要拥护赛先生,便不得不反对国粹和旧文化。"③

这种激进的反传统、告别传统道德文化的作用是两面的。一方面,它确实有利于摧毁日渐成为中国社会发展桎梏的旧道德,改变浓厚的道德自大狂情绪与盲目自大、坐井观天的传统伦理中心主义,去理解西方现代道德文化的价值,借鉴汲取各个国家所取得的道德文化成就,以树立现代伦理观念,建立现代伦理秩序。近代思想家认识到:"中国要想富强,就要打掉自己在道德上过分的优越感,以公平而理智的态度对待西方道德,用自由、平等、博爱的新道德

① 罗荣渠主编:《从"西化"到现代化》,北京大学出版社1990年版,第13页。
② 袁伟时编著:《告别中世纪——五四文献选粹与解读》,广东人民出版社2004年版,第164页。
③ 罗荣渠主编:《从"西化"到现代化》,北京大学出版社1990年版,第5页。

来改造中国的宗法等级伦常。这一切,有助于破除华夏道德第一的幻象。"①
这一幻象的破除,实际上也就为摧毁等级制的君主专制集权制度的伦理秩序
奠定了思想基础,传统伦理秩序就此在悲剧性的历史进程中土崩瓦解。摧毁
旧秩序,才能建立新秩序。摧毁旧道德秩序,中国的道德变革与道德进步有了
现实的可能性,这是这个时代所取得的道德进步。

　　另一方面,新旧、中西道德的交锋决定了中国道德进步绝不是一帆风顺
的,旧道德的摧毁、新道德的形成注定要经历痛苦的煎熬过程、苦苦的求索过
程,新旧道德对立、以新代旧过程必定要付出一定的代价。为了新道德的建
立,在驱除旧道德文化糟粕的同时也会抛弃它的精华,在吸收新道德价值理念
精华的同时也会囊括进它的糟粕。这尤其表现在新文化运动对传统道德文化
的过度否定或极为残酷地摧毁,对西方道德价值不加批判地过度认同上。
"全盘西化"、"充分西化"、"充分世界化"、"根本上西化"的口号颇受青睐,必
将造成中国传统道德文化无任何价值的巨大错觉,从而使国人陷入对中华民
族文明的深深怀疑之中,而失去了新道德建构的民族传统根基。中国传统文
化已经深入人心,根深蒂固,试图把它连根拔起、斩草除根,最终只会伤及自
身。道德文化的现代化是不能没有传统民族文化的支撑的,新道德的建立是
要通过改造旧道德来实现的,期冀一种外来的文化价值理念对传统文化进行
全方位地大清洗是断然达不到目标的。

　　万俊人指出:"'五四'新文化运动对传统道德的激烈批判和否定是可以
理解的,自有其历史的理由。但它告别道德传统的方式却是值得反省的,其文
化后果也令人忧思。告别传统的真正含义应当被理解为超越传统文化和传统
道德的既定价值观念框架,通过理性的批判重构,实现其由传统向现代的创造
性转型,而不是斩断文化和道德的传统命脉。道德的传统不等于传统的道德,
前者可以且必须在自我更新和自我调适中求得延伸和发展,是一个民族和社
会的文明与文化得以生存和发展的精神支柱;而后者则应当随着时代生活状
态的改变而不断地自我更新和自我调整。同时,由此所实现的传统更新,也并
不是一味把传统的道德当做僵死的陈迹而简单摒弃了事,而是有选择的保存
和扬弃。道德传统的生长过程应当是传统道德的更新和再生过程,其生命力

---

①　杨通进:《中国伦理道德观念的近代转型及其局限》,《贵州大学学报》1991 年第 4 期。

源于这种更新和再生过程中道德资源的积累和转化(为社会有用之精神文化资本)。"①以史为鉴,构建现代性的道德秩序,必须以民族传统文化为根基,必须根植于传统社会的道德理念、道德知识的批判继承,致力于思考传统文化的现代转型,当然也必须以其他优秀的民族文化为营养,批判地引入西方文化的养料。通古博今、学贯中西,正是避免付出过大的道德代价,顺畅建构现代伦理秩序的要诀。

(二) 现代化最初探索与理想革命道德的挫伤

1949 年,中华人民共和国宣告成立,标志着中国独立的、自主的现代化建设真正有了可能。但摆在新中国面前的不是铺设好的康庄大道,而是一穷二白的国情基础和西方国家的敌视封锁。以苏联为师,中国建立了高度集中的计划经济体制、高度集权的政治体制以及同质化的文化意识形态,最大限度地动员了全国力量投入到现代化建设中,为实现国家的繁荣强大奠定了一定的物质基础与根本的制度前提。然而,对社会主义的极左认识,对应体制的固有弊端,使中国的现代化事业发展受到重大挫折。尤其是在 1956 年完成对农业、手工业和资本主义工商业的社会主义改造后,社会主义现代化的中心任务变成了"思想革命"、"文化革命",一波又一波的思想道德文化改造运动陆续登上舞台:1957 年的"整风反右",1958 年的"三面红旗",1960 年年初开始的"防修反修",1966 年至 1976 年的"文化大革命"。以"文化大革命"为代表的这些运动使中国现代化建设付出了惨痛的道德代价,使"社会主义的道德风尚受到了严重的损害"②,"'文化大革命'最深刻的惨重教训,在于其影响深远的消极的反文化后果和非道德化后果,它比社会经济和政治上的教训要深刻得多,深远得多"③。

1.极端的道德人格追求与扭曲的道德理想主义情怀

在完成社会主义三大改造以后,新中国开始把思想道德文化领域的社会主义改造作为接下来的任务。这种考虑似乎说得通,也就是说,不仅要在制度

① 万俊人:《世纪回眸:"道德中国"的道德问题》,《天津社会科学》2001 年第 3 期。
② 《邓小平文选》第二卷,人民出版社 1994 年版,第 177 页。
③ 万俊人:《世纪回眸:"道德中国"的道德问题》,《天津社会科学》2001 年第 3 期。

上消除私有财产、剥削和等级,而且要从人的头脑中根除私有的、剥削的、等级的观念,即通过精神领域的彻底改造,彻底消灭封建主义、资本主义腐朽的思想观念。毛泽东指出:"无产阶级文化大革命是触及人们灵魂的大革命,是要解决人们的世界观问题。要在政治上、思想上、理论上批判修正主义,用无产阶级的思想去战胜资产阶级利己主义和一切非无产阶级思想,改革教育,改革文艺,改革一切不适应于社会主义经济基础的上层建筑,挖掉修正主义的根子。"①但说不通的是,这种革命的理想目标是"人人皆为圣贤"、"九亿神州尽尧舜",普通百姓都要"狠斗私字一闪念",似乎社会主义"新人"都不再是凡人,不再有物质利益、七情六欲,都是无私无欲、毫无自私自利之心的人,都具有置个人利益于不顾的革命献身精神。提倡崇高道德理想当然没有错,但要求每一个人都达到则必然是错的。这种对人们道德要求过高,把先进性道德变成普遍性要求的极左做法,无疑是一种道德上的拔苗助长,最终适得其反。

"文化大革命"是社会道德理想的空前呈现,它要在道德人格塑造的基础上"敢教日月换新天",实现没有剥削、压迫和等级、真正平等、真正民主的完美理想社会。对理想社会的追求没有问题,完美的理想社会是古今中外孜孜以求的目标。但脱离社会现实、过于空想化的理想注定只会"竹篮打水一场空",它最多会一时激起道德主体的活力和创造力,但终不能持续发力。人们把社会道德理想看得高于一切,过于夸大精神和道德的作用,注定不会最终改变人的存在的现实条件,反而会使道德主体的存在和活动发生扭曲。当社会无法满足现实的人的基本物质需要时,必然会导致人的内心的巨大矛盾与落差,而导致美好的社会理想付之一炬。"文化大革命"对完全平等、近乎完美的道德社会的追求导致的结果却是普遍贫困、专制主义、长期动乱,就是最好的说明。理想社会和理想人格的建构必须立足于现实的社会、现实的人,必须面对马克思所说的人类生存的第一个前提,一切历史的第一个前提:"人们为了能够'创造历史',必须能够生活。但是为了生活,首先就需要吃喝住穿以及其他一些东西"②。离开了人们的物质生活,再好的社会道德理想都是妄谈。

---

① 《建国以来毛泽东文稿》第 12 册,中央文献出版社 1998 年版,第 431 页。
② 《马克思恩格斯选集》第 1 卷,人民出版社 1995 年版,第 79 页。

2. 无休止的继续革命思想与道德革命化的武断粗暴

理想道德人格、完美道德社会的实现,采用的方式是"无产阶级专政下的继续革命"。毛泽东在 1958 年曾指出:"我们的革命是一个接一个的。从一九四九年在全国范围内夺取政权开始,接着就是反封建的土地改革。土地改革一完成就开始农业合作化,接着又是私营工商业和手工业的社会主义改造。社会主义三大改造,即生产资料所有制方面的社会主义革命,在一九五六年基本完成。接着又在去年进行政治战线上和思想战线上的社会主义革命……我们的革命和打仗一样,在打了一个胜仗之后,马上就要提出新任务。这样就可以使干部和群众经常保持饱满的革命热情,减少骄傲情绪,想骄傲也没有骄傲的时间。新任务压来了,大家的心思都用在如何完成新任务的问题上面去了。"①战争年代的革命方法必须继续下去,要在社会主义建设中不断运用。继续革命成了各社会领域的主色调,似乎成了解决一切问题的法宝。这种革命方法确实能够起到其他方式所不能起到的功效,它也是中国能够迅速实现战后重建的重要方法,但因此得出革命万能论、持续革命论,试图用它来解决所有的问题,尤其是文化、思想、道德的问题,则必然要付出巨大的代价。

继续革命构成了"文化大革命"的指导思想,"文化大革命"则作为继续革命的重要形式。1967 年,毛泽东在对两报一刊编辑部文章《沿着十月社会主义革命开辟的道路前进》的批语中说:"无产阶级专政下继续进行革命,最重要的,是要开展无产阶级文化大革命。""文化大革命"的本意是用"公开地、全面地、由下而上地发动广大群众来揭发我们的黑暗面",保证中国继续沿着社会主义道路大踏步前进。据此可以将其理解为为解决当时中国面对的官僚特权、贪赃枉法、等级制残余、资产阶级法权观念、个人主义私心等问题而利用群众运动的方法进行的大规模整风审干运动。但"文化大革命"最后落脚到通过思想道德领域的斗争来改造所有人的内心道德世界,落脚到通过"灵魂深处爆发革命"实现个体道德的净化和神圣化。依靠革命、依靠群众运动、依靠"斗、批、改"来追求思想转变、道德进步,这种道德建设方式显然是武断的、粗暴的。如果说"大跃进"是一种经济大跃进,暴风骤雨式的思想道德革命显然是一种文化大跃进、道德大跃进,是不符合道德建设客观规律的。道德建设不

---

① 《中华人民共和国史通鉴》第 2 卷,红旗出版社 1993 年版,第 350 页。

能急功近利,它需要润物细无声,需要经年累月的渐进展开。

3.二元对立的政治思维模式与阶级道德压倒一切的伦理失序

继续革命理论合法化的前提是对阶级斗争始终存在的判断。毛泽东在1957年指出:"阶级斗争并没有结束。无产阶级和资产阶级之间的阶级斗争,各派政治力量之间的阶级斗争,无产阶级和资产阶级之间在意识形态方面的阶级斗争,还是长时期的,曲折的,有时甚至是很激烈的。无产阶级要按照自己的世界观改造世界,资产阶级也要按照自己的世界观改造世界。在这一方面,社会主义和资本主义之间谁胜谁负的问题还没有真正解决。"[1]因此,必须"以阶级斗争为纲",成为一种固定的扎根于当时领导者和人民大众内心深处的政治思维模式。这种思维模式渗透到社会的方方面面,导致阶级关系压倒一切人际亲情关系,阶级感情被置于血缘伦理纽带之上,阶级道德压倒一切人伦关系。父子、夫妻、兄弟、朋友、领导与被领导之间的关系先是阶级关系,先讲阶级感情,而且为了阶级关系、阶级感情、阶级道德可以抹杀人伦关系、人伦感情、血缘伦理。"由于执政者试图用'以阶级斗争为纲'而不是以'发展生产力'的指导思想去发展政权,因而使'文化大革命'以前(包括'文化大革命'本身)的社会频频出现政治运动,从而使一个本来是属于社会的社会,变成了一个政治社会,整个社会的'文化氛围'烙上了'高强度的政治社会化'的'烙印',人们的道德观念、道德行为和道德习惯也深深地烙上了'政治的痕迹'。"[2]道德烙上政治的痕迹,打上阶级的标志,使人们之间的道德关系发生严重变形。

阶级斗争二元对立的政治思维模式,也滋生了资本主义与社会主义、人民与敌人、官僚主义与人民群众、集体主义与个人主义、公共利益与私人利益之间绝对对立的深层意识,将本来有着内在联系的事物割裂开来。社会主义杜绝一切资本主义的东西,人民与敌人的斗争不是你死就是我亡,信奉集体主义严厉打击个人主义,私人利益一定有损于公共利益。这种对立的思维模式是可怕的,在打倒对立面的同时必然会伤及自己。现实的教训是,"文化大革命"不仅伤害了"阶级的敌人",实际上也伤害了"人民群众",本来最强调人民

---

① 　《毛泽东文集》第七卷,人民出版社1999年版,第230页。
② 　邵道生:《社会的发展与道德的衰退》,《中国社会科学》1994年第3期。

群众的作用与利益,但实际上却将人民的权利弃之一旁,乃至不能保证个人最基本的人权。究其根源,"人民"先天地具有伦理身份,它也意味着一部分人如不是人民就是敌人。人民是不可分割的整体,也就意味着不与整体一致的就不是人民,这实际上是一种可怕的逻辑,会演变成主观随意地将人民的一部分定位为敌人,正如薄一波后来所指出的,"与毛主席意见不同的一些同志,被看成资产阶级、富裕中农、官僚主义者阶级和被打倒的地主、官僚买办阶级在党内的代表,机会主义者,修正主义者,走资本主义道路的当权派等"①。

4. 否定传统道德文化与否定现代道德价值理念的道德虚无主义

"文化大革命"本来应该蕴含着两重意思,即文化的"革"与"命",所谓"革"就是对旧文化、旧思想、旧道德的革除、去除、摒弃,所谓"命"即是对新文化、新思想、新道德的命制、建设、构造,"文化大革命"的本意也是试图通过革除资本主义、封建主义滞留于人们心中的思想道德文化毒素,建立一种真正的社会主义新型思想道德文化。但现实的实践却演变成批判一切、否定一切。尤其是在 1974 年开始的"批林批孔运动",对孔子进行人身攻击,对孔孟思想进行曲解和丑化。当时的《孔丘其人》一文将孔子称为"开历史倒车的复辟狂"、"虚伪狡猾的骗子"、"凶狠残暴的大恶霸"、"不学无术的寄生虫"、"到处碰壁的丧家狗"。儒家的孔孟之道如"克己复礼"、"中庸之道"、"上智下愚"、"天命观"、"劳心者治人,劳力者治于人"等均遭到不同程度的批判,"师道尊严"、"宽厚"、"忠恕"、"仁义礼智信"等一些基本的伦理道德观念也被否定。

这种对传统文化的批判比起来"五四"运动期间的批判有过之而无不及。优秀的传统伦理观念,在批判改造继承的基础上,是完全可以服务于当代的道德建设的;不分青红皂白地抛弃,必然会使人无所适从,丧失民族的道德根基。优秀的西方现代道德理念本应是中国现代道德的重要来源,但"文化大革命"将这些理念斥为资本主义的特有产物,是资本主义虚伪的表现。优秀的西方现代道德价值理念并不是因为被资本主义国家使用,就等同于是资本主义的,它也能为社会主义国家所服务。传统的旧价值、旧道德被拒绝了,现代的新价

---

① 薄一波:《若干重大决策与事件的回顾》(下卷),中共党史出版社 2008 年版,第 1264 页。

值、新道德也被拒绝了,摧毁一切、否定一切成了道德的标准,结果只会导致价值观念的虚无主义,导致随意践踏生命、不讲人权的混乱道德秩序。

5.狂热的非理性偶像崇拜与道德榜样的过度塑造

"文化大革命"对人民群众的动员是有效的,是全世界一切革命运动、社会运动所不可想象的,而这一切背后所依靠的是领袖的个人魅力,是广大人民群众对领袖个人的偶像崇拜。要采取革命的、阶级斗争的方式统一思想,偶像的力量确实最为有用,但过度地将个人偶像化、神圣化,最终必然会导致群体失去理性而盲目追随。没有独立思考、理性反思,道德主体必然只会随波逐流、人云亦云,依附意识、从众行为强烈。在这个时候,所谓的集体意识就会侵占个体意识的空间,而这个集体意识又有可能是受操控的、服务于特定群体的不正当利益或阴谋的。

与塑造偶像相一致,道德建设也塑造道德模范。它相信榜样的力量,相信通过对先进人物道德事迹的宣传,就能够带动全体人民道德素养的提升。王进喜、焦裕禄、雷锋等各条战线的先进模范典型被不断宣传,"工业学大庆"、"农业学大寨"的运动蓬勃地开展。榜样在这个时期确实发挥了强劲的力量,激发起无数人的热情,让无数人高唱凯歌、精神抖擞地去奋斗奉献。但对榜样过度塑造,榜样已经不再是一个道德的人,而是一个道德的神。这种对榜样过度理想化的宣传,往往适得其反;一旦人们发现榜样高不可攀,反而会使人们走向内心充满怀疑的道德虚无主义,最终的结局是只有常人无法实现的崇高道德口号,而没有现实生活中的道德行动。

一定程度上说,"文化大革命"试图通过政治运动改造思想、改造文化、改造道德从而实现思想、道德、文化重建,试图通过全体人民的修身正德走向完美理想社会。它所激发起来的人的积极精神状态、理想情怀、真诚信仰都不能一笔抹杀;但在极左思潮的引领下,不仅道德重建最终没有成功,理想社会也没有实现,反倒使道德本身遭受重创,社会一度失序。推崇道德改造的主观意愿变成了反道德的客观实践,本想要彻底、全方位推进中国社会道德进步,却在现实中上映了一场道德悲剧。虽然是悲剧,虽然是失败,但我们却不能不去反思它。正如邓小平所指出的:"过去的成功是我们的财富,过去的错误也是我们的财富。我们根本否定'文化大革命',但应该说'文化大革命'也有一'功',它提供了反面教训。没有'文化大革命'的教训,就不可能制定十一届三中全会以来的思想、政治、组织路线和一系列政策"。① 回避历史的教训是不应该的,找到历史的教训却不知改正依然犯错是更不应该的,"文化大革命"道德建设的反面教训需要汲取,更应该转变成当代中国道德建设的智慧启迪。

(三) 中国特色现代化与理性道德的疼痛分娩

1978 年肇始的改革开放打开了中国新的一页,中国进入到更为理性、务实和自觉地与西方接轨并致力于现代化建设的新阶段。"自从 1978 年以来,只有一项计划成为中国政治的转动点:现代化计划。这仍然是中国今天的计划。"②现代化被看作为中国最大的政治,被看作为一场深刻的伟大革命。邓小平曾多次强调:"什么是中国最大的政治? 四个现代化就是中国最大的政治。"③"我们当前以及今后相当长一个历史时期的主要任务是什么? 一句话,就是搞现代化建设。能否实现四个现代化,决定着我们国家的命运、民族的命运……社会主义现代化建设是我们当前最大的政治,因为它代表着人民的最大的利益、最根本的利益。"④在中国特色现代化建设的征程中,改革开放有着至关重要的地位。正如邓小平所说,改革是中国的第二次革命,"改革促进了生产力的发展,引起了经济生活、社会生活、工作方式和精神状态的一系列深刻变化"⑤。改革开放也使道德领域发生了深刻变化,理性地、辩证地反思改革开放带来的道德进步与付出的道德代价,是进一步推进改革开放、完善现代化建设的重要前提。

1. 改革开放取得的道德成就

改革开放从根本上有利于中国伦理新秩序以及新道德观念的生成,它促使中国现代化的道德秩序迈向理性建构之路。这是改革开放从根本意义上给道德领域带来的最大进步,它具体体现为以下五个方面:

(1)道德基础的坚实性。道德进步必须建立在坚实的物质基础之上,这

---

① 《邓小平文选》第三卷,人民出版社 1993 年版,第 272 页。

② [丹]克里斯腾森:《社会主义与市场经济的一体化》,赵慧广译,《马克思主义与现实》2008 年第 6 期。

③ 《邓小平文选》第二卷,人民出版社 1994 年版,第 234 页。

④ 《邓小平文选》第二卷,人民出版社 1994 年版,第 163 页。

⑤ 《邓小平文选》第三卷,人民出版社 1994 年版,第 142 页。

是人类社会从古迄今已经证明的金科铁律。如果没有生产的发展和经济的繁荣,连基本物质生活需要都成问题,道德的进步是难以前行的。道德的进步往往是和社会生活各个方面的进步密切关联的,其中经济生活的进步对其起到基础性的作用。改革开放取得的举世瞩目的成就,最显著的就是物质财富的迅速积聚和经济生活水平的大幅度提高。而这一成就实际上为道德进步奠定了雄厚的物质基础,使人们把精神需要越来越作为自身发展的重要需要,使道德问题越来越成为现实关注的热点问题,也使道德代价的降低和减少越来越有了良好的条件。

(2)道德理想的务实性。随着改革开放的推进,人们开始意识到脱离实际的崇高道德要求不仅难以带来道德进步,反而有可能酿成人间悲剧;人们不能活在道德理想的梦幻中,而应该活在社会生活的现实中;道德不能成为空中楼阁让人望尘莫及,而应该关注现实的人的基本要求、基本利益、基本权利。改革开放开辟了一条解决人民群众日益增长的物质文化生活需要同落后的社会生产之间的社会主要矛盾之路,以摆脱贫困、解放生产力、发展生产力作为根本任务,把发展作为第一要义,强调道德建设要与物质利益相结合,承担社会责任要与尊重个人合法权益相统一等方针原则,体现了追求道德理想的务实性。

(3)道德主体的理智性。改革开放的进程是激活个人主体意志的过程,它以一场"真理标准大讨论"的思想大解放运动为开端,使人们摆脱了种种思想桎梏,彻底改变了人们的传统道德观念。改革开放把解放思想、实事求是、与时俱进、求真务实作为精神实质,在社会领域中重新确立了辩证精神、理性精神、务实精神、创新精神的地位。改革开放把市场经济作为经济运行方式,培植理性主体,树立自主意识、竞争意识、效益意识、开拓意识,以保证个人利益的实现。正是在改革开放中,"中国人逐渐发现了自我,初步实现了自我觉醒,形成了自己是自己命运的主宰,自己必须依靠自己,自己必须对自己负责的意识。同时,真正以人为中心的人文关怀成为人们的普遍关怀,尊重生命、关爱生命逐渐成为全社会的自觉意识"①。没有理性主体,就没有真正的道德进步,理性的道德主体是道德进步的根本表征。

---

① 徐贵权:《改革开放以来中国社会价值观范型的转变》,《探索与争鸣》2004年第5期。

(4)道德建设的层次性。改革开放时代的道德建设,不再像"文化大革命"那样,把先进性道德变成普遍性要求,试图让每一个人都有崇高的美德,而是针对不同的人群有了不同的要求,体现出先进性与广泛性的统一。邓小平说过:"我们在鼓励帮助每个人勤奋努力的同时,仍然不能不承认各个人在成长过程中所表现出来的才能和品德的差异,并且按照这种差异给予区别对待,尽可能使每个人按不同的条件向社会主义和共产主义的总目标前进。"①那种企图千人一面地要求崇高道德修养的极左方式显然脱离实际,没有看到人的差异本身,没有看到道德要求的层次性,结果只能造就道德建设上的"假大空"。改革开放将道德建设从天上拉回人间,坚持道德建设的层次性,正是道德建设理性化、务实化的表现。

(5)道德理念的包容性。从否定一切传统道德观念、批判西方现代价值观念的时代走出来,改革开放开始重新评估并吸收借鉴人类文明的道德价值理念,体现出开放性、包容性的特质。人们充分认识到任何时代、任何国家的道德文化都有糟粕与精华,关键的问题是加以识别、为我所用。对外开放不仅仅是经济领域的开放、政治领域的交流,它也包括了对西方资本主义国家价值理念的开放与包容,资本、市场、自由、平等、博爱等理念不再作为被绝对否定的东西,而成为可资利用、可以借鉴的价值理念被广泛接受;西方的价值观建构方式、道德教育途径也被作为道德建设的"他山之石"用来"攻玉"。人们也开始更为理性地看待中国传统文化、优秀传统道德的当代价值,开始重视对中国传统文化、传统遗产的保护和弘扬,中国优秀传统道德获得了新的发展空间,逐渐成为当代中华民族凝聚力的重要资源。

2. 改革开放带来的道德困境

改革开放取得的成就是惊人的,付出的代价也是惊人的。既应充分肯定改革开放所取得的道德成就,也要正视改革开放所付出的道德代价。

(1)经济发展的单维度导致道德理想的虚空化。改革开放前30年,中国始终没有摆脱贫穷落后的状态,社会主义的远大理想与社会主义国家的贫穷现实形成鲜明对照。道德理想与社会现实是存在矛盾的,并不能做到天然统一,它带来的两难问题是,要么为道德理想而奋斗不顾社会现实,要么是立足

---

① 《邓小平文选》第二卷,人民出版社1994年版,第106页。

现实而先放下道德理想的追求。改革开放实际上就是要解决这个两难问题,它遵循的核心理念是,社会主义要有理想,但必须立足现实。贫穷不是社会主义,改革开放的首要任务是为了实现经济现代化而奋斗。虽然改革开放就其本意而言,绝不只是经济领域的改革,而是社会所有领域的改革。经济领域的改革、经济现代化只是第一步,紧接着就是政治、思想、文化领域的改革和现代化建设,最终目标是社会主义全面现代化和社会主义共同理想的实现。但在实践中,现代化建设被完全等同为改变中国贫穷落后的面貌,等同为经济建设、经济发展,这就注定了中国现代化建设追求的是经济发展的单维度。而且,为了实现这个单维度的现代化,包括道德在内的一切都可以先放下,只要经济上去了,一切问题都不是问题。所以自然而然导致道德理想的虚空化。

(2)资本崛起的唯利文化导致道德力量的乏力。改革开放最关键的一步,就是利用市场经济尤其是资本来发展社会主义经济。资本的力量确实是驱动整个世界现代化尤其是西方现代化的重要力量,资本主义也是当代众多国家逐渐趋向的社会形态。但它既是现代社会充满活力和创造性的驱动力,也同样是现代化各种矛盾滋生的根源,而且它提不出化解这些矛盾的方案,比如追求资本利润至上而忽视道德关怀,只能解决效率而不能解决公平问题,激发人的活力却使人滋生贪婪之心,增加社会物质财富却使生态环境污染、人际关系紧张、社会不和谐因素滋长。这其中最为根本的问题是,它的运行会积淀出唯利是图的文化环境,一切都要经过资本的洗礼,事物有没有价值,要看它能不能带来利润、带来实惠、带来好处、带来利益。生活在资本文化氛围内的人会把追求财富、金钱、享乐、消费、刺激、奢侈作为人生的最高价值,而忽视或厌恶劳动、理想、事业、奋斗、奉献、集体这些事物的价值。"一切向钱看"不仅是时髦的口号,而且还是很多人信奉的至理名言与自觉的行为准则。它所蕴涵的"深意"是为了赢利可以置道德于不顾,为了赢利可以不惜一切代价,在利益、财富面前,道德往往都显得苍白无力。

(3)多元价值观念导致道德相对主义与虚无主义的滋生。与改革开放前一元化道德价值观念与绝对道德权威统领整个道德领域的状况不同,改革开放直接带来的结局是再没有能够统一信守的道德观念、可以相信并学习的道德权威。存在主义、功利主义、利己主义、消费主义、实用主义、后现代主义等各种思潮泛滥,多元化的价值观念令人目不暇接,令人再也找不到理由来判定是对是错。多元、差异的道德价值观念的存在本身是社会进步的表现,是社会主体理性化的表现,但它的负面效应则通往道德相对主义、道德虚无主义,并最终不利于社会秩序的正常运行。"相对主义的伦理价值观否认道德判断的客观性和普遍有效性,强调道德行为的个别性、特殊性以及偶然性,并最终以个人如何应付环境、如何方便有效作为道德判断的标准,带有强烈的个人主义和享乐主义的特征。这种道德相对主义和虚无主义在人们的道德生活中可能导致道德信仰、道德权威的危机,动摇社会主义道德以及理想信念和人生价值观。尤其是虚无主义对社会道德的否定,如果时间足够长、人数足够多,将极不利于社会共同体的维系,也会严重阻碍合理的道德共识的形成。"①道德相对主义、虚无主义观念盛行的结果必然是道德判断的是非标准欠缺,再也没有对错之分,留下的只是怀疑与否定。甚至对主流的核心价值观充满怀疑,不假思索地将其认定为维护某种阶层利益的"意识形态",就是其最突出的表现。

(4)摸索性推进模式导致现代伦理秩序建构的艰难。改革开放的完成意味着传统伦理秩序的终结和新型伦理秩序的建构,它要求以完善的制度设计来弥补传统秩序丧失后的伦理混乱局面。"改革是一个社会转型过程。社会转型本身意味着两种社会伦理关系及其秩序交替,意味着某种制度的不成熟与不健全,意味着制度缺陷的存在。改革的过程,在社会关系秩序及其制度性存在意义上而言,就是要克服这种制度缺陷,建立起一个现代性的健全的制度体制。"②然而,改革开放的摸索性推进模式决定了建构健全的制度体制的艰难,也决定了建构现代伦理秩序的困难。中国改革开放采取的是"摸着石头过河"的渐进式探索方式,它的优势在于能够保证有足够的"余地"去修正出现的问题,而缺陷则是缺乏统一的顶层设计和长远的宏观规划。这一缺陷在道德建设领域表现得尤为明显,虽然改革开放早期就强调物质文明建设和精神文明建设两手抓、两手都要硬,后来也强调道德建设要与社会主义市场经济相适应,推出过公民道德建设实施方案等,但始终没有探索到一套行之有效的推动道德建设、建构伦理秩序的方案,只能疲于应对不断涌现的一波又一波的道德问题。这种"头痛医头,脚痛医脚"的方法只能造成道德代价的涌现。

---

① 张传有、刘科:《改革开放与中国社会伦理价值观的转向》,《哲学动态》2008年第8期。
② 高兆明、李萍等:《现代化进程中的伦理秩序研究》,人民出版社2007年版,第258页。

3.改革开放的道德前景展望

反思改革开放,当然不能因其付出了沉重的道德代价就否定改革开放的成就,就反对改革开放的深化发展。邓小平早就提醒过:"搞改革完全是一件新的事情,难免会犯错误,但我们不能怕,不能因噎废食,不能停步不前。"①在改革开放中,付出一定的道德代价是必不可免的,是理性道德得以分娩出来的必要疼痛;道德的困境只有通过改革的深化发展来解决。

(1)从资本主义现代化到社会主义现代化的转变。中国特色现代化归根结底是"中国特色的",是"社会主义的",而不是"资本主义的"。迄今为止的改革开放充分利用了资本要素、享受了资本主义推动的现代化进步,在这一阶段上由于资本成为重要的要素,使一些人形成了现代化就是资本主义化的观念,而淡忘了现代化的社会主义限定词。邓小平反复提醒说:"很多人只讲现代化,忘了我们讲的现代化是社会主义现代化。"②"某些人所谓的改革,应该换个名字,叫做自由化,即资本主义化。他们'改革'的中心是资本主义化。"③中国的现代化是社会主义的,社会主义的要素不能被遗忘。资本主义不能解决当代中国的道德困境,必须坚持社会主义的价值观念才能真正建构中国的现代伦理秩序。邓小平指出:"我们为社会主义奋斗,不但是因为社会主义有条件比资本主义更快地发展生产力,而且因为只有社会主义才能消除资本主义和其他剥削制度所必然产生的种种贪婪、腐败和不公正现象。"④资本主义确实能实现经济的现代化以及生产力的飞跃,但它解决不了贪婪、腐败、公正的问题。在深化改革中切实提倡社会主义核心价值体系,把社会主义的价值理念贯穿于改革开放的具体制度设计中,应该是努力的方向。

(2)从社会主义现代化到社会主义现代性的转变。现代化与现代性在中国的语境中,显然是两个不同的范畴,有着不同的指谓,但现实中只有现代化话语进入到改革开放实践中并掩盖了现代性的追求。"在中国的语境中,现代化即是'民富国强',它的内涵主要是经济和物质的指标,而价值体系和制度安排则被抽离。在当今的中国,现代性被现代化所替换,并表现为一套'中

---

① 《邓小平文选》第三卷,人民出版社1993年版,第229页。
② 《邓小平文选》第三卷,人民出版社1993年版,第209页。
③ 《邓小平文选》第三卷,人民出版社1993年版,第297页。
④ 《邓小平文选》第三卷,人民出版社1993年版,第143页。

国现代化的叙事'。"①改革开放更多强调的是现代化建设,它主要指经济发展、物质生产力水平的提高以及与之密切相连的国家强大、人民富裕、民族复兴,它没有凸显出现代思想意识、文化观念、精神状态、道德素质的内涵,而后者正是现代性建构的题中之义。如果说经济和物质指标实现基础之上的民富国强是现代化建设的任务,那么现代性建构的任务则应落脚到国民思想、道德、文化、精神的重新塑造上。改革开放的现代化建设只是为现代性建构提供了前提,仍需向前迈进一步,中国现代化建设需要最终通往现代性的建构,应该从现代化建设对经济实力追求的表层走向现代性建构对文化思想道德领域追求的深层,在完成国家独立、民富国强历史任务的同时,也完成民智、民德的问题,使现代性理念成为"一种主导性文化模式和文化精神全方位地渗透到社会运行和个体生存中"②。

(3)从守规性道德主体到理性道德主体塑造的转变。现代性以理性化为根本表征,现代性道德则必然应该是理性化的道德,它包括理性的道德主体、理性的道德理想、理性的道德建设方式等方面,其中理性的道德主体是现代性道德建构的最终指向。如果没有普遍的理性主体的塑造,没有建立在理性主体基础之上的道德,也终究是难以持续的或者说是难以真正成为道德的。改革开放的未来推进,需要瞄准理性道德主体的塑造这一目标,要把国民看作理性的、有独立思考能力的、有自身利益的、有自己价值观念的多元主体,而不是试图打造盲从的道德主体,也就是"守规性道德主体"。只有朝向这个目标,现代性的伦理秩序才能建构出来,才能真正解决多元价值观念的问题,也才能真正实现道德服务于人而不是人服务于道德的目的。道德本身应该是服务于人的,道德不应是束缚人的外在力量,而是为了让人在美好的社会中更好地生活,人应该是道德的绝对主体,是道德生命体,这种道德理想只有在理性道德主体生成后才能得以实现。

(4)从道德怀旧情结到放眼道德未来发展的转变。改革开放的现代化建设带动的是整个社会的转型,也是道德秩序的重新构造。它不可避免地滋生了各种各样的道德问题,也将会在继续带来道德问题的同时推进道德的进步。

---

① 秦晓:《当代中国问题:现代化还是现代性》,社会科学文献出版社 2009 年版,第 22 页。

② 衣俊卿:《现代性的维度及当代命运》,《中国社会科学》2004 年第 4 期。

理性的道德主体必须认识到道德代价的不可避免和道德进步的不可阻挡,而不是在面对不如人意的道德状况时滋生道德怀旧情结,幻想曾经所谓的道德黄金时代,怀念当时人们的纯朴、憨厚、善良、诚信,极力鼓吹传统,以为只有通过传统文化、传统道德的复兴才能解决当代道德困境。改革开放引起的现代社会变革,已经再也不能回到传统,传统文化、传统道德只有实现现代性转换,才能在现代社会发挥正能量。改革开放需要向前看,道德建设也应放眼未来。我们要对道德发展抱有乐观的态度,认识到改革开放塑造出的理性主体才真正使道德社会、良善社会有了现实可能性。以往靠蒙蔽、造神、权威、青天、奇迹、愚民所维系的传统社会不是真正的道德社会,只有真正的理性主体经过理性的思考所建立起来的道德才是真正的道德,所建立起来的社会才是真正的道德社会。改革开放需要走向这种道德社会,也必然会走向这种道德社会。

四、后现代社会的道德状况预估

西方现代性的谋划会被一种新的谋划所代替吗?人类社会在现代化建设完成后会演变成"后现代社会"吗? 20 世纪六七十年代后现代主义思潮在西方世界的盛行,以及 80 年代后在中国的传播,引发了人们对相关问题的思考。

(一) 从后现代主义到后现代社会

作为产生于晚期资本主义阶段、后工业社会时期的文化思潮,"后现代主义"历经几十年的发展与传播,已经成为尽人皆知的时髦词汇,它所产生的巨大影响力也已经有目共睹。但它在中国没有得到广泛认同,造成这种局面的根源在于对后现代的误解,以为后现代主义就是要开创一个新的时代,后现代就是现代之后的历史阶段,后现代社会是现代社会之后新的社会状态。

问题在于,后现代本身并没有如此雄心,它要硬生生地把现代社会拉到新历史阶段。后现代绝不是时间、时代意义上的现代性之后,在《什么是启蒙》一文中,福柯提醒道,现代性不能理解为介于前现代与后现代之间的中间阶段,而应该被理解为一种态度,一种思考、感觉乃至行为举止的方式。按照其说法推演,后现代性就是反现代性的态度、思维方式、精神观念,就是以一种非现代性的方式思考现代性本身的问题,找到解决现代性困境的途径。这个观点被之后众多的理论家所赞同,后现代理论家鲍曼的观点具有代表性:"'后'不是在'时代顺序排列'意义上的'后'(不是仅仅当现代性终结或者逐渐消退时,作为现代性替代物意义上的'后';不是当后现代盛行以后致使现代的观点成为不可能的'后'),而是在(以结论或者纯粹预示的形式)暗示意义上的'后',即在错误的假定之下,长期的、认真的现代性努力已经被误导,并且注定——不久——将要背道而驰。换句话讲就是,现代性自身将要揭示(如果它还没有被揭示的话),并且在合理的怀疑之外揭示它的不可能性、其希望之空虚、其工作之浪费"①。作为一种现代性批判的态度、观念、思维,后现代就是对现代性谬误的宣判,就是要通过新态度、新观念、新思维深刻反思和批判现代性,借以推进人类社会的良善运行。正如建设性后现代主义者格里芬指出的那样:"后现代观念是以反现代观念为立场的,目的是要揭露现代观念给社会和个人生活带来的困境,以创造一种新精神造福人类。"②这其实就是后现代的精神实质。

理解了后现代的本真指谓,也就理解了所谓的后现代社会状况的说法。后现代状况其实就是与传统、现代思维方式、精神观念不同的后现代态度、后现代思维、后现代精神、后现代观念广泛出现于日常生活并渗入到人们内心世界的社会情境。在这层意义上讲中国的后现代状况,就变得具有合法性与合理性。后现代主义在中国的发展历程很好地诠释了这一点。在中国尚未出现全方位的市场经济,还没有出现足以滋生后现代主义的后现代化、后工业化等所谓的时代背景时,后现代主义就以一种知识理性的学术关怀在中国粉墨登场了。特别是 20 世纪 80 年代中期以后,后现代主义问题迅速成为中国学界关注点,成为红极一时的时髦话题:西方后现代主义大师论述的译著纷纷出版,研究各个领域后现代主义的著作不断涌现,国内一些重要刊物陆续刊发讨论后现代主义的文章,全国哲学界、文学批评界等先后召开后现代主义讨论会,中国学界的"后学"繁荣一时。抽象领域的理论研究热潮也迅速走向或同步进入到广泛的文化领域,先锋派、新写实主义、实验派、新状态派等带有明显

---

① 〔英〕齐格蒙特·鲍曼:《后现代伦理学》,张成岗译,江苏人民出版社 2003 年版,第 12 页。

② 〔美〕格里芬:《后现代精神和后现代社会》,谢文郁译,《国外社会科学》1992 年第 11 期。

后现代主义特征的新文学形式首当其冲,"后现代主义"特征的小说、诗歌、评论、影视等已司空见惯。与此同时,后现代主义还突破了学术界和文化艺术领域的框架,越来越成为一种"真实的现实"。"后现代对于中国来说,最初只不过是一种舶来的思潮与主义,后来渐渐被视作正在蔓延、播撒的写作风格、行为姿态及生活方式,乃至发展到被认为是无可回避的生存境遇和生活世界的基础性图景。"①"后现代生活"、"无厘头"、"恶搞"、"山寨"等带有明显后现代特征的词汇开始光明正大地出现在电视、图书、报纸杂志、网络、手机短信中。这种生活中的"后现代"并不像学术界的后现代主义研究那样富有理智、富有深度,后现代在影响人们生活态度的同时极大地发展了消极方面。

中国社会的文化领域、日常生活本来应该随着经济、政治的现代化,也就是工业化与民主化,形成与之相对应的现代文化,但在全球化的背景中受到西方熏染的中国社会包含着多元的、差异的众多因素,给后现代文化的确立提供了难得的历史机遇。事实证明,后现代在中国不仅仅是一种学术文化思潮,它已经内化到人们的思想和行动中,成为一种日常生活方式,普遍存在于一些人的思维方式、文化生活与日常实践中,后现代社会状况已经明显地呈现出来。赵汀阳有这样一个看法:"当下中国这个现代社会是一个有着难以置信的荒谬组合的社会,它有着从近乎远古社会、传统社会到发达的现代社会的各种生活和生产方式,有着从前现代、现代到极端后现代的精神和观念。"②"荒谬组合的社会"正是中国后现代状况的另类表达方式,它最根本的表征就是传统、现代、后现代文化价值观念的并存,因而带来的状况是多种价值标准的交织混乱。这是思考当代中国道德问题必须直面的社会背景。万俊人曾提出过"一个具有现实意义的中国问题",即"对于那些尚处在前现代或刚刚却步于现代前门的民族和人民来说,面对这种道德传统主义、现代主义和后现代主义三流激荡的文化思想世界,又该作何感想? 作何行动?"③无论是否承认后现代状况的现实性,我们都不得不面对后现代伦理相对于传统、现代伦理的独特背反性,以及后现代道德主张与后现代生活方式对道德文化价值的影响,它可能使道德所付出的代价以及带来的新型道德进步。

---

① 张立波:《后现代境遇中的马克思》,民族出版社 2002 年版,第 1 页。
② 赵汀阳:《长话短说》,东方出版社 2001 年版,第 255 页。
③ 万俊人:《现代性的伦理话语》,黑龙江人民出版社 2002 年版,第 36 页。

（二）后现代主义的道德反叛

在那本迄今为止最为详尽诠释后现代道德状况以及后现代道德主张的《后现代伦理学》一书中，鲍曼提出过这样的问题："后现代状况是现代性道德成就的一种前进吗？……在伦理世界中——后现代性是被看作前进了一步，还是后退了一步呢？"①他带着复杂的态度回答说，对这个问题所有的回答都是正确的，但同时所有的回答也是错误的。因为后现代道德状况相对于现代性道德状况，是不能简单地用进步和退步来回答的。后现代道德以一种不同于现代道德的方式运行，它是以否定现代已经形成共识的伦理规范、道德要求为前提的，后现代推动的道德进步，从现代道德的角度而言，只是一种道德的倒退。但在后现代主义者看来，这是面对当代社会道德问题必须作出的选择，是摆脱现代性道德困境必须付出的代价。

后现代主义以解构现代性所推崇的基础主义、中心主义、总体性、本体论、元叙事等思维方式以及绝对、永恒、确定、同一、中心、整体、同质等观念为本真旨趣，在伦理学上必然体现为消解现代性伦理规范的统一性、普遍性追求。德勒兹曾断言："统一化、主观化、理性化、中心化等没有任何特权，它们往往是绝路或死路，阻止多的发展，阻止多的线路的延伸和扩展，阻止新的产生。"②鲍曼则在伦理道德上发展了类似的观点，他指出："一种非先天的、非矛盾的道德，一种普遍的、'客观创建的'伦理学在实践上是不可能的；它在修辞上可能是一种矛盾修饰法，在术语上可能是一个矛盾概念。"③"道德是没有原因和理由的；道德的必要性，道德的意义，也是不能被描述和进行逻辑推理的。因此，道德像生命的其余部分一样，是不可预测的：它没有伦理的基础。我们再也不能为道德的自我提供伦理的指导，再也不能'创制'道德。"④

在鲍曼看来，后现代道德正是没有伦理规范的道德，后现代社会也正是道德模糊的社会，是没有道德权威、没有道德共识、没有确定道德知识的社会，道德没有秩序、没有逻辑性，它呈现出多元的、碎片化的状态，显示出不确定性。

---

① ［英］齐格蒙特·鲍曼：《后现代伦理学》，张成岗译，江苏人民出版社2003年版，第261页。

② ［法］德勒兹：《哲学与权力的谈判》，刘汉全译，商务印书馆2000年版，第166页。

③ ［英］齐格蒙特·鲍曼：《后现代伦理学》，张成岗译，江苏人民出版社2003年版，第12页。

④ ［英］齐格蒙特·鲍曼：《生活在碎片之中：论后现代道德》，郁建兴译，学林出版社2002年版，第10—11页。

"在规范的多元状态下(我们的时代是一个多元论的时代),对我们而言,道德选择(道德良知紧随其后)在本质上不可避免地是摇摆不定的(矛盾的)。我们的时代是一个强烈地感受到了模糊性的时代,这个时代给我们提供了以前从未享受过的选择自由,同时也把我们抛入了一种以前从未如此令人烦恼的不确定状态。我们怀念我们能够信任和依赖的向导,以便能够从肩上卸下一些为选择所负的责任。但是我们可以信赖的权威都被提出了质疑,似乎没有任何一种权威强大到能够为我们提供我们所追求的信任。最后,我们不信任任何权威,至少我们不依赖任何权威,不永久地依赖任何权威:我们对任何宣布为绝对可靠的东西都表示怀疑。"①鉴于后现代社会的多元化、差异化状况,后现代社会将不可能出现统一的、有理性制定出来的普遍的,甚至放之四海而皆准的伦理规范。没有权威、没有规范、没有标准,后现代必然遭遇不确定的、差异的道德如何整合的困境。

与消解伦理规范相一致,后现代放弃了道德表达形式的严肃性。道德不再是庄重肃穆的场景,反而呈现出完全自由化、游戏化的风格。法国后现代主义大师利奥塔在他的《后现代道德》一书中用一种不着调的、不知所云的方式表达了他的后现代道德观,如果不是书名如此,任何人都很难说清这是关于道德的论说。这可能恰恰就是后现代表达道德的方式,一种完全信马由缰的、没有理性逻辑贯穿的风格。在该书引言中,利奥塔明确了自己的观点:"所有道德之道德,都将是'审美的'快感。"②道德表现为一种审美的快感,一种个人的主观体验,这一点在福柯的著作中也有所体现。他倡导道德的自由实践,追求在没有外在规则、道德规范的情况下,通过自我监督、改造、考验、塑造,反复地认识自我、反省自我、关怀自我、理解自我,实现自我的风格化的道德。道德不再是众人之事,而是自我的技艺、自我的体验、自我的表达。问题就在于,这种自我体验的追求极易导致个人道德表达形式的变异,它不再是道德的追求,而成为个体毫无意义的嬉戏、毫无价值的情感宣泄。

生活中的后现代将这种自我的道德表达形式运用得淋漓尽致,在追求所谓的审美的快感中最大限度地发挥了其负面效应。作为中国后现代主义代表

① [英]齐格蒙特·鲍曼:《后现代伦理学》,张成岗译,江苏人民出版社2003年版,第24页。
② [法]利奥塔:《后现代道德》,莫伟民译,学林出版社2000年版,"引言"第1页。

的先锋派文学、新写实主义等掀起的写作新浪潮就是范例,他们追求平面的写作、身体的写作、无理想的写作、情感零度写作,带动一股解构传统文学之风盛行,文学经典纷纷被"戏说"、"水煮"、"大话"、"情蒸"、"麻辣",历史人物被讥笑、调侃、讽刺、戏谑,优秀文化传统被捕风捉影、任意裁减、主观臆测、肆意亵渎。以后现代文学批评为例,它抛弃了文学应该具有的道德教育、批判、启迪作用,"文学批评从国家话语转向个人话语,表征为由意识形态话语转向非意识形态的个人独白,由集体主义话语转向个人主义话语,由官话、套话、转向俗话、侃话,从而使文学感觉化、知觉肉身化、观念个人化、批评情绪化、解读误读化、意义世俗化"①。在语言的游戏(利奥塔)、文本的解构(德里达)、历史的祛魅(福柯)、欲望的张扬(德勒兹)、虚拟的吹捧(鲍德里亚)中,后现代将优美语言、历史真理、社会信念、伦理规范、优秀文化、精神传统等解构、贬低、颠覆,不由得不让人心痛。

后现代浮夸的、游戏的表达形式,蕴涵着对崇高的道德理想、高尚个人美德追求的放弃。以后现代视野观之,所谓自由、正义、民主、平等、博爱的道德理想都是值得怀疑和批判的,没有任何的理想与信念值得信任,没有任何伟大的精神值得依靠,后现代把"解构"作为武器,主张在质疑、颠覆、嬉戏、游戏中抵制一切逻辑、消解一切传统。后现代主义不应再追求所谓的理想的建构、信念的维系,所谓的共同理想都只不过是未来的"海市蜃楼",都是永远不可能实现的虚幻,都是虚无飘渺的"乌托邦"。没有崇高的道德理想,也不能再渴求个人美德的展现,空谈个人道德的境界。在后现代状况中,将不再宣扬完美的道德人,因为道德要求压抑了人的本性,理想的道德生命体不是真正的人,要让人回到有血有肉的符合本性的人,就必须放弃对人的道德塑造。后现代社会已经对传统社会、现代社会的伪道德彻底失望,后现代之人质疑所谓的道德榜样,高呼"躲避崇高"、"我是流氓我怕谁"。就此可以说,后现代真正是美德之后的社会,是既没有伦理规范约束,也不提倡个人美德的绝对道德自由的社会。

放弃了普遍的理性道德规范、崇高的道德目标、社会主体的美德,后现代道德状况似乎预示着道德的退步。以传统和现代的观点审视,后现代社

---

① 王岳川:《后现代后殖民主义在中国》,首都师范大学出版社 2001 年版,第 45 页。

会状况是道德混乱失序的状况,后现代伦理学是完全否定伦理道德的伦理学,后现代主义至少应该为当代社会的道德相对主义、价值虚无主义负责。后现代主义对此并不认同,在其看来,所有的道德问题都是现代性本身的问题,现代性伦理观念本身就存在问题,同时导致了现代性道德实践也出了问题。后现代主义只是从当代社会的道德困境的现实出发,试图重新修正现代性伦理学理念本身,以一种新的道德谋划来摆脱当代道德困境。后现代状况不是一个没有道德的社会,而是一个真正的道德重生的社会。只不过后现代在对现代性的救赎中,要求道德付出必要代价,以真正实现道德自身的进步。

(三) 后现代社会的道德重构

后现代伦理预示着一种新道德理论的出现,后现代状况则使这种新理论增添了足够的现实性。正如鲍曼所说:"后现代新图景的变化,已经或正在唤醒我们对道德、道德生活的纯正理解。我认为,现代企望及雄心的破碎,和社会化调整及个体行为一致化幻觉的消退,使我们能比以往更加清楚地洞悉道德的本相。"①面对已经碎片化、多元化的后现代状况,还要期冀传统美德伦理、现代规范伦理来维系社会秩序、个体道德,在后现代伦理学者看来是叫笑的,不可能实现"对道德、道德生活的真正理解"。道德图景需要在后现代状况下重新图绘,道德本相需要真正呈现。

如果停留在对后现代道德主张表面的批判而不是对其理论真谛的把握,是不能真正展望后现代道德图景的。如果认为后现代伦理学家很傻很天真地看不到现代性谋划、现代性实践所推动的社会发展、道德进步,看不到伦理道德在维系人类社会正当秩序、提升个人道德素养方面的积极价值,那很傻很天真的倒不是后现代伦理学家,而是持这种观点的人。后现代所建构的道德并不是说要终结现代道德理念和伦理规范,它只是提醒人们要谨防这些方面的误用、滥用而使社会所付出的代价。后现代不可能是摧毁一切、反对人类文明的,而只能是一种对社会道德的更高追求。"自始至终,后现代都在捍卫现代

---

① [英]齐格蒙特·鲍曼:《生活在碎片之中:论后现代道德》,郁建兴译,学林出版社2002年版,第1页。

性的基本价值立场,如人道、启蒙、理性、科学、自由、民主等。它攻击现代性不是因为现代性符合这些价值立场,而是因为现代性背离这些价值立场。因此,转向也好,解构也好,无非是在加深、拓宽这些价值立场而已。换句话说,后现代是在增强现代性的兼容性能,使它变得更加宽容,更加容忍异己,也更加包容异己(例如强调理性和自由的适度,强调理性和自由的兼容)。"①就此而言,后现代道德相对于现代性伦理是道德的进步,它是要诊断出现代性伦理道德的非伦理、不道德的地方,从而进一步完善现代性伦理理念,解决现代性实践带来的道德困境,让道德更加完善,社会更加道德化。

后现代道德以一种解构的、批判的伦理态度对待现代规范伦理,宣称放弃普遍的理性规范,是因为确定性的、标准性的、具有普遍约束力的伦理规范是不存在的,是无法真正构建出来的。已经存在的所谓伦理规范往往是一部分人控制一部分人的工具,它在理性的名义下制定出必须遵守的规定和禁令,将道德规范的解释权交给"超个人的代理机构",创设出唯一的道德权威。这注定了通过理性建构出来的法典式的伦理规范与个体道德并不是一致的,导致的结果只能是,国家、政府、社会因此大力宣扬所谓的道德准则,道德主体却在实际行动中总是打破这种准则。鲍曼指出,现代伦理思想通过他治的、外部的、强制的伦理规则取代道德自我自治责任这种形式的"道德的普遍化",企图把多元的、多样的道德信仰消解掉,只会压制道德冲动,引导多元的道德能力走向一个统一的不合乎道德的设定目标。可以看出,后现代对现代伦理的宣判只是宣告一种表面上符合道德、实际上压抑道德的伦理规范的终结,它杜绝的是伦理规范成为束缚个人自由的外在奴役物,成为服务于某些阶层控制社会秩序目的的工具。后现代因此将真正弥补现代社会讲道德规范而个人实际行为不讲道德的断裂,它要弥补现代性有社会道德规范而无个人道德行为的缺憾,力求实现无社会道德规范而有个人道德行为的目标。

不要期冀一种普遍伦理规范的建构,而是将伦理关注聚焦到道德个人上来,这是后现代道德的努力方向。相对于现代社会追求道德伦理标准的确定性、标准性,减少多元性、差异性,后现代道德则以多元、差异的个体存在为前

---

① 程广云:《后现代:走向"多元"的现代性》,《哲学研究》2005 年第 5 期。

提,追求个体道德选择的真正自由。这跟后现代状况中的多元、差异、碎片现实是一致的,每一个后现代之人都秉承着多元的文化价值观念,都是不能忽视的独一体的存在,是不能通过统一的道德规范统一起来的,那种企图用现代性伦理规范造就标准的规范化主体的努力注定是徒劳的,以社会秩序的名义强加给个体统一的义务也是站不住脚的。后现代道德重新修正现代性的个人主义理念,认为这种理念的缺陷在于一方面把个体看作为没有差异的、统一的理性与欲望结合体;另一方面把个人说成是独立的个体,独立个体之间的联系只是外在联系而不是内在联系,个体与自然、个体与社会、个体与他人之间的关系是一种割裂的、僵化的主客关系。后现代道德建立在后现代之人重造的前提之上。格里芬指出:"个人主义是现代精神的核心,那么,后现代精神则以内在关系为中心概念。这是一个反个人主义的概念。个人主义强调自我,从而把个人和环境的关系理解为外在联系,是一种限制自我剥夺自我的偶然联系。然而,我们的内在关系概念认为,个人的自我和他的身体,他的周围自然环境,他的家庭,他的文化等有一种内在联系,这种内在联系对他的自我同一性有建构作用。"①这是一种理念的革新,也是后现代道德状况得以实现的前提。

差异个体之间的内在联系而不是外在联系,既保证了个体的多元性,也保证了差异个体之间的真正关联,而实现这一关联的是道德责任。在鲍曼看来,道德义务使个体统一化,也使个体之间非真正道德化,而道德责任是自我决定之行为,它决定了差异个体的存在形态,也体现了道德的真正本质。他指出:"只有规则可以是普遍的。我们可以将普遍规则所指示的义务合法化,但是道德责任仅仅单独存在于对个体的质询中,并且要由个体来承担。义务倾向于使个体变得相似,责任却使人类成为个体。"②所有个体的道德责任维系着后现代社会的道德,它先验地存在,无须任何理由也不需接受任何质疑的存在。"道德责任是人类最具私人性和最不可分割的财富,是最宝贵的人权。不能为了安全而剥夺、瓜分、抛弃、抵押或者沉淀道德责任。道德责任是无条

①　[美]格里芬:《后现代精神和后现代社会》,谢文郁译,《国外社会科学》1992年第11期。

②　[英]齐格蒙特·鲍曼:《后现代伦理学》,张成岗译,江苏人民出版社2003年版,第63页。

件的和无限的,它在不能充分证明自己的不断痛苦中证明了自己。道德责任从来不为其存在寻找保证,也从来不为其不存在寻找借口。道德责任存在于任何保证和证据之前,存在于任何借口或赦免之后。"①后现代道德因此是责任的本体论,对差异个体的道德责任的呼吁正是后现代道德得以真正实现的手段。

"后现代伦理学将会是这样一种伦理学,它重新将他者作为邻居、手、脑的亲密之物接纳回道德自我坚硬的中心,从计算出的利益废墟上返回到它被逐出之地;是这样一种伦理学,它重新恢复了亲近独立的道德意义;是这样一种伦理学,在道德自我形成自身的过程中,它将他者作为至关重要的任务进行重新铸造。"②只有对他者的责任意识,自觉地道德责任的付出,才是真正的道德。而要真正地关怀他者,就必然要以包容的心态对待他者,尊重他者的差异性,设身处地地理解其处境,以实现差异之人的和谐。至此,可以看到,后现代道德因此就是多元差异之下的包容性道德、责任性道德,它把差异主体的存在作为道德的基本前提,把自由的人对他者的责任作为道德实现的手段,把差异主体之间的包容和谐作为道德的最终目标。

总之,后现代道德主张不是洪水猛兽,而是对走出现代伦理道德困境的深思,它也不是给道德制造混乱,而是试图找到解决当代社会道德乱局的理路。那种杞人忧天地总认为后现代道德就是没有道德的混乱道德,后现代社会就是不讲道德的无序社会,是没有历史的远见的。这如同把传统社会看作道德的黄金时期而哀叹现代社会的道德沉沦的观念如出一辙。当然,一种以诊治现代性弊病为己任的后现代主义必须与中国的现代化建设保持协调发展。关键的问题是如何更好引领后现代主义思潮以服务于中国的现代化建设。在现代化建设的征程中,应当汲取后现代道德的积极理念,不断反思现代性理念的弊端,尽量少走西方现代化所走过的弯路,在追求差异、多元、包容、和谐的价值观念中实现人类社会的进一步发展。但正如鲍曼所言:"后现代在历史上

---

① [英]齐格蒙特·鲍曼:《后现代伦理学》,张成岗译,江苏人民出版社2003年版,第295页。
② [英]齐格蒙特·鲍曼:《后现代伦理学》,张成岗译,江苏人民出版社2003年版,第98页。

是以道德黄昏的形式还是以道德复兴的形式降下帷幕,留待后人去看。"①后现代的道德境况究竟如何? 这本身不是这个时代所能明确答复的问题,作出明晰的判定自然仍需时日。

---

① 〔英〕齐格蒙特·鲍曼:《后现代伦理学》,张成岗译,江苏人民出版社 2003 年版,第4 页。

第六章　道德代价基础论

道德探讨离不开对经济之母的分析,道德代价的生成背后总能探寻到"经济基础"的作用。只有厘清经济与道德、经济发展与道德代价的深层关系,着力于考察市场经济中滋生的道德代价现象,以及当今两种现实的市场经济形态——资本主义市场经济与社会主义市场经济条件下的道德代价现实,方能为中国坚持社会主义市场经济的改革方向提供伦理道德层面上的理论导航。

一、经济、经济基础与道德代价

社会的种种道德现象,都是在一定的物质生活条件下形成的,是一定经济发展状况的产物。归根到底,物质生产活动、生产交换关系这些"经济因素"构成了伦理道德的根本性基础。如果把道德从经济活动、经济关系、经济制度中抽离出来,道德就只是一缕漂浮在半空中的美艳烟火。离开社会的经济基础和物质生活条件,离开人们的经济活动与经济关系,离开经济社会的发展和经济形态的更替,道德代价问题就无法得到正确的解答。

(一)　道德代价基础论的基本前提

道德代价的经济基础论,基本前提是否定离开经济谈道德、离开道德谈经济的割裂经济与道德关系的二元论思维方式,确证经济与道德的统一性,保证道德代价问题讨论的物质现实性。

经济活动是人类最基本的物质性实践活动,道德活动则是人之为人最基本的精神性实践活动,两者是人类社会实践活动的两个方面。在现实的社会经济活动中,两者内在结合在一起,不可能存在着纯粹的经济活动和纯粹的道德活动。

一方面,"经济"构成人类社会存在的基础和前提。日本马克思经济学派著名理论家山口重克对"经济"的看法值得肯定:"人们劳作于自然,并将自然中获取的物品进行加工、消费的行为构成了人类生活的物质基础。假如将这种取得和消费生活物资的人类活动,或在这种活动中建立的人际关系,称为'经济活动'或'经济关系',并将其简称为'经济'的话,那么,可以说'经济'在人类诞生后的任何时期、任何社会都是存在的,尽管它可能采取各种不同的形态。"①经济存在于人类社会的任何一个时期,构成了人类生活绝对的基本前提。任何所谓的道德都是一定经济社会发展阶段中的道德,不存在一种凭空设想出的、乌托邦色彩化的超道德观念。道德离不开经济,道德的生成与历史演变,仰赖于"经济基础"及其变化。离开这个前提,道德的发展则是不可想象的。

另一方面,作为属人的人类基本活动,"经济"也绝不是一个抽象的、冷冰冰的纯粹物质性存在,它内蕴着不可或缺的道德性。仅仅以物质性的、生存性的、盈利性的、客观性的活动来审视经济,必然是对经济的狭隘理解。德国著名经济伦理学家彼得·科斯洛夫斯基就指出:"经济不仅仅是由经济规则来控制的,而是由人来决定的,在人们的意愿和选择中,经济上的期望、社会规范、文化的调节和道德上的善良表象的总和一直在起作用。因此,这种总和在经济行为和经济理论中,也必须得到考虑并反映到经济行为的道德特性上来。"②只要经济是人的活动,经济就离不开道德;任何一个社会的经济活动、任何一个时代的经济关系,都不可能超然于道德之上,不存在没有道德考量的纯经济活动,也不可能存在没有道德关涉的纯经济领域。考察人的经济活动,决不能忽视影响人类实际行为的伦理道德因素,也不可能不考虑人类生活的基本目标这些道德理想问题。

---

① ［日］山口重克:《市场经济:历史思想现在》,张季风等译,社会科学文献出版社 2007 年版,第 1 页。

② ［德］彼得·科斯洛大斯基:《伦理经济学原理》,孙瑜译,中国社会科学出版社 1997 年版,第 259—260 页。

经济与道德的分立、经济学与伦理学的区分只具有知识论的意义。由于经济与道德、经济学与伦理学的紧密联系，使得自古以来"没有任何一个道德哲学家——从亚里士多德、阿奎那到约翰·洛克和亚当·斯密——将经济从一系列道德目标中拆分出来，或认为创造财富本身是个目的；相反，创造财富被视为实现德行、引导文明生活的一种手段"①。只是近代以来随着资本主义的发展，一些经济学家才开始强调经济是一种客观的、有独立法则的活动，认为经济学作为一门实证的、演绎的、纯粹的科学，应该着力于揭示经济活动的本质、规律而不能陷入到伦理学无结论的论争之中。凯恩斯是这一观点的典型代表，他的看法就是，"政治经济学原理的讨论越是独立于伦理和现实方面的考虑，这门科学就越能尽快走出争论阶段。伦理学闯入经济学只能导致已有的争论不断扩大并无休止地延续下去"②。将道德争论、伦理规范从经济活动的客观探讨中驱逐出去，一度成为现代经济学的一大特征，必然人为地导致道德与经济的对立与分离。

中国经济学界在 20 世纪 90 年代也曾经出现过经济学要不要讲道德的讨论，有学者鲜明提出："经济学作为一门特定的学科，经济学研究作为一种特殊的职业，它不讲道德、也不该讲道德；经济学家不应该不务正业；'狗拿耗子'地去做哲学家、伦理学家、文学家、政治家、牧师等在其职业领域内该去管的事情。"③尽管这个讨论以对经济学不讲道德观点的批驳、对经济与道德具有内在统一关系的倡扬而结束，但讨论本身已经标志着经济与道德话语的分裂成为中国经济社会发展进程中的一个客观事实。经济学在学术领域中凸显出自己的强势地位，渐渐转变为只关心经济增长而不关心人类更高的价值目标、人的价值与美德等这样的伦理问题。一块是经济领域、一块是道德领域的知识论分析模式普遍存在。

这种二元对立的思维模式受到了质疑。诺贝尔经济学奖得主阿玛蒂亚·森则指出，经济学没有伦理考虑就会失效，而伦理学不借助于现代经济学的方

---

① ［美］丹尼尔·贝尔：《资本主义文化矛盾》，严蓓雯译，人民出版社 2010 年版，"再版前言"第 2 页。

② ［美］凯恩斯：《政治经济学的范围与方法》，党国英、刘惠译，华夏出版社 2001 年版，第 29 页。

③ 樊纲：《"不道德"的经济学》，《读书》1998 年第 6 期。正是这篇文章，打开了国内学术界经济学要不要讲道德的讨论之门，也掀起了经济与道德关系讨论的热潮。

法则是"一件非常不幸的事情"。他判定"现代经济学出现了严重的贫困化现象","经济学研究与伦理学和政治哲学的分离,使它失去了用武之地"。他为此重新强调了从亚里士多德就开始的经济学与伦理学联系起来的传统的正确性。因为"虽然从表面上看经济学的研究仅仅与人们对财富的追求有直接的关系,但在更深的层次上,经济学的研究还与人们对财富以外的其他目标的追求有关,包括对更基本目标的评价和增进"①。伦理学和经济学必须结合起来,必须明确经济和道德的内在结合关系。把经济与道德作出划分的合理性仅仅在于,它提供了认识人类社会历史的一种方法。只要是现实的人的活动,就不存在绝对的纯粹经济活动,也不存在绝对的纯粹道德活动。盲目强调两者的对立性无疑会陷入到一种形而上学的二元论误区之中,不利于对道德的真实面貌和历史演变作出正确的判断。研究道德代价,必须坚持经济与道德的内在结合性,才能科学探寻道德代价滋生的现实"经济基础"。

（二）道德代价基础论的唯物辩证法视角

道德代价的经济基础论,既要从"归根结底"的唯物论视角,看到经济决定道德,还要从辩证法的视角,看到经济与道德的矛盾运动在道德代价生成中的作用。

历史唯物主义是对人类社会有机体的历史发展规律的揭示,基本前提是社会是一个不可分割的有机体,核心内容是生产力与生产关系、经济基础与上层建筑、社会存在与社会意识的矛盾运动推动社会发展。马克思恩格斯对社会结构进行要素的分析只是为了更好地认识分析社会现实,不是要用一种主观的观念人为割裂人类社会的整体性;他们对人类社会发展规律的揭示,强调的是矛盾运动。恩格斯也曾作过解释:"根据唯物史观,历史过程中的决定性因素归根结底是现实生活的生产和再生产。无论马克思或我都从来没有肯定过比这更多的东西。如果有人在这里加以歪曲,说经济因素是唯一决定性的因素,那末他就是把这个命题变成毫无内容的、抽象的、荒诞无稽的空话。"②思考道德代价问题,不仅要有一种唯物论的视角,还要有一种辩证法的视角,

---

①　[美]阿玛蒂亚·森:《伦理学与经济学》,王宇、王文玉译,商务印书馆 2000 年版,第9 页。

②　《马克思恩格斯选集》第 4 卷,人民出版社 1995 年版,第 695—696 页。

深入剖析经济与道德的矛盾运动对道德的演变所起的作用。道德代价问题也必须在对立统一的道德与经济的关系中，并且以经济因素为基础的矛盾运动中得到"历史的"分析。

依循马克思恩格斯的理路，道德代价问题，是道德与经济既对立又统一、既同向前进又不同步发展的矛盾运动所带来的问题，是道德与经济的地位在不同历史阶段发生变化所带来的问题。在长期的历史发展中，经济、道德的内在结合共同规定了人类的存在，经济提供人类社会基本的物质基础，伦理道德提供人类社会基本的行为规范，维系着人类社会的生存发展。但在资本主义社会之前，作为基本活动的经济并没有受到足够的重视，且几乎与赢利、享受活动一起，被认为是最低级的活动而往往受到贬低。伦理道德则被众多思想家所宣扬鼓吹，成为自然经济条件下最被普遍接受的追求。对经济的片面解释以及对经济价值的普遍蔑视，造就出德性高于一切、道德至上的历史画面。但资本主义所引领的现代经济社会的到来改变了这种局面，经济在人类社会领域中迅速崛起成为凌驾于一切的力量，"经济活动而不是军事或宗教关切成为社会的主要特征"①，经济学也成功摘下社会科学"皇后"的桂冠。在此意义上可以说，现代经济学把道德因素从经济活动中分离出来的倾向绝不仅仅是一种理论的单方面努力，它正是对人类社会发展现实状况的回应，是试图摆脱伦理道德观念对经济学发展的制约，把经济进一步推向高峰的表现。

在当代中国，随着经济发展是第一要务理念的树立，经济活动成为主导一切的活动，使长期在政治意识形态层面推行的、笼罩在社会之上的伦理道德规范遭遇到信任危机。经济发展成为衡量社会历史发展的最重要标准，道德进步则被认为是可以为了促进经济发展而有所放缓或暂时放下的方面。道德代价正是在经济至上的新社会形态下凸显的，是人们从自然经济条件下的"道德社会"、从计划经济条件下的"理想乌托邦"，走向市场经济条件下的经济社会必然遭遇的历史问题。当经济领域的规则迅速成为人类社会所有领域的基本规则，尤其是渗透到人的行为、人的内心、人际关系之中，人们的经济冲动、经济利益、经济活动以及凝化而成的经济制度、经济结构的第一性，对传统社

---

① ［美］丹尼尔·贝尔：《资本主义文化矛盾》，严蓓雯译，人民出版社 2010 年版，"再版前言"第 6 页。

会的道德规范、道德秩序的继续维系构成了强有力的持续冲击波,必然造成传统意义上道德规范社会秩序力量的式微。一定程度上可以说,道德代价的凸显就是经济与道德的矛盾运动从道德主导阶段走向经济主导阶段所造成的结果。

（三）道德代价基础论的结构分析

道德代价的经济基础论,必须对"经济基础"进行结构的、立体的全方位分析,考证经济活动、经济利益、经济关系、经济发展、经济形态在道德代价滋生中的具体作用。

一个社会的发展是否付出沉重的道德代价,最明显地体现在社会主体进行生产、分配、交换、消费的经济活动中,是否遵守相应的道德规范和价值标准,是否表征出一定的道德关怀和道德素养。就此而言,社会主体的经济活动的道德状况,是判断一个社会是否付出沉重的道德代价去追求发展的直接参照。如果在经济活动中,社会主体具备较高的道德素养,自觉遵守相应的道德规范和价值标准的约束,则这个社会经济发展的道德状况是良好的;如果社会主体的经济活动,让相应的道德规范和价值要求形同虚设,则可以判定这个社会在追求经济发展的过程中,必然付出惨重的道德代价。

经济利益是社会主体从事经济活动的目的,社会主体对经济利益的态度以及获取经济利益的方式、手段,是衡量社会道德状况的基本指数,也是道德代价滋生多少的根本原因。如果经济利益被社会主体看作为维系生存与促进个人发展的工具,需要依据相应的价值准则和道德规范去获得,则这个社会的道德发展是健康的。而当经济利益成为社会主体的唯一追求或根本追求,支配着社会主体的所有活动,并使其不去关注他人的正当利益,只追求自己的私利而无所不用其极时,作为牺牲品的道德代价就必然会涌现。

道德代价在社会主体追求经济利益的经济活动中表现出来,但归根结底是由社会主体在物质生产中结成的经济关系所决定的。经济形态(经济制度、经济体制、经济结构)①是经济关系的制度化、规范化、固定化,是导致道德

---

① "经济形态"、"经济结构"、"经济体制"、"经济制度"这四个词当然有区别,有不同的指谓和内涵,但均可以理解为经济关系的制度化、规范化、固定化,出于这个考虑,在此不作区分,这并不影响道德代价基础的讨论。

代价生成的宏观经济基础。一定的经济形态,总会生长出一定的道德规范,本身内蕴着一定的伦理追求、道德原则和价值判断。美国伦理学家诺兰指出:"每一种经济体制都有自己的道德基础,或至少有自己的道德含义。"①一定的经济体制一经形成,就会生成与之相适应的规范,生成引导、约束人们经济行为的道德规范,而经济形态的更替也必然会打破原先的道德规范,形成新的道德规范。具体考察特定的经济形态(经济制度或经济体制),对更替前后的两种经济形态作出具体的比较分析,是把握道德代价问题必不可少的重要环节。

经济形态的更替是经济发展的质的飞跃,是由经济发展来推动的,道德代价的生成也恰恰是一个动态的问题,必须弄清经济发展与道德代价的关系。在历史唯物主义的理论视域中,生产力的发展是一切社会变革的总根源,经济发展是以生产力发展为前提、为基础的,其本身也表征着生产力发展;因而,经济发展必然促使原有的道德观念发生变革。问题的关键在于,经济发展必然会带来道德进步还是道德堕落? 对这个问题,有着不同的回答。一种答案认为,经济发展与道德进步存在着不可消解的二律背反,经济发展必然要以牺牲道德为代价,道德进步必须以限制经济发展速度为前提。因此经济越发展,道德将会越堕落、越退步。另一种回答主张,经济上的发展与道德上的进步是并行不悖的,经济上的富足或者说物质生活水平的提高与个人道德状况的良善是一种正比关系,社会物质生活水平越高,社会的道德状况就更好,人们的道德水准即德性水平也就越高。两种答案尽管有着根本差别,但其错误的共同点都在于陷入到经济发展、生产力发展的机械决定论中。物质生产力的进步或经济发展必然导致社会道德观念的变化,但它并不一定就会自然而然地带来道德进步,也不一定会自然而然地带来道德堕落。

经济发展与道德进步既有着正相关性,也有着冲突和矛盾的负相关性。经济发展只是为道德进步与道德代价带来了一种现实的可能性。只要人类对经济发展的负面影响作出有效的遏制,道德代价就可以降低到最低的限度,就不会造成道德滑坡或道德堕落。认知经济发展与道德代价之关系,是要时刻警醒经济发展可能会对道德带来负面效应,从而在追求经济发展的过程中,建立一种良善的经济体制,尽可能减少道德代价的付出,使道德代价降低到最低

---

① [美]诺兰等:《伦理学与现实生活》,姚新中等译,华夏出版社1988年版,第324页。

的限度。

（四）道德代价基础论的评价标准

道德代价的经济基础论,结论是要以经济发展与道德进步的共同标准来看待人类社会的发展,不能凭一种空想的道德标准和抽象的道德理想来评判人类社会发展,轻率得出经济发展必然导致道德滑坡抑或道德进步的结论,也不能以纯粹客观的经济增长标准来作为社会发展的唯一标准,置道德代价问题于不顾。

受经济基础决定的道德代价,既有绝对性,也有相对性。经济发展进程中的道德代价至少有三层含义:其一是原有道德规范是与旧有的生产关系相适应的,本身已经落后于历史的潮流而被舍弃,这种牺牲掉的道德代价就是一种积极意义上的"代价",是为了走向一种更加良善的社会必须付出的"代价"。严格来说,这种"代价"不是代价,而是道德进步。其二是原有道德规范不仅是符合旧有的生产关系的经济道德规范,而且也是符合人类交往普遍要求的社会道德规范,它有利于人的道德素养的提升和社会道德的进步,但随着经济发展被损毁或者被消磨掉了,这就是一种需要正视并尽可能降低的代价。从另一种意义上看,这是道德退步。其三是新生的道德观念往往具有两重性:一是具有正能量,对经济社会发展和道德进步有积极意义;二是具有负能量,对经济社会发展和道德进步有消极意义。例如市场经济的确立,随之产生的开拓创新、自由平等、科学法治等新道德观念,对经济社会发展和道德进步有积极意义。而与此同时滋生的拜金主义、极端个人主义和享乐主义等道德观念,却对经济社会发展和道德进步有消极意义。无疑,立足于历史发展的总趋势和整体进程来看,经济的发展与道德的进步是同向的、一致的,任何历史阶段道德代价的出现,都蕴涵着进步、发展的因子,当代经济社会相对于传统社会,即使道德确实付出了沉痛的代价,也是一种必要的"否定"过程,最终是在走向一种"否定之否定"。当然,如果据此认定只要经济发展,道德总是在进步,付出一定的代价只是暂时的,无须过度关注,必然导致盲目的乐观主义,必将还要为此付出更多更惨重的道德代价。历史辩证法不是说历史就是纯粹的客观运动,历史主体的主观努力毫无用处,而是既有客体向度,又有主体向度。道德代价是历史主体意识到的,也需要历史主体通过经济制度的设计来规范人们的经济活动,使人们正当地、公平地追逐自己的利益。这种降低道德代价的主观努力是十分有必要的。

关注道德代价问题,绝不是仅仅要以道德的标准来评判历史的进步,也不能因为道德代价的相对性而坚定以经济发展作为唯一标准来评判社会的发展,经济发展与道德进步是两个应该综合起来的标准。"在几乎所有已知的文化中,道德思考都要求我们对物质忧虑不能给予过度的重视。我们也更加清醒地认识到,经济发展——特别是工业化,以及最近的全球化——常常带来不利的副作用,如对环境的破坏,或对过去看来是完全不同的文化的同化,而且我们也需要用道德眼光的眼光来考虑这些问题。所以,我们需要从物质和道德两个角度来考察经济增长:为了我们自己物质上的好处,我们有权利使未来的人类甚至其他物种背上沉重的负担吗? 我们对增长的重视,以及为达到它所采取的行动,会不会削弱我们的道德正直性? 我们权衡的是物质上的正面和道德上的反面。"①人类社会发展依据的不是唯一的经济向度,在世界各地盲目热衷于经济增长或经济发展而感受到前所未有的财富时,对未来生态环境的担忧、对社会道德进步的忧患必须植入到政治人物以及所有人的意识里。人类最根本的追求是什么? 最终要达到的目标是什么? 是物质财富还是人的幸福? 是不择手段还是科学发展? 是人人为己还是社会和谐? 这都需要在未来的经济发展蓝图中得到清晰地呈现。而当务之急是改变固有的观念,即经济活动是绝对主导一切的根本活动,经济价值是最主要的根本社会价值,而包括道德在内的其他一切活动、一切价值都是不重要的。人类社会发展到今天,显现出经济发展是首要原则,而道德进步只是次要的、不是第一位的原则,并不是历史的固态和常态,它只是适应于特定历史阶段而不是人类社会所有历史阶段的"历史规律",把特殊看作普遍、把局部看作全局的错误需要纠正。道德代价的经济基础论,不能树立经济发展第一性、道德进步第二性的观念,不能造成为经济发展可以牺牲道德找借口,甚至无视道德的悲惨境遇。

经济基础构成道德代价的"基础",当然也不是说经济发展是道德进步、社会历史发展的唯一决定性因素,也不是说经济是道德代价滋生的唯一根源,

① [美]弗里德曼:《经济增长的道德意义》,李天有译,中国人民大学出版社2008年版,第4页。

道德代价由经济发展"全权决定"。作为一种社会意识形态，道德的进步与整个社会历史环境相关联，必然会受到政治、法律、宗教、文化、哲学等意识形态的影响，包括政治精英人物的腐化、法律制度的不完善、道德理想教育的失效、价值导向的错误等。这些都是道德代价论必须涉及的参考域。当然，对道德代价的生成，起着根本性作用的还是"经济基础"，而这个"经济基础"中最关键的不是经济发展水平和速度，而是经济形态的更替、经济制度的建构、经济体制的设计、经济关系的理顺。要最大限度地降低或者减少道德代价，绝不能仅仅进行保卫道德的呼吁和呐喊，而必须从经济形态、经济制度、经济体制、经济关系中找到突破口，从现存的经济体制中去分析，挖掘经济制度的伦理向度，将道德代价降低到最低程度。

二、市场、市场经济与道德代价

当今，市场经济是最大的现实经济基础，研究道德代价、伦理状况都必须从市场经济着手。实际上，正是 20 世纪 90 年代初社会主义市场经济体制在中国的确立和发展，关于道德代价的话题才真正成为国人关注的重大话题。面对市场经济运行所带来的道德领域的重大变化，亟须从理论上回答：市场经济与道德代价的关系如何？在市场经济深入发展、道德的负面效应充分呈现、各种可见的消极道德事件频繁爆发的今天，必须要说的是，这一课题依然是亟须深入探讨的重大课题。

要正确回答市场经济与道德代价的关系问题，就要科学解决三个前提性问题：

（一）第一个前提：承认市场经济的历史地位

作为现代社会的经济历史形态，市场经济标志着人类社会历史的重大进步，它带动了人类社会各个领域的全面变革，开启了人类社会的全新时代。不容否认的历史事实是，市场经济是人类社会迄今为止创造出来的最有效的资源配置方式，是最能推动人类社会生产力提高的经济运行方式。探究市场经济与道德代价的关系，绝不能否定市场经济在人类社会发展进程中的深远意义,它相对于自然经济的巨大进步性无需赘言。仅就道德层面而言,市场经济摧毁了自然经济条件下等级制的道德秩序,使人从对宗教的幻想、对政治的依附中解放出来,这是它最根本的进步。市场经济体现的另一面是确立了经济秩序在社会领域中的至高地位,而使自然经济条件下的伦理道德的崇高地位发生了动摇。自然经济作为一种"伦理主导性经济",经济生活、经济运作的特殊原理是与家国一体的社会结构、伦理政治的文化原理完全匹配的。市场经济则在很大程度上显现为"纯经济"形式,促使经济与伦理的结合发生了很大程度上的分离,传统伦理道德就这样被抛离了出去。① 市场经济取代"伦理经济",正是人类社会摆脱传统伦理束缚、创造经济发展奇迹的起跑线,也正是人们感觉经济在发展而道德却在下滑的感觉经验的发源地。

(二) 第二个前提:对市场经济的理解不能形而上学化

对于何为市场经济这个问题,不可能形成一致的答案。最容易形成的共识是,市场经济是以市场为基础调节社会资源的经济运行形式,是社会发展到一定历史阶段上的任何经济社会制度均可以采用的资源配置方式或手段。这种对市场经济进行的纯经济范畴的理解,显然不利于评估它的历史效应,也不利于分析它对社会的影响程度。正如有学者所指出的:"在中国社会建立'市场经济'远不是一般想象的那样,仅仅是经济体制转换的问题。"②对市场经济的理论阐释也不能是纯粹抽象的界定,要着眼于它所带来的社会变革的现实性,"纯经济范畴的市场经济是抽象的,其在由抽象变为具体现实的行程中,会逐渐蜕去抽象性的纯粹性,而变为一种广义的超越纯经济范畴的社会历史形态"③。市场经济更应该被看作是由市场运作所牵引的经济、政治、文化、社会全方位的变革所标志的全新的社会历史形态。必须从更为广阔的视角来认识它,只有这样,才能更深刻地理解市场经济不仅仅是经济体制、经济形态的变更,而且还包括社会体制、政治安排以及人们的文化、价值、道德观念等社会

---

① 樊和平认为,从经济运行所依托的文化背景及其所遵循的文化原理的角度考察,传统经济形态可以表述为"伦理经济",体现的是经济与伦理的天然匹配形式,市场经济则是"纯经济"形式,体现了伦理与经济的分离。参见樊浩:《市场经济与现代中国伦理的转换点》,《毛泽东邓小平理论研究》1994 年第 1 期。

② 汪丁丁:《市场经济与道德基础》,上海人民出版社 2006 年版,第 36 页。

③ 高兆明:《当代中国价值构建中的方法论问题》,《江海学刊》1997 年第 6 期。

所有领域的变革。如果仅仅把市场经济理解为一种资源配置方式或者某种制度可资利用的手段，而不把它理解为人与人经济、政治、文化关系以及各种体制(作为关系的总和)的根本变革，我们就不可能捕捉到市场经济与道德演变的内在本质关系，从而只能把两者作为外在联系的事物去探讨谁决定谁的外在关系问题，得出市场经济合道德性或非道德性或反道德性的结论。

（三）第三个前提：辩证看待市场经济与伦理道德的关系

1.要辩证看待对立与统一的关系

市场经济是道德的还是不道德的，不是一个可以简单用"是"或"否"来回答的问题。当然更不能采取简单回避的态度，认为"市场上的事情本身无所谓道德或不道德"，强调市场经济的他律性和功利性、道德的自律性和超功利性，而得出市场经济与伦理道德本质互斥、市场经济是不能进行道德评价的非道德领域的结论。[①] 市场经济与道德的关系问题，是一个需要辩证思考而不是武断判定的问题。德国学者格罗·詹纳(Gero Jenner)正确地指出了市场经济的矛盾两面性，它与技术一样，在开启一个新的社会和平公正时代的同时，也会同时带来意想不到的伤害。"市场经济本身既不好也不坏，既不对社会有益也不对社会有害，它正像其他的技术一样是一种进行劳动分工和竞争的经济工具，它在服务于社会的同时也给社会带来伤害。"[②]市场经济对伦理道德的影响也是如此，它开启了人类社会道德规范的新时代，也给人类社会道德带来了伤害。如果不能树立这种辩证的观点，人们就很容易武断地得出市场经济发展必然带来道德进步或道德堕落或道德代价的结论，这实际上难免陷入到形而上学的思维旋涡而找不到解决问题的正确思路。

2.要辩证看待必然与偶然的关系

经济形态转变牵引的社会变革，对立足于其上的道德规范、道德观念、道

---

①　关于市场经济与伦理道德的关系是本质互斥还是内在统一，在20世纪90年代出现一个争论，可参见何中华：《试谈市场经济与道德的关系问题》，《哲学研究》1994年第4期；鲁鹏：《道德形而上学与现实—与何中华同志商榷》，《哲学研究》1994年第12期；王淑琴：《论市场经济与道德的关系——与何中华同志商榷》，《哲学研究》1995年第2期；何中华：《再谈市场经济与道德的关系问题——答鲁鹏、王淑琴同志》，《哲学研究》1995年第6期。

②　[德]格罗·詹纳：《资本主义的未来：一种经济制度的胜利还是失败?》，宋玮等译，社会科学文献出版社2004年版，第11页。

德行为等必然带来冲击,这是前提。自然经济、计划经济向现代市场经济的转型,带来道德规范、道德观念、道德行为等的变革,这是必然的。在这种变革中,市场经济滋生一定的道德代价可以说是"不可避免的"。因此,"问题并不在于要不要付出道德代价,而在于付出去的道德代价是什么、是否过大,这种巨大代价的付出与经济社会的更新与成长相比是否值得,是否能在重建新的道德中得到补偿。"①市场经济发展所引发的巨大社会变迁,所造成的道德发展的阵痛,使付出一定的道德代价具有了社会历史发展的客观必然性。然而,市场经济的发展需要付出多少道德代价,是否需要付出沉重的道德代价,这就有了偶然性。如果社会发展主体具有道德自觉性,可以通过调动各种社会物质力量和精神力量,在最大限度地降低道德代价的实践中推进道德的进步。历史辩证法不仅具有客体向度还有主体向度,它既看到了社会历史发展规律的客观性,也充分肯定了历史主体、市场主体在规制市场经济过程中的主体地位。

3.要辩证看待应然与实然的关系

人们同样是面对市场经济,对于它是否具有道德合法性却有截然不同的态度。有一种颇具代表性的观点认为,作为社会进步的标准,市场经济的确立必然会产生与之相适应的道德规范,相对于被淘汰的以往的与之不相符合的道德规范,这种符合市场经济的道德规范必定是进步的,因此道德总是在进步的,没有所谓的道德代价之说。这种观点的前提在于认定市场经济的完美性以及市场经济塑造社会道德规范的合法性,但问题在于存在一种完美的、完善的市场经济吗? 市场经济所形成的规范就一定是符合社会各领域的规范吗? 就理论而言,市场经济以市场主体的独立平等、私人利益正当、交换自由公开、价格由市场来定、公平竞争等方面为基本原则,在这种意义上的市场经济当然可以说是一种道德经济,是法治经济,是最有利于激发人们的主动性、最能实现公平配置、最有道德的经济。自由市场论者也正是看到了这些方面,强调市场经济会自动生成它特有的进步的道德规范,并反对对市场经济的外在束缚,认为政治力量的介入或者一种道德说教恰恰是道德代价之源。问题的关键就是要分清楚实然与应然的问题,对一种理念意义上的、非现实的经济运作方式

① 刘可风:《论市场经济领域中道德的适度定位问题》,《哲学研究》2004 年第 6 期。

进行考量,只会是从抽象到抽象。我们要考证的是市场经济的现实运行状况,是现实存在的市场经济,而现实存在的市场经济绝不会自动转变为完美的理念市场经济。市场经济的发展不可能一步就臻于完善,它的那些原则也不可能得到最完美的贯彻。如果没有从实然的角度,没有立足现实前提而仅仅根据市场经济的原则,则必然会形成错误的认知。不能理想化市场经济,忽视市场经济的运行带来的现实道德困境。

4.要辩证看待结构与环境的关系

真正厘清应然与实然的关系,就是要认识到我们不可能生活在纯粹的市场经济中,而是生活在整体的社会之中,对市场经济本身的道德问题与市场经济建设过程中带来的社会道德问题应该分开来看,也就是说,市场经济与道德代价的关系要从两个方面去看:一是市场经济的基本前提、基本原则、基本规范可能带来的道德代价;二是市场经济与其运行的社会环境(政府力量、社会舆论、道德教育等)的互动可能带来的道德代价。这就要对市场经济的内在机理以及它的外在环境进行分析。拆分市场经济的内在机制,它主要包括四个要素:(1)自利主体,也就是参与市场活动的市场主体;(2)交换活动,市场主体在市场上通过竞争实现自身利益的行为;(3)契约规范,在市场交换中形成的约束市场主体之市场行为的原则规范;(4)共同利益,以市场为中介实现的整个社会的公共利益与和谐秩序。就其外在环境而言,它是指在市场之外但又是市场运行不可或缺的社会、政治、文化力量。这几个方面共同保证了市场经济的良性运行,勾画出市场经济的道德合法性,即作为欲望和理性的结合体的市场主体为了实现自己的正当利益,在有明确规范的市场上通过交换各获所需,并在政治力量、社会力量的推动下实现社会资源的有效配置和社会公共利益的公平实现。市场经济运行的原理是完善的,不仅保证了市场个人主体的正当利益,明确了其应遵守的道德规范,还预设了公共利益实现的道德效果。但在现实的运作中,并非每个要素都是按照这个原理前进的,而且这几个要素也存在矛盾,这正是导致道德代价的根源之所在。对市场经济与道德代价关系的考量,就是要看到这些要素中所隐含的滋生道德代价的可能性。

(1)自利主体

市场经济运行的前提是有着独特的利益、并能运用理性去实现他的利益的自利主体。一些西方道德哲学家认为,自利是人的本性,市场经济是最符合人的自利本性的,因此是最值得称颂的经济形态。这里的逻辑是有问题的,似乎利己是天生的本性,而后天的市场经济恰恰符合了这种本性。这其实是一种颠倒。依照马克思的观点,没有抽象的恒定的人性,人的本质是社会关系的总和,人是社会关系的产物,人不是生来如此的超验的存在,自利的经济人正是市场经济塑造出来的历史产物。纠正这一点,甚为重要。如果承认人的自利本性,也就必须承认市场经济天然的道德合法性,就谈不上市场经济的道德代价之说;一种符合人性的经济历史形态,是不可能也无须进行道德批判的。只有确认市场经济对人的重塑,才能够正确衡量市场经济所带来的最深层次的道德问题。

必须肯定,个人主体及其利益的发现,是市场经济最具有道德合法性的本质体现,是市场经济促进道德进步的根本表现。在理论上,市场经济能够强化个人的主体意识,使真正理性人的自由道德选择、道德判断成为可能,也使利益与道德、义与利的传统矛盾得到较为合理的解决。市场经济的道德态势是:"人向往任何东西时,不是像狗一样,把希望寄托在他人的善心,而是把希望寄托在他人的利己主义。"①以自利为基石的市场经济之所以能够实现利己与利他的统一,是因为"市场并不是一个个体主义者们在不考虑其他人需求和偏好的情况下作出决定的制度框架;相反,市场是这样一种制度框架,在这种制度框架中,如果人们希望实现自己的目标,他们就必须考虑其他人的需求与偏好"②。按照竞争、交换的原理,只有通过利他,才会实现更好的利己。从利己的目的出发,实现利他,利己与利他没有必然的对立,经济人与道德人是可能通过市场经济来实现统一的。

理性个体满足自己的欲望,实现私人利益,动机是利己的,结果是利他的,自利主体同时是道德主体,这是市场经济的完美道德表现。但问题在于,既然市场主体最根本的目的就是满足个人的私利,这就会导致他会存在侥幸的心理,想尽一切办法,用尽一切手段,在侵犯他人的正当利益基础上获得自己的利益,在能够不利他的情况下实现利己,尤其是在面临着利己与利他二选一的

---

① [英]亚当·斯密:《亚当·斯密关于法律、警察、岁入及军备的演讲》,[英]坎南编,陈福生、陈振骅译,商务印书馆1962年版,第185页。

② [英]米德克罗夫特:《市场的伦理》,王首贞、王巧贞译,复旦大学出版社2012年版,第10页。

情况下,他肯定会选择利己,利他式微、利己至上的威胁时刻存在。自利的人很有可能变成利己主义和自私自利的人,为自由市场经济进行终生辩护的哈耶克应该也认识到了这种可能性,在《通往奴役之路》中,他区分了自私(Selfish)和自利(Self-interested),两者都强调自己的利益,"自利"从人的理性出发,强调自我利益和他人利益的共同实现,并随时准备为改善双方利益而作出妥协。"自私"则强调一己之生命和享乐,且时刻准备侵犯他人利益包括他人的生命来获得私己的利益。谁能确保市场经济塑造的市场主体一定是"自利"的主体,而不是"自私"的主体呢?市场经济可能滋生道德代价的根源就在此处,它塑造了从自身利益出发的利己之人;这种利己之人在"自利"与"自私"之间徘徊,在利己利他与极端一味利己之间游荡。只要一有可能,他往往就荡到"自私"与一味利己的一端。

(2)交换活动

自利主体获得利益,必须通过商品或服务的交换,从而在市场中结成交换关系。如果说生产活动是人类社会一切经济形态中最根本、最基础的活动,交换活动就是市场经济形态下最根本的活动,交换关系就是市场经济形态中最本质的关系。交换活动在市场经济理论家那里被寄予了很高期望。交换活动是市场主体之间互赢共利的经济活动,交换关系是各取所需的关系。"无论是谁,如果他要与旁人做买卖,他首先就要这样提议。请给我以我所要的东西吧,同时,你也可以获得你所要的东西:这句话是交易的通义。"①市场主体之间的利益同时得到满足,这是市场交换活动具有道德性的体现。市场交换尊重交换双方的独立人格和平等地位,经济上的交换有着伦理上的自由和平等的价值,交换双方可以选择与谁交换,交换什么,如何交换,他们都是平等的、自由的。这种交换产生的还有分工的合作精神,还有人们美德的实现。"合作性交换行为环环相扣、无穷无尽的市场不仅会提供一种无偿的经济协调机制,而且会通过温和和强制确保市场参与者成为和平的公民,他们以道德上可以接受的方式去追逐自己的利益。在市场上理性地追求个人目标恰恰同采取特定的道德行为方式与态度具有同等的意义:温和、正直、值得信赖、可靠、忠

① [英]亚当·斯密:《国民财富的性质和原因的研究》(上卷),郭大力、王亚南译,商务印书馆2003年版,第14页。

诚、诚信或愿意作出妥协便成为在市场上取得成功必不可缺的美德。"①在这些描述中,可以看到市场交换所带来的一幅美丽动人的图景:它不仅改变了人类的历史,甚至通向了理想的乌托邦;交换本身不仅是经济活动的枢纽,也成了道德和美德的产生地。

交换活动滋生了人类的美德,提升了人们的德性,定然如此吗?如果真是如此,就看不到任何的道德代价了,这种理想主义的市场经济的倡导者是看不到血淋淋的事实的。韦伯对市场交换的"非人格性"分析,则一针见血地揭示了现实:"市场共同体中的任何——特别是货币——交换行为,都不是孤立地受到可能对交易有兴趣的所有各方当事人行动的指引。市场共同体本身乃是实际生活中最为非人格的关系,人们一进入这种关系就会互相渗透。这并不是因为市场关系中有关各方进行斗争的内在潜能。这里的任何人际关系,甚至最亲密的人际关系,乃至最绝对的个人忠诚关系,在某种意义上说都是相对的,都可能包含着与交易伙伴的斗争,比如为他的灵魂得救而进行斗争。市场之所以具有非人格性,原因就在于它的就事论事、它的以商品为取向且仅仅以商品为取向。只要允许市场按照自发趋势推进,那么市场参与者的目光就会只对物、不对人;这里既没有仁爱的义务,也不存在敬畏的义务,更不存在由私人结盟支持的天然人际关系。"②交换在市场经济中是不可或缺的,但交换也是诸多问题的根源。市场主体生产的东西不再提供给自己,而是直接用于交换而提供给对方使用,他最关心的不是商品或服务的质量,而是商品或服务能够给他带来交换价值;只要虚假、低劣的商品能带来更多的价值,他是不会考虑它是否给别人带来的伤害有多大。交换过程并不一定是各取所需,有可能是一方获得利益,另一方惨遭损失,或者两方都惨遭损失。交换中的平等、自由、合作也有可能只是在交换这种形式下的符号,而不具有实质意义,因为交换双方要完成交易,有可能需要作出低人一等的姿态,需要放弃自己某些方面的自由,也需要与第三方进行残酷的竞争。市场交换不仅不能与道德、美德画上等号,而且往往会付出不同程度的道德代价。

---

① [德]米歇尔·鲍曼:《道德的市场》,肖君、黄承业译,中国社会科学出版社2003年版,第11页。
② [德]马克斯·韦伯:《经济与社会》第1卷,阎克文译,上海人民出版社2009年版,第777—778页。

（3）契约规范

市场交换的正常运行,离不开约束市场主体的原则和规范。这种规范也可以说是与市场经济相适应的道德规范,是对市场主体道德素质的基本要求。尊重产权、分工协作、等价交换、合理分配等就是市场经济运行内生的基本道德规范,而诚实守信、合作意识、公平竞争等就是对市场主体的主要德性要求。《道德的市场》一书的作者鲍曼详尽地论述了市场主体的市场活动形成他们都遵循的基本规范的过程:"对自利的理性追逐将导致选择一种合作的行为方式,它使所有相关者获益并由此考量到相关伙伴的利益。这样,允许人自由追逐其个人目标的事实便恰恰不会导致人们试图以牺牲他人为代价毫无顾忌地追逐自己的目标,而是正相反,他们会认识到只有在尊重他人利益的前提下追求自己的目标才对他有利,也即是说,他们在自己的行为中将遵循道德的基本规范。"[1]在此,市场经济的发展与道德规范的遵循完全是一致的,从中根本看不出市场经济会对道德规范造成任何的冲击,它本身就蕴涵道德规范,而且还必然会使人们去自觉遵循。

必须承认市场本身在生成道德原则和道德规范中的作用,而且这些原则和规范的树立确实推进了人类道德的质的飞跃。但如果坚持这种契约规范的万能论,则并不符合现实。因为这些原则、规范本身建立的非亲善的、非友爱的人际关系,并不适用于社会所有领域,市场经济的规范只有在市场领域拥有道德的正当性,其中的道德只有"外在规范"的作用,而不具有"内在修养"的功能。这些规范总是被轻易推翻,而造成"显规则"与"潜规则"的对立,显规则要求伦理约束,潜规则则打破这种规则。恩格斯指出了这种规范的"虚伪性":"在任何一次买卖中,两个人总是以绝对对立的利益相对抗;这种冲突带有势不两立的性质,因为每一个人都知道另一个人的意图,知道另一个人的意图是和自己的意图相反的。因此,商业所产生的第一个后果是:一方面互不信任,另一方面为这种互不信任辩护,采取不道德的手段来达到不道德的目的。例如,商业的第一条原则就是对一切可能降低有关商品的价格的事情都绝口不谈、秘而不宣。由此可以得出结论:在商业中允许利用对方的无知和轻信来

---

[1] ［德］米歇尔·鲍曼:《道德的市场》,肖君、黄承业译,中国社会科学出版社2003年版,第11页。

取得最大利益,并且也同样允许夸大自己的商品本来没有的品质。总而言之,商业是合法的欺诈。"①虽说这种批判过于激烈,但现实中运行的市场经济恰恰验证了这个结论,在许多情况下,市场经济运行本身的道德规范被市场主体所推翻,普遍规范本身成为个人逐利的牺牲品。

(4)共同利益

人类社会共同利益有效率地实现是市场经济"承诺"的社会效果,也是其道德正当性的最终证明。每个人追求自己的正当利益,在契约性的道德规范之下,社会资源根据供求价格得到有效配置,效率与公平问题得到解决,共同利益最终得到实现。斯密的天真之处就在于以为通过市场这只"看不见的手",就能够直接打通个人利益和共同利益的鸿沟。"各个人都不断地努力为他自己所能支配的资本找到最有利的用途。固然,他所考虑的不是社会的利益,而是他自身的利益,但他对自身利益的研究自然会或者毋宁说必然会引导他选定最有利于社会的用途。"②荷兰人曼德维尔则用"蜜蜂的寓言"表达同样的意思,"私人的恶德"直接通往"公众的利益","无数的人们在努力,满足彼此之间的虚荣与欲望,到处都充满邪恶,但整个社会却变成了天堂。在这种情况下,穷人们也过着好日子"③。美国当代著名思想家罗斯巴德则更进一步,认为市场所创设的规范远远不需要政府的控制和干预,就能够使人类处于一种理想的和谐社会之中,而不是适者生存的所有人以所有人为敌的丛林统治中。"自由市场将丛林的以赤贫的生存为目标的毁灭性竞争,改变成为自己及他人提供服务的和平的合作式竞争。在丛林中,要有所得必以牺牲他人为代价。在市场上,每一个人都从中受益。正是——契约性社会——从混论中理出了秩序,征服了自然,根除了丛林,使得'弱者'得以自食其力,或有尊严地(与丛林中的'强者'的生活相比)接受生产者的捐赠。"④市场经济的理论家们对市场经济充满信心,市场经济描绘了一幅幅社会公共利益、社会公共秩序、公共道德规范实现的美好蓝图。

---

① 《马克思恩格斯文集》第1卷,人民出版社 2009 年版,第 60 页。
② [英]亚当·斯密:《国民财富的性质和原因的研究》(下卷),郭大力、王亚南译,商务印书馆 2003 年版,第 25 页。
③ [荷]曼德维尔:《蜜蜂的寓言:私人的恶德,公众的利益》,肖聿译,中国社会科学出版社 2002 年版,第 8 页。
④ [美]罗斯巴德:《权力与市场》,刘云鹏等译,新星出版社 2007 年版,第 233—234 页。

马克思已经总结并判断了这种想法的荒诞:"经济学家是这样来表述这一点的:每个人追求自己的私人利益,而且仅仅是自己的私人利益;这样,也就不知不觉地为一切人的私人利益服务,为普遍利益服务。关键并不在于,当每个人追求自己私人利益的时候,也就达到私人利益的总体即普遍利益。从这种抽象的说法反而可以得出结论:每个人都互相妨碍别人利益的实现,这种一切人反对一切人的战争所造成的结果,不是普遍的肯定,而是普遍的否定。"① 马克思在经济学家的激情之火上无情地浇了一盆冷水,有另外一种可能,甚至是必然的可能,那就是私人利益的基础所导致的是对共同利益的否定。不是一切人服务一切人,而是一切人反对一切人。对立的私人利益就注定不会带来共同利益的实现,只会带来共同利益的摒弃。

市场经济的运行并不必然带来共同利益,究其根源在于,市场经济预设前提是自私的、不完美的市场主体,它鼓励个人利益最大化,还宣称共同利益最大化。一群自利的人一定会完全遵守市场规则、带来社会利益的最大化吗?不一定。因为自利的人是前提,市场交换是过程,契约规范是约束,社会公共利益的实现是结果,看似衔接得很好,但自由的理性的经济人一定会想尽一切办法,甚至规避市场经济的规则,还会试图控制市场经济,以服务于个人的利益,反而置集体利益于不顾,实现的公共利益最后只是某些人的个别利益。市场经济与良善社会、共同利益并没有开通直通车。市场经济在今天的发展现实没有实现市场经济理论家所做的预见,它没有自发实现社会利益的扩大,反而让很多国家的社会利益、公共道德陷入到一种看似没有进路的境地。当面对现实中出现的收入差距扩大、社会价值观念混乱、弱肉强食、生态环境恶化等这些问题的时候,再宣称市场经济的自发运行必然带来社会共同利益的实现,就显得十分滑稽可笑。

(5)外在环境

市场主体的市场活动不是在真空中进行的,而是在社会中开展的,政治力量、社会力量与市场总是存在着或矛盾或一致的互动。探讨市场经济的道德代价问题,必然要在市场经济与外在社会政治环境的互动中去把握。自由市场经济的捍卫者会把道德代价的出现归因于政府作为外在力量对市场的干

---

① 《马克思恩格斯文集》第8卷,人民出版社2009年版,第50页。

预,他们认为如果没有政府的干预,市场不但不会破坏社会,反倒会给社会的繁荣和发展带来积极的作用。"市场经济是一种道德经济,一个具有强大的社会和道德结构的正义社会的构建要求尽可能广泛地、深入地扩大市场力量。那些相信我们未来的物质繁荣和社会和谐取决于在国家和市场之间确立一种新的机制——在这种新机制中,政府更为严密地调控市场的运作并且为市场的运作划定界限——的人们,也错误地理解了经济繁荣和社会和谐的基础:正是自由的、自我调控的市场的持续发展和延伸确保了一个具有牢固的道德基础的物质繁荣的社会。"①市场经济不需外界力量的干扰,保证了社会的道德体系的完善,反倒是国家政治的干预带来了道德难题和社会困境。是政府的干预破坏了本来就存在的道德秩序,只有保持市场经济的自由运行不去干涉,才会保证一副完美的道德图景。

市场万能论、市场完美论正是需要批判的。自发调节的市场从来没有真正存在过,也不能作出武断的预言,说未来一定会存在完善的、自发调节的市场经济。市场机制本身就不是绝对完美的,也不可能带来完美的道德秩序。即使真的存在完美的市场体制,它的所有原则、规则都得到贯彻,也不能说它就会适用于整个社会生活,市场经济向社会各领域的渗透也会滋生道德代价。市场经济作为经济运行的方式,本是与人的经济生活、经济活动密切相关,它也仅应限制在这个领域,但市场渗入到人的思维方式中,并凭借人的思维方式扩张到人类社会的其他领域,因而就出现"市场政治"、"市场社会",从而对人类社会的其他关系进行了殖民。市场经济滋生道德代价的重要表征就是市场的扩张突破经济领域,将其规则适用到人类社会的所有领域。市场经济领域把赢利、交换、竞争作为道德行为,这无可厚非,如果在生活中一切都讲赢利,在政治中强调交换,在社会中盲目推崇竞争,必将是道德的损失。如果一切都是市场化,一切都以价格、竞争、供求来决定,势必带来公共利益的损害。鉴于市场经济不可能的完善性,鉴于市场经济可能向社会的扩张,所以必须限制市场化的原则极度放大,防止它占据整个社会。交换、金钱、竞争、价格充斥的社会绝对不是一个理想的、和谐的、或者说有道德的社会。

---

① [英]米德克罗夫特:《市场的伦理》,王首贞、王巧贞译,复旦大学出版社 2012 年版,第6页。

最后必须指出的是,市场经济给人类社会带来的道德代价,是通过参与市场经济活动的主体造成的。如果说市场只是人类社会发展进程中的一个工具或手段,工具或手段是不会带来问题的,带来问题的是利用市场工具的人,他把工具当成了目的,为了搞市场经济而搞市场经济,以市场经济作为衡量体制、政策的标准,坚信市场的万能论,放任市场化在社会各领域的横行。市场经济是人造的,也是需要人去规训的,如果放任自由,它绝对不会带来良善的社会秩序。任何对市场经济充满乐观态度而坚持自由市场或完全市场化的理论家们必须直面现实,而不是沉浸于一种对完美的市场经济的猜想。政府在市场中的角色在于保障市场经济的契约精神不被有个人私利的市场主体所打破,也要保证市场的规则不在社会中普遍通用,尤其是要保证自己作为一个客观中立的第三方,而不是市场主体之一。这里要寻求政府和市场"若即若离"的、恰到好处的距离,政府不能随意把手伸向市场,作为市场主体参与市场活动;政府也不能放手不管,听之任之,过于信赖市场经济的自动调节功能,而应加强调控手段、调控机制的完善。唯有如此,才能保证市场经济的道德规范与社会道德规范的正常运行,才能在市场经济的发展中不至于付出惨重的道德代价。

三、资本、资本逻辑与道德代价

市场经济从来不是纯粹的市场经济,总是指一定历史环境、地理范围、制度空间中的市场经济。探讨市场经济的道德代价,要有一种现实的关照,就必须要分析特定历史形式条件下的市场经济的道德演进状况。马克思指出:"要研究精神生产和物质生产之间的联系,首先必须把这种物质生产本身不是当作一般范畴来考察,而是从一定的历史的形式来考察。例如,与资本主义生产方式相适应的精神生产,就和与中世纪生产方式相适应的精神生产不同。如果物质生产本身不从它的特殊的历史的形式来看,那就不可能理解与它相适应的精神生产的特征以及这两种生产的相互作用。"[1]这给我们一个重要的

---

① 《马克思恩格斯全集》第 26 卷(第一册),人民出版社 1972 年版,第 296 页。

方法论启示,如果说市场经济属于物质生产领域,道德伦理属于精神生产领域,要考究两者的关系,那就必须从一定的历史形式来考察作为物质生产形式、经济运行方式的市场经济,以真正理解作为精神生产的伦理道德的特征及其与作为物质生产的市场经济的关系。当代市场经济最根本的表征形式就是资本主义市场经济,而只要是奉行市场经济原则的国家或地区,都必须面对资本逻辑的运营。

(一) 资本主义与市场经济的关系

人们可以很简单地说出"资本主义市场经济"这一术语,但其中蕴涵的两个关键词"资本主义"与"市场经济"及其之间的关系,却并不能很简单地得以表述。长期以来,一直具有共识的观点是,资本主义与市场经济是不可分开的,市场经济就是资本主义的本质特征。奥地利著名经济学家鲁德维希·冯·米塞斯提出的"市场经济唯资本主义论"就很有代表性,他认为市场是不可能离开生产资料私有制运作的,而资本主义正是基于私有制建立起来的制度,所以"市场乃是资本主义社会秩序的中心,它是资本主义制度的实质。因而只有在资本主义制度下,市场才是可能的;它是不能在社会主义制度下被'人为地'模拟的"①。

资本主义制度的实质就是市场经济,这种观点当然会受到质疑。丹尼尔·贝尔曾指出:"市场经济尽管在历史上和现代私有资本主义的兴起有关,但它作为一种机制并不必然局限于那种制度,明白这一点很重要。"②资本主义与市场经济是不能画等号的,最多只能说,市场经济在资本主义条件下有了一种突飞猛进的发展,并迅速成为资源配置的基础方式,乃至成为推动社会经济运行的根本原则。山口重克对资本主义市场经济的以下描述则显得更为客观:"当资本与生产活动的主体之间建立了某种市场经济性质的关系之后,资本便成为了生产活动本身的承担者,并通过这种生产方式谋求货币增值。当这种'市场经济关系'成为影响社会生产本身的经济体制时,便被称为'资本

---

① [奥地利]米塞斯:《社会主义的经济核算》,载莫里斯·博恩斯坦:《比较经济体制》,中国财政经济出版社1988年版,第16页。

② [美]丹尼尔·贝尔:《资本主义文化矛盾》,严蓓雯译,人民出版社2010年版,第238页。

主义经济'或'资本主义市场经济'。"①资本主义市场经济只是商品经济发展到一定阶段的经济形态，是有资本力量作为市场经济的主体参与经济活动时才产生的，因此它不是市场经济的原初形态，也不可能是市场经济的本质形态。

资本主义有其自己的内在机制，其中最为根本的要素是"资本"。资本不等同于资本主义，资本逻辑也不能等同于资本主义，但没有资本就没有资本主义，更没有资本主义市场经济。何谓资本，马克思的解释最有说服力，他最经典的表述就是："黑人就是黑人。只有在一定的关系下，他才成为奴隶。纺纱机是纺棉花的机器。只有在一定的关系下，它才成为资本。"②这段话提供了理解资本的两个方面：其一资本表征为一定的、具体的物（纺纱机），是可以用作生产并能获得自身增值的生产要素，比如货币、机器、劳动力等。其二资本是"一定的关系"，这是被很多思想家所忽略而被马克思所着力揭露的："但资本不是物，而是一定的、社会的、属于一定历史社会形态的生产关系，它体现在一个物上，并赋予这个物以特有的社会性质"③。资本的根本实质是社会生产关系，就是在社会生产中形成的雇佣与被雇佣、支配与被支配的关系。这种关系显现为资本的所有者对不拥有资本的劳动者的权力。资本可以泛化为一种生产要素，一种可以用来组织生产和再生产的工具、手段，一种可以实现价值增值从而带来更多利润的实体物，但就其本质而言，它是在人与人之间形成的、不受个人特性所决定的权力关系。

与资本共同构成权力关系的对象是雇佣劳动，两者相互产生，相互制约，"雇佣劳动是设定资本即生产资本的劳动，也就是说，是这样的活劳动，它不但把它作为活动来实现时所需要的那些对象条件，而且还把它作为劳动能力存在时所需要的那些客观要素，都作为同它自己相对立的异己的权力生产出来，作为自为存在的、不以它为转移的价值生产出来"④。雇佣劳动本是自由的活劳动，与资本保持一种形式上的平等关系，但在资本之下成为雇佣劳动，

①　[日]山口重克：《市场经济：历史思想现在》，张季风等译，社会科学文献出版社2007年版，第2页。

②　《马克思恩格斯选集》第1卷，人民出版社1995年版，第344页。

③　《马克思恩格斯全集》第25卷，人民出版社1974年版，第920页。

④　《马克思恩格斯全集》第30卷，人民出版社1998年版，第455—456页。

生产出不受自己支配的物品、服务。只有活劳动成为雇佣劳动,资本才会实现自身的增值,资本才能成为资本。资本使活劳动成为雇佣劳动,目的是为了获得利润。不懈地追逐最大化的利润是资本主义发展的动力,也是资本主义最显著的特征。资本追求利润的过程是在私有制的前提下进行的,对生命、身体、劳动力、财产的私人绝对占有是神圣不可侵犯的。因此,资本主义就是在生产资料私有制的前提下,资本一方通过购买和使用生产资料尤其是劳动力来从事雇佣劳动,获取剩余价值,持续不懈地追求利润扩大化的经济社会体系,资本逻辑也就是通过投入更多、获得更多、再投入更多、再获得更多的循环以无限制地自我增值、不懈地追逐利润、不断地积累财富的动态逻辑。

就其本质而言,资本主义与市场经济的逻辑并不是完全一致的,私有制、资本、雇佣劳动、利润是界定资本主义的四个根本要素,而市场经济的原则则是交换、价格、供求、竞争等方面。但资本购买雇佣劳动,生产何种物品或服务,出售物品或服务以实现利润,在现有的社会条件下都是根据市场或市场的信号来完成的,所以市场经济也就被很多人纳入资本主义的题中之义。资本主义市场经济可以看作是资本逻辑与市场逻辑的统一糅合,资本力量在其中以市场经济作为有效工具,它利用市场、制造市场、扩大市场或者减少市场以实现不断赢得利润的目的,保证资本逻辑的顺畅运行。资本对市场只是一种利用,如果有利于资本的扩张,资本必然会选择市场并扩大市场;如果更有利于实现资本的利润,资本便会支配市场,使市场经济的机制无法发挥出来,资本逻辑因此就会成为市场经济核心原则和基本精神的阻碍。

资本主义和市场经济共同促进、共同发展只是名义上的需要,掩盖不了资本逻辑对市场经济的操控与破坏。德国学者詹纳的观点是:"市场经济和资本主义表现出了同样的经济机制,但是它们之间也有明确的界限,因为资本主义是一种有害的市场经济形式。"①市场经济本来是能为社会带来福利的工具,结果却在资本主义的机制下变成了对社会有害的工具,这一观点获得了国内学者的回应:"追求剩余价值、占有工人的剩余劳动是资本主义的绝对规律和根本目的。市场经济作为它产生的前提条件和达到这一目的的凭借手段,

---

① [德]格罗·詹纳:《资本主义的未来:一种经济制度的胜利还是失败?》,宋玮等译,社会科学文献出版社 2004 年版,第 5 页。

其基本价值取向和要求却是自由、平等和互利合作。资产阶级作为等级特权的起源和资本主义的剥削实质,与市场经济的价值取向和内在要求根本相悖"①。有人认为资本主义是造成市场经济弊病的罪魁祸首,将资本主义与市场经济对立起来,这种观点当然略显偏激,有矫枉过正之嫌,但它能够提供的启示是,资本主义与市场经济的价值或缺陷必须分开来看,必须对在市场经济之中运行的资本主义基本经济制度抑或资本逻辑进行必要的考量。

（二）当代资本逻辑运营下的道德代价

中国改革开放 30 多年,也就是引入资本发展市场经济的 30 多年。我们没有资本主义,却有资本的逻辑,就是通过投入更多、获得更多、再投入更多、再获得更多的循环以无限制地自我增值、不懈地追逐利润、不断地积累财富的动态逻辑。尽管我们对资本主义的若干东西进行了抵制,但也必须说资本的逻辑已经发酵,滋生了若干问题。品尝资本带来的丰富果实之后,必须正视资本种下的毒瘤。当代中国社会所有的道德难题,归根结底都与资本有着密切关系。资本可以无限刺激人类的创造性,赋予人类以足够的自信心,让人们永不停下进步的步伐,可以给社会带来像泉涌般的数不尽的财富。资本拥有神奇的魔力,它虽然由人所创造,但它却是那个潘多拉魔盒中释放出来的火害,一旦放出,就难以收拾。它本身的扩张本性以及它本身的道德缺陷,不由得我们不去思考光鲜的资本外衣下隐藏着的沉重道德代价。

1. 增长的盲目

资本的逻辑最根本的表征是积累,是扩张,是增长,是持续地获得利润、不断地积累财富。法国当代学者米歇尔·博德认为资本主义就是资本积累的逻辑:"资本主义既非人,亦非机构,既非出于意愿,亦非由于选择。资本主义是一种通过生产方式在起作用的逻辑,一种盲目发展而又顽强积累的逻辑。"②尽管把一种社会经济体系理解为一种逻辑有失偏颇,但它在一定程度上是符合马克思的基本观点的。马克思曾指出:"而资本只有一种生活本能,这就是

---

① 吴友军:《资本主义的反市场经济实质与市场经济的社会主义走向》,《中国特色社会主义研究》2008 年第 3 期。

② 〔法〕米歇尔·博德:《资本主义史(1500—1980)》,吴艾美等译,东方出版社 1986 年版,第 145 页。

增殖自身,创造剩余价值,用自己的不变部分即生产资料吮吸尽可能多的剩余劳动。资本是死劳动,它像吸血鬼一样,只有吮吸活劳动才有生命,吮吸的活劳动越多,它的生命就越旺盛。"①资本必须不断扩张,这是它不至于崩溃的前提,而一旦启动了资本的发动机,就难以停下,资本需要滚雪球般地不断滚大,它绝对不能停止滚下去,越小越容易被融化,越大就越可以保持足够长时间甚至永恒的凝固。难怪列宁说:"资本主义不可能有一分钟原地不动。它必须前进再前进。"②在这种永远不停止的运转中,资本改变了世界,在这个意义上也可以说"资本一出现,就标志着社会生产过程的一个新时代"③。这正是"资产阶级在它不到一百年的阶级统治中所创造的生产力比过去一切世代创造的全部生产力还要多,还要大"的原因之所在,正是资本能够创造发展奇迹的秘密之所在。

问题是,在这种无止境地追逐利润的过程中,资本的运营往往使人忘记资本只是服务于人类社会的工具,而陷入到对资本的盲目崇拜中,把资本引领的经济增长当作目的本身。必须确保经济增长成了毋庸置疑的目标,这正中资本逻辑的下怀,因为"资本主义是一部增长机器"④,"资本主义经济需要不断增长才能生存","一个不断扩张的资本和一个不断扩张的劳动力队伍对资本主义制度的存活是必需的"⑤。增长成了目的,人类劳动都被集聚在这个增长的机器中,任由这个增长的机器所操控,增长的机器本来是服务于人的,但现在人却服务于这个增长的机器。贝尔的话总是具有深刻性:"经济增长成了发达工业社会的世俗宗教:它是个人动机的源泉,是政治团结的基础,是动员社会为共同目的奋斗的根基。"⑥如果经济增长服务于社会的目的,以人为本,而不是以资为本,当然是理想状态;但问题在于增长本身成了目的,增长的速

---

① 《马克思恩格斯文集》第5卷,人民出版社2009年版,第269页。
② 《列宁全集》第24卷,人民出版社1990年版,第398页。
③ 《马克思恩格斯选集》第2卷,人民出版社1995年版,第172页。
④ [英]彼得·桑德斯:《资本主义:一项社会审视》,张浩译,吉林人民出版社2005年版,第73页。
⑤ [美]阿曼·巴格多亚:《马克思〈资本论〉与现代中国的市场经济》,甘鸿鸣译,载《经济思想史评论》(第三辑),经济科学出版社2007年版,第208页。
⑥ [美]丹尼尔·贝尔:《资本主义文化矛盾》,严蓓雯译,人民出版社2010年版,第254页。

度决定一切,资本不再服务于人类社会的真实目标,以资为本成了常态,资本主导下的当代社会很少质疑增长的合理性,与经济增长本来保持一致甚至作为经济增长指导原则的重要道德命题,如人类生产生活的真正目的是什么?历史发展的评价标准是什么?政治理念应如何定位?何以过上良善的社会生活?如何寻求个人道德素养的提升?这些往往被忽略。最可怕的是,一切服务于资本的扩张、资本的积累,为了利润而不惜一切代价,这种逻辑的结果显然就会导致冲破一切束缚,打破一切已有的道德规范与社会秩序,导致马克思所说的:"一切坚固的东西都烟消云散了"。在这种境遇下,只能期冀马克思关于资本为了利润而无视任何规范的描述从现实中远离:"资本一旦有适当的利润就会胆大起来。如果有10%的利润,它就会开始活动;有20%的利润,它就活跃起来;有50%的利润,它就铤而走险;为了100%的利润,它就敢践踏一切人间法律;有300%的利润,它就敢犯任何罪行,甚至冒绞首的危险。"①

2.人性的重塑

人创造资本,资本改造人。如果说市场经济培育出来的是着眼于个人私利的经济人,那么资本主义市场经济培育出来的则是永不满足的贪婪之人。揭示了资本主义精神的韦伯并不赞同,他认为,"'赢利'、'追求利得'、追求金钱以及尽可能聚集更多的钱财,就其本身而言,与资本主义完全无涉。……无止境的营利欲并不等同于资本主义,更加不是其'精神'所在;反之,资本主义恰倒可以等同于此种非理性冲动的抑制、或至少是加以理性的调节。总之,资本主义不外乎以持续不断的、理性的资本主义'经营'(Betried)来追求利得,追求一再增新的利得,也就是追求'收益性'。资本主义必须如此。"②根据这种逻辑,资本主义状况下的人应该是在理性基础之上利用交易机会而追求营利的禁欲之人。的确如此,资本创造的人是理性的,但理性、禁欲很容易被享乐、贪欲所替换,贝尔对韦伯作出的评判显示,禁欲和贪欲互相缠绕在一起,"禁欲元素及其对资本主义行为的某种道德合法化,完全消失了"③。韦伯在

---

① 《马克思恩格斯文集》第5卷,人民出版社2009年版,第871页。

② [德]马克斯·韦伯:《新教伦理与资本主义精神》,康乐、简惠美译,广西师范大学出版社2010年版,第4—5页。

③ 这个观点在贝尔看来,是他的《资本主义文化矛盾》一书的论点之一,参见贝尔:《资本主义文化矛盾》,严蓓雯译,人民出版社2010年版,"1978年再版前言"第11页。

资本主义起源问题上的观点可能是对的,但资本主义以后的发展已经偏离了他的认识,反倒是韦伯的论敌桑巴特的观点得到了验证,而对桑巴特而言,资本的本质是奢侈,贪欲和黄金是资本主义的本源。

综合两人的观点并进行超越,贝尔对资本主义市场经济的本性进行了自己的分析:"现代市场经济的突出特点是,它曾是资产阶级经济。这意味着两件事:首先,生产的目的不是公共目的而是个人目的;其次,获得商品的动机不是需求而是欲求"①。资本市场逻辑下人的动机是"欲求",而不是"需求",需求是人之生存、人的生理的需要,是作为物种的所有个体都具有的,而欲求是来源于人的心理的无所限制的满足欲望。对贝尔来说,资本在满足人的需求的同时刺激的是人的欲求,这种欲求驱使人们不惜一切代价去追逐利润。它的优点在于刺激人们不断提高自己的生活水平,缺点是增加了人的贪婪以及对自然外界的无所限制的占有欲,使人的欲望成了"没有限制的欲望"。欲望无止境,正对应利润无止境。本来利润的获得是可以供人享受生活,但对更大利润的追求或确保自己利润的份额,资本必须继续扩大再生产,必须占有更多。拥有更多这一欲望主宰着当代人的思维方式。

众多理论家或多或少揭示了资本逻辑下人的生存状态。我们可以用"资本人"来形容受资本逻辑支配的社会主体,这种人看待社会现实、社会问题,往往都是从有没有利润、有没有利益、有没有好处、有没有金钱的角度来思考,忙碌于占有更多的钱,用更多的钱再生更多的钱。永远没有钱多的时候,成为人的日常生活方式。"资本人"居住在资本所创造的海市蜃楼中,自愿加入商品拜物教、货币拜物教、资本拜物教这些"邪教",并心甘情愿成为听任其摆布的"教徒",对其他一切都毫不关心。"面对难以驾驭的由物质刺激引起的欲望和将权力传给后代的欲望,道德只是抽象观念。"②人的德性被忽视,人的内心的和谐、幸福受到了挑战;陷入到资本的怪圈之中,人是难以脱身的。

3. 生态的伦理

生态伦理问题的出现与资本时代的到来是分不开的,资本的无限扩张,使人们意识到自然不是一个挖掘不完的宝库,环境不可能总是能够自我修复。

---

① [美]丹尼尔·贝尔:《资本主义文化矛盾》,严蓓雯译,人民出版社 2010 年版,第239 页。

② [美]丹尼尔·贝尔:《资本主义文化矛盾》,严蓓雯译,人民出版社 2010 年版,第29 页。

资本是无限的,自然是有限的,无限的资本扩张从有限的自然中永无止境地挖掘财富,这是生态危机的根本原因之所在。人们为此不得不思考人与自然的关系,以及围绕着自然、环境、生态所结成的人与人的关系问题,这就是生态伦理的起源。资本的逻辑建立在对资本力量的充分信任或者盲目推崇之上,它扫除了以往人们对自然的敬畏之心,把自然踩在脚下,"在私有财产和金钱的统治下形成的自然观,是对自然界的真正的蔑视和实际的贬低"①,"自然资源不过是文化、经济、技术评估的结果"②,任何自然的东西都是可以忽视或者可以利用的、可以加工的,为了利润的目的不断从自然中索取是天经地义的事情,只要利润可以甚至完全可以翻"天"覆"地"。重新唤起人们对自然的尊重,理顺人与自然的关系,已是当务之急,但问题是资本逻辑是不可能解决这个问题的。生态学马克思主义者詹姆斯·奥康纳曾作出过一个基本判断:"如果对过去的两个世纪能够作出理性和民主的生态和经济规划的话,那么现在所知道的这种资本主义说不定就根本不存在了。"③哈维的建议则是:"资本主义的历史充满了预期之外的给环境所造成的影响(有时候是长期的),而且其中的一些影响是不可逆的,如物种和栖息地灭绝。最好不要想怎么去控制我们赖以生存的地球,而是应该考虑在人类实践活动中尊重自然,考虑在以剧烈的、不可逆的方式改变地球面貌的人类生活网络内进行实践活动。"④

资本带来的生态伦理困境不仅仅体现为人对自然的蔑视,还体现为人对人的环境剥夺。资本建立在对劳动力与自然的双重剥夺之上,资本的扩张不仅是对劳动力的剥夺,还是对劳动力享受的自然环境权利的剥夺。另一位生态学马克思主义者贝拉米·福斯特指出:"资本主义经济把追求利润增长作为首要目的,所以要不惜任何代价追求经济增长,包括剥削和牺牲世界上绝大多数人的利益。这种迅猛增长意味着迅速消耗能源和材料,同时向环境倾倒

① 《马克思恩格斯文集》第1卷,人民出版社2009年版,第52页。
② [美]大卫·哈维:《资本之谜:人人需要知道的资本主义真相》,陈静译,电子工业出版社2011年版,第183页。
③ [美]奥康纳:《自然的理由:生态学马克思主义研究》,唐正东译,南京大学出版社2003年版,第52页。
④ [美]大卫·哈维:《资本之谜:人人需要知道的资本主义真相》,陈静译,电子工业出版社2011年版,第181页。

越来越多的废物,导致环境急剧恶化。"①需要揭示这两种剥夺的内在关系,"大多数人"的经济利益被损害的同时,因为人类共同拥有的自然环境被糟蹋,他们的生态利益也会被剥夺,那些拥有资本的人可以采取移民或者搬到其他地方来避开污染的环境,"大多数人"只能在恶化的环境中继续生存,一种生态正义的问题就此出现了。资本逻辑是不可能解决环境污染、生态破坏问题以及围绕这些问题产生的不公平正义现象的,因为正是这种不公平正义构成了资本逻辑扩张的前提。资本对自然的摧残已经难以矫正,尽管已经意识到生态、自然、环境存在的巨大问题,但人类社会已很难阻止资本前进的步伐,已经意识到有问题并重视问题的重要性,却又不去解决问题,或者想去解决却又有心无力,这正是这个时代的悲哀。人类社会已经自然而然地认同资本所引领的经济增长的主导地位,已经认同资本逻辑的空间扩张是天经地义的事情,资本扩张的发动机已经发动,再也不能将其熄火,从生态伦理的困境中走出来是难之又难。

4.社会的失善

资本逻辑的运行为社会创设出一套秩序,这套社会秩序虽时常受到危机的困扰却至今运行良好,但这并不是说资本创设的社会秩序就一定是合乎公平、正义、平等等道德理念的。资产阶级的启蒙者带着社会公平、正义、平等的承诺走上历史舞台,但它在给人类社会提供比以前更多财富的同时却没能兑现自己的诺言,甚至让人越来越看不到社会良善秩序的未来图景,以至于日本学者伊藤诚得出这样的结论:"不能不认为,领导了近代以来世界史的资本主义市场经济,是不仅没有在经济生活中达成其理念所标榜的自由、平等、人权的普遍实现,而且将来也不能充分达成的组织体制。"②当然不能完全否定资本逻辑下的社会进步,它冲破了封建的等级森严的传统秩序,打破了野蛮的人身依附隶属关系,实现了商品流通领域中的交换平等和政治领域中形式上的平等,并且使社会的公平正义理念获得了广泛认同,这些是资本取得的不容否定的成就。但正如恩格斯所说:"平等应当不仅是表面的,不仅在国家的领域

---

① [美]约翰·贝拉米·福斯特:《马克思的生态学——历史唯物主义与自然》,刘仁胜译,高等教育出版社2006年版,第2页。

② [日]伊藤诚:《市场经济与社会主义》,尚晶晶译,中共中央党校出版社1996年版,第2页。

中实行,它还应当是实际的,还应当在社会的、经济的领域中实行。"①资本本身就蕴涵着不平等的生产关系,它必须依赖于雇佣关系的存在,依赖于生产过程中资本一方的优势地位和劳动另一方的不利地位,这决定了资本逻辑下形式上的社会公平不可能带来实质上的公平,政治领域的平等不可能带来社会经济领域中的平等,也决定了资本的社会秩序必须以维持社会各阶级之间的不平等作为常态。资本的悖论就在于,它不仅不会推进实质公平,反而会让公平进入到死胡同,并以一种欺骗性的公平外表掩盖其实质的不公平。

　　资本逻辑不会自动产生社会的公平正义,也不会自动产生和谐社会、幸福社会,反倒会对社会的良善秩序带来冲击。究其根源在于,其一,资本以利润为目标的盲目追逐必然导致无视社会公共利益,冲击正常的社会交往状态。资本为利润而追逐,它可以榨取劳动者的体力极限,可以制假售假,可以制毒贩毒,可以摧毁社会的伦理规范,可以舍弃诚信于不顾,也可以不讲任何社会责任,甚至它会使人们之间"易粪相食",导致"人人受害、人人害人"的互害社会。这正是应了伊格尔顿的话:"资本主义制度的逻辑就是:只要有利可图,即便反社会也在所不惜。"②其二,资本无法摆脱它的垄断追求。资本推崇市场自由、平等交换,但又致力于通过垄断获得不平等交换的高利润,强有力的资本与垄断有天然结盟的倾向,垄断的统治方式在经济领域中否定自由和平等,在社会领域则是造就了不公平。国有垄断资本极有可能凭借垄断地位,设置壁垒以保证本组织成员从中获益,人为制造出社会成员之间的地位差别。其三,资本逻辑改变不了它的对抗性,资本与劳动的关系是充满对抗性的。马克思曾指出:"资产阶级的生产关系是社会生产过程的最后一个对抗形式,这里所说的对抗,不是指个人的对抗,而是指从个人的社会生活条件中生长出来的对抗。"③资本之下的对抗绝对不是个人之间的对抗,而是资本主义生产关系引申出来的社会性的对抗,这种对抗必然投射到社会中。资本每到一地,就把对抗、矛盾同时带进去,资本化最快的地方也是社会矛盾最突出的地方,资本逻辑所集聚的矛盾已然多之又多。在资本的逻辑之下,"必须保卫社会"已

---

①　《马克思恩格斯选集》第3卷,人民出版社1995年版,第448页。

②　[英]伊格尔顿:《马克思为什么是对的》,李杨等译,新星出版社2012年版,第13页。

③　《马克思恩格斯选集》第2卷,人民出版社1995年版,第33页。

是形势所逼。

5.权力的腐化

资本逻辑的扩张可能会遭到政治权力的制约,要想稳定地获得更高的利润,它必须依靠公权力来为其护航。一个不容忽视的事实是,在经济发展的名义下,资本的正常运行很有可能成为公权力最自然而然的责任和义务,政治要服务于资本,想尽一切办法增加资本。哈维的话道出了很多国家的政治现实:"某个国家或地区是否成功通常是由以下标准来衡量的:它吸引了多少资本的流入,创造了多少可以为资本进一步积累提供便利的条件。"①资本敲开了政治的大门,成为政治成功与否的标准,政治要为资本的运行保持绿灯通行,而当资本遇到发展障碍的时候,政治权力要为其扫清障碍。当然,政治权力服务资本,是为了利用资本、掌控资本以增加社会物质财富,提高民众生活水平,这无可谴责,因为这是政治权力对资本的正当使用。但现实往往不是如此,政治权力并不能绝对掌控资本的运营,它在资本面前经常显示出无力的状态,当代经济形势的发展变化往往会超越任何国家权力乃至世界所有政治力量的把控,因为资本逻辑有其自己的一套规则,这套规则并没有被任何公权力完全掌握,它超越政治权力之上。这是资本的可怕之处,它让政治服务于它,又不让政治力量来完全掌控它。当政治总是忙碌于拯救资本所带来的社会动荡危机的风险之时,我们就会感受到资本的负能量有多大。

资本更大的可怕性就在于,资本所拥有的穿透力往往使政治公权力无法招架,它会俘获国家权力使其成为自身增值的机器,所以在这个意义上也可以引用马克思的话来说:"现代国家,不管它的形式如何,本质上都是资本主义的机器,资本家的国家,理想的总资本家。它越是把更多的生产力据为己有,就越是成为真正的总资本家,越是剥削更多的公民。工人仍然是雇佣劳动者,无产者。资本关系并没有被消灭,反而被推到了顶点"②。谁也不能否认国家机器成为资本工具的危险性依然存在,只要引进资本逻辑、以资本作为市场经济的主体,资本就有足够的力量和机会、条件插入到政治权力之中,成为公权力背后的"垂帘听政者"。因为资本时刻试图通过金钱的力量影响甚至重构

---

① [美]大卫·哈维:《资本之谜:人人需要知道的资本主义真相》,陈静译,电子工业出版社 2011 年版,第 192 页。

② 《马克思恩格斯选集》第 3 卷,人民出版社 1995 年版,第 753 页。

国家的组织形式,在政府的机构中占据绝对话语权,它会成功绑架政治权力,实现资本与权力的勾结。资本会按照自己的逻辑,把公权力当成一种商品,当成一种能够获取更多利润的商品,也就是当成资本本身,导致公权力拜倒在资本权力运行的石榴裙下,失去了其公共性,从而成为社会所有问题滋生的根源。这并非危言耸听,权力的资本化与资本的权力化已经成为当代中国进一步改革的顽疾,资本与权力的勾结所形成的特殊利益集团的存在,更是难以触动的坚石。资本所带来的权力伦理的丧失,也给社会道德带来极其惨烈的反面效应,如不控制甚至可能会带来社会伦理规范、道德价值的全面陨落。当代中国的政治理念必须重新定位,要着力于摆脱资本逻辑的操控,规制资本,将其限定在经济领域之中而不允许其越雷池一步,发挥其在经济领域的激励作用,限制其在其他领域的腐蚀作用。唯有如此,社会发展才不会继续付出惨重的道德代价,才会重新在社会各领域铺设良善的行进道路。

四、计划、社会主义与道德代价

社会主义是作为资本主义的反题出现的,它要诊治的是资本主义的"病症"和"顽疾"。如果说资本主义制度及资本逻辑支配下的市场经济带来了生产力的飞跃,也带来了沉重的道德代价,那么社会主义及其经济体制就应该在体现出发展生产力的优越性同时,也体现出伦理道德上的优越性。然而,作为社会主义先后选择的两种经济体制,计划经济和市场经济并没有完全完成使命。被寄予很高政治期望和道德憧憬的计划经济,不仅没能让发展生产力的优越性显示出来,还让社会主义事业遭受了难以估量的挫折。社会主义市场经济改变了中国社会主义的命运,但市场经济本身的负面效应以及资本逻辑的引入,也同样给当代中国的伦理道德带来巨大的冲击。坚持社会主义市场经济的改革方向,必须反思计划经济和市场经济的历史实践,以尽可能小的道德代价推进中国经济社会的发展进步。

(一)社会主义计划经济与道德代价

计划经济是社会主义国家选择的第一种经济体制,也是被社会主义发展实践所淘汰的一种经济模式。但直到今天,对计划经济依然没有盖棺定论;但无论如何评判,都不能过高估计它的价值而开历史的倒车或走极端将其批判得体无完肤,计划经济讨论的价值终归在于以史鉴今。

1. 计划经济理论的道德意蕴

计划经济的探讨要从厘清计划经济理念("理论上的计划经济")与计划经济实践("实践中的计划经济")开始。马克思恩格斯在对资本主义意识形态的批判及对未来社会主义社会形态的设想中,并没有设计出一套明确清晰的、可以直接使用的具体方案,只是在字里行间透露出未来社会是摆脱商品货币关系的、无需通过市场交换的经济体制,从而给之后的社会主义实践者们提供了理论上的"微言大义"。但经典社会主义理论家的理论与社会主义建设者的实践总会有所偏差,马克思恩格斯理论语境中的"计划经济"和前苏联、东欧以及中国社会主义的计划经济实践并不同—①。

在马克思恩格斯的理论体系中,"计划经济"是建立在资本主义批判基础之上的反向思考,是相对于市场经济本身的缺陷而提出的,是要在彻底摒弃资本的逻辑、废除依赖商品货币关系的市场经济之后,依靠生产资料的社会占有,实现对生产以及整个社会经济过程的合理集中的规划。在他们看来,要构成完整意义上的计划经济,至少要具备三个必不可少的条件:

第一个条件是计划经济能够实施的前提,那就是生产社会化发展到足够高的阶段,生产力不再成为人类社会的外在力量而统治社会,而开始具有社会的本性,被社会所掌握。恩格斯描述了生产力从不可操控的自然力到能被完全掌握的社会化的生产力的可能性:"社会力量完全像自然力一样,在我们还没有认识和考虑到它们的时候,起着盲目的、强制的和破坏的作用。但是,一旦我们认识了它们,理解了它们的活动、方向和作用,那么,要使它们越来越服从我们的意志并利用它们来达到我们的目的,就完全取决于我们了。这一点特别适用于今天的强大的生产力。"②当生产力没有变成社会的生产力,还是自然力,又没有被人所掌握时,就没有可能谈计划经济。

第二个条件是计划经济实施的基础,即生产资料、生活资料的社会占有。

---

① 需要指出的是,马克思恩格斯从没有使用过"计划经济"一词,1906 年,列宁把"有计划的社会生产"概括为"社会化的计划经济","计划经济"才开始出现在社会主义国家中。

② 《马克思恩格斯选集》第 3 卷,人民出版社 1995 年版,第 630 页。

恩格斯认为,一旦生产力的本性被认识到,不同于资本主义对生产资料的占有方式的新的社会占有方式就出现了。"当人们按照今天的生产力终于被认识了的本性来对待这种生产力的时候,……那时,资本主义的占有方式,即产品起初奴役生产者而后又奴役占有者的占有方式,就让位于那种以现代生产资料的本性为基础的产品占有方式:一方面由社会直接占有,作为维持和扩大生产的资料;另一方面由个人直接占有,作为生活资料和享受资料。"①马克思在《资本论》中对"自由人联合体"的未来社会的设想,更加具体地阐述了这种占有方式:"他们用公共的生产资料进行劳动,并且自觉地把他们许多个人劳动力当作一个社会劳动力来使用。……这个联合体的总产品是一个社会产品。这个产品的一部分重新用作生产资料。这一部分依旧是社会的。而另一部分则作为生活资料由联合体成员消费"②。生产资料是公共的、社会的,个人劳动力是社会劳动力,劳动产品是社会产品,生活资料由联合体成员消费,一切都由社会成员共同占有。

第三个条件可以看作是计划经济的运行方式,也是计划经济最显著的表征,就是对整个经济运行过程进行"社会的有计划的调节"、"有意识有计划的控制"、"有计划的自觉的组织"等。"有计划"克服的是生产的无政府状态,用社会化的大生产取代资本主义经济秩序的混乱局面。"由于社会将按照根据实有资源和整个社会需要而制定的计划来管理这一切,所以同现在的大工业管理制度相联系的一切有害的后果,将首先被消除。"③有计划的经济,就是依据全社会和每个成员的需要,设置总计划作为经济运行的统一原则,按照客观经济社会发展规律组织生产,社会全体成员共同参加经济管理,统一调拨生产资料、配置社会资源,系统安排劳动时间。计划经济的这三个层面是马克思恩格斯所明确的,之后的社会主义建设者明显需要马克思恩格斯对"有计划"运作方式更多地给予具体的指示,但两人的描述却仅限于此。

计划经济理念确实体现出社会主义相对于资本主义的优越性,不仅仅体现出经济优越性,还体现出道德优越性,也就是说原初意义上的计划经济被马克思恩格斯看作为一种更具道德正当性的经济体制。一方面,计划经济理念

---

① 《马克思恩格斯选集》第3卷,人民出版社1995年版,第754页。
② 马克思:《资本论》第1卷,人民出版社2004年版,第96页。
③ 《马克思恩格斯选集》第1卷,人民出版社1995年版,第241—242页。

是在诊断资本主义商品货币关系所带来的经济问题、道德问题之后提出来的。"马克思揭示的排除市场经济的社会主义状态所阐述的是终极的社会主义原理,而这种终极的原理是通过反转资本主义市场经济的原理而获得的。"①马克思恩格斯正确地看到了,资本逻辑的运作、生产的无政府状态、商品货币交换关系、竞争造成的价格波动等会造成社会劳动的巨大浪费,社会主体之间利益的背离和对抗,会产生劳动异化、财富不均、投机倒把、唯利是图等道德问题。"这些商业危机像过去的大瘟疫一样定期来临,而且它们造成的不幸和不道德比大瘟疫所造成的更大。……由竞争关系造成的价格永恒波动,使商业完全丧失了道德的最后一点痕迹。"②资本主义的商品货币关系同道德代价问题存在必然联系,是以一定的道德代价牺牲为前提的,而要真正解决这些道德问题,就必须摧毁资本主义的商品货币关系,利用一种替代性的集中计划来合理规划经济发展过程。

另一方面,计划经济描述了未来理想社会的蓝图,体现出最高的"道德正当性"。恩格斯指出:"一旦社会占有了生产资料,商品生产就将被消除,而产品对生产者的统治也将随之消除。社会生产内部的无政府状态将为有计划的自觉的组织所代替。生存斗争停止了。于是,人才在一定意义上最终地脱离了动物界,从动物的生存条件进入真正人的生存条件。人们周围的、至今统治着人们的生活条件,现在却受到人们的支配和控制,人们第一次成为自然界的自觉的和真正的主人,因为他们已经成为自己的社会结合的主人了。……只是从这时起,人们才完全自觉地自己创造自己的历史;只是从这时起,由人们使之起作用的社会原因才在主要的方面和日益增长的程度上达到他们所预期的结果。这是人类从必然王国进入自由王国的飞跃。"③人们摆脱生产的产品对自身的异化,完全掌握作为客观的异己力量的自然,人们之间不需要通过斗争维持生存和发展,社会的结合真正实现,必然王国走向自由王国。这种计划经济更多的是一种理想,也因此显示出了道德上的极大优越性。

之后的社会主义建设者,也赋予了计划经济理念相对于资本主义商品货

---

① 〔日〕伊藤诚:《市场经济与社会主义》,尚晶晶主译,中共中央党校出版社1996年版,第26页。

② 《马克思恩格斯全集》第3卷,人民出版社2002年版,第461页。

③ 《马克思恩格斯全集》第20卷,人民出版社1971年版,第307—308页。

币关系的道德价值,计划经济不仅从根本上代表实现经济体制的道德性改造,而且能够提升人的精神状态、道德修养以及人与人之间的友爱关系。列宁曾写道:"只要还存在着市场经济,只要还保持着货币权力和资本力量,世界上任何法律都无法消灭不平等和剥削,只有建立起大规模的社会化的计划经济,一切土地、工厂、工具都转归工人阶级所有,才可能消灭一切剥削。"①货币、资本、市场就代表着不平等、剥削,计划经济恰恰是对不平等、剥削的最根本的解决方案。斯大林则指出:"现在体力劳动者与领导人员并不是敌人,而是同志和朋友,都是一个统一的生产集体的成员,都极为关心生产的进步和改善,他们之间过去的仇视连一点影子也没有了。"②毛泽东对计划经济所带来的社会变化充满信心:"人类的发展有了几十万年,在中国这个地方,直到现在方才取得了按照计划发展自己的经济和文化的条件。自从取得了这个条件,我国的面目就将一年一年地起变化。"③在社会主义道德上的变化是:人们作为国家的主人翁,没有高低贵贱之分,不谋个人物质利益,重视关心集体利益,吃苦在前、享乐在后,都能做到以平等态度待人,追求同志式的合作互助,显示出个人道德素质的崇高境界和社会道德风貌的高度文明。

2.计划经济实践的道德代价

在人类社会发展的进程中,一种发自人的美好愿望的、有创造性的、足够智慧的理论体系,并不一定会产生它所期望的美好效果,由马克思恩格斯所创设的"计划经济"理论即是如此。由于种种原因,理论"计划经济"的美好设想与苏联、东欧以及中国的"计划经济"实践发生重大偏差。计划经济是马克思恩格斯开出的治疗资本主义弊端的良药佳方,却被后人错误地理解、使用,让使用此药方的社会主义受到重大挫折。

体现社会主义道德正当性的计划经济理念在实践中却付出了惨重的道德代价,其最根本的表现为三个方面:

其一,崇高的道德理想与经济社会发展状况之间的落差。谁也不能否认计划经济理念的先进性,也不能否认计划经济实践者的良好意图,既然竞争、价格、供求配置资源不可控制,带来各种道德风险,那么用代表人民意志的计

---

① 《列宁全集》第13卷,人民出版社1987年版,第124页。

② [苏]斯大林:《斯大林文集》,人民出版社1985年版,第617页。

③ 《建国以来重要文献选编》第7册,中央文献出版社1993年版,第213页。

划机关来代替商品货币关系就势必能够规避这些风险,只要它具备政治合法性、合道德性、具备充足的理性和智慧。"计划经济的制度设想似乎十分美好:它想用人类对社会经济的整体的理性安排,来克服私人资本追求自身增值而不顾社会整体利益所带来的种种弊端。这种制度设计想要实现的优越性,想用政府权力手段来取代私人资本的盲目竞争,从而把社会生产纳入到有计划、按比例发展的理性轨道,遵循'按劳分配'等伦理法则来消灭剥削与两极分化。"①社会主义建设者无不基于崇高的道德理想,试图彰显社会主义相对于资本主义的道德优越性,它规避资本逻辑对人的控制,克服经济体制的弊端,实现没有剥削、没有两极分化的理想社会。但他们没有或过低估计物质基础对于理想社会的意义,没有建立创造财富积极性的激励机制,忽视了对经济发展客观规律的尊重,也忽视了某些环节有可能会出现的问题,比如政治权力享有者的道德操守以及理性能力,有计划、按比例发展能否通过人为设计实现等。理想虽好,却不一定能够实现。毛泽东在 1958 年年底或许多多少少意识到了这一点:"计划有可能搞好,有可能搞不好。正像斯大林说的,可能和现实不能混为一谈。要把可能变成现实,就必须认真研究客观经济规律,必须学会熟练地运用客观经济规律,力求制订出能够正确反映客观经济规律的计划。"②

其二,道德的人性预设与人的物质存在之间的落差。计划经济建立在对人性完美的预设上,每个人都有可能成为"舜尧",都是能够为了他人、集体、国家、社会主义去奉献、甚至去牺牲的人。计划经济的实施也确实形成了良好的社会风尚和利他的集体意识,邓小平在 1979 年 11 月会见美国、加拿大客人的时候说过:"你们如果是五十年代、六十年代初来,可以看到中国的社会风尚是非常好的。在艰难的时候,人们都很守纪律,照顾大局,把个人利益放在集体利益当中,放在国家利益、社会利益当中,自觉地同国家一道来渡过困难。"③这段时期,人们积极向上的精神状态、崇高的道德理想、良好的道德风尚是不可以抹杀的。但试图用一种崇高的道德价值来动员广大群众,用一种忽视个人利益的宣传或鼓动方式,去维系整个国家的道德精神境界,注定只能

---

① 鲁品越:《社会主义对资本力量:驾驭与导控》,重庆出版社 2008 年版,第 14 页。
② 《毛泽东著作专题摘编》(上),中央文献出版社 2003 年版,第 962 页。
③ 《邓小平文选》第二卷,人民出版社 1994 年版,第 233 页。

维系于一时,不能维系于长久。因为人的现实存在却离不开物质利益,如果离开个人正当的物质利益,最终会使道德架空失效。邓小平就为此说道:"不讲多劳多得,不重视物质利益,对少数先进分子可以,对广大群众不行,一段时间可以,长期不行。革命精神是非常宝贵的,没有革命精神就没有革命行动。但是,革命是在物质利益的基础上产生的,如果只讲牺牲精神,不讲物质利益,那就是唯心论。"①

其三,先进的政治理念与官僚主义极权现实之间的落差。计划经济的核心中枢是社会主义的计划者,他们被设想为不仅是道德完美之人,还是拥有万能理性之人,能够洞察全国经济形势,能够制定符合近期、长远需要的长远目标,能够让先进的政治理念得到很好的贯彻。但设想进入实践,带来的是政治道德困境。既然计划经济首在政治,政治必然大于一切,必然要高度控制经济。当时苏联形成的局面是:"把实现包罗万象的国家控制的每一行动都看成是迈向正确方向的一步:越是国有化和集权化,越是社会主义。……向相反方向采取的任何步骤(更多的市场协调、刺激和非国家控制的经济活动等),都是令人遗憾的暂时妥协和被迫退却,都是一有机会就要停止的。"②这就必然导致经济对政治的直接从属和经济工作的政治化倾向。而且,这种政治对经济的"计划"又演变成对社会所有领域的"计划",计划经济不仅仅"计划"的是经济,还有社会、文化、道德等各个方面,计划导致了它对经济、社会、文化、道德等无所不包的控制。社会主义与计划经济最大的对手哈耶克的分析在这点上是对的:"各种经济现象之间密切的相互依存使我们不容易使计划恰好停止在我们所希望的限度内,并且市场的自由活动所受的阻碍一旦超过了一定的程度,计划者就被迫将管制范围加以扩展,直到它变得无所不包为止。"③这种计划经济早已不是马克思恩格斯所说的"有计划"了,实际上已经是控制、规训、命令、强制,是用高度集中的政治体制、行政命令来推进包括道德领域在内的所有领域的统一化。这不是计划,而是极权,这也是为什么哈耶

---

① 《邓小平文选》第二卷,人民出版社1994年版,第146页。

② [波]布鲁斯·拉斯基:《从马克思到市场:社会主义对经济体制的求索》,银温泉译,格致出版社、上海人民出版社2010年版,第53页。

③ [英]哈耶克:《通往奴役之路》,王明毅等译,中国社会科学出版社1997年版,第103页。

克要把计划经济与极权主义画上等号的原因。事实也显示,政治在计划经济体制下的"一枝独秀"必然会滋生庞大的官僚机构,生发出难以解决的官僚主义问题。列宁对此保持了足够的警惕并指出:"我们所有经济机构的一切工作中最大的毛病就是官僚主义。共产党员成了官僚主义者。如果说有什么东西会把我们毁掉的话,那就是这个。"①邓小平也指出,官僚主义"同我们长期认为社会主义制度和计划管理制度必须对经济、政治、文化、社会都实行中央高度集权的管理体制有密切关系"②。可惜的是,先进的政治设计、政治理想成为官僚主义、极权主义的生发地。

饱含道德意蕴的计划经济在实践中付出了惨重的道德代价,被社会主义的发展实践所抛弃。归根结底的根源在于对马克思恩格斯所说的有计划生产进行了教条化的解读,把本来作为理想、作为目标、只能一步步接近的经济模式误读成可以在任何社会直接实施的一种手段、一种体制,从而不得不在具体操作过程中,导致计划经济成为"政治—道德—经济"的混合体,蜕变成政治权力对经济、社会、文化、道德的全面操控。其教训无疑是深刻的。

(二)社会主义市场经济与道德代价

计划经济的实践没能推进社会主义事业的持续兴旺,中国社会主义面临重新选择的问题:社会主义要走什么路,用一种什么样的经济体制,才能既保证中国社会主义的性质,又推动国家的经济发展。历史选择了社会主义与市场经济的结合。社会主义市场经济是中国共产党人对马克思主义发展作出的历史性贡献,是社会主义事业发展的新飞跃,是人类社会发展史上的伟大尝试。社会主义市场经济在中国的发展实践以及它所取得的举世瞩目的成就证明:社会主义不会终结市场经济,反而会把资本主义条件下违背市场经济原则的垄断问题集中解决得更好,市场经济不一定是社会主义的威胁,反倒可能会成为社会主义发展的助推器。社会主义与市场经济不仅有可能结合,而且有可能结合得很好。

1. 社会主义市场经济的二维向度

"市场经济"前面加上"社会主义",就对市场经济进行了伦理道德的定

---

① 《列宁全集》第 52 卷,人民出版社 1988 年版,第 300 页。
② 《邓小平文选》第二卷,人民出版社 1994 年版,第 328 页。

性,因为社会主义本身就是一种道德性制度。从事社会主义的实践,必须把社会主义的道德优越性作为不断思考和努力的方向。一个从不思考"何谓社会主义核心价值"、从不努力发挥"社会主义优越性"的社会主义建设者,会坚持社会主义市场经济的改革方向,不免令人十分生疑。进行社会主义市场经济的理论与实践,必须强调作为道德性制度的社会主义性质,这是与资本主义性质的市场经济区分开来的根本依据。美国学者诺兰曾指出:"从历史上看,社会主义的出现,是对所谓资本主义的道德缺陷的一种反动。因此,在某种意义上,社会主义要依靠资本主义;而资本主义却不依靠社会主义。社会主义是以对资本主义的批评作为起点的。不了解这种批评,也就无法理解社会主义。"[①]根据日本学者伊藤诚的考证,社会主义本来就"发源于人们对私利和私欲支配的卑鄙性和愚蠢性、对人统治人和人压迫人的不公正、对被统治者的贫困和悲惨生活的哀叹与愤慨,它发源于人们对互助合作和对和谐自由生活的向往。"[②]

　　社会主义市场经济当然要体现出社会主义的道德优越性,但市场经济体制在中国的崛起,却使人们忽视了社会主义的道德意蕴。一个重要的理论表现就是反对从道德层面论证社会主义的优越性,把社会主义仅仅理解为是在资本主义发展基础之上必然会形成的社会形态,而其依据就是马克思恩格斯所创立的以历史唯物主义方法论为指导的科学社会主义思想。"马克思和恩格斯是把自己的社会主义建立在历史唯物主义基础之上的。依照他们的历史认识,社会主义是一个长期自然历史过程的必然方向,是资本主义社会内在经济矛盾高度发展的替代物。把社会主义看作客观历史意义上的必然性而不是主观道德层面上的必要性,正是马克思学说区别于其他一切社会主义流派的地方。决定马克思恩格斯的社会主义基本观念的,始终是历史唯物主义的规律性认识而不是抽象的道德伦理'诉求'。"[③]要么是客观历史意义的必然性,要么是主观道德层面的必要性;要么是历史唯物主义的规律性认识,要么是抽象的道德伦理诉求,二者选其一,马克思恩格斯选择了前者来论证社会主义的

①　[美]诺兰等:《伦理学与现实生活》,姚新中等译,华夏出版社1988年版,第332页。
②　[日]伊藤诚:《市场经济与社会主义》,尚晶晶主译,中共中央党校出版社1996年版,第19页。
③　张光明:《社会主义与市场经济问题》,《学习时报》2007年6月4日。

必然性。按照这种逻辑,根本无须谈什么社会主义的道德正当性和优越性,只要埋头苦追市场经济实现生产力的发展,就能够必然通往社会主义。"商品经济的发展、市场经济的完善、生产力的迅速发展和经济增长的高效率,都是当今中国所特别必需的,因为正是在市场经济的粗糙现实中,隐藏着真正的社会主义的未来希望。"①市场经济完善了,就一定是社会主义吗?生产力提高了,就一定是社会主义吗?生产力发展是社会主义的根本特征吗?如果是的话,为什么不直接去搞能推动生产力飞跃发展的资本主义市场经济,还要搞社会主义干什么?

这明显是对历史唯物主义、科学社会主义的误解、误用。马克思恩格斯对资本主义的批判和否定绝不仅仅是宣称必然终结论,也包括伦理道德的谴责;他们设想的未来理想社会,也绝不仅仅是生产力高度发达的社会,而且也是道德文明高度发展的社会,是社会解放的自由人的联合体;社会主义绝不仅仅是根据经济发展规律必然代替资本主义,而且也是根据伦理道德的吁求必然取代资本主义;它相对于资本主义不仅仅具有经济上的优越性,还具有道德上的优越性。一些国外学者看到了这一点,"根据我们对马克思主义的理解,社会主义对资本主义在道德上的优越性和经济上的优越性是比肩而立、相互补充的。在社会主义条件下的人类解放,也就是使人类免除压迫和不公正,已成为把生产力从资本主义过时的生产关系的束缚中解放出来的一个条件和不可或缺的因素。与此同时,社会主义生产关系代替资本主义生产关系也成为人类解放的一个条件和不可或缺的因素"②。

只不过,马克思恩格斯在当时的历史条件下,认为仅靠伦理道德的批判、社会主义道德性的呼吁,不可能摆脱人的被奴役和被压迫,并真正实现人类的解放,因此必须在摸索到资本主义发展客观规律的基础上找到通往未来理想社会的革命道路。如今社会主义已经成为现实,就应该在遵守市场经济客观规律的基础上,避免资本主义的不道德性出现在社会主义国家中,进而显示出社会主义的道德优越性。要知道生产力的发展不一定会避免人的贪婪、社会不公、两极分化,不一定会带来人的异化的解除、人的自由、人的解放。在社会

---

① 张光明:《社会主义与市场经济问题》,《学习时报》2007年6月4日。
② [波兰]布鲁斯、拉斯基:《从马克思到市场:社会主义对经济体制的求索》,银温泉译,格致出版社、上海人民出版社2010年版,第4页。

主义市场经济建设中,需要主观的不懈努力,道德的批判引导、伦理的呼吁诉求、良善的制度设计都是必不可少的。如果没有对社会主义道德性的诉求,就必然会走向与资本主义趋同之路。我们坚持科学社会主义,但不能对"科学性"错误理解,似乎如果从道德上证明社会主义优越于资本主义就有"空想性",有了道德因素的考量,就使科学社会主义走向了空想,就不再科学。这种将"科学"与"道德"对立起来的机械化思维方式是不可取的。科学社会主义之所以是"科学",关键在于她找到一条"客观必然性"之路,但她并不排斥社会主义的"道德性"。而恰恰相反,科学社会主义的正确性不仅仅体现在科学性上,也体现在道德性上。科学社会主义必须呈现出它在道德上的正当性和优越性,看不到或不去解决资本主义社会的贫富悬殊、极端奢侈、极度淫乱、剥削压迫等丑陋社会现实,社会主义光"科学"有什么用?!

对社会主义经济必然性的强调也同样是误解了邓小平的社会主义观,简单把评价社会主义市场经济的标准定位为"是否有利于发展社会主义的生产力"。邓小平曾指出:"社会主义的本质,是解放生产力,发展生产力,消灭剥削,消除两极分化,最终达到共同富裕。"①就此而言,他对社会主义本质的界定明显有两个维度,其一可以称为"生产力的经济维度",即解放生产力、发展生产力;其二可以称为"生产关系的道德维度",即消灭剥削、消除两极分化、实现共同富裕。这两个向度不是平行的、处在同一个层次上的,生产关系的道德向度高于生产力的经济向度。只不过面对贫穷的国家现实,邓小平强调的是生产力向度,强调的是社会主义在生产力发展上相对于资本主义的优越性,"我们相信社会主义比资本主义的制度优越。它的优越性应该表现在比资本主义有更好的条件发展社会生产力"②。

尽管如此,邓小平还是多次表达了社会主义的优越性归根结底在于它的道德向度,"我们为社会主义奋斗,不但是因为社会主义有条件比资本主义更快地发展生产力,而且因为只有社会主义才能消除资本主义和其他剥削制度所必然产生的种种贪婪、腐败和不公正现象"③。在很多场合,他都表明了社会主义比资本主义优越的地方在于道德理想的实现。"社会主义与资本主义

---

① 《邓小平文选》第三卷,人民出版社1993年版,第373页。
② 《邓小平文选》第二卷,人民出版社1994年版,第231页。
③ 《邓小平文选》第三卷,人民出版社1993年版,第143页。

不同的特点就是共同富裕,不搞两极分化。"①"我们要发展社会生产力,发展社会主义公有制,增加全民所得。我们允许一些地区、一些人先富起来,是为了最终达到共同富裕,所以要防止两极分化。这就叫社会主义。"②重要的是,他已经预测到未来社会主义的发展要解决的中心问题正是它的道德维度,"社会主义最大的优越性就是共同富裕,我们从改革一开始就讲,将来总有一天要成为中心课题。社会主义不是少数人富起来、大多数人穷,不是那个样子。社会主义最大的优越性就是共同富裕,这是体现社会主义本质的一个东西"③。

在邓小平这里,对社会主义的理解与对社会主义的实践是有一定差异的。在理解中,他非常重视的是社会主义的道德向度,强调社会主义对资本主义的真正超越,体现在它能够摆脱资本主义条件下的贪婪、腐败、两极分化,在于它能实现社会主义的共同富裕。在实践中,他则优先强调社会主义的生产力向度,展示社会主义在生产力发展方面的优越性,这是他面对客观实际必须着力去做的方面。因此,邓小平既追求能够实现道德理想的社会主义,又要务实地先使社会主义摆脱贫困,先走与资本主义趋同的发展生产力的道路。社会主义市场经济体制的确立其实正体现了他在理想的社会主义与现实的社会主义之间作出的英明抉择,社会主义与市场经济的结合本身正蕴涵着二维向度,即道德维度与生产力维度:社会主义体现的是邓小平的道德理想,市场经济则体现了他的务实态度。

2. 社会主义市场经济的道德代价

社会主义市场经济发展到今天,谁也不会去否定它在促进生产力发展方面的优越性,也不会去否定它在道德进步中的积极作用;但我们也不会看不到,社会主义市场经济没有完全显示出它道德的优越性;在对生产力向度的追求中,一定程度上导致了对道德向度的忽视,从而付出了沉重的道德代价。这种代价的生成是社会主义与市场经济结合中出现矛盾导致的,是市场经济的自发逻辑以及其中的资本逻辑对社会主义道德发展带来的问题。就此可以说

---

① 《邓小平文选》第三卷,人民出版社 1993 年版,第 123 页。
② 《邓小平文选》第三卷,人民出版社 1993 年版,第 195 页。
③ 《邓小平文选》第三卷,人民出版社 1993 年版,第 364 页。

有两类道德代价:一类表现为社会主义道德、理想、价值观念在市场经济冲击下的弱化,是社会主义国家搞市场经济需要面对的问题;另一类是市场经济运行本身导致的,是任何搞市场经济的国家都必须面对的问题。

在社会主义市场经济发展中,最大的道德代价就是对社会主义道德向度的忽视、对社会主义理想的冷漠态度。邓小平可能已经认识到,在社会主义国家,走通过市场化发展生产力这条道路,一定会付出一定的代价,会暂时放下社会主义的道德性向度,会让资本逻辑有机可乘并主宰未来社会主义发展道路,而导致对社会主义道德理想探索的忽视,导致人们对社会主义核心价值的忘却,他才会在很多场合谈到社会主义要防止两极分化,要追求共同富裕;要物质文明与精神文明两手抓,两手都要硬。事实上,社会主义的道德维度确实没能在社会主义市场经济实践中得到全面的、有力的贯彻。社会主义理想信念似乎离日常生活越来越远,它在市场经济体制中被不断地挤出,最后市场经济只是市场经济,社会主义的性质被削弱。社会主义作为政治意识形态的话语,尽管也被通过各种渠道广为宣传,但宣传力度之强与日常生活领域人们对其难接受之态形成鲜明反差。关键在于,市场主体必然更多从务实的角度看待的自己生活境遇,关注收入、金钱、物质财富这些实在的东西,对各种类型的"主义"发生抵触情绪。尤其是在计划经济时代所宣扬的国家、集体利益高于一切、劳动者最光荣、同志式的互助友爱关系等社会主义口号被当今冷冰冰的现实所遮蔽时,当资本与权力形成的特殊利益集团日益腐化、国有企业凭垄断占据绝对优势地位使少数人获利等问题不断出现在人们的视野之内时,社会主义理想必然会招到冷漠的对待,社会主义的道德性必然会大打折扣。

与社会主义道德性的削弱相伴随的是,资本逻辑支配下的市场经济全面渗入社会领域导致了各种道德难题的出现。市场经济迅速让人们从计划经济中封闭的个人利益、固锁的道德心理中摆脱出来,开始以平等的、自由的竞争主体参与到市场中来,以自身利益的标准来衡量整个经济社会环境,这时社会很需要共同的理想信念来支撑,需要共同遵守的规范来约束。但此时这方面却几乎是空白的,教育、宗教、信仰甚至法律等在资本逻辑面前都似乎是无力的,只有市场经济是强有力的。而且,市场经济体制本身就是不完善的,不完善的社会主义市场经济其实就是资本逻辑支配之下的市场经济,社会成员很容易陷入唯市场经济论,也就是唯资本论,一切都由市场说了算,都由资本说了算,这给社会带来了深远影响。甚至有学者如此来表达:"现实生活告诉我们,资本是具有很强的渗透力:资本一旦侵占政治领域,其结果必然是政治腐败;资本原则侵占精神领域,其结果必然是精神堕落;资本原则侵占道德领域,其结果必然是道德沦丧;资本原则侵犯生活世界,其结果必然是生活世界殖民化,人民群众边缘化,整个社会极大的不和谐,这是政治腐败、道德堕落、法纪无纲、人民怨恨的根源。"①资本的罪恶和力量在社会主义市场经济实践中并没有那么彰显,但现实情况是,它确实伴随着市场经济向社会主义所有领域肆意蔓延,造成社会领域的市场化、资本化、商品化,从根本上带来了当代中国的各种道德难题,比如说政治腐败、公平正义缺失、信仰危机、理想信念虚无、价值观念错位等。然而,这些问题在本质上并不是"社会主义市场经济"带来的道德代价,而是资本逻辑操控的不完善的市场经济体制带来的道德代价。

市场经济条件下多元差异的文化价值观念与社会主义核心价值观念的冲突也是当代中国道德代价的表现。利益多元化、奢侈生活、观念多元、拜金主义、极端个人主义、享乐主义会导致社会难以形成固定的道德准则,引发道德失序;甚至社会领域都难以形成共同认可的核心价值观念,造成价值引导上的乏力。问题的关键在于,社会主义理想与市场经济不是能够完全相容的,它们有着并不完全相同的价值取向,两者并不是一定能够实现真正的结合;如果结合不好,市场经济就会给社会主义国家的发展带来反作用。尤其是资本逻辑在市场经济条件下悄然侵入,更会改变社会主义的性质。"社会主义在利用资本力量来为社会主义服务时,要保持自己的社会主义性质是有条件的,而不是无条件的。从总体上说,只有当社会主义力量足够强大,能够引导、利用、驾驭、制约私人资本力量,才有可能保持和发展我国的社会主义制度,才能建设起真正的社会主义市场经济。反过来说,当社会主义力量无法引导与驾驭私人资本力量,反过来私人资本力量成为全社会主宰力量的时候,社会主义社会就会沦为资本主义社会,人民大众利益就会被资本利益所剥夺。"②这当然不是危言耸听,市场经济中的资本逻辑对社会主义的威胁必须引起高度重视,不能放松警惕,尤其是在全球化资本主义时代,资本主义会利用市场经济的媒介

---

① 孙承叔:《资本与社会和谐》,重庆出版社 2008 年版,第 95 页。
② 鲁品越:《社会主义对资本力量:驾驭与导控》,重庆出版社 2008 年版,第 47—48 页。

把中国彻底地改变,断送社会主义制度,造成最沉重的道德代价。

3.社会主义市场经济改革的道德探索

社会主义市场经济已经逐步显示出它在经济上的优越性,坚持社会主义市场经济的改革方向,则要求显示出它在道德上的优越性,它在降低道德代价上的优越性。为此要深入探讨社会主义因素如何在社会主义市场经济中体现,如何实现社会主义的价值目标,如何实现社会主义对市场经济的引领,如何让市场经济服务于社会主义的理想,以真正凸显社会主义的道德向度而不仅仅是生产力向度。

第一是控制资本。资本虽不是万恶之源,但却是导致当代中国道德代价沉重付出的重要因素。如何控制资本逻辑,将资本限制在特定的经济领域内,将其作为组织生产的工具,而不是作为统治人的物化力量、作为人们之间支配关系的象征。控制资本的逻辑,不是消灭资本,而是使资本的运行具有道德性,更能体现合作共赢的原则。控制资本的逻辑,不是阻碍资本的运行,而是要防止资本的肆意扩张,让资本在一定的限度内运行。"必须为资本原则划界,必须把资本原则限定在经济领域内,防止资本原则的过度滥用,防止资本原则向政治、社会、道德领域的侵犯"①,是社会主义市场经济未来改革必须谋划的重大课题。

第二是道德市场。市场经济是法治经济,也是道德经济。如果说法治市场是所有市场经济形式的应然要求,那么道德市场就是社会主义市场经济的本质体现。道德市场不仅仅要求市场参与者遵守道德规范、具有良好德性,而且要真正体现出社会主义道德相对于资本主义道德的优越性,要体现出主导市场经济的不是竞争,而是合作;不是对抗,而是和谐;不是形式公平,而是实质公平;不是一部分富裕,而是共同富裕。作为道德市场的提出者,鲍曼谈到道德市场存在的前提是市场主体追求合作性战略,条件是开放社会的存在让合作者看到良好的赢利前景;中立化的权力关系;有效的正式的或非正式的社会控制机制。② 社会主义的道德市场,当前需要从法治着手,通过更为严格的法治、更为有效的执法来整治市场秩序,实现政治权力中立化,对市场实施有

---

① 孙承叔:《资本与社会和谐》,重庆出版社 2008 年版,第 94 页。

② 参见[德]米歇尔·鲍曼:《道德的市场》,肖君、黄承业译,中国社会科学出版社 2003 年版,第 507 页。

效的控制,让市场主体的道德合作、负责任行为获得更好的发展机会。

第三是社会所有。社会主义与资本主义有一个更为根本的对立,就是社会与个人谁才是生产资料、生活资料的占有者。社会主义要体现为社会的共享和占有,一种形式上的公有制不能体现实质上的社会共有制,因为在公有制的名义下很可能不仅没能很好地体现共有,反而有可能会被特殊利益集团所独有。波兰的两位学者布鲁斯、拉斯基的区分很有意义,他们认为社会主义对资本主义经济上和道德上的优越性共同体现为"生产资料的社会所有制"(social ownership),而不是"公共所有制"(public ownership),前者保证社会每一个成员享有同等权利;后者则指派一个公共主体为合法所有者,它并不必然是社会所有的。① 巴格多亚则直接指明了中国走向"社会所有"的关键问题:"中国将不得不面对这样一个关键性的分水岭:让经济基础按照人民控制,或者说按照中国共产党控制的方向演进,还是让新的生产资料所有者篡夺上层建筑中的政治权力。"②我们需要探讨从生产资料的公有制向生产资料的社会成员共有制转变的机制,这应该成为发展社会主义市场经济下一步的奋斗目标。

第四是核心价值。树立核心价值体系的重要性已经获得充分的认同,但核心价值观念却没有产生共识并被广泛认同。社会主义需要这种核心价值,正像韦伯为资本主义发现了其精神一样,社会主义也需要社会主义精神,需要产生凝聚力、号召力的精神源泉。问题的关键是,如何找到能产生这种力量的价值观念、精神源泉呢? 从资本主义精神及其后来的消亡中可以找到灵感,资本主义从禁欲到贪婪,从天职到享乐,都是围绕着资本的获取和挥霍,社会主义的核心价值则必须围绕着人的尊严和全面发展来展开。如果说资本主义体现的是资本的尊严,社会主义体现的应是人本的价值。以此为核心,我们需要重新诠释为人民服务、集体主义、友爱同志关系等被计划经济所政治化、被今天市场经济所抛离的道德范畴,需要倡导富强、民主、文明、和谐,倡导自由、平等、公正、法治,倡导爱国、敬业、诚信、友善,积极培育社会主义核心价值观,彰

---

① 参见[波兰]布鲁斯、拉斯基:《从马克思到市场:社会主义对经济体制的求索》,银温泉译,格致出版社、上海人民出版社2010年版,第4页。

② [美]阿曼·巴格多亚:《马克思〈资本论〉与现代中国的市场经济》,甘鸿鸣译,载《经济思想史评论》(第三辑),经济科学出版社2007年版,第211页。

显社会主义的价值内涵。

第五是政治力量。解决中国所有的问题,关键在于政治力量。中国传统政治文化的精髓在于为政以德,在于"子帅以正、孰敢不正",现代中国从传统承袭下来的这一观念依然烙在国人的内心中。当下的社会现实表明,政治力量在保卫社会、保卫道德方面责任重大,它的表率作用不可小觑。它引领着社会的风尚,正所谓君子德风,小人德草,草随风倒。我们需要打造一种反映广大民众利益的、守法遵德的积极政治力量,它依靠自身的政治体制改革,能对资本保持足够的警惕,坚决与资本保持适当的距离,能做好市场经济的守夜人,做好社会主义的辩护士,做好未来发展的规划者,对市场经济的长远和近期发展运筹帷幄,对中国特色社会主义共同理想充满憧憬。

我们既然把社会主义看作为不仅是一种科学路径,一种社会运动,一种社会形态,也是一种意识形态、一种道德理想、一种奋斗目标,一种能够替代资本主义的更好地通往美好社会的制度体系,我们就需要在市场经济的实践中体现出来,需要以它作为指导来钳制潜在的破坏因素,最终通往既有经济上的优越性又有道德上的正义性的理想社会。

第七章　道德代价根源论

无论从思想史还是从社会发展史来看,道德代价都存在于人类社会发展的每一进程中。自从中国特色社会主义创建以来,从计划经济向市场经济的转轨,让中国人饱尝物质幸福的同时,也在面对着种种道德代价所带来的困境。那么,道德代价生成的根源究竟是什么呢? 当代中国道德代价生成的根源又是什么呢?

一、道德代价生成的一般性根源

在制度经济学中,有这样一个著名的提问:为什么人们会选择不利于自己的制度安排? 经济学家的回答是,因为人们个人理性与集体理性在公共选择中的对立所导致,它表现为利益的某种损害。暂且不论这种解释是否科学,但它对于道德代价的提问却有相同启发意义,那就是,如果伦理道德不过是人们长期以来彼此交往所形成的一种习俗、规则,不过是一种善良的标尺和追求象征的话,那么每个社会的发展为什么还会以破坏这种习俗、规则与善良为代价?

(一) 社会根源——进步与代价二律背反

道德代价作为社会代价的一种,显然是最直接地根源于社会发展进程中的进步需求。从人类历史发展的总进程来看,付出代价、获得进步、再付出代价、再获得进步,这是人类社会波浪式前进的内在逻辑。人类社会的发展表现为人在自然与社会领域中活动范围的不断扩大,同时代价也随之不断扩大,从而所获得的利益与取得的进步也就不断扩大,这似乎是一种悖论,却是人类社会发展实践中最为独特的一种二律背反现象。对于这一点,马克思恩格斯早已指出,代价是历史进步的必然伴随物,是既不能"跳过也不能用法令取消的痛苦"。而且就历史形态的演变来看,"没有哪一次巨大的历史灾难不是以历史的进步为补偿的"。从原始社会到奴隶社会再到封建社会和资本主义社会的历史进程中,虽然充斥着种种道德代价,但无论从人本身还是从社会建制、科学技术、文明进步等方面来说,都将人类社会的进步不断推向前进。

的确,在每一次社会形态的更替中,都可看到道德代价的付出。整个人类社会的发展进程中,最突出的无疑是社会生产力的不断发展和提高,物质财富不断积累和丰富。而与此同时,它往往总是以牺牲一定的道德为代价。特别是在社会制度变革和转型时期,统治阶级为了获取本阶级的利益更是不择手段。即使在消除了阶级对立的社会主义社会,由于各个社会主义国家的发展情况、历史传统等的不同,同样会在经济社会发展的过程中出现各种各样的道德代价问题。道德代价的付出,成为了一种历史的必然。

在《剩余价值理论》中,马克思曾对西斯蒙第的过度伤感主义情绪进行了批判,认为他根本不理解人类与个人在历史进程中的发展。马克思指出,西斯蒙第不理解在人类历史发展的一定阶段上,整个人类的发展,要靠牺牲一部分个体,甚至靠牺牲整个的阶级和民族为代价。对此,马克思鲜明地说道:"'人'类的才能的这种发展,虽然在开始时要靠牺牲多数的个人,甚至靠牺牲整个阶级,但最终会克服这种对抗,而同每个个人的发展相一致;因此,个性的比较高度的发展,只有以牺牲个人的历史过程为代价。……因为在人类,也像在动植物界一样,种族的利益总是要靠牺牲个体的利益来为自己开辟道路的,其所以会如此,是因为种族的利益同特殊个体的利益相一致,这些特殊个体的力量,他们的优越性,也就在这里。"①

无独有偶,黑格尔更早就在他的《历史哲学》中以一种道德哲学的视角表达过世界历史发展的内在机制。在黑格尔看来,整个世界历史无非就是精神不断获取自由、实现自由的历史。在精神的不断外化中,"'世界历史'在原则上可以全然不顾什么道德,以及议论纷纷的什么道德和政治的区分——'世

---

① 《马克思恩格斯全集》第26卷(第2册),人民出版社1973年版,第124—125页。

界历史'不但要戒绝轻下决断,因为它包含的各种原则和必然的行为同这些原则的关系,对于上述事业便是充分的判断——而且要把个人完全置之度外,置之不论"①。因为在他看来,世界历史就是专门从事于"表现'精神'怎样逐渐地达到自觉和'真理'的欲望"。在此,黑格尔给了我们深刻的辩证法分析。他说:"在人类的使命中,我们无时不发见那同一的稳定特性,而一切变化都归于这个特性。这便是,一种真正的变化的能力,而且是一种达到更完善的能力——一种达到'尽善尽美性'的冲动。"这种"尽善尽美性"的冲动为什么会产生,正是人类自身要完善的能力,但是,这种完善的能力又如何才能得以实现? 黑格尔给了我们一个伟大的见解——来自于人类精神发展的自我否定。

黑格尔指出,人类精神的"发展的原则包含一个更广阔的原则,就是有一个内在的决定,一个在本身存在的、自己实现自己的假定作为一切发展的基础"。而精神的这种自己决定自己的、自己实现自己的过程与有机的自然世界趋于生存的发展不同,它不是那种单纯的生长的无害无争的宁静,而是一种反抗自己的艰苦剧烈的斗争,是"一种严重的非己所愿的、反对自己的过程"②。在他看来,自由的精神总是要实现自己在世界历史中的价值,而只有这样的发展才具有价值和意义。

这种发展是什么? 从肯定自己到否定自己再到新的自己,这不正是马克思所说的辩证法? 的确如此。黑格尔一早就作出了判断:世界历史以自由意识来实现自己的发展,这种发展充分显示出"辩证法的本性——就是说它自己决定自己——在本身中作了决定,而又扬弃了它们。通过这种扬弃,它获得了一个肯定的决定,而且事实上是更丰富和更具体的一个决定"③。这种自我扬弃取得进步的过程,正是被马克思恩格斯称呼为最为革命性和完备性而发展和演绎得最具历史性的辩证法。

黑格尔从道德哲学层面给予了我们辩证法的深刻揭示,虽然它是"头脚颠倒"的,却正是人类社会进步与代价对立统一关系的最佳说明。人类的社会实践活动总是包含着一种自我否定的内在机制,如果没有这种机制我们就难以看出什么是发展、什么是进步,这种特殊的二律背反构成了人类实践的动

---

① [德]黑格尔:《历史哲学》,王造时译,上海书店出版社 2001 年版,第 70 页。
② [德]黑格尔:《历史哲学》,王造时译,上海书店出版社 2001 年版,第 56、57、58 页。
③ [德]黑格尔:《历史哲学》,王造时译,上海书店出版社 2001 年版,第 66 页。

力。所以,进步与代价是内在依存、互为伴随的,没有无代价的进步,也没有无进步的代价付出,而道德代价与社会进步同样是这样互相关联地共存于社会发展系统之中。

只是关键在于,我们在揭示道德代价是社会发展的必要环节时,并不意味着置道德于不顾,仅仅执着于物质层面的建设,而道德代价的付出往往正是建立在这样的单向度发展基础之上。只有引导社会走上全面协调可持续发展,只有将道德代价控制在一定范围内,才不会出现整个社会与人们的道德理想的失落与道德生活的缺失。

(二) 认识根源——认识的相对性与历史局限性

道德本身属于社会意识的范畴,所以道德代价的生成无疑有其认识论的根源。

1. 认识能力的相对性与历史局限性

恩格斯曾经在《反杜林论》中深刻地批判了杜林的先验唯心主义,这种唯心主义主张有普遍永恒的真理和道德,但在恩格斯看来,这显然是彻头彻尾的谬论。人类思维具有至上性的认识能力,这只是就全人类而言;除此之外,人的认识则是非至上性,无法对世界进行全面的绝对的把握。人类面对的世界具有复杂性与多样性,但人们所认识的世界只能停留于世界向人所展现出来的那一面,即使人类的实践能力达到了多么深的程度,人们的认识也只是在实践基础上对于外在对象和客体世界的能动的反映,而这种反映既有主体的主观性制约,又有客体本身的客观性制约,正因此恩格斯才说:“我们只能在我们时代的条件下进行认识,而且这些条件达到什么程度,我们便认识到什么程度”①。

人们道德意识和道德观念的形成显然同样受人类思维至上性与非至上性的束缚,人的认识相对性和历史局限性必然带来道德选择和道德实践活动的历史局限性,进而必然会造成人们在选择和实践活动中的某种不合理性,从而使人们的选择和实践付出一定的道德代价。

认识的相对性和历史局限性决定了人的认识是一个过程,是一个由现象

---

① 恩格斯:《自然辩证法》,人民出版社1971年版,第219页。

到本质,由不甚深刻的本质到更加深刻的本质的永无止境的转化过程。这一转化过程要受到主观和客观、历史和现实的制约,从而使主体对客体的认识带有某些局限性,这种认识上的局限性会造成人们在选择和实践活动中的某种不合理性,从而付出一定的道德代价。

认识的相对性和历史局限性决定了人的认识和选择的具体性、历史性。换言之,人的认识和道德选择要受到在一定的时间、地点和历史条件的限制。原来人们认为是正确的认识,今天看来可能不正确和并不完全正确;今天看来是正确的认识,后人可能会发现它存在着不少缺陷和问题。就任一具体历史时期来看,人们的道德选择可能是正确的,有较为充分的客观根据,但就历史发展的漫长过程而言,人们在每一具体历史时期的道德选择又往往不可避免地具有一定的历史局限性。这种局限性会导致人们在实践行动方面的某种不合理性,从而使人们的道德选择和道德实践付出一定的代价。

2. 合规律性与合目的性的背离

合规律性,实际上就是要求人们的社会实践符合客观规律,不能随意扭曲并等闲视之,这是从客体角度出发的求真原则;合目的性,则表现为人们的社会实践总是有目的的行为,是带着主体人的主观意志、愿望和设计的实践活动,实践及其结果必须符合主体自身的需要、利益等价值追求。这是从主体性角度出发的价值原则。人类的社会实践,总是在合规律性与合目的性的对立统一中不断前进的。

但事实上,人类历史从未做到合规律性与合目的的真正统一。按唯物史观的说法,什么是历史?不过是追求着自己目的的人的活动而已。人总有自己独特的目的,人的本质力量也不尽相同,要求人们在社会实践中做到既合规律性又合目的性,显然十分艰难。因为自然规律是不以人们的意志为转移的,它与人们的利益和需要没有关系,自然规律的实现也往往不需要人们实践活动的参与;虽然社会规律与人的利益和需要等价值因素紧密相连,它也必须通过人们的实践才能实现。然而,社会规律也是不以人们的意志为转移的客观规律。同样,人们对于客观规律的认识是一个长期的复杂过程,必须通过社会实践来实现;任何真理性的认识都是对客观物质世界的某一领域、某一部分、某一方面、某一片断的正确认识,而不是对客观事物的全部正确认识。由于客观事物本身的复杂性及其处在不断的变化发展之中,也由于主观认识受社会历史条件、科学知识水平等等的限制,使主观认识常落后于客观实际,主观与客观之间常常产生矛盾。这个矛盾,只有经过不断地实践、不断地总结成功的经验和失败的教训,才能逐步做到主观与客观具体的、历史的统一。也就是所谓的合规律性与合目的性的统一。

如果人们的认识与实践总是在一种分裂状态中来达到暂时的统一,那么,人们的道德选择必然会面临种种冲突与矛盾。而社会形态的演变史就告诉我们,只要阶级还存在,所有制度还没有达到一种真正的公平建构,要求人们普遍地采取某种社会要求的普遍道德只能是一种奢侈的举动。社会制度的更替只是从表面和应然角度来看,似乎正走向一种合规律性与合目的性的统一的社会,但迄今为止的现实社会,都未能完全地实现合规律性与合目的性的统一。既然人类还不能做到在社会实践中合规律性与合目的性的完全统一,那就注定会面临着道德代价的付出。

(三) 价值根源——价值的多元性

人类社会发展过程中合目的性的要求,实际上就是一种价值选择和实践的过程。人类的社会进步,正是人类所进行的价值创造和价值实践过程。马克思说:"人只须认识自身,使自己成为衡量一切生活关系的尺度,按照自己的本质去评价这些关系,根据人的本性的要求,真正依照人的方式来安排世界。"①它表达了这样一个事实:因为这个世界有"人",才有了价值关系探讨的可能,世界的价值就是人所赋予的。道德,作为人与自然、人与社会、人与自身之间交往的规范性关系,它充分反映出不同主体之间的价值关系要求。但是,人赋予了世界以价值,人也同样破坏了自己创造的价值世界,所以,道德代价也是一个价值论问题,有其深刻的价值根源。

1.道德价值实现的两面性

每个人都会有自己的道德价值观念,但道德价值观念又不能完全等同于价值本身。因为,道德价值是以人类相互利益关系为基础的、以善恶评价为形式的社会价值形态。道德价值所涉及的主客体关系,一般而言主要还不是人与物的关系,更多的是一种人与人的关系。它包括个人之间、个人与社会之间

---

① 《马克思恩格斯全集》第 3 卷,人民出版社 2002 年版,第 521 页。

的协调关系。在种种价值关系中,价值主体的地位不是一成不变的。在一定道德关系中是价值的客体,而在另一道德关系中有可能成为价值的主体。所以,在道德价值实现的过程中,道德价值主体的道德意识和道德活动既可能有利于形成和优化一定的道德关系,走向价值事实;也可能有害于形成和优化一定的道德关系,背离价值事实。这就是道德价值实现的逻辑走向的两面性。这种两面性使得人们道德价值观念的养成及最终的道德选择只会选择道德价值可能,而非道德价值事实,这就在初始的意义上决定了道德意识和道德活动具有预设的性质,在其价值实现过程中不可能完全遵循"种瓜得瓜,种豆得豆"的实践逻辑。

所以会形成道德悖论并导致道德代价,其原因可能还是在于人们在认知和判断价值的能力上存在的"先天不足"。认识价值与认识真理不同。认识价值时,对象不是独立于主体以外的客体,而是联系主体与客体的主客体关系;检验价值认识是否正确的标准不是客观方面的"实践",而是由主体判定的主观方面的"效用";这决定了一切价值认知和判断活动的轴心是主体的需要,而不是客体的实际情况,从而使得人们在价值认知和判断活动领域中总是带有"先天不足"的主观性缺陷。恩格斯说:"在社会历史领域内进行活动的,是具有意识的、经过思虑或凭激情行动的、追求某种目的的人;任何事情的发生都不是没有自觉的意图,没有预期的目的的。"[①]当人作为价值主体出现的时候,这种"先天不足"必然会使其合目的的"意识"、"思虑"、"激情"和"意图"等都带有强烈的"以我为中心"、"以我为标准"的主观倾向,干扰主体进行的价值选择和实践,影响主体认知的客观性和判断能力的正常发挥,诱使主体把预设价值"对象化"为事实价值,淡化以至淹没价值选择与实现过程所面临和经历的复杂的客观环境因素,从而使得处于不断变化中的客观环境因素更具有"不确定"性和"不确切"性,致使价值选择和实现过程部分脱离乃至全部脱离客观实际情况,由此而形成道德代价。

2. 道德价值主客体的多元性

在价值关系中,个人、集体、社会、国家都会成为某种价值关系的价值主体,而任一价值主体和彼此之间并不会形成完全统一的价值目标,一般情况下

---

① 《马克思恩格斯选集》第 4 卷,人民出版社 1995 年版,第 247 页。

都存在着普遍的冲突,由此导致道德代价的产生。

根据道德代价主体的类型,可以把道德代价分为个人道德代价、集团道德代价、社会道德代价。个人道德代价是指社会发展过程中所造成的个体道德损失。集体道德代价是指社会发展过程中所造成的某一阶层、阶级和民族的道德损失。由于不同的集团在社会活动中追求的利益目标不同,所以会造成彼此之间发生错综复杂的利益摩擦、争夺和冲突。在这种相互对立、制约的社会利益群体格局中,如果一方欲打破既定的关系结构从中获利,就必然造成另一方的损失。社会道德代价是指社会发展过程中所造成的整个社会道德损失,如当前的自然环境的污染、人性的异化、利己主义等。正因不同道德主体的多元性,导致主体间的差异,从而形成价值的分歧和冲突,导致一定的道德代价的产生。

从价值客体来看,价值客体的多元性为主体的选择提供了更多的空间。价值客体的多元化决定了同一主体价值追求的多元化。但由于一系列主客观条件的限制,主体只能在有限的环境中进行选择,而不能随心所欲地选择。正如马克思所说:"如果他要进行选择,他也总是必须在他生活的范围里面,在绝不由他的独立性所造成的一定事物中间去进行选择。""人们自己创造自己的历史,但是他们并不是随心所欲地创造,并不是在他们自己选定的条件下创造,而是在直接碰到的、既定的、从过去承继下来的条件下创造。"①这种客观制约性的存在,使得价值主体面对多元性的价值客体只能是采取优先性选择,而不可避免地放弃、牺牲某些或某种价值目标,这就是"鱼和熊掌不可兼得"的状况,而选择一种价值客体就意味着对另一种价值客体的放弃。所以,价值客体的多元性决定了我们选择的艰难和付出道德代价的必然。

(四) 人性根源——人性冲突

人究竟是怎样的一种存在?人性是恶还是善?人的本质到底是什么?这些都是道德哲学探讨的重要议题。人类之所以会有道德,正是由于人性的需要。但是,反观人类伦理道德发展史,我们会发现,人类在追求美好道德的过程中,总会以失去某种既有的道德为代价,而新产生的道德在推动着人性向更

---

① 《马克思恩格斯全集》第3卷,人民出版社1995年版,第355页。

完善方向发展的同时,又总会伴随着新的道德问题、道德代价现象的产生。人性与道德发展之间也是一种二律背反的现象。作为一种既是高贵的又是残缺的存在物,人类总是不断超越自己以求达到某种预设的完备。而这种完备的追求往往是以不完备的超越形式进行的,正是这种不完备的超越,使得人类在自身的实践行为中付出不可避免的道德代价。

人性具有与动物一样的趋利避害的自然属性。持此说的代表人物如斯宾塞,他就以生物进化论为伦理学理论基础,以人在自然环境中的生存能力为道德基础,以种和类的生存和繁衍为目的来说明道德和伦理问题。霍布斯则以人的自然属性(包括情感和欲望)为基础建立利己主义的伦理学。他认为人首先是自私的,为了自我的生存而活动,所以他们对善的定义是对自身"有用"或感觉"快乐"。密尔虽然以最大多数人的最大幸福为道德基础,但是他仍然没有摆脱利己主义的樊篱,同样是以人的自然属性为道德基础。以人的自然属性为道德基础的伦理学家往往会建立起一种利己主义或个人主义的道德原则。

人性是自身的理性。持此说的代表人物是理性主义伦理学的创立者康德,他将人视为理性的存在者、自由意志的本体,并以此为道德基础。他假设了绝对道德命令之有效性要依靠人的自由意志和理性自律来实现,除此别无他途。他说:"在世界之中,一般的,甚至在世界之外,除了善良意志,不可能设想一个无条件善的东西。理解、明智、判断力等,或者说那些精神上的才能勇敢、果断、忍耐等,或者说那些性格上的素质,毫无疑问,从很多方面看是善的并且令人称羡。然而,它们也可能是极大的恶,非常有害,如若那使这些自然禀赋,其固有属性称为品质的意志不是善良的话。这个道理对幸运所致的东西同样适用。财富、权力、荣誉甚至健康和全部生活美好、境遇如意,也就是那名为幸福的东西,就使人自满,并由此经常使人傲慢,如若没有一个善良意志去正确指导它们对心灵的影响,使行动原则与普遍目的相符合的话。"[①]在康德看来,具有终极价值因而是最高善的东西,不是起自于人的自然主义式的感受性的快乐与幸福,也不是那些被亚里士多德称誉为美德的诸种品质,而是其本身就是善的。

① [德]康德:《道德形而上学原理》,苗力田译,上海人民出版社1986年版,第42页。

　　而后来的尼采、居友等则一反理性主义伦理学的进路,转而强调人的生命意志和行为在伦理学研究中的重要性。尼采以"强力意志"、"利己的本能冲动"为道德的人性基础,认为"超人"是超越善恶的、至上的道德理想。居友以利他的"生命力的扩散"为道德的人性基础,以此来反对那些绝对的、外在性的道德基础(上帝、物质目的等)。

　　人性是人的社会属性。持此说的代表人物有亚里士多德、卢梭、马克斯·韦伯等人。在他们看来,人性的探讨总是离不开社会、文化、契约等的制约,人性必须进入到人所生存的社会环境之中去发现。而且,人的社会性正是在社会实践中产生和形成的,人与物、人与人、人与社会之间在社会生活实践中时常会发生矛盾,而这种矛盾的发生无非就是利益的争夺。在这种社会利益关系的追逐中,就会出现种种复杂的人性特质。

　　事实上,人性既有自然性,也有理性和社会性,正是人性本身的复杂性,总会导致人性的相互冲突,恰恰是这种冲突导致了现实的道德问题、道德代价的产生。

　　从人性的自然性与理性的对立来看。作为一种自然存在物,人天然要求物质幸福的满足;作为一种社会存在物,人必然要求自己理性的约束,但这只是一种理想状态。在现实中,人性的自然欲望总会与理性要求产生种种冲突。康德曾说过,我作为一个经验的自我所应当去做的,就是我作为一个纯粹理性的本体自我必然会做的。但是这与人的经验性存在根本相悖,密尔等的利己主义观念很容易驳倒他的理性诉求。甚至叔本华也反对康德将道德建立于超验的自由之上,而尼采更是强调人的欲望决定着人所能够实施的伦理行为。这就产生了西方伦理思想史上的个人主义、功利主义、享乐主义。而康德基于"应该"的道德行为选择相信人类的理性自律,即以他人利益为指向,以善、恶为标准,其追求的目标是德性、义务、责任。这就产生了伦理思想史上的理性主义、整体主义、理想主义。但是,现实的人们进行道德选择时,绝对不可能总会进行理性的计算来考虑个人与整体之间的不同伦理目标后果,这时候人们作出的道德选择或者受制于纯粹的情感,或者受制于情感相伴随的个人理性。这样的道德实践结果必然会出现某种与理想道德后果的背离,更为严重的就是道德代价。

　　基于人的自然性与社会性的冲突,必然导致个体与整体、利己与利他的对立。实际上,利己性是人类天然的属性;但问题在于,人性的利己是绝对的、相对的还是利他的。如果是绝对利己的,那么人的本性就是自私自利的,个人的幸福远远地超出了他人得失,个人的幸福既包括个人利益的最大化,同时也包括对他人的复仇、给他人造成痛苦;如果是相对利己,但作为一种理性的道德存在、作为一种有着同情心的存在,个人对道德行为的赞同,对同类痛苦的同情心、责任感、道德义务会同时在人性中占据着一定位置,这样的道德行为结果就不总是纯粹利己的,还伴随着利他;如果是利己优先、利他相伴,说明人不再是原子式的独立存在物,也是类存在物,在这样的情况下人的奉献与索取就是一个有机的统一。但无论何种情形,在现实的道德考量中,人性难免为了自私的利益而失去对他者的考虑,甚至他者对于自身而言,不过是一种利益实现的工具。

(五) 现代性根源——现代性异化

道德代价的探讨终归是一个现代性的话题,它只是资本主义现代化发展到一定阶段的产物。之所以说道德代价是一个现代性的话题,原因在于只有进入现代社会之后,尤其是从宗教社会进入到世俗社会之后,随着宗教道德的坍塌,道德问题才真正成为一个突出问题而被人们所关注。尤其是进入到后现代之后,由现代性而引发的道德代价问题日益显著,道德代价才开始成为被人们所关注的生活话题。那什么是现代性?我们的理解和规定,主要归于两个方面:资本主义的工业革命所带来的市场经济;启蒙革命运动所带来的理性、自由与平等、人权等观念。但这两者都成为一种现实的发展桎梏和意识形态的抽象。

首先,现代性意味着资本主义生产方式的产生与扩张,而资本主义的出现彻底将崇高的道德理想转化为现实的金钱和商品。这一点,马克思·韦伯和马克思给予了我们详细的说明。

在《新教伦理与资本主义精神》中,韦伯谈到,由新教革命所带来的资本主义,建构起以理性为根基、以效率为指向的制度体系,这种体系的目的就是让生产机器日益轰鸣,结果所有人都被物质产品牢牢控制。机器生产与物质产品成为不可抗拒的超验力量,它们和支撑它们的制度体系一起,变成了那令人黯然神伤的"铁笼"。这个铁笼是机器般非人格化的,它从形式理性那里借来的抽象力量将人禁锢其中,这个文明的最高阶段就是"专家没有灵魂,纵欲者没有心肝"①。铁笼的冷酷逻辑最终要吞没一切:"国家生活的整个生存,它的政治、技术和经济的状况绝对地、完全地依赖于一个经过特殊训练的组织系统。"而理性,就是这个铁笼的内在脉络。

在这种状况下,工具理性已经高高在上,价值理性荡然无存,人们无法去关注道德问题,道德问题已经被淹没在无休止的工具理性逻辑中。这就是韦伯所说的现代社会就是一个不断祛魅的过程,将宗教道德的崇高最终世俗化为一切可以计量的工具。

如果韦伯还仅仅是从观念层面来讨论资本主义所导致的现代性中不可避免的价值与道德问题,马克思则更为深刻地从生产方式本身进行了彻底地分析。

在马克思看来,资本主义的市场经济社会,一切都可以被商品化,劳动力也不例外。从以前的被强制奴役状态中解放出来的劳动者,虽然获得了自由,但也一无所有,他只有将自我转化为商品,出卖给货币的所有者。这种劳动力的消费过程就是雇佣劳动的生产过程。在这个过程中,劳动被物化到资本家的产品中,被雇佣的商品化的劳动力同他的产品相分离,产品不是被劳动者而是被雇佣者占有。资本家和劳动者的这种雇佣关系,被资本主义巧妙地反复再生产,并被永恒化了。在这一生产过程中,产生了非人道的剥削。这个过程,使资本主义生产终于摆脱了它的前史,但,这是一个"滴着血和肮脏的东西"②的前史。因为这个前史就是不断剥夺小生产者的过程,"是用最残酷无情的野蛮手段,在最下流、最龌龊、最卑鄙和最可恶的贪欲的驱使下完成的。靠自己劳动挣得的私有制,即以各个独立劳动者与其劳动条件相结合为基础的私有制,被资本主义私有制,即以剥削他人的但形式上是自由的劳动为基础的私有制所排挤"③。一无所有的劳动者只能被商品化。

资本主义不仅确立起新的貌似自由的私有制,将剥削的秘密进一步掩盖,但在外部的扩张与殖民征服上却昭然若揭。在《共产主义宣言》中我们看到,

---

① ［德］马克思·韦伯:《新教伦理与资本主义精神》,于晓等译,三联书店1992年版,第143页。

② 马克思:《资本论》第1卷,人民出版社1999年版,第829页。

③ 马克思:《资本论》第1卷,人民出版社1999年版,第830—831页。

现代资产阶级将"一切封建的、宗法的和田园诗般的关系都破坏了。它无情地斩断了把人们束缚于天然尊长的形形色色的封建羁绊,它使人和人之间除了赤裸裸的利害关系,除了冷酷无情的'现金交易',就再也没有任何别的联系了。它把宗教虔诚、骑士热情、小市民伤感这些情感的神圣发作,淹没在利己主义打算的冰水之中。它把人的尊严变成了交换价值,用一种没有良心的贸易自由代替了无数特许的和自力挣得的自由。总而言之,它用公开的、无耻的、直接的、露骨的剥削代替了由宗教幻想和政治幻想掩盖着的剥削。"①现代资本主义将一切职业关系都变成了雇佣关系,将温情的家庭关系变成纯粹的金钱关系。资本主义将一切神圣的东西都亵渎了。资本主义将物的增值与人的贬值同时带入新生的世界,人性所追求的自由与善德俱被摧残。

其次,作为资本主义引以为自豪的以理性为代表的自由、平等、博爱、人权等主张,自启蒙革命以后就成为一种意识形态的抽象,并最终成为反制人们全面发展的观念桎梏。

自启蒙以来,理性被尊崇为基本的思想价值,现代性的其他观念都建立在理性的基础之上。理性意味着将人从一切束缚中解放出来,有了理性,人就不再服从任何超人的权威。但随着时代与社会的发展,理性逐渐形成了分裂,这就是韦伯分析的工具理性与价值理性的分裂。理性的背反直接将其与现实置于对立的两极,其最终就是导致人的地位的降级。在一个资本主义所开启的现代祛魅世界里,人们丧失了终极价值的追寻与信仰,一切变得工具化、原子化。其过程和结果无非验证着那不变的逻辑:观念的现代性都会在经济的现代性追求中,失去自己既有的价值与道德,结果就是大行其道的极端个人主义与极权主义。

现代资本主义的祛魅在当代更为彰显,世俗主义的进程仍然在加剧,人的价值世界的贬损更为深入。20世纪40、50年代,随着西方发达国家普遍进入工业社会的高速发展时期,在物质财富也得到极大丰富的同时,法兰克福学派却从技术异化的角度出发,发现了西方发达技术社会的控制逻辑。他们认为:科学技术在机器大工业中的应用使人成了机器的零件和物的奴隶;科学技术对人的奴役广泛地侵入人的日常生活世界,造成人的焦虑、不安、孤独、软弱等各种精神疾病,使人成为单向度的人;更为严重的是,资本主义社会中科学技

---

① 《马克思恩格斯选集》第 1 卷,人民出版社 1999 年版,第 274—275 页。

术的意识形态化加剧了对人的日常生活和精神世界的统治,使人丧失了反思和批判社会体制的能力;科学技术在工业化过程中的无限制开发和利用,使人类生存环境遭到严重破坏。其原因正在于,发达工业社会以技术控制的形式加强了对人的奴役,以及对人的心理、意识的控制,使人失去自由和创造性,只重物质享受,不求精神的丰富和提升,丧失了"内心向度"。

进入到 20 世纪 70 年代,罗马俱乐部提交了一份轰动世界的研究报告《增长的极限》,向以"经济增长"作为发展全部内容的理性主义发展观提出了尖锐的挑战。在报告看来,片面地追求经济增长导致了环境污染、资源贫乏、人口爆炸、社会邪恶上升和核威胁等各方面的严重负面问题,而战后许多发展中国家实行的"赶超发展战略",对发达国家单纯地赶超和模仿,只追求经济增长,不注意社会整体的综合协调发展,从而"打破了各种传统的一致形式,使普通老百姓的各种需要和愿望受到忽略。为了使产品制造得像进口货那样好,为了填补技术上的空白,结果是牺牲了老百姓的利益,并使他们对国外的依赖长期存在下去"①。这种相信并依附于资本主义的发展观,只会带来人的发展的更大代价,必须转向以人为中心的综合发展观。

在罗马俱乐部看来,发达工业社会的道德代价是由片面追求经济增长的发展模式和技术的无政府主义运用造成的,但从深层或本质来看,则与人类本身的缺陷分不开:一是人对自己行为的自我调节不予重视,对控制技术的能力缺乏训练,人的许多潜能未得到充分的开发利用;二是人的贪婪本性和人是自然界"主宰"的文化价值观使人过分迷醉于技术的威力,一味对自然进行索取和征服;三是对技术和技术专家的人文和人道主义因素重视不够。

实际上,这似乎又可以从另外一个角度来加以说明,那就是一旦启蒙革命所带来的一切有价值的观念最终成为意识形态之后,它就会变成一种阶级话语的抽象。对于资本主义社会而言,那就是资产阶级的意识形态抽象。这一点马克思很早就进行了彻底的揭露。

马克思强调任何一种意识形态,从它的起源和反映的内容来说都同一定的阶级和所有制形式相联系,但就它的创造者和信奉者的实际地位来说,并不一定都是这个阶级的成员。从 1789 年的法国革命所提倡的自由、平等、博爱

---

① ［法］佩鲁:《新发展观》,张宁、丰子义译,华夏出版社 1987 年版,第 122 页。

到 1848 年欧洲革命时期喊出的相同口号,如果说前一段还代表着一般意义上的人道主义原则并的确起到了革命的作用,而在后来的革命中,这种口号则起到钝化和掩盖无产阶级和资产阶级对立的作用。这里,不是自由平等博爱人道的原则背叛了资产阶级,而是胜利了的资产阶级背叛了自己最初的理想。只要他们还能继续用"人道"为借口,还能利用抽象的自由平等博爱来维护自己的利益时,他们决不会放弃这些口号,但一旦他们感到这些威胁到其利益时就会断然摒弃它。正如马克思所说:"资产阶级正确地了解到,它为反对封建制度而锻造出来的各种武器都倒过来朝向它自己了,它所创造的一切教育手段都转过来反对它自己的文明了,它创造的所有的神都离弃了它。"①

二、当代中国道德代价的表象

作为与生长于资本主义现代性包围之中的中国特色社会主义,从计划经济时代转型到市场经济时代的几十年中,出现了大量的道德代价现象。这些现象的产生,既有一般意义上的本体论、认识论、价值论原因,也有现代性的特殊机制根据,当然更有中国自身独特的产生机制。

从 1949 年成立新中国到改革开放前的 30 年,中国既有以革命传统为主的道德理想,也有以中国传统"义"、"理"为主的道德关系,同时还有以"五爱"为主的社会主义道德体系。在这种道德体系下,中国社会的整体道德观念处于一种前现代的封闭保守与现代性的自由与开放的张力之中,公民的道德观念在社会主义制度的信仰建设下,有着强烈的崇高性。可以说这个时期,人们是以一种极高的道德情怀在建设着理想的社会主义,道德代价的问题还难以进入人们与社会的视野。当然,在这个时期并非不存在道德代价现象,我们可以看到在"三面红旗"②的飞扬下,农村、农民、农业的社会生活环境、工业

---

① 《马克思恩格斯选集》第 1 卷,人民出版社 1995 年版,第 627 页。

② 1958 年中共中央提出的社会主义建设总路线、"大跃进"和人民公社,在 1960 年 5 月以前曾被称作"三个法宝",5 月以后又被称为"三面红旗"。历史的检验已经证明,"三面红旗"是"左"的指导思想的体现,不是引导我国社会主义建设走向胜利的旗帜和法宝。在总路线指导下发动的"大跃进"和人民公社化运动,不但给我国经济建设和人民生活带来了严重困难,而且还损害了党的建设。

企业的正常发展、自然环境的生态问题等都遭受到了巨大破坏,人们日常的道德关怀都被"社会主义情感"所代替。与之相伴随的是,在政治层面不断发动的各种政治运动,进一步侵害到文化艺术领域乃至一切社会领域。尤其是"文化大革命"的发生,打碎了一切前现代的中国传统道德观念,也消解了正在生长的以自由、理性、价值等为主的现代性道德观念,造成了计划经济末期最为严重的道德代价。

中国改革开放既带来了人们物质生活的富足,扫除了人们曾一度引以为豪的平均主义,在市场经济的开放竞争中,多元化的价值观念与道德观念不断生长出来,现代性的自由理性等道德价值观念也逐渐在今天成为主流。但是,与前30年相比,如果说,中国还带有强烈的传统伦理和崇高的道德理想的话,改革开放以来的30年则是传统伦理失范、道德理想不断退缩的过程。社会道德底线不断被瓦解,"上下交征利"的繁荣、庸俗且有些险恶的社会成为当前社会的重要特征。

公众的生活里充斥着各种道听途说来的罪恶和不道德,数目越来越大的贪污腐败,近几年被曝光的黑煤窑和矿难、食品的不安全、"艳照门"、官员的"情妇门"等事件,成为这个社会反道德的常态。日常生活中的小事也随时提醒着我们这一点,买东西的时候遭遇缺斤少两、假冒伪劣;常有骗子发来诈骗的网上信息和手机短信,甚至是打来电话;身边层出不穷的情感背叛;与政府部门打交道时,被公权力"打劫";报纸、广播、电视、网络上的低俗文化内容;每个人内心中涌动的各种欲望,却很少有什么不良欲望能够引发我们强烈的道德耻感和罪感。这就是当代中国社会在改革开放30多年后,人们经常谈论的道德现实,更是一种道德代价现象。

如何来探求这些道德代价现象的本质? 社会发展固然是一个充满着道德价值的二律背反的过程,但我们却不能因为这样的必然性而坐视不理仍由道德代价的泛滥成灾于不顾,否则中国特色社会主义将会变成道德沦丧的社会主义。要探求当代中国道德代价现象背后的根由,就必须对当代中国道德代价现象进行全方位的描述,唯此,才能更好地发现其背后的机理。

(一) 表层道德代价

1. 腐败腐化蔓延

30多年的改革开放,极大地解放了社会生产力,使中国经济获得了年均

9%以上的高速增长,城市化和工业化的速度不断加快,整个社会经历着多重转型。然而,伴随着社会转型,腐败现象迅速滋生蔓延,同时出现了腐败腐化边治理边滋长的困局。这种腐败腐化最主要表现为权钱交易(权力寻租)的"经济腐败"、权色交易的"生活作风腐败"、权权交易的"吏治腐败"和官僚主义的"工作作风腐败";甚至还有专家将当代中国腐败现象总结为"17种模式"。在近30年来,每年受到党纪国法处理的党员干部就有十几万人。2012年5月11日,国家预防腐败局副局长崔海容在香港廉政公署第五届国际会议上发言指出,1982年至2011年的30年中,中国因违反党纪政纪受到处分的党政人员达420余万人,其中省部级官员465人;因贪腐被追究司法责任的省部级官员90余人。

按"透明国际"组织的CPI(清廉指数)和BPI(行贿指数)构成的腐败指数评价①,改革开放初期,即1985年以前,中国的清廉指数为5.13,总体腐败状况并不严重。1986年开始,中国的腐败状况迅速恶化。国际组织(世界银行的控制腐败指标,涵盖151个国家和地区)的评价进一步表明,中国的腐败排名大致在世界上处于中等偏下水平。1979—1997年的18年间,被查处的贪污贿赂等腐败案件平均每年以22%的速度增长,转型期的中国已进入腐败的高发期和多发期。中国已经由改革开放初期"比较清廉的国家"变成世界上"腐败比较严重的国家"。1998年以后,中国腐败蔓延的势头有所遏制,但仍然比较严重,清廉指数基本维持在3.1—3.5之间。在社会转型期,各种利益关系、新旧制度、体制交互存在,旧的体制没有退出,新的体制尚未规范到位,给了权力掌控者以极大的利益采量空间。按照自己的意愿支配权力,并在没有边界的情况下过度使用权力,是权力运用的一般规则。

2. 诚信严重缺失

诚信本是立人之本、立家之本、立市之本、立党之本、立国之本。然而,在拜金主义和极端个人主义的导引下,社会诚信严重缺损。近些年以来被曝光的"毒奶粉"、"瘦肉精"、"地沟油"、"染色馒头"、"黑煤窑"、"周老虎"、"学历门"、"抄袭门"、"三亚宰客"等事件,凸显了社会诚信的缺失和诚信建设的滞

---

① 参见周淑真、聂平平:《改革开放以来我国腐败状况透视和反腐败战略思路的变迁》,《探索》2009年第1期。

后。2011年下半年,《小康》杂志社中国全面小康研究中心联合清华大学媒介调查实验室,在全国范围内开展了"2011中国人信用大调查"。调查的结果显示,2010—2011年,中国信用指数为62.7分;从2005年至今的走势看,中国信用指数处于低位运行态势。

社会诚信缺失现象已经在各个领域、政府、企业、社会、家庭、个人等中不断表现出来。在政治领域,一些地方政府政策多变,随心所欲,朝令夕改;一些干部不仅政绩弄虚作假,年龄履历造假,还好说大话、空话,假话、废话、套话、恶话。在文化领域,抄袭、剽窃、造假、冒名、低俗、制劣现象也屡见不鲜。特别是在经济领域假冒伪劣行为更是比比皆是,危害巨大。诚信缺失、不讲信用,不仅危害经济社会发展,破坏市场和社会秩序,而且损害社会公正,损害群众利益,妨碍民族和社会文明进步。缺乏信任,导致了社会诚信链条的断裂和损害,破坏了市场机制和市场经济规则。

诚信长期在低水准上运行,不仅降低了社会个体的道德标准,也极大地伤害了人们的道德信仰体系,并增加大量的社会运行成本。人们之间以怀疑的态度来进行交往,彼此算计、限制,很多社会交易就变得很昂贵。社会交易成本被无限制扩大,社会秩序的稳定发展被破坏。交易成本提高后,做其他事的资本和资源就会减少,国家运作的有效性就降低,社会管理愈发困难,并导致国家形象受损,国际地位下降。

3.道德失范严峻

道德失范,指在社会生活中,作为存在意义、生活规范的道德价值及其伦理原则体系或者缺失、或者缺少有效性,不能对社会生活和个人生活发挥正常的调节和引导作用,从而表现为社会生活和个人生活的失控、失序和混乱。道德失范表征出社会精神层面的某种危机和剧烈冲突,它常常是社会急剧变革或转型时期的产物。

当前中国的道德失范现象遍及政治经济文化与社会的各个领域。2011年11月17日的《辽宁日报》,专门刊登了《公众最痛恨的七大道德失范现象》一文,概括为:人心冷漠,见死不救;食品药品安全问题;医患矛盾;不孝顺父母;利用他人善良骗取钱财;公民缺少文明意识;当小三傍大款傍富婆。

这些事件的爆发是新中国成立60多年以来,最为令人痛心的现象。它们不仅消解了中国长期坚守的传统美德,而且将30多年改革开放中一些消极的伦理道德问题加以扩大化,成为今天难以解决的社会道德难题。长期的道德失范,造成了中国人不断在底线伦理徘徊,道德底线频频失守,"假证"、"假药"、"假鸡蛋"、"道德冷漠"、"体坛黑幕"、"权力腐败"、"潜规则"、"桥垮垮"、"楼脆脆"等各种热词和现象的涌现,显示了无德行为和缺德事件在社会普遍存在的同时,也深深地刺痛了人们的良知神经。在普遍的道德失范状况下,社会民众普遍存在着一种不安、失望、甚至怨恨的心态,社会信任度不断降低,过度质疑成为一种普遍的社会心态。

4. 底线伦理失守

底线伦理,即道德"底线",是相对于较高的道德要求和价值观念来讲的。它分成三个层次:第一个层次是所有人最基本的自然义务,人之为人的义务,比如说不伤害和侮辱生命、不欺诈他人,这也是最基本的道德底线。第二个层次是与制度、法律密切相关的公民义务,比如说奉公守法,捍卫法律尊严,抵制对公民权利的侵犯,同时也履行自己的公民义务。第三个层次是各种行业的职责或特殊行为领域内的道德,比如说官员道德、教师道德、生命伦理、环境伦理、网络伦理。[①]

按此划分,越是前者的道德要求就越为根本,后者一般是前者的引申和具体化,但因为有的领域和行业的特殊情况,权益增加了,要担负更高的道德责任,所以往往也就显得较高。但是,在中国,这些伦理底线已经被不断攀升的犯罪率所打破。据相关统计资料显示,中国公安机关立案侦查的刑事犯罪率在 1978—2008 年增长了近 7 倍,特别是在 2000 年以后又进入了一个新的犯罪高峰期,无论是财产犯罪还是暴力犯罪都有一个明显的跳跃式增长。[②] 犯罪率的变迁,明示着道德底线已经失去行为引导的标准。这其中很重要的原因就在于,在中国社会从计划经济走向市场经济的过程中,道德理想主义也走向现实主义,伴随着社会改革中的巨大变迁,矛盾与问题、冲突不断加剧,让人们再去以道德的方式来解决既有的社会问题,显然十分困难。既然理想的高尚、纯洁和崇高道德起不到示范作用,那么底线层面的道德也就成为人们随意践踏的门槛,而失去底线道德就同时意味着道德代价的付出与违法犯罪的

---

① 参见何怀宏:《底线伦理》,《北京日报》2012 年 2 月 20 日。

② 参见陈刚:《犯罪经济学视角下的中国经济转型期犯罪率》,《中国社会科学报》2010 年
3 月 21 日。

开始。

影响人们失去基本的底线伦理、不愿见义勇为的事件,当属南京彭宇案。2006 年 11 月 20 日的早晨,一位老太在南京市水西门广场一公交站台等 83 路车。人来人往中,老太被撞倒摔成了骨折,鉴定后构成 8 级伤残,医药费花了不少。老太指认撞人者是刚下车的小伙彭宇。老太告到法院索赔 13 万多元。彭宇表示无辜。他说,当天早晨 3 辆公交车同时靠站,老太要去赶第 3 辆车,而自己从第 2 辆车的后门下来。"一下车,我就看到一位老太跌倒在地,赶忙去扶她了,不一会儿,另一位中年男子也看到了,也主动过来扶老太。老太不停地说谢谢,后来大家一起将她送到医院。"彭宇继续说,接下来,事情就来了个 180 度大转弯,老太及其家属一口就咬定自己是"肇事者"。这一案件的判决也是非常离奇,2007 年南京鼓楼区法院一审宣判。判定本次事故双方均无过错。按照公平的原则,当事人对受害人的损失应当给予适当补偿。因此,判决彭宇给付受害人损失的 40%,共 45876.6 元。而到了 2008 年 3 月,全国人大代表、江苏省高级人民法院院长公丕祥在两会新闻中心就"司法公正"问题接受中外记者的集体采访时透露,南京彭宇案双方当事人在二审期间达成了和解协议,并且申请撤回上诉,最后案件以和解撤诉结案。2012 年 3 月 5 日的学雷锋纪念日,中国好人网首届"搀扶老人奖"评选结果在当天正式揭晓。彭宇获此殊荣并获物质奖励。

这种一波三折的案件虽然最终得到了道德与法律的伸张,但在其后的影响中却非常恶劣。全国各地后来发生的老人跌倒事件很少有人敢扶,最终产生震动中外的广东小悦悦事件。

5. 社会潜规则横行

潜规则亦可称为"暗规则"、"隐规则"。吴思在《潜规则:中国历史中的真实游戏》中率先提出了这一概念。后来又有不少学者继续进行了深入研究。"潜规则"就是违反正式的法律、法规或者违背道德原则的不成文的规则,这种规则是在当事双方与正式规则三方进行博弈中形成的相对稳定的、被广泛传用的规则,且倘若按此规则行事给当事双方带来的利益远大于按正式规则行事。① 潜规则与以法律、道德、规定、制度等形式存在的各种规范制度的显

---

① 马洁:《中国潜规则研究文献评述》,《文教资料》2010 年第 3 期。

规则不同,潜规则是一种包含着强烈个人理性与小团体利益取向的边缘行为,显规则代表的则是公共理性与公共价值。人是一种逐利的动物,社会中的潜规则在各行各业都会存在,它是不同人之间的一种隐性博弈行为,这种博弈不是公开对话、协商,而是隐蔽地进行讨价还价,以达到自己或"圈内"人的种种目的。

"潜规则"是社会存在的一种必然现象。一个健全的现代社会,应该是正式规则主宰公众生活的社会。潜规则并不可怕,可怕的是潜规则主导乃至主宰了社会生活,消解正式规则并使之事实上虚置空设。相关研究显示,潜规则在中国社会中普遍存在并时刻发挥作用。在一些地方、一些领域,相对显规则而存在的潜规则对社会生活的支配,已经是一种相当普遍的现象。据《中国青年报》社会调查中心 2011 年进行的一项民意调查显示,83.4%受访者认为潜规则比显规则更有效。中国的潜规则五花八门、种类繁多,不仅各行各业存在着属于这个行业的特殊"潜规则",比如官场中的"卖身投靠"、"买官卖官",演艺圈里的"用性换戏份",商贸界的"高额进场费"、"陪睡换订单",医药行业的"药品回扣",甚至在平常百姓日常生活中,也存在着很多潜规则,比如饭店吃饭限定包间最低消费、买房先缴定金、买车被搭售保险等。潜规则已成为社会的一种流行病,国人由痛恨渐渐转变成一定程度上的容忍、羡慕甚至自愿效仿。

究其本质,潜规则是一种落后、腐朽、阴暗的反道德规则。这种反道德规则是见不得人的、见光死的黑暗规则。然而,在今天的现实社会中却大有市场,甚至是一张社会通行证。社会潜规则利用权力、权威等"硬实力"暗中推行,利用利益、名声等"软实力"予以诱导,威逼利诱人们卖身投靠、卖色求全、卖德委任,造成吹牛拍马、阿谀奉承、拉帮结派、结党营私、贿赂成风、欺上瞒下、顺昌逆亡、滥用职权等不良风气。

(二) 深层道德代价

1. 道德信念变异——拜金主义、极端个人主义、责任伦理丧失

道德信念,是指人们对某种道德理想和道德要求等的正确性和正义性的深刻而有根据的笃信,以及由此而产生的对履行某种道德义务的强烈责任感。它是对人生的道德理想、道德价值、道德意义等形上之维的执着追求。贺麟认为,具备道德信念的人,相信人生必有意义,人性终为善良,良心、道德自有其标准、

权威和尊严,道德和幸福终可合一,善人必将战胜恶人,公理必将战胜强权,这种人在其日常行为中会自觉遵循道德法则,依靠其道德勇气为善去恶,在其人生过程中,他可能遭受失败或不为人理解,但他最终会获得道德或良心的安慰。

道德信念是一种深刻的道德认识、炽烈的道德情感和顽强的道德意志的有机统一。它祈向的是对人生某种可能、理想状态的认同、尊敬和皈依,而不是生活世界当下的感性经验,而是它的意义、它的应然、它的神圣。人类道德的存在价值和运作方式,决定了道德必须由外在约束过渡到内在自觉,形成道德信念。唯其如此,道德才能称为道德。

从建立新中国到改革开放以来,中国社会在道德层面经历了计划经济时代的崇高道德信念到市场经济时代的世俗道德的转换。在这种转换中,也确立起了与社会主义市场经济相适应的社会主义道德体系,那就是以集体主义为原则、以为人民服务为核心、以"五爱"为基本内容的道德体系。2006 年 3 月,胡锦涛提出了社会主义荣辱观,以"八荣八耻"为主要内容的道德建设蓬勃兴起。它概括了社会主义道德规范体系的本质要求,符合广大人民群众的道德价值要求,体现了社会主义价值观的鲜明导向,是中国特色社会主义道德的重要内容。

这些长期以来在革命实践和改革开放过程中形成并确立起来的道德信念体系,在随着市场经济的发展中发生了重大变异,它表现为以下几个方面:

首先是拜金主义流行。它本是一种伴随着资本主义的发展而在近代兴起的价值观,崇拜"金钱万能"与"金钱至上"。马克思在《1844 年经济学哲学手稿》和《资本论》等著作中,已经对这种价值观作出了深刻的批判。他认为,资本主义的市场经济作为商品经济发展的最高阶段,必然会产生商品拜物教和货币拜物教,由此,商品、货币与资本之间的物质关系就取代了人与人之间的自然情感,人们开始受制于商品、货币与资本的支配。人们一味地追逐着控制着他们的商品与资本,因为谁拥有更多的资本与商品,谁就拥有更多的社会财富与权力,由此就形成了拜物教。在这种状况下,拜金主义自然而然地产生。因为"凡是我作为人所不能做到的,也就是我个人的一切本质力量所不能做到的,我凭借货币都能做到"①。这种价值观在市场经济的"资本逻辑"推波助澜下,极大地改变了计划经济时代的集体主义、大公无私等价值观念,导致

---

① 《马克思恩格斯文集》第 1 卷,人民出版社 2009 年版,第 246 页。

了人们唯利是图，拜金主义如山洪暴发，冲破了传统美德的堤坝，泛滥成灾。它成为世俗评定人的价值标尺，彻底颠倒了人与物的关系，使人成为金钱的奴隶，引发了种种缺德无耻和违法犯罪的行为。

在经济领域，不少企业片面追求经济效益；一些地区和部门为了自身利益而牺牲国家和民族的整体利益、长远利益。更有甚者，不择手段地追逐金钱、利益，不仅无视社会公德、践踏市场准则，甚至不惜以戕害他人生命为代价。在政治领域，少数领导干部把手中的权力作为谋取钱财的手段，从而涌现不少贪污腐败、行贿受贿、权钱交易、跑官卖官、腐化堕落等腐败现象。在文化领域，一些文化单位和文化工作者为了金钱，出卖良心和人格，社会责任感丧失，一味迎合低级、庸俗，甚至让假恶丑的东西招摇过市；有的甚至依傍某种资本，为捞取金钱而甘心为其摇唇鼓舌。

2010 年 2 月 22 日，美国《世界日报》公布的一项民调显示，在全世界 23 个国家中，中国、日本和韩国三国的民众最相信"金钱万能"，并列成为世界第一"拜金主义"国家，在金融危机之后尤为如此。环球网 24 日就此发起了一项在线调查，结果显示，80% 的受访网民承认中国是第一"拜金主义"国家。①

从人的发展来看，拜金主义与人的全面发展相背离，剥夺了人的本质的丰富性，把人降低为金钱的奴隶；从社会来看，拜金主义盛行的社会必然是一个物欲横流、人情冷漠、尔虞我诈、人人自危的社会，是一个道德沦丧、信仰缺失的社会。

其次是极端个人主义盛行。拜金主义必然导致极端个人主义。简单来说，极端个人主义就是割裂个人与集体的关系，而片面地突出个人；凡事以个人利益、个人自由为中心的一种价值观和伦理原则，其含义与利己主义、享乐主义相近。长期以来，我们一直称为个人主义；鉴于西方关于个人主义概念的复杂混乱，内容多样，有方法论个人主义、原子论个人主义、真伪个人主义等，而且西方某些个人主义以往曾经起过一些积极作用，例如强调个人自信、自强，对个人私生活的尊重等，于是特别在"个人主义"之上标示出"极端"二字，以与那些复杂的个人主义相区别。

对于中国改革开放中表现出来的个人主义而言，它主要表现在两个方面：一是在工作关系中，表现为一切从个人意志出发，自以为是，自视高明，个人意

---

① 《中国为何沦为第一"拜金主义"国》，《南方日报》2010 年 2 月 25 日。

见第一,自由放任,个人英雄主义等;二是在人们的利益关系中,表现为把个人利益看得高于一切,把社会利益抛在一边。需要指出的是,个人主义与个人利益是两个不同的概念,个人利益反映的是社会个体的利益问题,它可以与集体利益是协调的、统一的、一致的;而个人主义则是一种个人意志和利益至上的错误思想,个人主义排斥他人和集体的意志和利益。我们承认个人的正当利益,鼓励追求个人的正当利益,但这绝不是提倡个人主义,必须正确处理个人利益与集体利益的关系,坚决克服个人主义。

私有财产关系的重新确立,使得中国的个人主义极易滑向极端个人主义。因为,市场经济的前提是经济主体(至少在形式上)的独立。这种独立性在为人的解放奠定了坚实经济基础的同时,也把个体与社会对立起来。每个经济主体作为一个"经济人",既受市场经济追求最大限度的利润之本性所驱使,又受市场经济竞争规律所逼迫,都必然把自身的利益作为经济活动的出发点和归宿。这种社会存在决定着人们的社会意识,因而,"人人为自己,上帝为大家"的个人主义自然成为世俗的道德观念。而在拜金主义的深刻影响下,从个人主义走向极端个人主义只是一步之遥。中国改革开放30多年来,不容置疑的是,极端个人主义滋生蔓延,成为许多人道德堕落的思想道德根源。

其三是责任伦理缺失。在中国的社会转型期,上述法治的扭曲、道德的滑坡、诚信的失落、正义的失缺等,都与社会公民责任感的弱化密切相关;一系列严重的责任事故和领导干部失职渎职现象,更加凸显出责任意识的缺位。这种责任的缺失,正是责任伦理的匮乏。

伦理学中有两个重要的概念:一个是责任伦理;另一个就是信念伦理。这两种伦理的划分源自德国著名社会学家马克斯·韦伯。1919 年,韦伯在慕尼黑大学作了题为《作为职业的政治》的演讲,在其中,他依据对社会历史及当代人价值处境的深入分析,将伦理区分为"责任伦理"与"信念伦理"两种不同的伦理精神,认为后者的价值根据在于行为者的目的、动机和意图,人们通常依此评价自己的行为,拒绝对行为的后果承担责任;责任伦理则关注行为后果的价值和意义,强调人应当对自己的行为承担责任,理性而审慎地行动,两者分别承载着不同的价值立场。① 韦伯指出:"我们必须明白,一切伦理性的行

---

① 　[德]马克斯·韦伯:《学术与政治》,冯克利译,三联书店 1998 年版,第 99、116 页。

为都可以归为两种根本不同的、不可调和的对峙的原则:信念伦理和责任伦理。这不是说,信念伦理就是不负责任,责任伦理就是没有信念。当然不能这么说。不过,究竟是按信念伦理准则行事,还是按责任伦理原则行事,就是说,当事人对其行动的后果负责,两者有着天壤之别。"①可见,责任伦理是从伦理学的视角来对人的行为及其后果进行道德评判、价值指引,以此说明人要对其行为及其后果担当相应的责任,实现应有的道德价值。

照韦伯的分析,"信念伦理"执着于人性天然对于伦理动机的重视,不注重人的责任;责任伦理把人作为唯一的责任主体,强调人应当积极地对自己的行为负责,并且对行为的后果勇敢地承担起责任。这种关注行为后果的价值和意义的责任伦理,凸显了人们对于个人行为的理性而审慎的行动,选择合理的手段或途径以达到或避免可预知的后果,绝不可盲动。正如韦伯所说,我们应该"依据你对自身义务的最高信念而行事,除此之外,你的行事方式还得保证,可以依据你的最充分的知识,同时考虑自己行动的(可预见)后果"②。

由是观之,我们不难发现,在中国 30 多年的改革开放历程中,市场经济的大潮将很多市场主体的责任伦理都已置于经济利益之后,人们不再关注、守护自身应有的义务,也忽略了对于自身行为后果所应担当责任的考虑。责任伦理缺失,既使人们放弃了人的应然担当,也使人们对于伦理的信念岌岌可危。

2.道德理想缺失荣辱颠覆

道德理想,是指人们基于对一定社会或阶级基本道德要求的认识而自觉追求和向往的某种理想人格和理想社会的道德关系。它反映与表达个人与社会的最高理想追求和现实状态。但是,基于上述道德现象的种种表象,中国社会的道德理想无论在个体还是社会层面都已经出现了极大的变化,这种变化充分表现为现实荣辱观念的背离。

胡锦涛在 2006 年提出要构建"社会主义荣辱观:以热爱祖国为荣,以危害祖国为耻;以服务人民为荣,以背离人民为耻;以崇尚科学为荣,以愚昧无知为耻;以辛勤劳动为荣,以好逸恶劳为耻;以团结互助为荣,以损人利己为耻;以诚实守信为荣,以见利忘义为耻;以遵纪守法为荣,以违法乱纪为耻;以艰苦奋

---

① 韩水法编:《韦伯文集》(下),中国广播电视出版社 2000 年版,第 455 页。
② [德]施路赫特:《信念与责任——马克斯·韦伯论伦理》,李康译,上海人民出版社 2001 年版,第 31 页。

斗为荣,以骄奢淫逸为耻。"这种非常基本的"八荣八耻"理念,本应成为当代社会主义道德体系的重要内容。而时至7年后的今天,我们仍然看到的是荣辱观念的错位,而不是弘扬。

它表现为:(1)颠倒是非善恶观念,以膨胀私利为荣。热爱祖国,建设祖国,维护祖国的利益和尊严是我们的天职。然而,一些人千方百计化公为私,中饱私囊,甘当"硕鼠"和"蛀虫",并因此而自鸣得意。在国外也有极少数中国人为了获得外国人的垂怜和资助,不惜出卖人格,诋毁祖国、危害祖国利益。千百年来,国人都以"仁者爱人"、"诚实守信"为最基本的道德,赞赏对人施好心的人,赞赏帮助人的人,赞赏言行一致的人。然而,有些人却把热心肠的人、助人不求回报的人看成是"傻子",或者利用别人的好心谋取私利,或者想方设法地占别人的便宜,甚至以"宰熟"、"欺愚"为能事,或者欺上瞒下、虚报政绩以图谋升迁。没有正确的荣辱观念,制毒贩毒、抢劫盗窃、坑蒙拐骗、出卖肉体、傍大款、倚高官,无所不为。(2)不知耻为耻,反以不耻为耻。由于市场经济本性驱使人对于利益的追逐以及西方价值多元化思潮的影响,一些人在是非、善恶、荣辱观念上发生了不同程度的扭曲。许多人认为只要有钱就行,莫问钱的来历,盲目崇拜金钱,崇拜权力,追求享乐,以官小为耻,以不阔气为耻等。与此相适应,许多人把本来在道德上是耻辱的事却不当一回事。比如,某些腐败官员被惩处了,但在心理上总是以为自己不过是后台不硬,或者是运气不好,或者是贪污时不够谨慎,而不觉得自己的贪污腐败本来就是很可耻的。再如有的学者或者剽窃他人的科研成果,或者抄袭他人的作品,却觉得自己的行为相当合理,并以"天下文章一大抄"来为自己开脱。(3)缺乏信念,放弃自律。荀子曾经说过:"蓬生麻中,不扶自直;白沙在涅,与之俱黑。"在良好的环境中,人们常常会养成好的观念和品质;在不良的环境中,人们常常会养成不好的观念品质。如果一个人靠无耻的行径得到了好处,而付出的成本甚低,或者根本得不到任何惩处和社会舆论贬抑的话,那么他的行为就可能产生不良的示范效应,一些道德水平不高、自律精神差的人就会去仿效他。如果后来的仿效者也同样获得了实惠而得不到制裁的话,就必然会有更多的仿效者出现。这就是坏榜样的力量。一人不排队,后面就会有更多的人拥挤上来;一人把垃圾扔在不该扔的地方,后面就会有很多人也会把垃圾往那里扔;上级搞大贪污,下级会搞小贪污;上级搞大浮夸,下级会搞小浮夸;市里敢向省里虚报,县里就敢向市里虚报;一个人给单位的领导拍马屁得到了好处,这个单位就会很快出现一批马屁精。这种上行下效、从枉走邪的现象如果大面积地发生,就必然会导致社会羞耻感的普遍下降,从而使社会风气迅速变坏。(4)人心麻木冷漠。许多人虽然有一定的知耻之心,不愿意与无耻者同流合污,但又不愿意与种种无耻现象作斗争,采取了一种"事不关己、高高挂起"的态度。爱憎感不分明,放弃对不良现象的批评和斗争,是耻感弱化的表现。这种主观上对于无耻行为的容忍,在客观上则是对无耻之人的纵容。

在《娱乐至死》这部书中,波兹曼以《赫胥黎的警告》为标题写下了如下文字:"赫胥黎告诉我们的是,在一个科技发达的时代里,造成精神毁灭的敌人更可能是一个满面笑容的人,而不是那种一眼看上去就让人心生怀疑和仇恨的人。……如果一个民族分心于繁杂琐事,如果文化生活被重新定义为娱乐的周而复始,如果严肃的公众对话变成了幼稚的婴儿语言,总而言之,如果人民蜕化为被动的受众,而一切公共事务形同杂耍,那么这个民族就会发现自己危在旦夕,文化灭亡的命运就在劫难逃。"他用赌城为例批评他的祖国美国说:"今天,我们应该把视线投向内华达州的拉斯维加斯城。作为我们民族性格和抱负的象征,这个城市的标志是一幅30英尺高的老虎机图片以及表演歌舞的女演员。这是一个娱乐之城,在这里,一切公众话语都日渐以娱乐的方式出现,并成为一种文化精神。我们的政治、宗教、新闻、体育和商业都心甘情愿地成为娱乐的附庸,毫无怨言,甚至无声无息,其结果使我们成了一个娱乐至死的物种。"波兹曼的焦虑和痛苦是:"谁会拿起武器去反对娱乐?当严肃的话语变成了玩笑,我们该向谁抱怨,该用什么样的语气抱怨?对于一个因为大笑过度而体力衰竭的文化,我们能有什么救命良方?"他与赫胥黎的共鸣在于:"人们感到痛苦的不是他们用笑声代替了思考,而是他们不知道自己为什么笑以及为什么不再思考。"①

国人当代的道德理想陨落及荣辱乱象可以如是评论。

3. 道德虚无主义泛滥

一切道德乱象在中国的表现,若再往深层归结那就是道德虚无主义的

---

① [美]尼尔·波兹曼:《娱乐至死》,辛艳译,广西师范大学出版社2004年版,第202、4、211页。

泛滥。

在《伦理学小词典》中，道德虚无主义是指："否认一切人类社会道德价值的理论和态度。"①可见，道德虚无主义并非指向空虚之物，而是指对存在的否定之意。因而，道德虚无主义对道德价值的否定实际上也是一种道德主张或道德观念的表达，只不过这种道德主张是对道德价值的否定性规定。这一点也在海德格尔那里得到了论证。在对尼采的虚无主义思想进行解读时，他说："根据尼采的阐释，虚无主义不外乎是这样一种历史，在其中关键的问题是价值、价值的确立、价值的废黜、价值的重估，是价值的重新设定，最后而且根本上，是对一切价值设定之原则所作的不同的评价性设定。最后的目的、存在者的根据和原则、理想和超感性领域、上帝和诸神——所有这一切被先行把握为价值了。"②

因为价值是"通过一种对某物的指向而被设定起来的，而这个某物通过这种指向才获得了人们能估价、因而有效的东西的特征"③。某个东西是否有价值，有多大价值，只能从一个被规定的立场、视角或观点出发来确定。所以，价值是被人为赋予的、设定的，而不是被发现的。由于主体的不同，价值的设定只能是某一种特定的立场或视角，而不可能是整体性的视域，这就决定了它在先行肯定了某些价值的同时，也否定了一些价值。道德虚无主义正是沿着现代效用价值哲学的理路将道德价值化，或者说以价值置换道德意义，从而使某些道德价值的虚空成为现实。

改革开放 30 多年来，种种道德代价付出的表象其最终的结果是崇高的崩溃、世俗的堕落、庸俗的横行，这正是在道德信念变异、荣辱颠覆之后道德虚无主义的结果，一切正义、美丽、善良的价值被废黜，取而代之的往往是私小之利。在现实社会、在各个领域中，道德价值的根基普遍被废黜，我们看到与听到的是不择手段的"小人"总能战胜善良的"君子"，恶行能够大行其道，良知与善的声音总是那么微弱、那么胆怯、那么低哑、那么不自信、那么软弱。爱远远让位于恨，谁要是热爱祖国甚至上帝，即便他没有妨碍任何人，他也会被认为是傻瓜和愚昧；谁要是热衷于真与爱，他就会被怀疑为不关心自我的愚蠢民

---

①　朱贻庭：《伦理学小词典》，上海辞书出版社 2004 年版，第 19 页。
②　［德］海德格尔：《林中路》，孙周兴等译，上海译文出版社 2004 年版，第 240 页。
③　［德］海德格尔：《尼采》，孙周兴译，商务印书馆 2002 年版，第 737 页。

众,因为根本没有大多数人的幸福;谁要是致力于创造性的纯粹文化研究,他便会被归入不齿于普通人的"假大空学者"与"养尊处优的大老爷"行列中;有教养、有文化则被讥讽为"脱离了人民",原本并不矛盾的文明和"底层情结"不知为何就对立起来了,知识阶层在"拜金主义"的社会氛围内,第一步先远离了"真善美",其次又放弃了做人的底线,最后则变得野蛮和粗鄙化。小悦悦事件、老人跌倒无助事件、见死不救事件、医药卫生安全事件、食品安全事件、住房建筑豆腐渣工程等一切事件,使整个社会"没有道德底线的人"胜出,被贬损的则是传统美德与社会主义美德。底线伦理反而成为这个时代与人民普遍的追求,只能让人哀叹。

同时,以传播真善美意识形态为己任的艺术文化传媒界,不仅未守住自己庄严的崇高阵地,反而掉入同流合污、沆瀣一气污泥淖水之中。在文学艺术界,一些人没有严肃的历史责任感和神圣的社会使命感,没有文化人的良知和操守。邓小平在20世纪80年代对于当时中国的文艺乱象已经批评过:"这种'一切向钱看'、把精神产品商品化的倾向,在精神生产的其他方面也有表现。有些混迹于艺术界、出版界、文物界的人简直成了唯利是图的商人。"①而今天的状况可能比20世纪还要严重,现在一些文学艺术生产者只想利用文学艺术乃至泛文化意义上的种种工具作为牟取金钱利益的手段。一旦怀有不良的居心,用落后文化乃至于腐朽文化侵蚀"俗"和"通俗"的文学艺术作品的品质,就使得"俗"和"通俗"变质为、堕落为以"低下"、"丑陋"、"污秽"、"卑劣"、"令人恶心"、"招人讨厌"的"一身病态"而又"危害社会"的"低俗"和"恶俗"。而这些低俗却成为毁灭和埋葬美好作品的利器,却成为迎合大众审丑趣味的感官娱乐。艺术文化甚至知识分子都失去了应有的责任感。

在这种道德价值的虚无化之中,我们能看到、得到什么?只能看到、得到这些彼此"互虐式狂欢"在不断侵蚀着中国的道德文明,降低整个民族的道德水平。

道德虚无主义在表现上想去粉碎各色的道德伪装,呈现道德生活中真实的一面,但在根本上由于其对一切道德价值的拒斥,导致道德生活的去道德化。结果是道德被置换为价值,被转换为效用的工具。道德虚无主义的泛滥,

---

① 《邓小平文选》第三卷,人民出版社1993年版,第43页。

直接导致人的生活无所谓高尚、无所谓神圣,人生并无需要去发现的意义,人生的信仰降格为一种"无价值、无意义"的过程。

三、当代中国道德代价产生的根源

如何来透视当代中国的道德代价现象？我们固然可以从道德代价的一般根源中得到解释,但更应当从中国自身的发展中寻找到其特殊的原因。作为道德代价一般,它是一个二律背反的悖论却是不争的事实,因此它存在于一切国家、社会和地区。就中国改革开放的30多年来看,道德代价的付出是巨大且难以让人承受的。然而对于中国而言,现代化建设的真正展开不过60多年而已,其间又经历了两次现代化的转型——从农业现代化向工业现代化转型,现正在全力完成工业现代化的同时进入综合现代化。这种转型的时空转换之剧烈,世所难想。因此,产生任何道德代价多属必然,这正是中国道德代价产生的特殊性根源所在。当然,在这种转型根源之外,还有一系列别的缘由,它们共同构成了认识当代中国道德代价的剖面。

（一）社会改革不均衡

中国改革开放的历程首先是在经济领域展开的。虽然改革开放本应将经济、政治、社会的改革一起展开,但囿于时代及发展过程中的种种原因,使得经济改革率先走在前列。虽然这有着其客观必然性,但正是这样一种率先的改革策略,导致其他领域的改革出现相当程度的滞后性,尤其是政治改革与意识形态改革的滞后,必然导致相关社会问题的大量产生,其中之一就是经济改革的市场取向化及其"资本逻辑"所带来的沉重的道德代价。

中国的改革开放是在没有任何经验可以借鉴、没有任何比较成熟的思想理论作为指导的情况下进行的,这就决定了中国必须在改革开放的实践中"摸着石头过河"。同时,中国又是在国民经济即将走向崩溃的边缘之时,必须义无反顾地"杀出一条血路"来。在这种历史条件下,探索"以经济建设为中心",走市场经济之路成为中国的必然选择。当全中国人民几乎都把全部精力和注意力投向经济建设,全民经商如火如荼展开时,必然根本无暇顾及社会其他方方面面的改革与建设。

市场经济体系的引入与发展,引起了整个中国社会天翻地覆的深刻变迁。而市场经济的价值也正如十四届六中全会决议中指出的那样:"我国的实践已经证明,发展社会主义市场经济有利于解放和发展社会主义社会的生产力,增强社会主义国家的综合国力,提高人民的生活水平,也有利于增强人们的自立意识、竞争意识、效率意识、民主法制意识和开拓创新精神,使社会主义的优越性进一步发挥出来。同时,市场自身的弱点和消极方面也会反映到精神生活中来。"①

那么,市场经济价值的秘密何在呢?市场经济价值的真正秘密,就在于"利益"这一把"双刃剑"。市场经济是现代的商品经济,它同以往一切经济形态的根本区别,就在于其他经济形态本质上是追求"使用价值"的;而市场经济则是追求"交换价值"的。马克思在《资本论》中曾经用两个不同的公式来表达这一根本的区别:W—G—W(自然经济),G—W—G′(市场经济)。无疑,市场经济的核心是"资本(G)",而"资本家"则是市场经济时代的"宠儿"。早在160年以前,马克思就已经这样一针见血地揭露:"如果有10%的利润,资本就会保证到处被使用;有20%的利润,资本就能活跃起来;有50%的利润,资本就会铤而走险;为了100%的利润,资本就敢践踏一切人间法律;有300%以上的利润,资本就敢犯任何罪行,甚至去冒绞首的危险。"②作为人格化的资本,资本家的本性是由资本的本性所决定的,他的一切所作所为,都是由资本的本性所驱使的。无限地榨取剩余价值,是资本家从事一切经济活动乃至非经济活动的出发点和最终归宿。资本家的这一贪婪本性,并不取决于他个人的禀赋和个性,而事实上是由他赖以生存的生产关系所决定的。不仅资本家本性如此,所有独立的经济主体作为经济人也在不同程度上受市场经济本性及其"资本逻辑"之影响。而市场经济的本性及其"资本逻辑"反映到人们的思想道德意识上来,负面演化为拜金主义、极端个人主义和享乐主义。

社会主义市场经济与资本主义市场经济,是特殊和一般的对立统一。社会主义市场经济作为"社会主义"的市场经济固然有其特殊性,然而,它既是

---

① 《十四大以来重要文献选编》(下),人民出版社1999年版,第2048页。
② 《马克思恩格斯全集》第17卷,人民出版社1998年版,第258页。

"市场经济"，就必然具有市场经济的一般性。这种一般性，就是市场经济及其"资本逻辑"的无限逐利性。正是市场经济及其"资本逻辑"这种无限逐利性，其正面效应则最大限度地调动了人们生产、劳动、工作、科研、开拓、创新的主动性、积极性和创造性；使社会生产力和科技进步如几何级数般发展，推动着经济社会的迅猛前进。而其负面效应则使人们唯利是图，不择手段谋求利益的主动性、积极性和创造性也充分发挥出来，由此，种种消极腐败的思想行为和违法犯罪行为也迅猛地漫延开来，给社会带来了无穷无尽的罪恶与灾难。①

从人本身的发展来看，重利轻义的市场经济改革也似乎符合了马克思的论述。在《1857—1858 年经济学手稿》中，马克思谈到人的发展会有三个阶段："人的依赖关系（起初完全是自然发生的），是最初的社会形式，在这种形式下，人的生产能力只是在狭小的范围内和孤立的地点上发展着。以物的依赖性为基础的人的独立性，是第二大形式，在这种形式下，才形成普遍的社会物质变换、全面的关系、多方面的需要以及全面的能力的体系。建立在个人全面发展和他们共同的、社会的生产能力成为从属于他们的社会财富这一基础上的自由个性，是第三个阶段。"②

人的发展若是一个三阶段的过程，其中道德代价的付出在生产力为基础的历史推动中就更加显得不可避免。在"人的依赖关系"下，社会生产力的发展破坏了原生的道德关系，不平等代替了平等；进入到以"物的依赖关系"状态下，生产力的迅猛发展使得人间的道德平等与自由被拥有多少商品、生产资料、资本所代替与支配，道德在不断多元化的同时也成为一种可以买卖的商品；最后一个"自由个性"的阶段是在前两者的总和基础上才能得以形成，但显然其中新旧道德的替代就变得更为剧烈。

对于中国社会主义市场经济而言，我们正在这种以"物的依赖性为基础的人的独立性"的阶段，没有物的丰富就难以有人本身的独立。所以，产生种种以物的价值来贬损人的价值，甚至出现物的世界的增值与人的世界的贬值的背反现象，似乎也是一种"道德的必然"。甚至在一定的意义上可以说，只

---

① 参见吴灿新：《中国改革开放历史进程中的道德代价》，《伦理学研究》2011 年第 3 期。
② 《马克思恩格斯文集》第 8 卷，人民出版社 2009 年版，第 52 页。

有通过这种"道德的必然",最终才会使人本身走向一个更加道德与完善的阶段。

（二）制度体制建设滞后

中国从 1978 年年底开始，就进入了一个充满着大变革、大转折、大发展的时期，而过去 30 多年来所产生的一切道德代价问题，无不折射出道德背后的社会经济、政治和文化的体制机制问题。如最为人民群众诟病的一些官员贪污腐败的问题，虽然表现为官员的败德，但深层次的重要原因，是市场经济条件下钱权交易多发频发，而相应的监督制约机制却跟不上形势发展的需要。屡屡引发国内外关注的社会诚信缺失的问题，虽然表现为一些企业和商人的败德，但深层次的重要原因，是市场经济条件下信用风险急剧加大，而社会征信等信用体系依然缺失。招致普遍抨击的见危不救、不守公共秩序等问题，虽然表现为一些社会成员公德失范，但深层次的重要原因，是中国传统的"熟人社会"文化向"陌生人社会"文化不断转变，而社会控制和约束体系与疏导机制匮乏且逐渐弱化。而那些让人忧心忡忡的仇官仇富现象，虽表现为一些社会成员的非理性心态，但最重要的原因，却是当前中国社会收入差距拉大、贫富不均造成的社会心态失衡甚至扭曲。

这种种道德代价的产生与扩大，首当其冲的制度原因就在于依法治国与以德治国的长期背离。

任何国家的道德建设都是一项复杂的社会系统工程，它不仅要按照自身的规律运行，还需要一系列的经济社会条件予以支持。其中，政治制度和社会制度的合理安排，以及法治的根本保障是至关重要的条件。这就必须坚持以德治国与依法治国相结合的治国方略。

在中国，依法治国，就是广大人民群众在中国共产党的领导下，依照宪法和法律规定，通过各种途径和形式管理国家事务、管理经济文化事业、管理社会事务，保证国家各项工作都依法进行，逐步实现社会主义民主的制度化、法制化，使这种制度和法制不因领导人的改变而改变，不因领导人看法和注意力的改变而改变。以德治国，就是以马列主义、中国特色社会主义理论体系为指导，以为人民服务为核心，以集体主义为原则，以"五爱"为基本要求，以职业道德、社会公德、家庭美德的建设为落脚点，建立与社会主义市场经济相适应、与社会主义法律体系相协调、与传统美德相承接的社会主义思想道德体系,并使之成为全体人民普遍认同和自觉遵守的行为规范。

在一定意义上,依法治国和以德治国历来是人类社会最基本也是最重要的治国方式。从根本上来说,安邦治国既需要法治,也需要德治,其原因是由于法律与道德两者各有所长,各有所短;只有两者之间取长补短,相互支持,才能真正保证社会长治久安。如果从法治与德治的本质来说,法治属于政治文明的范畴,德治属于精神文明的范畴。政治文明以物质文明为经济基础,以精神文明为思想指导,在这一意义上来说,有什么样的精神文明,就有什么样的政治文明。同时,归属于政治文明范畴的法治,作为一种政治建设,重在制度建设;而归属于精神文明范畴的德治,作为一种思想建设,重在素质建设。

在制度与素质的关系上,制度建设是首位,素质建设是关键。没有制度建设,素质建设就没有保障;没有素质建设,制度建设也就没有依托。由此可见,治国安邦,单靠法治也不行,单靠德治也不行;法治和德治对立统一,道德建设要依靠法制建设来保障,法制建设要以道德建设为根基;只有两者相互配合,才能产生最大最佳的效果。然而,计划经济时期,由于"左"的思潮的严重干扰,虽在客观上重视了"以德治国",却严重忽视了"依法治国";特别是在 10 年"文化大革命"中,法制建设几乎被摧残至尽,从而使"以德治国"走上了邪路。

改革开放后,中国拨乱反正,致力于建设社会主义法制国家和法治社会,推动法制建设迅猛发展,有力地保证了改革开放的顺利进行。然而,在强调社会主义法制建设的同时,一些人又逐渐地走上另一个极端,迷信法制,以为"法制包治百病",从而轻视德治,轻视道德建设,讥笑"道德无用",甚至提出"良心究竟值多少钱"之荒唐疑问。结果,我们不无遗憾地看到,法治建设在迅猛发展的同时,社会上的各种丑恶现象和违法犯罪现象依然呈螺旋式上升态势。①

尤其是少数党员领导干部的道德堕落现象最为严重。中国共产党从革命党转变为执政党之后,特别是在社会主义市场经济发展的过程中,少数党员领导干部瞅准法制的空间与模糊地带,大搞权力寻租与权钱交易,使党内的腐败

---

① 　参见吴灿新:《中国改革开放历史进程中的道德代价》,《伦理学研究》2011 年第 3 期。

现象严重起来,党内的腐败分子也渐渐地猖獗起来,损害了党的形象和威信,损害了社会主义国家的形象与威信,威胁到党和国家的前途和命运。少数党员领导干部的腐败现象进入到 21 世纪后,更是呈现出集团化、高层化、巨额化等现象,这尤以 2012 年的广东省茂名市从市长到书记的党政机关的集体腐败案件与以薄熙来为代表的党的高级领导人的腐败大案为代表,这些案件的爆发极大地挫伤了人民对于中国"以法治国"和"以德治国"的信念。但对他们的严厉打击也充分显示出中国共产党对惩治腐败的决心与力量。

(三) 新道德培育发展迟缓

道德的发展轨迹和经济的发展轨迹是同向的,但绝非简单同步。旧的道德观念将长久地影响人们,而新的道德观念转换成为人们的内心信念和行为规范,往往需要一个比较长的时期。无疑,社会存在决定社会意识,当代中国社会在物质财富不断丰富的时候,中国的道德发展总体上已经逐渐从狭隘的小农道德转向现代新道德。但是,必须指出的是,在一些领域与社会生活范围,我们仍然看到不少落后的甚至是腐朽的道德观念占据支配地位,究其原因在于社会主义道德建设的相对滞后。

在主观层面上,中国长期以来形而上学的思想认识方法普遍流行。传统社会以小农经济为基础,它注重经验、感觉、感情,形成两极思维方式。它对事物的认识不是肯定,就是否定;而这种否定不是扬弃,而是全盘否定和完全抛弃。在计划经济时代,强调精神万能,高举道德的旗帜猛烈地批判"物质刺激"、"金钱挂帅"与"白专道路",忽视经济建设和法制建设;而在市场经济时代,则完全否定了精神的价值和道德的旗帜,高扬起"物质刺激"、"金钱挂帅"与"白专道路"的大旗,在高度重视经济建设和法制建设的同时,又忽视了道德建设。于是,中国必然走上一条高度重视物质文明建设,轻视精神文明建设的发展之路。邓小平在总结改革开放 10 年来的经验教训时严肃指出,我们 10 年来最大的失误是思想教育,物质文明和精神文明必须两手抓、两手都要硬。可是,在把以经济建设为中心曲解为"以 GDP 为纲"的实际引导下,许多地方依然"见物不见人",在不同程度上把社会主义精神文明建设特别是思想道德建设放在"说起来很重要,干起来就忘掉"的地位上,从而使 20 世纪末出现了"信仰危机"、"诚信危机"等一系列道德危机的状况。

同时,计划经济时代,由于高举精神的旗帜,在道德建设上则盲目追求共产主义道德的崇高要求,以同一高层次的道德准则去规范全体人民,违反了道德建设的基本规律,使道德建设逐渐流变为"假、大、空";改革开放以来,痛定思痛,把道德建设从天上拉回到了人间;然而,在批判以往"假、大、空"的做法时,又把道德的先进性要求也一起否定掉了,甚至也把一些优秀的传统美德一起给否定掉了。在此我们必须指出的是,中国传统道德文化,源远流长,博大精深,既有宝贵的精华,也有封建性的糟粕。但是自从"五四"运动以来,国人就偏向于对传统道德文化的全盘否定;到了十年动乱时期,这种否定已经登峰造极。在"左"的思潮严重影响下,以往的一切道德文化几乎都成了"封资修"的东西,统统属于被彻底扫荡之列,连道德修养也成了"黑修养",从而在很大的程度上割裂了社会主义道德文化与传统美德的传承关系,使许多优秀传统美德难以为继;也使许多社会主义新道德缺乏深厚的文化传统根基,而难以深入人心。改革开放后,人们逐渐认识到,中国优秀传统道德文化和国外特别是西方发达国家的优秀传统道德文化,在建设中国特色的社会主义道德文明中有着重要的价值,开始继承和发扬中国优秀的传统道德文化,努力学习国外特别是西方发达国家的优秀传统道德文化。然而,一些国人好走极端的本性又一次发作了。某些国学者打着所谓"弘扬传统文化"的旗帜,把儒学、"国学"又捧上了天,好像只有儒学、"国学"才能"真正发展"中国,甚至鼓吹其所谓的"正宗"地位。而某些西方文化的崇拜者则打着所谓"学习西方文化"的旗帜,鼓吹"十五的月亮还是西方的圆",以为只有西方文化才能"真正发展"中国;他们打着"更新观念"的旗号,把一些资产阶级的腐朽思想观念奉为至宝;甚至要求文化发展指导思想上的多元化,企图以西方资本主义文化取代马克思主义的指导地位,从而把道德建设引向了歧途。①

特别是中国的干部道德建设长期被边缘化,少数干部不要说没有"先进性"的道德素养,甚至连"广泛性"的道德素质也不健全。这些没有高尚道德作为支撑的党员干部,坚定的共产主义信仰对其来说是不可想象的;而没有坚定的共产主义信仰的党员干部,要指望他能够经受住"改革开放考验"、"市场经济考验"、"执政考验"、"外部环境考验"更是难以想象的。而某些党风干风

---

① 参见吴灿新:《中国改革开放历史进程中的道德代价》,《伦理学研究》2011年第3期。

的不正,必然引发在一定程度上整个社会道德风气的不正。

与此相关的是,在现有高考体制的引导下,唯分数主义占据统治地位,从而在客观上也造成了中国的国民教育,过分重视科学文化教育而过分忽视思想道德教育。我们不无遗憾地看到,当全民都在高度重视科学文化建设的同时,却对思想道德建设相对十分轻视。在当前的教育制度中,素质教育久久不能落实,应试教育却蓬勃发展,大中小学教育都"以分数为纲",德育课变成了纯粹的"知识课",忽视了青少年的道德养成,使不少青少年变成知识上的"高人",道德行动上的"矮子",更导致青少年违法犯罪率的居高不下。

(四) 道德价值观念混乱

传统的重义轻利、重理轻欲的道德价值观念受到功利性价值观念的挑战。义、理是绵延中国传统上千年的伦理价值观,它对于塑造中国稳定的社会结构和民族心理发挥了重要的作用。虽然这种道德价值观念并非完全合理,应当建立新时代的义利并重、理欲并举的道德价值观念,但伴随着改革开放的脚步,西方道德价值观中对于功利的剧烈追求不断传入中国,尤其是以逐利为导向的市场经济观念被当成个人利益天然的合理与正当要求。这种价值观念的冲突,虽然给国人带来了效益与时间观念,但却使国人在近 30 多年的改革开放中,不仅传统的义理价值观不断退缩,基本让位于效率、效用导向的实用主义和功利主义伦理价值观,也无法真正建立起义利并重、理欲并举的道德价值观念,道德代价的产生不可避免。

以伦理道德原则为尺度的价值取向受到多元化价值观念的颠覆。中国传统思想中,伦理道德原则不仅规范人与社会,也具有极强的自然意义。传统伦理原则的绝对性、权威性和无所不包的特征,决定了它成为人们衡量一切、说明一切是非善恶的绝对的价值尺度。这固然有其局限性,但对外开放和市场经济的实施,却使这种以伦理道德来评价一切的局面几乎被彻夜颠覆。市场经济本质上是一种竞争、物质利益最大化的经济发展方式,其中市场主体是自由、独立和平等的,自由独立的市场主体决定了市场经济关系中利益关系的多元化与差异性,在这种情况下人们既定的道德价值观念同样会变得多元与充满差异,那种同一、稳定的伦理道德价值观念支配一切的尺度很容易在对物质利益的追逐中变得失去话语地位,物质最终打败了精神。这就是当前国人面临道德困境的根本原因，人们可以制造充满危险的种种东西，从食品、住房、衣物、药品等各方面都暴露出种种的不安全与对生命的伤害，人们在日常行为中不再会为了"义"、"理"而去牺牲自我，而是宁愿看到道德理想主义在物质利益的计算中失去其应有的意义。

中国的道德理想主义有两种传统，一种是儒家传统，一种是社会主义传统。就儒家传统而言，它是一种基于人生的道德安顿而言述的理想主义。它具有不因为时代和地域因素变化的永恒价值。在儒家伦理理论中存在着永恒的两大主题——以仁为核心的、道德理想主义的个体心性儒学，其目的在于"明明德，亲民，止于至善"；以礼为核心的、伦理中心主义的社会政治儒学，其目的在于实现一种理想的人生境界与社会政治生活状态的融溶，那就是"正心、诚意、格物、致知、修身、齐家、治国、平天下"。这种道德理想主义自秦汉以来就一直成为中国历代人们最基本的伦理与道德理想追求，无论是上至士大夫，还是下至平民百姓。因为中国传统儒学所奠定的人之为人的尊严和社会之为社会的秩序之"人性善"根基，已经成为中国人民的血脉。

但是，这种人性善的根基历经新文化运动的外来文化冲击和"文化大革命"的本土清洗，更被在后来的市场改革直接消解。人性所维系的道德理想国和个体的道德理想主义在经济利益与世俗追求中失去了自己高高在上的指引，直接被降格为"人不为己，天诛地灭"的杨朱之说。

同时，新中国成立以来所奠定的社会主义传统，以及以共产主义道德作为自己的最高追求的道德理想，也都在渐渐陨落。共产主义道德作为马克思主义的理想追求，其道德理想无疑是高尚的。这种道德理想追求人人平等的状态，道德的自觉与无私，人人得以自由而全面地发展自己。它建立的基础是公有制无阶级的社会，这种追求在早期的社会主义建设中曾进行了极为严格的实践。这种道德理想的确曾唤起全体国人无限的社会主义建设热情，人与人之间也结成了兄弟般的高尚风格和情感，但仅仅建立在吃不饱饭基础上的高尚道德最终不能长期维系。因为，意识总是摆脱不了物质的纠缠，任何崇高的道德理想总要维系于现实的社会存在状况。而"文化大革命"的爆发，更使社会主义所追求的共产主义道德遭到了残酷的自我否定，它完全背离了马克思主义的崇高理想，走向了反面。所以，市场经济改革一旦迈出自己的步伐，崇高的道德理想就被远远地抛在了后面；人们只关注那无限的可以去充实拥抱的社会存在,崇高的道德理想被眼前的物质利益所彻底替代。

当代中国社会主义道德建设,必须而且能够超越市场经济的利益诉求,因为市场经济本身不能提供这种理想性特质的价值根基。如果把道德分成不同层面的话,可以分成"底层性道德"和"高层性道德"。"底层性道德"是社会生存所必需的最起码的道德要求,也可称为"生存性道德";"高层性道德"则是社会发展所追求的高尚道德要求,也可称为"发展性道德"。如果从现实与理想的角度来划分的话,也可以分成"现实性道德"与"理想性道德"。"底层性道德"与"生存性道德"更多地涵有"现实性",故亦可称为"现实性道德";而"高层性道德"和"发展性道德"则更多地涵有"理想性",故亦可称为"理想性道德"。"理想性道德"具有现实超越性,故又可称为"超越性道德"。而由市场经济这一经济基础所能提供给道德建设的资源,基本上是一种"底层性道德"、"生存性道德"、"现实性道德",这种道德是适应社会主义市场经济发展的需要而生成的,故又可称为"适应性道德"。

但综观各国的市场经济,却无一能够提供道德建设的"高层性道德"、"发展性道德"、"理想性道德"、"超越性道德"的资源。市场经济的一切活动都是围绕着直接的"物质利益"而旋转,讲究的是义务和权利的对等与平衡;而它们的出发点都是从经济人的"自我利益"或"个人利益"出发,其根本价值指向就是如何追求经济利益的最大化。

道德作为一种特殊的"价值",它与"真理"不同;"真理"强调的是人的主观认识要与客观实际相一致、相符合,而"价值"强调的是人的价值认识要能够引领社会进步。因为"价值"不仅来源于现实,还高于现实,它饱含着人的理想追求,具有理想性和引导性。因此,道德作为一种以善恶为评价标准的特殊"价值",是现实性与理想性的统一,是适应性与引导性的统一。道德建设只有超越社会主义市场经济的发展,才能实现它引导社会主义市场经济发展的历史使命,才能使经济社会的发展走向更高的文明。

(五) 压缩型现代性的必然后果

从现代性的角度来考察,中国改革开放的道德代价现象,既是由资本主义现代性的涌入所导致,也是因中国自身现代性追求过程中的挤压所形成。

中国现代性的 20 世纪进程,起步于"一穷二白";但在改革开放后,中国变得越来越容易被曾经拒绝的资本所控制。这种资本流动的盲目性并没有被宏观调控的计划性所管辖,相反,却任由其在市场之中自发地流动。这种自发流动留下的是什么? 大批粗制滥造的危房、肤浅的文化、无理由的消费主义和势不可挡的个人对现状的顺应能力。中国政府虽然力图避免这种状况的发生,并建立起调和的社会机制,但仍然形成了以资本为链条的"经济人食物链"。大规模的私人利益集团形成,表现为这样一种结果,"据估算在金融资产和储蓄存款中,60%—80%为20%的高收入者所占有。80%的中低收入者对消费有较大需求而无购买力"①。而据最新统计,中国1%的家庭掌握着全国41.4%的财富。这些高收入者有改革开放之初的原始积累者,也有垄断行业的把持者,也有新型产业的创造者。于是,发展到当下,中国贫富不均的基尼系数已经达到0.47,超过国际警戒线0.4。不过,这也许不是最可怕的,最可怕的是经济中的贫富问题已经和社会权力的分配与享有直接联姻起来,形成一个"人所共知的秘密"。而人们面对着这个秘密无力改变,却又很想加入却最终被边缘化,形成公共伦理的路人旁观和危者自救。知识精英总喜欢谈论高度浓缩的道德理想和价值原则,但人们的日常语言却充满了粗鲁的安慰、感伤主义和无奈的失落。而吉登斯等人早都提出:现代性自身内部一开始就包含有压缩时间所引发的悲剧。

现代性的时间压缩和不平衡带来了对日常生活世界的破坏。人们相互沟通的可能性被消解,人们感到任何有计划的行动只会带来意想不到的灾难性后果。大多数人在追求自己渴望的东西时,或者犹豫不前,或者瞻前顾后。生活在这样一个社会里,人们显得软弱无力,丧失了那种如何来谈论他们的不满和挫折以改善他们生活的意识。知识分子只知道模仿从发达国家舶来的堂皇理论,而生产线上的工人只能无思考地亦步亦趋。理论术语被渐渐用来伪饰现实,残酷的工作条件又破坏了思想和反思的维度。

在这种压缩的时空之下,谁还会去关注社会的道德,更不要说那代表着社会正义与善良的崇高。只有在一些震惊人心的道德事件爆发之后,人们才会想起这个社会的道德代价已然付出了这么多——这就是以小悦悦等事件为代

---

① 朱庆芳:《从指标体系看构建和谐社会亟待解决的问题》,《中国党政干部论坛》2006年第2期。

表的一系列道德窘迫。

　　中国社会的道德代价是非常沉重又复杂的,但它终究会慢慢停下来,重拾自己所属的道德理想,去建构更完善的道德国度。然则,还亟须道德觉醒和道德自觉。

第八章　道德代价调控论

中国改革开放已经付出沉重的道德代价,但亡羊补牢,未为晚也;当前中国必须积极进行道德代价的调控。调控道德代价,一方面可以及时纠正之前造成过高道德代价的发展模式和各种失误、弊端,尽量补偿之前发展过程中已经付出的道德代价,尽可能减少这些道德代价对社会带来的损害程度;另一方面,可以积极防范道德代价的持续付出,在当下和未来尽可能使发展的道德代价最小化。调控道德代价,要对调控的内容、方式、对象和次序等方面进行合理的设计和安排,使道德代价调控工作有序展开,以顺利实现道德代价的调控目的。

一、观念、目标、模式

降低中国改革开放所付出的道德代价,实现道德代价调控,首先应该确立正确的观念、目标和模式。

(一) 观念:树立科学的发展观与代价观

观念统率一切,在观念上树立科学的发展观与代价观,是实现道德代价调控的首要前提。

树立科学的发展观与代价观,必须要客观看待发展与代价的问题。在人类社会的发展历程中,代价是普遍存的现象。人类的实践表明,代价与发展总是紧密联系在一起的。"一部文明史,同时也是一部代价史。"①不管人们是

---

① 孔圣根:《论历史进步的代价》,《北京社会科学》1994 年第 3 期。

否愿意,人类社会的每一次向前迈进,都不得不付出不同程度的代价。发展与代价的紧密相随,充分展示了历史发展的"二律背反",正如马克思所指出的:"没有对抗就没有进步。这是文明直到今天所遵循的规律"①。在当今时代,"发展也被明确看做是通过付出代价并努力扬弃代价以寻求再生之路的过程。"②人类文明的发展就是这样在对抗中进步、在代价中扬弃。

树立科学的发展观与代价观,应该在发展中把握好代价的"度"。既然人类社会的发展,付出代价是客观必然的,而代价又是与社会进步的价值取向相背离的牺牲或丧失,因而为了尽量减少不必要、不合理的代价,关键在于要把握好社会发展过程中所付出代价的"度"。社会发展所付出的代价如果在一定程度的范围内,社会就能保持健康发展;而超过一定的度,则会抵消掉发展所取得的积极成果,甚至会带来灾难性的消极后果,反过来限制和阻碍发展。而要把代价控制在合理、适度的范围内,关键是要树立起科学的发展观和代价观。

树立科学的发展观和代价观,在中国,关键就在于坚定不移地贯彻落实科学发展观。科学发展观是党和国家为了解决当前中国经济发展中的诸多矛盾、减少社会发展过程中不必要的代价而提出的。党的十六届三中全会首次明确提出"科学发展观",即"坚持以人为本,树立全面、协调、可持续的发展观,促进经济社会和人的全面发展"。党的十七大进而指出:"科学发展观,是立足社会主义初级阶段基本国情,总结我国发展实践,借鉴国外发展经验,适应新的发展要求提出来的。"③换而言之,科学发展观的产生是建立在总结和反思国内外发展代价的基础之上的,蕴涵着以最小的代价追求最大多数人的最大利益的价值取向和要求。如果说传统的以物为本的发展观走的是高代价的发展道路,那么以人为本的科学发展观倡导的是走低代价的发展道路。它要求人们摆脱见物不见人的传统发展模式,走出高代价发展所陷入的困境,以尽可能小的代价,开启全面协调可持续发展新局面。这种尽可能小的代价,包括道德代价。

---

① 《马克思恩格斯全集》第4卷,人民出版社1958年版,第104页。
② 宫志刚:《社会转型与秩序重建》,中国人民公安大学出版社2004年版,第106页。
③ 胡锦涛:《高举中国特色社会主义伟大旗帜为夺取全面建设小康社会新胜利而奋斗———在中国共产党第十七次全国代表大会上的报告》,人民出版社2007年版,第13页。

当前要真正有效地实现对社会发展中道德代价的调控,使道德代价降低到最低的程度,控制在最小范围,必须真正贯彻落实科学发展观。

第一,科学发展观是一种以人为本的发展观。马克思主义认为,人是生产力中最活跃的因素,人民群众是历史的创造者,是推动社会发展的根本力量。胡锦涛也指出:"相信谁、依靠谁、为了谁,是否始终站在最广大人民的立场上,是区分唯物史观和唯心史观的分水岭,也是判断马克思主义政党的试金石。"[①]科学发展观的核心是以人为本,其实质是以最广大人民的根本利益为本,体现了马克思主义的基本原理、体现了中国共产党全心全意为人民服务的根本宗旨,也是党和国家领导和推动社会科学发展的根本目的。以人为本,既是一种价值取向,也是一种伦理要求。作为一种价值取向,"以人为本"落实到现实层面,"就是在经济发展的基础上,不断提高人民群众物质文化生活水平和健康水平;就是要尊重和保障人权,包括公民的政治、经济、文化权利;就是要不断提高人们的思想道德素质、科学文化素质和健康素质;就是要创造人们平等发展、充分发挥聪明才智的社会环境。"[②]作为一种伦理要求,"以人为本"要求社会的发展不应把人当作发展的手段和工具,不应以牺牲大多数人的利益和发展为代价来获取经济的增长,正如萨缪尔森所警示的:"我们要接受这样的观点,即经济应当是人的目标的仆人,而不是人的目标的主人"[③];社会的发展应把人作为发展的本质、目的、动力,因而在发展中应尽量避免采用那种牺牲人民的根本利益、挫伤人们积极性的发展方式,应让人们共享社会发展成果,实现人的全面发展,最终实现人与自身、人与人、人与社会、人与自然的和谐统一。只有确立以人为本的思想,才能在发展的过程中真正关注、关切人的精神生活、价值世界和道德理想。只有确立以人为本的思想,才能在发展的过程中真正使人的价值、权益和自由得到尊重,人的生活质量、发展潜能和幸福指数得到关注,从而大大降低发展过程中付出过高道德代价的潜在风险因素,使道德代价的有效调控获得稳固的科学观念支持。

---

① 《胡锦涛在"三个代表"重要思想理论研讨会上的讲话》,人民出版社 2003 年版,第16 页。

② 温家宝:《提高认识统一思想牢固树立和认真落实科学发展观》,《光明日报》2004 年2月 22 日。

③ [美]威尔伯、詹姆森:《经济学的贫困》,范恒山、郑红亮译,北京经济学院出版社 1993年版,第 1 页。

第二,科学发展观是一种全面发展观。片面追求经济增长所付出的沉重代价,让人类社会深受其害。发展不应是片面的,而应是全面、协调的,这种观点得到越来越多的拥护和支持。法国学者佩鲁在《新发展观》中强调:"发展是'整体的'、'综合的'和'内在的'"①;联合国教科文组织的《发展的新战略》指出:"发展是集科技、经济、社会、政治、文化,即社会生活一切方面的因素于一体的完整现象"②;托达罗的《经济发展与第三世界》指出:"发展从其实质上讲,必须代表全部范围的变化"③等。科学发展观的第一要义是发展,"科学性"是科学发展观的根本特征。如何实现科学发展? 科学发展观在借鉴和反思世界各国发展的经验教训的基础上,在汲取了国内外关于发展研究的最新成果的基础上回答了这一问题。它反对以牺牲政治、文化、生态、社会等的发展为代价来单一地追求经济的增长,它要求发展应是全面、协调、可持续的,要求发展应该坚持统筹兼顾的根本方法。因此,当前要有效地调控道德代价,最关键的就在于要坚定不移地贯彻落实科学发展观。"改革开放以来我们之所以付出了如此沉重的道德代价,其中一个重要根源就是我们曾经走了一条片面发展之路。"④那条片面发展的道路导致人们片面追求经济的增长,无暇顾及社会其他层面的建设。就道德层面而言,经济生活的巨大变化,本应要有与之相应的、与时并进的道德建设来范导、为经济发展提供道义支撑,因为"社会随形势而变化。形势变了,制度和道德应当随之而变"⑤。但遗憾的是,以往那种以 GDP 为纲、重物质文明建设轻精神文明建设的发展道路,造成了道德建设与经济发展的巨大断裂,造成了道德建设与时代严重脱节、滞后的局面,造成了人们的道德素质与社会发展的要求相去甚远的后果。一言以蔽之,就是这种片面的发展道路导致当今中国社会付出了沉重的道德代价。因此,要降低道德代价的付出,必须坚定不移地贯彻落实科学发展观,坚持全面、协调、可持续发展;在这种发展观的引领下,让道德建设获得应有的重视,只有"把道德建设置于其应有的位置上,才能有效地整合整个社会的道德建

---

① [法]弗朗索瓦·佩鲁《新发展观》,张宁、丰子义译,华夏出版社 1987 年版,第 2 页。

② 联合国教科文组织:《发展的新战略》,中国对外翻译出版公司 1990 年版,第 4 页。

③ [美]托达罗:《经济发展与第三世界》,印金强等译,中国经济出版社 1992 年版,第 79 页。

④ 吴灿新:《道德:你为啥付出如此沉重代价》,《南方日报》2011 年 4 月 25 日。

⑤ 冯友兰:《中国哲学简史》,北京大学出版社 1996 年版,第 192 页。

设资源,推动道德建设不断进步"①,从而为经济社会的继续向前迈进提供坚实有力的道德支持。

（二）目标:道德代价调控的目标

所谓道德代价的调控,即是指在社会发展的历史进程中,应高度关注由发展所引起的道德损害、损失和牺牲,积极采取各种措施,对发展的实践活动过程及其结果进行调节、引导和管理,把道德上的这种损害、损失和牺牲控制在合理、适度的范围内。但道德代价的调控,首先必须确立一个合理的调控目标;没有目标,道德代价的调控就没有方向,调控的手段也就失去了依据。

道德代价调控目标的确立,基于以下两个前提条件:

1.道德代价调控的必要性

从价值论视域来看,道德代价具有二重性。一方面,它对社会的发展起着刺激、推动等作用;另一方面,它也对社会的发展起着损害、否定等作用。道德代价的二重性,使人们在社会发展的过程中付出必要的道德代价的同时,也必须对道德代价进行必要的防范和控制。调控道德代价,实现道德代价的最小化,是发展的内在要求,是实现进步的必要条件。因为"任何发展都面临着两个根本的任务:一是追求和提高发展的积极的正面的效益即发展收益;二是减少投入、降低成本,最大限度地防范消极后果的发生"②。而根据发展收益与道德代价之间的良性逆向互动原理(即在发展实践中,付出的道德代价越大,所获得的发展收益就越小;发展的收益越大,所付出的道德代价就应该越小),只有降低和抑制道德代价,才能直接提高发展的效益。在中国改革开放30多年的发展历程中,由于片面强调经济的增长,忽视了道德建设,使得中国社会付出了沉重的道德代价。这些道德代价,不仅抵消和减损了发展的收益、影响了社会的和谐与稳定,而且不断逼近和挑战社会的容忍红线,限制和阻碍了社会继续向前的步伐,道德代价的调控已经刻不容缓、势在必行,因为对道德代价进行科学的、理性的调控无疑是减少道德代价的有效方法。

2.道德代价调控的可能性

从道德代价的性质和功能来看,道德代价可以分为两种,一为必要的道德

---

① 吴灿新:《道德:你为啥付出如此沉重代价》,《南方日报》2011年4月25日。
② 邱耕田:《科学发展观:一种代价论视角的分析》,《教学与研究》2008年第8期。

代价,二为不必要的道德代价。必要的道德代价是指在社会发展过程中不可避免地要付出的道德代价,它的付出能换取更大的发展,发展收益与付出的道德代价相比是得大于失。不必要的道德代价是由于人们不合理的主观选择、失当的投入而造成的道德代价,对社会发展没有必要性,是可以避免的,是有失无得或得不偿失的道德代价。[①] 就必要的道德代价而言,它可以通过道德代价调控的手段尽可能地得到补偿。虽然在社会发展的过程中,付出必要的道德代价是不可避免的,但这种必要的道德代价实际上可以分为两个阶段:第一阶段是为了换取更大的发展而支付必要的道德代价;第二阶段是支付了这类道德代价以后,社会进入更深层次的发展阶段;在这一阶段可以及时检讨上一阶段带来的必要的道德代价问题,而后积极采取措施,尽可能地补偿发展所付出的道德代价,尽可能地减少道德代价给社会带来的损害程度。就不必要的道德代价而言,它是由于人们的能力、认识的局限性或主观失误、不良品德所造成的,属于人为性的道德代价。这类道德代价,是可以通过采取完善体制、民主决策、加强监督、个体主观努力等措施,来防范或避免的。因而,道德代价具有调控的可能性。

既然道德代价的调控具有必要性,那么道德代价的调控就不是可有可无,而是必须及时付诸实践的;既然道德代价的调控必须及时付诸实践,就必须在道德代价调控的实践中,首先确定好一个基本目标,才有利于相关工作的进一步展开。既然道德代价的调控具有可能性,那么道德代价调控的目标就不能凭空想象,必须具有现实合理性,才能一步一步达致实现。

道德代价调控的目标,从理想的角度看,是在发展进程中实现道德上的零代价,但这种状态实现的几率几乎为零。因为即使能够避免不必要的道德代价,必要的道德代价也是难以避免的。毕竟没有离开发展的道德代价,也没有离开道德代价的发展,发展只能通过付出道德代价又扬弃道德代价的方式来进行。因而关于道德代价调控的既现实、又合理、合适的目标,就是以最小的道德代价,换取最大的社会进步。围绕这一道德代价调控的目标,需要对必要的道德代价和不必要的道德代价再作进一步的分析。一方面,尽管在社会发

---

① 参见韩庆祥、张曙光、范燕宁:《代价论与当代中国发展——关于发展与代价问题的哲学反思》,《中国社会科学》2000年第3期;耿劲松:《低代价发展:科学发展观的内在意蕴》,《特区经济》2008年第2期。

展的过程中,为了发展而付出必要的道德代价是必要的,但这类道德代价的付出程度、数量必须要有所限定。当所付出的必要的道德代价大于或者等于发展的收益,说明这样的发展是不合理的、不可取的,会损害发展本身,必须及时对发展进行反思和调整;另一方面,就不必要的道德代价来说,因为这类道德代价属于人为性的,应采取多种措施加以避免;同时不能让人为性的道德代价仅仅被当成"交学费",而应该追究这些人为性道德代价制造者的责任。因此,道德代价调控目标中的"最小的道德代价",其含义就是在追求社会发展的过程中,尽量把道德代价控制在必要的道德代价这一层面;而且这必要的道德代价,又必须限制在一定的"度"的范围内,即:道德代价的付出要在保证社会稳定和正常运行的发展限度之内,要控制在社会及民众的承受度之内,要调控在不能损害大多数人利益的价值维度之内。简而言之,就是要尽可能实现所需付出的必要的道德代价最小化。

(三) 模式:建立和完善低道德代价发展模式

历史和现实证明,社会发展之所以会付出一些道德代价,与人们的发展观念和所采取的发展模式直接相关。"不管怎么说,对发展而言,代价总是具有'恶'或消极的一面,是需要加以限制和克服的。这里的关键问题是,怎样把代价限制在最小限度,以最小的代价换取最大的发展。要做到这一点,就必须对付出代价的度有一个相对精确的计算,就必须选择一种比较合理的发展模式,就必须不失时机地调整旧的发展模式,选择新的发展模式。"①既然道德代价调控第一层面的第一步是在观念上树立起科学的发展观和代价观,第二步是在第一步的基础上确立起道德代价调控的合适目标。那么为了实现这一目标、贯彻落实科学发展观,就必须建立和完善低道德代价发展模式。

所谓低道德代价发展模式,就是在社会发展过程中,人们自觉选择和实行低道德代价发展的方式、途径、原则等的统一体,是把低道德代价发展模式化、体制化的做法。低道德代价发展模式,要求人们从道德代价的角度认识发展,从调控道德代价的角度实现发展。② 而且由于 30 多年来中国改革开放已经付出了

① 韩庆祥:《发展与代价》,人民出版社 2002 年版,第 34—35 页。
② 参见邱耕田:《科学发展观:一种代价论视角的分析》,《教学与研究》2008 年第 8 期。

沉重的道德代价,对当前道德代价进行调控已经刻不容缓、势在必行,因而建立和完善低道德代价发展模式,是当前中国社会的一种必然选择。同时,因为这种发展模式既追求进步的最大化,又追求道德代价的最小化,因而它也是贯彻落实科学发展观、实现由高代价发展模式向低代价发展模式转换的一种必然选择。

建立和完善低道德代价发展模式,最关键的是要明确为何发展、为谁发展的社会发展目的问题。从西方近代以来社会契约论把"幸福"(well-being)和"福利"(welfare)作为人类社会的基本价值目标,以及马克思对理想社会之于人类美好生活的终极目的意义的强调,都对社会发展目的给予了明确回答,即它应是人类自身的幸福和福利,应惠及全体人民,至少应惠及最大多数人。但"现代性"导致了人类社会发展的"目的遗忘症"。① 以往高道德代价的发展模式,即是这种目的遗忘症的典型体现。当前建立和完善低道德代价发展模式,应理顺社会发展目的和社会发展手段的价值次序,重拾社会发展目的论——只有人的全面发展,只有人民的幸福才是社会的最高发展目标和价值理想。只有明确这一目的,才能真正体现科学发展观的"以人为本",才能真正推动社会公平、正义、和谐的实现,才能在最大程度上降低道德代价的付出。

建立和完善低道德代价发展模式,最基本的是要做到"扬正抑负"。所谓"扬正",就是摒弃以往片面的、不协调的、不可持续的发展观念,树立全面的、协调的、可持续的发展观念,在社会发展的过程中,坚持统筹兼顾的方法,给予道德建设应有的地位,积极进行道德建设,让道德建设在社会发展过程中增强正能量,为发展提供强大的道德支撑和坚实的道义基础。所谓"抑负",就是要从道德代价的角度认识发展、审视发展、调整发展,以追求道德代价的最小化。应当审视发展的目标是否合理,计算相应的道德代价的量和度;如果需要付出的道德代价过高,应当及时调整发展目标和相应的发展方案。

二、途径、方式

如果说在道德调控的第一层面,已经探讨了降低道德代价、实现道德调控

---

① 参见万俊人:《现代社会发展模式的伦理再反思》,《天津社会科学》2011 年第 6 期。

所应当确立的正确的观念、目标和模式问题;那么接踵而来的第二层面,即必须探讨落实上述观念、实现上述目标和模式所应当确定的正确的途径和方式。

(一) 途径:德治与法治相结合

古今中外,治理国家、调整社会关系、维护社会秩序的手段有许多种,如政治、法律、道德、宗教等;但道德和法律却是最常用、也是最主要的手段。道德和法律上升到治国方略层面,往往被表述为"德治"与"法治"。只有充分运用德治与法治相结合这一治国方略,使两者有机结合、相互支撑、相互整合,才能更好地发挥作用,从而有效降低社会发展所付出的道德代价。

1. 关于德治

尽管不同的文明系统有着各自的意识形态,但德治作为社会调控的主要手段之一,在各自的文明系统中都担当着不可或缺的角色,发挥着维护社会秩序的重要作用。

在中国西周初年,周公就提出"敬德保民"、"惟德是辅"、"以德配天"的思想。春秋时期,孔子继承周文化传统,对殷商以来的治国方略进行了历史反思,明确提出了"为政以德"的治国方略。而后德治思想经过历朝历代的发展、实践,积累了大量的历史经验,形成了自己的传统,其基本内涵主要是:

第一,强调"德政"。"德者,得也。"[1]把德作为得的途径和手段,得是德的结果,德为了得。在这意义上,德政要求统治者采取宽松、惠民的政策,体恤民情,多为百姓做好事、实事,让百姓休养生息,从而获得民众认可、支持,实现良好的君民关系,最终实现社会的长治久安。"行不忍人之政,治天下可运之掌上"[2],用怜悯之心施行体恤百姓之政,那么治天下也不是难事。简而言之,"德政"的落脚点在"保民",认为民为本、本固邦宁,强调德治在治国安邦中的地位和作用,凸显了道德的政治功能。

第二,强调"德教"。孔子以后,"德"逐渐演化为品行、道德的"德"。儒家强调,德教为先、修身为本。一方面,要通过德教使统治者"为政以德",并对道德身体力行,以自己的榜样和模范行动示教于民;另一方面,要求道德主

---

① 戴圣、钱玄:《礼记》,岳麓书社 2001 年版。
② 朱熹注:《孟子·公孙丑上》,上海古籍出版社 1987 年版。

体对自己实行德教,随时随地注意加强自己的道德修养。修身不仅仅对个体
有意义,而且与治国也有重大关联,它是起点和基石,《大学》云:"修身、齐家、
治国、平天下。"

第三,强调"礼治"、"礼教"。孔子主张,"为国以礼"①,以礼的原则来治
理国家,并提出了以"仁"为核心,"以复礼"为依归的思想体系。"礼治"的思
想在荀子那里发展得更加完善。荀子认为,礼包含三个层面:一是习俗层面的
礼;二是道德层面的礼;三是作为治国之道的政治层面的礼。其中以第三层面
最为重要。他认为:"国无礼则不正。礼之所以正国也,譬之:犹衡之于轻重
也,犹绳墨之于曲直也,犹规矩之于方圆也"。② 礼的三个层面形成了三位一
体的社会规范体系。

尽管传统德治强调德,但不等于它不重视法。《左传》有云:"德刑不立,
奸宄并至"③,"德莫厚焉,刑莫威焉。服者怀德,贰者畏刑"④。荀子也认为,
礼所不能制者要由法来禁,"伪起而生礼义,礼义生而制法度"⑤。朱熹在注
《论语》中"道之以德,齐之以礼"时,写道:"愚谓政者,为治之具。刑者,辅治
之法。德、礼则出治之本,而德又礼之本也。"⑥认为"刑"是实现"治"的辅助
方法,而"德"是实现"治"的最根本因素。因此,传统德治思想只是强调以德
为先,而不是唯德是从;是强调德主刑辅,而不是兴德废刑。

中国有德治传统,西方也有德治思想。西方的德治思想起源于古希腊,古
希腊的柏拉图和亚里士多德都把政治学和伦理学联系在一起讨论。柏拉图在
《理想国》中认为,智慧是一种最高的品德,它专门思考管理和治理城邦的事
情,"一个建立在自然原则之上的国家,其所以整个说来是具有智慧……乃
是由于领导和统治它的那一部分人所具有的知识,并且我们还可以看到唯有
这种知识才配称为智慧"⑦。而亚里士多德的《政治学》也包含着丰富的德治
理论,他认为道德是政治的基础,幸福的城邦必然是使道德最为优良的城邦,

---

① 杨伯峻、杨逢彬注译:《论语·先进》,岳麓书社 2000 年版。
② 朱砚夫:《荀子·王霸》,中华书局 1982 年版。
③ 左丘明:《左传·成公十七年》,岳麓书社 1988 年版。
④ 左丘明:《左传·僖公十五年》,岳麓书社 1988 年版。
⑤ 朱砚夫:《荀子·性恶》,中华书局 1982 年版。
⑥ 朱熹:《论语集注》,齐鲁书社 1992 年版。
⑦ 北京大学哲学系编:《古希腊罗马哲学》,商务印书馆 1961 年版,第 223—224 页。

也唯有道德优良的人组成的城邦才是幸福的城邦。欧洲中世纪，王权和教权相结合；在这一千多年里，基督教道德对整个西方政治统治影响深远。而后基督教道德不断与资本主义社会生活相适应，逐渐融入、渗透到社会生活的方方面面，成为维护西方社会秩序、维持社会道德风尚和个体道德信念的重要精神力量，其作用不可估量。

到了现代，法治成为西方国家主要的治国模式，德治作为法治的补充，也逐渐与市场经济相结合，形成了一整套制度。其主要内容包括：(1)公务行政道德行为的制度化和法律化，以规范公务人员的道德行为、协调相关利益主体之间可能发生的利益冲突、有效治理和遏制腐败现象；(2)建立了道德管理机构，对公职人员的道德行为进行监督和管理；(3)通过完善竞选制度和社会舆论自由加强对公务人员道德行为的监督；(4)通过教育机构进行道德教育等。①

2.关于法治

在中国，"法治"理念(现代法治与传统法治完全不同，如果用现代法治理念来说，当然古代根本没有"法治"，但在此探讨的法治，是广义上的"法治"，其核心是强调以法治国。)源于先秦的法家思想。商鞅多次强调，君主应该"垂法而治"②，"法任而国治矣"③。之所以必须法治，是因为"人生而有好恶，固民可治矣。人君不可以不审好恶。好恶者，赏罚之本也。夫人情好爵禄而恶刑罚，人君设二者以御民之治，而立所欲焉。"④法家的集大成者韩非，提出了系统的法治思想体系，深入论述了"以法为治"的治国理念。韩非认为，"法者，宪令著于官府，刑罚比于民心，赏存乎慎法，而罚加乎奸令者也，此臣之所师也"⑤。作为治国之法，法首先在内容上必须具有确定性——明确清晰，能为人们提供行为的准确方向，同时这种确定的内容必须广而告之、"布之百姓"使"境内卑贱莫不闻知"⑥；其次，法不能专为一人一己之私而设，必须体

---

①　王维：《西方国家法治和德治思想探析》，《吉首大学学报》2007年第4期。
②　高亨注译：《商君书·壹言》，中华书局1974年版。
③　高亨注译：《商君书·慎法》，中华书局1974年版。
④　高亨注译：《商君书·错法》，中华书局1974年版。
⑤　韩非：《韩非子·定法》，上海古籍出版社1989年版。
⑥　韩非：《韩非子·难三》，上海古籍出版社1989年版。

现统治阶级的整体利益,"夫立法者所以废私也"①;再次,法律面前人人平等,"法不阿贵,绳不挠曲。法之所加,智者弗能辩,勇者弗敢争"②;最后,法应有国家强制力,有功者必赏、有罪者必诛,"圣人之治国也,赏不加于无功,而诛必行于有罪者也"③这样才能使人们在一定的压力下自觉遵守法律。而在执法过程中,韩非也有详细的阐述:首先,立法上要制定和颁布成文法,做到有法可依,使"官不敢枉法,吏不敢为私"④、"使民以法禁而不以廉止"⑤;其次,在执法上要有法必依,维护法律的权威性,他劝说人君"明主不游意于法外,不为惠于法之内,动无非法",主张不仅"刑过不避大臣,赏善不遗匹夫",而且执法还要"信赏必罚"⑥;再次,在司法上要严刑重罚,"重一奸之罪而止境内之邪,此所以为治也。重罚者,而悼惧者良民也,欲治者奚疑于重刑"⑦,韩非认为,只有严刑重罚,才能实现"民不以小利蒙大罪,故奸恶止者也"。⑧

但源自法家的中国传统法治思想,其实并不是现代意义上的"法治",它实际上强调的是"刑治"。特别是中国古代法律传统中的"法","源于君主的意志,从属于专横的权力,以刑为其标志,以礼为其皈依,既不神圣,又不崇高"⑨。因此,"尽管中国有着较为悠久的律法传统,但是中国古代社会长期处于人治状态,律法只不过是人治的一种手段"⑩。虽然韩非提出了比较完善的法治思想体系,但仍然难以出离"人治"的范围,"法"不过是君主实现自身意志的工具之一。但韩非以法律作为治国手段的理论体系,对于当今中国走向真正的现代法治道路,仍有重要的借鉴意义。

法治作为一种治国方略,在西方起源于古希腊、古罗马,其中古希腊的思想家是西方法治理论的奠基人。柏拉图在晚期著作《法律篇》中提出,"统治

---

① 韩非:《韩非子·诡使》,上海古籍出版社1989年版。
② 韩非:《韩非子·有度》,上海古籍出版社1989年版。
③ 韩非:《韩非子·奸劫弑臣》,上海古籍出版社1989年版。
④ 韩非:《韩非子·八说》,上海古籍出版社1989年版。
⑤ 韩非:《韩非子·六反》,上海古籍出版社1989年版。
⑥ 韩非:《韩非子·外储说右上》,上海古籍出版社1989年版。
⑦ 韩非:《韩非子·六反》,上海古籍出版社1989年版。
⑧ 韩非:《韩非子·六反》,上海古籍出版社1989年版。
⑨ 钱弘道:《治道的选择——从德治到法治的必然逻辑》,清华大学出版社2006年版,第83—84页。
⑩ 高兆明、李萍等:《现代化进程中的伦理秩序研究》,人民出版社2007年版,第195页。

者是法律的仆人"①,主张依靠法律而不是依靠"哲学王"来统治,构成了柏拉图心目中新理想国的重要特征。柏拉图在此提出了西方法学的经典命题"统治者应成为法律的仆人",这一命题不仅涉及治国方略,而且也涉及法律权威以及守法的重要性等法学基本问题。亚里士多德认为,"法治"应该包含两重意义——"已成立的法律获得普遍的服从,而大家所服从的法律又应该本身是制订得良好的法律"②。

　　近代资本主义商品经济时期,西方法治被称为"机械法治"或"形式法治"。其主要特征体现在:强调依法统治,把法治作为治理国家、管理社会的主要方法;强调法律面前人人平等;坚持法律的一般性和普通性,反对特别法律;主张司法独立、注重程序要件;维护个人自由,坚持市民社会和政治国家;主张法律的稳定性,反对朝令夕改。当资本主义社会由自由竞争阶段过渡到帝国主义阶段后,西方法治也开始出现调整,进入"机动法治"或"实质法治"时期。其要旨是:不仅强调依法治理国家、管理社会,不仅强调所有人都在法律之内,而且强调防止恶法,主张以实在法之外的标准衡量和检测法律;在重视法律平等的同时,试图从制度上以实质法治对形式平等的缺陷予以弥补;实质法治主张基本权利不可剥夺,个人自由不可通约,从而反对功利主义,反对以"大多数人的最大幸福"为借口牺牲少数人的权利与自由;主张法律不是一个自我封闭的系统,更不是自足领域,而始终与道德、经济、社会和文化等相联系;实质法治虽然也重视程序,但主张在特定情况下,为求得公正的结果,可以超越国家的程序规定,采取一些变通简易的程序作出平衡裁判。尽管在西方,不同的国家有不同的法治模式,但都有其共同的原则:人权神圣、不可侵犯;法律至上,法律面前人人平等;三权分立。③

　　3. 德治与法治相结合

　　中国究竟应该选择德治还是选择法治? 这曾经是 21 世纪初学界热议的问题,这场争论的余响至今仍时有耳闻。但这个问题的提法本身就是有问题的。把德治和法治截然对立起来,非此即彼,恰恰是长期影响着国人的简单二

①　转引自张乃根:《西方法哲学史纲》,中国政法大学出版社 2002 年版,第 34 页。
②　[古希腊]亚里士多德:《政治学》,吴寿彭译,商务印书馆 1965 年版,第 199 页。
③　参见王维:《西方国家法治和德治思想探析》,《吉首大学学报》2007 年第 4 期。

分法思维方式的产物。事实上，无论是在中国传统中还是在西方传统中，尽管各自的德治和法治的侧重点不同，但德治和法治都是相互结合、相互补充、相辅相成的。在今天中国，要把道德代价降低到尽可能小的程度，必须走德法并举、两者结合的道路。"对一个国家的治理来说，法治与德治，从来都是相辅相成、相互促进的。两者缺一不可，也不可偏废。"①

在中国特色社会主义建设中，德治和法治都被赋予了新的时代内涵。这是因为：第一，从中国的德治和法治的历史形态来看，德和法均出于"恩威并重、软硬兼施"的统治思路，皆是"帝王之具"，都是"人治"的手段，其主体都是少数的上层阶级统治者，而今天中国所倡的德治和法治并不是人治的方式，而是与社会主义制度结合在一起的，其主体是人民大众，这是由社会主义政治的民主本质决定的；第二，西方的德治与法治传统虽然可以远离"人治"，且有更多的闪光点，但"任何社会控制都是建立在自身独特的文化背景下的"②，西方的德治与法治有它自身的民主文明传统与精神文化生态作为其生长土壤，盲目移植难免"橘生淮南则为橘，生于淮北则为枳"。因此，当今中国推行的德治与法治方略，一方面应该立足自身的文化根基，从中国的德治与法治传统中汲取养分；另一方面应该树立世界眼光，借鉴西方同样源远流长的德治、法治传统和现代德治、法治内容，结合国情、时情而赋予新内涵。

就德治而言，当前"德治"的核心内容主要有两个方面。一方面，强调党员、领导干部的表率作用。正因为人民是治国的主体，因此道德和法律不再是统治者驭民的工具；党员、领导干部应当平等受到法律和道德的制约，应当发挥表率作用，成为守法者和道德上的先进分子。具体到德治层面，就是要求党员、领导干部牢记全心全意为人民服务的宗旨，树立正确的世界观、人生观、价值观、权力观和利益观，严格遵守行政伦理和"官德"规范，树立良好的道德形象，使人民群众"见贤思齐"；另一方面，是注重道德教化的重要作用。道德教化之所以重要，因为它可以在善的伦理价值层面上转化人的心灵、转化人的行为，从而匡正社会风气、形成积极向上的社会道德风貌。其根本落脚点，就是在共同体社会中建构起个体的德性。作为道德主体的内在精神品质，德性的

---

① 《全国宣传部长会议在京召开》，《人民日报》2001年1月11日。
② 宫志刚著：《社会转型与秩序重建》，中国人民公安大学出版社2004年版，第399页。

现代意义体现在两个方面:一方面,它是担保法律与公共伦理这种普遍性秩序规范有效性的主体人格基础;另一方面,它是人多方面发展与自我实现的需要,它使得人的自然性存在与社会性存在真正获得人的性质与意义的重要价值源泉。但现实中的德性总是以个体人格的形式存在,而个体的德性人格是在他所归属的共同体社会中建构起来的。道德教化正是在共同体中建构个体德性的重要方式。个体的道德生活首先是在这些共同体中进行的,因此要践行德治要求,就应充分运用共同体社会的阵地进行道德教化,在共同体社会的道德生活中建构起个体的德性人格。

就法治而言,它不等同于"法制"。"法治"所表达的是人民主权、个人平等的自由权利得到有效保障的社会历史形式和社会架构。"法制"是治理国家的法律化、制度化,它的基本前提是有一套可据以行事的法律制度。"法制"至多是形式的公正、是一种形式合法性,而"法治"则是实质合法性、内容的公正;"法治必定会具象化自身成为法制,但法制自身却不能升华为法治,法制必须从法治获得自身的合理性证明"①。在当代中国,恰恰是以法制建设推进法治国家、法治社会建设的实践方式进行的,通过法制建设来否定事实上存在着的宗法等级人身依附伦理关系,这种实践方式是由当代中国现代化建设自上而下有序进行这一特点决定的。② 因此,根据中国的实际,"法治道路的递进关系应该是:实施依法治国方略——>建设法治国家——>建立法治社会——>实现法治理想"③。其次,当前法治的核心内容是"治权"。当前中国正处于法治道路的第一阶段:实施依法治国方略。实施依法治国标志着中国的民主政治迈出了重要一步。但今后中国面临的一个主要危险仍然是邓小平在《党和国家制度的改革》中提出的权力过分集中、家长制作风和官僚特权问题。孟德斯鸠曾一针见血地指出:"一切有权力的人都容易滥用权力,这是万古不易的一条经验。有权力的人们使用权力一直到遇到有界限的地方才休止。"④因此,当前依法治国的重心应在"治权",即应严格规范、监督权力的运

---

①　高兆明、李萍等:《现代化进程中的伦理秩序研究》,人民出版社2007年版,第199页。

②　高兆明、李萍等:《现代化进程中的伦理秩序研究》,人民出版社2007年版,第200页。

③　钱弘道:《治道的选择——从德治到法治的必然逻辑》,清华大学出版社2006年版,第98页。

④　[法]孟德斯鸠:《论法的精神》,张雁深译,商务印书馆1987年版,第154页。

行,实现权力制约、实现依法行政。这就要求权力的行使、政府及公务人员的行政活动都必须接受法律的规范和制约,如若权力行使、行政活动出现违法现象,则必须承担相应的法律责任。唯有依法"治权",才有可能将权力过分集中、家长制作风、官僚特权等问题从制度体系中消除,从而防止各种反民主因素的膨胀。

在当代中国,坚持德治与法治相结合的治国方略是对历史经验的科学总结,是社会发展历程中调控道德代价的客观需要,也是中国共产党拒腐防变的客观需要。在实践中贯彻德治与法治相结合的治国方略,第一,要在全社会夯实思想基础,通过宣传、教育等方式,让德治与法治相结合的观念在全社会普及开来。不仅在思想上要把两者看作一个完整的治国方略,而且也要在实践上把德治和法治紧密结合起来。第二,要健全法制,建立一套与社会主义市场经济相适应的、充分体现人民群众利益和意志的法律体系,以法制建设推进法治社会建设;同时也要建立一套与社会主义市场经济相适应的、与社会主义法律规范相协调的、与中华民族传统美德相承接的思想道德体系,使法律和道德在现实中得到广大人民群众的认同、支持与遵守。第三,要充分发挥党的领导作用和各级领导干部的示范作用。德治和法治相结合是中国共产党领导人民治理国家的基本方略。党的各级领导干部理应是德治和法治的有力推动者,是遵守社会主义法律和践行社会主义道德的表率。为此,就必须从严治党,"治国必先治党,治党务必从严"①,各级领导干部必须依法行政、以德修身、作出表率,使中国共产党真正成为最广大人民根本利益的忠实代表。

(二) 方式:舆论引领、风俗熏陶、良心培育、法制保障、宗教辅助

道德代价的调控,除了德治与法治相结合这一主要途径,还应当综合运用舆论引领、风俗熏陶、良心培育、法制保障、宗教辅助等方式,让这些道德代价调控的多种手段形成一股合力。正如恩格斯所指出的那样:"这样就有无数互相交错的力量,有无数个力的平行四边形,由此就产生出一个合力,……每个意志都对合力有所贡献,因而是包括在这个合力里面的。"②

---

① 《江泽民文选》第三卷,人民出版社 2006 年版,第 535 页。
② 《马克思恩格斯选集》第 4 卷,人民出版社 1995 年版,第 697 页。

376

1.舆论引领

舆论指的是"显示社会整体知觉和集合意识、具有权威性的多数人的共同意见"①,是社会大众对社会生活中某些现象、事件、人物或问题等的意见和态度,是公众整体意识的外化。社会舆论在调控道德代价中有重要作用。社会舆论一旦形成,通常都会公开流传,影响着、调节着人们的思想、观念和行为。因为"一个人关于他自己和他的行为的看法,极大地受着公众意向的影响"②。但社会舆论作为意识的外化,"其形态和特性既与客观现实相连,又受主体价值观念的影响,表现为或正确反映现实、或歪曲客观真相、或良莠不齐"③,就如黑格尔所指出的,"在公共舆论中真理和无穷错误直接混杂在一起"④。这就使得舆论所起的社会作用有可能是积极的,也有可能是消极的。起积极作用的舆论,能使社会形成良好的道德风尚,并能为社会政策目标的制定和推行发挥建设性的作用;而起消极作用的舆论则相反,有时甚至还会产生破坏性的影响。而平时涉及最多的舆论通常都带有道德评价的性质。美国舆论学家李普曼认为:"舆论基本上就是对一些事实从道德上加以解释和经过整理的一种看法。"⑤当前,随着中国改革开放的深化发展,社会生活领域的价值冲突更加明显,人们对各种问题的舆论意见,带有比以往更加明显、更加浓厚的道德评价意味,其作用和影响也更加深远。从道德代价调控的角度看,如果能够引领社会舆论,使其充分发挥积极作用、传递正能量,成为引导公众进行正确的道德选择、形成正确的道德观念、培养道义责任感以及监督公众规范自己行为的道德力量,那么社会正气必将得到更好的弘扬,社会环境、社会风尚也必将进一步得到改善,从而使改革开放所付出的道德代价也进一步降低。

要切实做好社会舆论的引领工作,需要重点抓好以下几个方面:

第一,以社会主义核心价值体系引领舆论导向。当前中国正处于大变革大发展的时代,经济转轨、社会转型,社会生活多样、多元、多变的特征更加明显,各种思想观念、价值理念相互碰撞、相互激荡、相互交织,传播方式也多种

---

① 刘建明:《基础舆论学》,中国人民大学出版社1998年版,第11页。

② [美]爱德华·罗尔斯:《社会控制》,秦志勇、毛永政译,华夏出版社1989年版,第68页。

③ 徐蓉:《社会主义核心价值体系引领舆论导向研究》,《社会主义研究》2009年第2期。

④ [德]黑格尔:《法哲学原理》,范扬等译,商务印书馆1961年版,第333页。

⑤ [美]李普曼:《舆论学》,林珊译,华夏出版社1989年版,第82页。

多样,同时世界范围内的各种思想交流交锋日益频繁,使整个舆情呈现出复杂多变的趋势,也使得引领社会舆论的任务更加繁重。在这种情况下,要营造积极向上的舆论环境,最根本的是要坚持以社会主义核心价值体系来引导、统摄、整合社会舆论,使主导的价值观真正转化为人民群众广为接受的共同价值观,从而凝聚全国各族人民的精神信念,进一步打牢全党全国各族人民团结奋斗的共同思想基础。坚持以社会主义核心价值体系引领舆论导向,就是"要在深入分析社会舆论的内容和特点、认识其作用和机制以及关注其分布和流向的基础上,确立起高度的政治敏锐性和社会责任感,对正在出现的舆论进行清晰的界定和划分"①。具体而言,就是要关注舆论的分布状况和传播方向、速度,根据所掌握的信息情况预测舆论的未来动向和可能产生的影响,然后在了解民情民意的基础上因势利导,及时采取措施减弱和遏制舆论的消极影响。

第二,不断提高新闻媒体的舆论引导能力。新闻媒体作为引导社会舆论的主要载体,承担了引导公众道德、价值观念,形成社会道德、价值认同的主要责任;社会舆论向什么方向发展,社会舆论又以什么方式、什么内容在社会生活中发挥作用,在相当大程度上取决于新闻媒体对舆论的引导能力。因此,应加大力度,不断提高新闻媒体的舆论引导能力。为此,新闻媒体要按照贴近实际、贴近生活、贴近群众的要求,深入研究和把握新时期人民群众思想活动的特点,正确解读党和国家的政策,把政治宣传和民众心声结合起来,把坚持正确导向和讲究宣传艺术统一起来。要做到"越是在矛盾凸显期,就越要发挥道德舆论引导作用,正确理解国家的方针政策,正确对待利益关系调整,消除不和谐因素,增加和谐因素"②。同时,新闻媒体在舆论引领中要求真务实。自发形成的舆论在内容上通常具有杂散、非理性的特点,在表达上也往往伴随着较强的情绪化倾向,强烈的主观判断多于事实的陈述和理性的分析。因此,作为舆论引领者的新闻媒体,要求真务实,在庞大的"意见碎片"中对有效信息进行整合、归纳、提炼、分析;要在错综复杂的社会现象中看清本质、明确方向。具体而言,就是要本着一切从社会实际出发的宗旨,一方面要深入理论学

---

① 徐蓉:《社会主义核心价值体系引领舆论导向研究》,《社会主义研究》2009 年第 2 期。
② 叶国平:《论和谐社会中的道德舆论建设》,《社科纵横》2007 年第 7 期。

习、提升思想境界、增强对工作的系统性和前瞻性的思考;另一方面要深入社会生活、反映客观现实,要把握主要矛盾、找准问题,通过既有深度又有力度的陈述和评论反映事物的本质,在社会主义核心价值体系的引领下,把鲜活的事实和具有说服力的价值判断呈现在公众面前。① 此外,新闻媒体要提高构建公众道德、价值认同的能力。随着新闻媒体的影响力日益扩大,媒体对舆论事件的叙述方式、评论视角都会形成一种强势力量,较大程度地影响着社会舆论的内容、方向、性质等,较大程度地影响着公众的道德、价值观念和行为选择。因此,新闻媒体应自觉发挥自身应有的引导力和影响力,赞扬、褒奖真善美,鞭挞、谴责假恶丑,使人们对他人或自身的行为的道德价值具有正确的认识和评价,从而逐渐形成与社会整体发展目标相一致的道德价值理念。

第三,不断发展社会主义民主法治,不断健全各项舆论制度,使社情民意有更加畅通的表达渠道。不断发展社会主义民主法治,不断健全各项舆论制度,不断拓宽民意的表达渠道,保证人民依法行使民主权力,有助于社情民意的快速、顺利、通畅地表达,有助于政府在决策过程中及时参考群众意志和建议,并通过有效地调和不同意见或观念,来实现舆论的和谐。在中国,舆论制度包括各级人民代表大会与政治协商会议、信访制度、决策听证制度、公众咨询制度、各种直接的政治参与形式等,都是社情民意的有效表达渠道。今后,这些制度和其他相关的各种表达渠道都应该进一步完善、拓宽,丰富民主形式,扩大公民有序参与,不断推进社会主义民主政治的制度化、规范化、程序化。对涉及人民群众切身利益的重大的决策或改革措施,要充分尊重群众的知情权、参与权和监督权,反复与群众沟通协商,达成共识。让社情民意的表达更及时、更有效、更畅通,不仅可以大大减少社会不稳定因素,而且能够大大降低舆论引领的难度和成本、提高舆论引领的社会效应。

2. 风俗熏陶

风俗,"是历代相传的社会习惯,是一个地区、一个民族、一个国家在一定

----

① 参见徐蓉:《社会主义核心价值体系引领舆论导向研究》,《社会主义研究》2009 年第 2 期。

历史条件下,在共同的社会与实践自发的逐渐形成的"①,是人们在一种经常反复出现的共同活动条件下,通过千百年来的口耳相传而变成的一种习惯性力量。② 在人类世代相传中,风俗对人们的思想和行为产生重大的规范作用,在人们的道德评价中也起着特殊的作用。英国学者萨姆纳在其著作《社会习俗》中指出,在各个文化时期,人类都受到许多习俗的支配,它们不是意识的产物,而是从经验中发展起来的,法律、道德、宗教、哲学等都是习俗的产物。而在英语中,道德(morality)就起源于拉丁语中的"风俗"(mores)。可见,道德的形成和发展,离不开风俗。苏联学者德罗布尼茨基对道德和风俗之间的多重关系,更有一个比较完整的阐述:"一般来说,可以把风俗习惯看作是各种规范调节体系中最简单的形式。从其历史发展过程来看,首先,风俗习惯是各种调节规范产生的萌芽,是各种尚未独立的规范体系(法律、道德、传统、宗教仪式等)的有机统一体;其次,它是已经发展起来的复杂的规范调节体系中最简单的组成要素;最后,它成为与其他调节形式并存而又不同的独立体系。"③

作为一种有异于法律、规章等正式制度的非正式制度的规范调节体系,风俗是"实现道德与日常生活相融合的最为稳定而牢固的一种方式"④。正是通过融合于日常生活、日常习惯,道德意识和道德观念从日常生活的层面为社会秩序的构建和延续提供了保障。中国传统一直很重视风俗的作用。顾炎武就指出:"风俗者,天下之大事"⑤,"治乱之关,必在人心风俗。而所以转移人心,整顿风俗,则教化纲纪为不可缺"⑥。清末学者沈垚也指出:"天下之乱,系乎风俗","风俗美则小人勉慕于仁义,风俗恶则君子亦宛转于世尚之中而无以自异。是以治天下者以整饬风俗为先务。"⑦因此,风俗的作用不可小觑。

---

① 刘锡钧:《风俗文化与道德建设》,《天津师大学报》1997年第2期。

② 参见[德]斐迪南·滕尼斯:《共同体与社会》,林荣远译,商务印书馆1999年版,第301页。

③ [苏]德罗布尼茨基:《道德关系中的个人》,张国钧译,《国外社会科学文摘》1989年第4期。

④ 鲁芳:《风俗:伦理道德连结日常生活的社会实现进路》,《道德与文明》2009年第4期。

⑤ 顾炎武:《日知录·廉耻》,中华书局1999年版。

⑥ 顾炎武:《亭林文集·与人书九》第四卷,中华书局1959年版。

⑦ 沈垚:《落帆楼集·风俗篇》第四卷,吴兴嘉业堂刊。

但顾炎武、沈垚的表述也进一步阐明,风俗并非天然是"善的"、正当的、有益的,风俗中也包含着"恶"俗和大量的中性习俗,只有那些被证明具有"善"的价值的风俗才能转化为道德规范。在调控道德代价、完善道德建设的过程中,应当发扬"善的"、正当的、有益的风俗的熏陶功能。

第一,继承和发扬中华民族传统的淳风美俗。中华民族有着悠久辉煌的历史文化传统,也蕴含着一系列淳风美俗。在漫长的文明发展历程中,伦理道德通过社会治理的各种方式融入到风俗之中,不仅使风俗倡导了道德,也使道德参与建构了风俗,并进一步通过融合后的风俗,影响人们的价值观念和行为样式,引导社会形成良好的风气。例如在春节、清明、中秋等传统节日习俗中,融入慎终追远、故土乡情、思亲望聚等爱家、爱国的深厚感情;历代以"举孝廉"、设"孝悌"乡官、奖励孝子等举措使民间敬老尽孝蔚然成风;在生产生活实践中,形成勤劳、节俭、勇敢的风俗风尚等。还有助人为乐、谦恭礼让、与人为善等,都已经不是单纯的伦理道德观念,而是已经转化、积淀成中华民族传统淳风美俗的组成部分。对传统的淳风美俗,应加以继承和发扬,使优秀传统美德经由风俗对人们的熏陶而进入人们习以为常、不假思索、自然而然的"重复实践"活动。

第二,批判和摒弃消极落后的陈规陋习。传统风俗中也存在"恶"俗。在现实生活中,消极、落后的风俗,正是借助传统和习惯的力量,阻碍道德的进步、社会的进步。例如在部分地区的节日习俗中还保留着聚众赌博的活动、低级趣味的娱乐等;在一些地区一些人的习惯中,还残留着封建迷信、铺张浪费的思想行为;"小悦悦事件"折射出来的道德冷漠,也正暴露了国人"各人自扫门前雪,休管他人瓦上霜"的陈腐观念……对于这些消极落后的陈规陋习,必须要以科学、健康、文明的生活方式的倡导,以制度的、思想的建设,来涤除其遗留。

第三,积极树立和倡导社会主义新风俗。在继承中华民族传统的淳风美俗、批判和摒弃消极落后的陈规陋习的同时,还必须大力树立和倡导社会主义新风俗。社会主义新风俗是社会主义制度与社会关系的产物,同时它又反过来巩固和促进社会主义制度和社会关系。从内容上看,它所承载的是社会主义社会所要倡导的道德精神和价值理念。较之于借助正式制度的强制性来推行社会主义的道德精神和价值理念,更合适的方式是:通过把新的道德精神和价值理念融入风俗、逐步变革风俗再经由新风俗的潜移默化地熏陶,让人们在自觉、不自觉中接受和遵守它们。新中国成立以来,党和国家就做了大量这样的移风易俗工作;一些新的风尚和习俗已经深入人心。今后应继续努力推进树立和倡导社会主义新风尚的工作。

3. 良心培育

所谓良心,"就是人们对他人和社会履行义务的道德责任感和自我评价能力,是个人意识中各种道德心理因素的有机结合"①。古今中外,许多哲学家都从不同角度揭示了良心的基本内涵。首先,良心是对义务自觉自愿的意识。正如黑格尔在《精神现象学》中阐述的,良心是在自己本身内的自我的自由,是义务的实现,是合于义务的一种简单行为。它是一种自觉意识,不受外在压力的影响。其次,良心是个人的行为准则。在人们实施行为之前,良心会发出选择命令,告诉道德主体该不该做这件事。最后,良心是道德行为的评价依据。因为"良心是对自己行为的自我认识、自我控制、自我调节和自我评价的统一体"②。它一方面会监督道德主体的道德行为过程;另一方面也会对已经完成了的道德行为进行反思、反省和评价。概而言之,作为道德主体内心"公正的旁观者",良心"在人们行为前、行为过程中以及行为后起着命令、监督和评价的作用"③。因此,重视良心的培育,对人们道德水平的提高有着极大的促进作用。特别是在当前的社会现状中,由于道德建设的长期严重滞后,导致在改革开放的发展进程中,凸显了人们道德素质比较低下的矛盾,以至于"面对日趋复杂的道德现象,人们不知什么为善,什么是恶;何者为美,何者为丑,无所适从,陷入一种盲目性、无序性的'失范'陷阱之中","因而,当务之急,是培育人们的良心,养成人们的道德理性,只有以此为根基,当代中国伦理精神才能真正生长得花盛叶茂"。④

良心的培育,需要从社会、学校、家庭、个人四个层面着手。

第一,在社会层面,要建立起与社会主义市场经济体制相适应的道德规范体系和相关的长效社会机制。社会主义市场经济的运行和深入发展,带来了

---

① 罗国杰主编:《伦理学教程》,中国人民大学出版社1985年版,第220页。
② 罗国杰主编:《伦理学》,人民出版社1989年版,第432页。
③ 范毅、冯爱芹:《良心的基本内涵与培育机制》,《南京财经大学学报》2010年第5期。
④ 吴灿新:《当代中国伦理精神》,广东人民出版社2001年版,第408页。

社会生活与思想观念的深刻变革。但由于中国仍处于新旧体制交接的不稳定阶段,市场经济体制不健全,因此负面效应放大。同时,由于社会转型期旧的道德规范体系逐渐瓦解,新的道德规范体系仍没有真正确立,导致社会思想道德领域出现混乱状态,人们面对道德选择无所适从,道德评判也由于缺乏公认的标准而陷入相对主义的困境。① 因此,建立与社会主义市场经济相适应的道德规范体系迫在眉睫。其次,要建立起相关的长效社会机制。一方面,要建立起道德评价和激励机制,采取各种措施激发人们的道德情感,形成良好的社会道德氛围,使人们在生活中自觉培育良心;另一方面,要建立起有效的监督机制,通过网络、电视、报纸等媒体平台的监督,唤起人们的道义责任感,唤醒人们的良心意识。

第二,在学校层面,应该重视思想道德的教育。② 一方面,应重视对学生道德修养和道德品质的教育,注重引导学生树立正确的世界观、人生观、价值观;另一方面,学校要改进思想道德教育的内容和方式。长期以来,中国各大中小学校的思想道德教育往往"只着眼于言行规范、意志服从,忽视心理品质的完善和内心境界的升华"③。当前推行学校思想道德教育,应着重抓住提升学生的品德、良心这个内在的根本点,将学校的外在教育和学生的自我教育有机统一起来。

第三,在家庭层面,要为子女提供良好的成长环境。家庭是人生的第一所学校。柏拉图认为,任何坏人也不是出于本人的意愿成为坏人,人之所以成为坏人,大多数是教育尤其是家庭教育的结果;皮亚杰也认为,人作为主体都有可塑性,而青少年时期受到的教育,特别是家庭教育等外界刺激,往往会形成相对稳定的行为模式……这些名家名言阐述的核心观点,就是家庭教育对未成年人的影响极其重要。因此,在良心培育的家庭层面,一方面需要家长通过潜移默化的言传身教、平等民主的沟通交流,不断引导和教育子女提高道德认识、培育道德习惯;另一方面也需要家长营造和谐的家庭氛围、和谐的亲子关系,培育子女积极、健康的性格和心态,有利于子女身心健康发展。

第四,在个人层面,要重视道德品行的自我践行和个人道德修养的不断提

① 余泽娜:《农村思想道德建设存在的问题及对策建议》,《岭南学刊》2007年第4期。
② 关于学校德育问题,将在后文"教育改革与道德代价调控"内容中详细展开。
③ 喻国铭、樊红梅:《道德建设要重视塑造良心》,《黄冈师范学院学报》2009年第2期。

升。良心的培育,从根本上而言还是要靠个人自身的努力。因为道德准则、道义责任,只有当它们被个体自己追求、获得和亲身体验的时候,只有当它们成为个体独立的个人信念的时候,它们才能真正成为个体的精神财富。至此,道德上的知、情、意也才能够真正内化为个体一贯的、持续的行为。同时,个人也要通过各种方式,在道德品质、道德情感、道德意志等方面进行自觉的自我改造、自我陶冶、自我锻炼和自我培养,积极主动地不断提高自我的道德水平。

4. 法制保障

党的十四届六中全会通过的《中共中央关于加强社会主义精神文明建设若干重要问题的决议》明确指出:"社会主义道德风尚的形成、巩固和发展,要靠教育,也要靠法制。"①一般而言,对法制通常有三种理解:一是被理解为法律制度的简称;二是被理解为依法办事的制度;三是被理解为包括法律制度的制定、执行、遵守在内的完整体系,是有关法律制度运行的一系列活动与环节的总称,它包括立法、执法、守法、司法、法律监督等诸多环节在内。简而言之,法制是依法办事的法律制度的简称,是以法律为中心的动态性法律。它为道德建设提供后盾和保障。古希腊哲学家柏拉图认为,善良的国家应该以法律来统治。一个国家如果法制健全并且能厉行法治,从而实现扬善惩恶的目的,那就是在支持并弘扬伦理道德的价值。

而法制之所以能够成为道德建设的后盾和保障,主要是由于法律的独特社会功能形式决定的。首先,法律本身的制度性对一定伦理道德规范的确认和固定。人们总是生活在一定的制度之中,制度对人们的行为、人与人之间的权责利关系进行规范和调节。法律通过制度的形式,把基本的道德义务通过一定的法定程序确认和固定下来,成为全体社会成员必须遵守的基本行为准则;并且制定各种切实有效的法律制度,保障伦理道德规范在社会各个领域的顺利实施。其次,法律具有更加明确具体的表达形式。相对于伦理道德规范表达的模糊性,法律对基本道德义务的确认,所使用的表达形式更加具体、明确,使这些被确认的道德原则具有保证实施的权威性,更易于遵循。最后,法律具有强制性,可以最大限度地保障伦理道德的实施。法律以警察、法庭、监狱等国家强力机构为后盾,具有强制性、惩戒性和权威性,有效地维护和保障

---

① 《十四大以来重要文献选编》(下),人民出版社 1999 年版,第 2058 页。

一定伦理道德规范的实施。

要充分发挥法制这一动态性法律对道德建设的保障作用,应着重关注:

第一,通过道德立法,确认基本道德要求。"那些被视为是社会交往的基本而必要的道德正义原则,在一切社会中都被赋予了具有强大力量的强制性质。这些道德原则的约束力的增强,是通过将它转化为法律规则来实现的。"①古今中外,立法者都很注重通过法律、法规来保障占统治地位的道德规范的实施。如古巴比伦的《汉谟拉比法典》集中体现了奴隶主阶级的道德原则和道德规范,中国唐朝的《唐律》把"父为子隐,子为父隐"等孝慈伦理写入法律,日本通过法律提倡节俭和禁止大吃大喝等。近年来,中国也把一些最基本的道德规范上升为法律,例如在社会公德方面,出台了《中华人民共和国治安管理处罚法》,《中华人民共和国民法通则》也把"诚实信用"等纳入其中;在职业道德方面,出台了《中华人民共和国教师法》、《中华人民共和国法官法》;在婚姻家庭道德方面,有《中华人民共和国婚姻法》、《中华人民共和国老年人权益保障法》等。以法律确认基本的道德规范,成为社会成员必须遵守的基本道德要求,可以有效避免在市场经济冲击下、在多元价值冲突中道德建设的软弱之力,有力地保证道德规范的贯彻执行。

第二,通过法制实施,扬善抑恶。一方面充分展示法制的震慑作用,加大执法力度,对各种违法犯罪行为进行处罚和制裁,让失德违法者自食其果、付出代价,并引以为戒、不敢再犯,从而维护正常的经济秩序、社会秩序、生活秩序等。另一方面,对合法行为进行保护和奖励。当合法行为和由这种合法行为所获取的合法利益受到不法侵害时,法制要通过宣布违法行为无效、撤销、惩罚和制裁等手段,对合法行为给予必要的保护。同时法制的实施也要对法律主体的合法行为,特别是有突出的社会有益性的合法行为,要以物质奖励或精神奖励等形式给予肯定。通过法制实施的扬善抑恶,不仅可以培养人们的遵纪守法意识,而且可以提高人们的道德意识、道德观念,以维护社会的良好道德风尚。

第三,通过普法教育,强化人们的道德意识。邓小平指出:"加强法制重要的是要进行教育,根本问题是教育人。"②通过各种形式的普法教育,例如推

---

① [美]博登海默:《法理学——法哲学及其方法》,邓正来等译,华夏出版社1987年版,第361页。

② 《邓小平文选》第三卷,人民出版社1993年版,第163页。

行法学教育、借助大众传播媒介和公开司法实践等,不仅提高人民的法制意识,而且也能够强化人们的道德意识。普法教育的最终目的是使人们养成守法的品质。通过普法教育,可以让人们掌握相应的法律知识,知道什么可为什么不可为,知道这些行为一旦付诸实施会带来什么样的法律后果,从而养成依法办事的习惯。而法律中有部分内容是经过确认的道德规范,当普法教育让法律知识在公民中入脑入心的同时,也就是让这些道德规范在公民中入脑入心,达到了强化道德意识的效果。而法律意识与道德意识的融通,也"是法律实现从而促使道德进步的真正奥秘所在"①。

5. 宗教辅助

宗教是人类精神文化的重要组成部分,在人类社会的发展过程中产生了重要的影响,其中就包括了对人类道德生活的重大影响。宗教之所以能够对人类道德生活产生重大影响,是因为宗教是升华了的精神,是灵魂、是良心,或者干脆就是道德的同义词,宗教表达的无非是人的灵魂对道德情操人的追求②。具体而言,原因是:"第一,作为一种文化现象,宗教本身在人类生活中以其独特的方式发挥着某种广泛的'原始道德'的功能,……无论是历史的向度还是社会文化功能的特性,抑或是两者本身的精神本性,宗教与道德都具有文化孪生的特征。第二,从一般宗教的构成要素来看,任何一种健全的宗教体系都包含着极强的道德理念或道德要素,宗教本身也是人们内在道德情感需要的一种表现。"③佛教的以"诸恶莫作,众善奉行,自净其意"为核心,以"四摄"、"六度"为修养方法、以"戒律"为基本规范的道德体系,和基督教以爱为核心构成的道德体系等,都蕴涵着很强的道德约束力。正因为"道德感是所有宗教的核心"④,宗教借助自身那种统治人的灵魂的力量曾极大地影响现实生活的道德觉醒,这种道德觉醒是经"由宗教信仰和宗教活动所产生的心理约束力的影响,这些影响转而指导日常行为并制约个人行为"⑤而实现的。一方面,宗教对某些社会价值观和社会行为准则加以神化,使之成为神圣的教

---

① 唐凯麟、曹刚:《论道德的法律支持及其限度》,《哲学研究》2000 年第 4 期。

② 参见钱满素:《爱默生和中国》,北京三联书店 1996 年版,第 53、18—24 页。

③ 万俊人:《寻求普世伦理》,商务印书馆 2001 年版,第 73—75 页。

④ 高兆明、李萍等:《现代化进程中的伦理秩序研究》,人民出版社 2007 年版,第 349 页。

⑤ [德]韦伯:《新教伦理与资本主义精神》(1920),载万俊人、唐文明主编:《20 世纪西方伦理学经典 III——伦理学限阈:道德与宗教》,中国人民大学出版社 2004 年版,第 4 页。

条,并且依靠某些强制或半强制的手段加以推行;另一方面,通过"原罪"、"赎罪"、"业报"、"消业"等教义,使信众在对违规所受惩罚的恐惧中自觉控制自己的行为。① 也正因为宗教对社会道德生活的调节作用,西方社会学家迪尔凯姆认为,宗教信仰基本上是一种社会控制的手段。但"宗教具有两面性,既有阳光面又有阴暗面,在历史上除了做过很多善事之外,也做过不少恶事"②。因而,我们"必须学会正确审视宗教、积极引导宗教,才可能达到宗教在其社会趋利避害、弘正抑负的理想效果"③。在中国进行道德调控的过程中,要因势利导、有意识地促成宗教在道德领域的正面、积极因素的发展,充分发挥宗教的辅助作用,形成宗教与社会道德生活的良性互动。

第一,应正确看待宗教,为宗教恰当定位。要充分发挥宗教对道德调控的辅助作用,首要的前提是要正确看待宗教,为宗教恰当定位。首先,应认识到,"宗教的存在有着深刻的社会历史根源,将会长期存在并发生作用"④。古代中国三武一宗灭佛、罗马帝国灭基督教、"文革"灭所有宗教等努力,都不能消灭宗教,反而令其力量更加壮大。"如果宗教信仰是人类不可消除的常态,那么对待它的正确态度就是要承认事实,积极地研究它,认识它,引导它,以避免和消除宗教的消极因素,充分发挥和利用它的积极社会功能。"⑤因为宗教是一种很奇特的社会存在,"推一推为敌,拉一拉为友"⑥。如果把它当作积极的社会资源,因势利导、团结运用时,它就能发挥巨大的积极作用;如果它被当作祸患围堵打压、或被忽视而放任自流时,就会后患无穷。其次,近些年来中国宗教的"非建构化发展",以及"公民宗教"、"个人宗教"的兴起⑦,说明"我国社会民众中明显地存在对于宗教信仰的巨大需求和潜力,因而宗教信仰是一种不容忽视的重大社会力量"⑧。与其将它推向敌对面,不如正确认识它、对

---

① 参见宫志刚:《社会转型的与秩序重建》,中国人民公安大学出版社 2004 年版,第 197—198 页。

② 王志成、安伦:《全球化时代宗教的发展与未来》,学林出版社 2011 年版,第 75 页。

③ 卓新平:《"全球化"的宗教与当代中国》,社会科学文献出版社 2008 年版,第 197 页。

④ 《江泽民论有中国特色社会主义》,中央文献出版社 2002 年版,第 371 页。

⑤ 王志成、安伦:《全球化时代宗教的发展与未来》,学林出版社 2011 年版,第 204 页。

⑥ 卓新平:《"全球化"的宗教与当代中国》,社会科学文献出版社 2008 年版,第 201 页。

⑦ 卓新平:《"全球化"的宗教与当代中国》,社会科学文献出版社 2008 年版,第 273 页。

⑧ 王志成、安伦:《全球化时代宗教的发展与未来》,学林出版社 2011 年版,第 206 页。

待它,以更积极的姿态、更积极的策略去引导它、调控它,使它与社会主义社会的要求相适应,发挥扬善抑恶、造福社会的巨大正能量。

第二,应重视宗教的道德导向作用的发挥。中国各大宗教在历史上形成的教义、教规中所蕴涵的宗教道德,与中国社会主义道德建设的内容有不少相同、相似之处,要"利用宗教教义、宗教教规和宗教道德中的某些积极因素为社会主义服务"①。具体而言,就是要让宗教在信众中充分发挥道德导向的作用。宗教在信众中的道德导向作用,体现在两个方面:一是宗教通过信仰、教义、文化传统等为信众提供统一的价值维度和道德标准,使信众形成共同的价值和道德追求;另一方面,宗教通过教义、教规的伦理化,加强信徒的道德自律、规范信徒的社会行为——"一个皈依宗教的信徒,凡事都得按宗教的教义和戒律来行动。任何与之相背离的言行都被视为亵渎与叛变,并常常在违规者的心中引起深重的罪感与忏悔,严重的还会被逐出宗门"②。但宗教的道德导向作用,不仅仅依靠教义教规的强制或半强制的规约来实现,而且更主要地是依靠信众对所皈依宗教的虔诚、坚定的信仰,通过信众自觉自愿的内在约束来实现的。"我们所寻求的宗教,不是从外部对人们施以严格的道德规范,而是在精神上赋予人们智慧和自律心,使每个人都能自发地控制自己的欲望和冲动。培养这种精神力量,才是宗教的真正本领。"③因而这种约束力会远远大于现实社会中法律、社会规范等外在的约束力。

第三,应充分发挥宗教在社会公益慈善事业中的作用,增强善在社会上的感召力。从各个宗教的教义、教规和伦理原则的角度看,"各宗教之间有共同的道德金规则","金规则的实质就是待人如己、与人为善、慈爱、博爱、扶助弱小贫困"④,从事慈善救助事业对各宗教来说是神圣的教义要求。例如伊斯兰教的"敬主行善"观念强调施恩于人,佛教的布施救济观念等。因而古往今来宗教都会关心社会慈善,例如兴办医院、孤儿院、老人院等,在某些地区、某些阶段,宗教甚至还是社会公益慈善事业的主导力量。宗教团体所做的这些善

---

① 《新时期宗教工作文献选编》,宗教文化出版社1995年版,第255页。

② 潘显一、冉昌光:《宗教与文明》,四川人民出版社1999年版,第264页。

③ [日]池田大作、[英]B.威尔逊:《社会与宗教》,梁鸿飞、王健译,四川人民出版社1991年版,第388页。

④ 王志成、安伦:《全球化时代宗教的发展与未来》,学林出版社2011年版,第74页。

举"不是单纯地要解决社会的贫困问题,事实上也不能解决这些问题,而是借施善去尝试重振社会秩序","诉求往往带着浓厚的道德性","宗教带来的价值提升,慈善爱他、奉献的情节在一个消费和浮华的时代里可以维系社会德性的提高"。① 据不完全统计,中国现有各种宗教信徒 1 亿多人,经批准开放的宗教活动场所近 13.9 万处,宗教教职人员 36 万余人,宗教团体 5500 多个;如此庞大的宗教群体,蕴藏的慈善能量必定惊人。② 而且如国家宗教事务局政策法规司副司长焦自伟所言,因为"宗教慈善追求精准的帮扶、无私的给予、真情的传递、人心的凝聚,因此具备更高的'温暖价值'","从宗教慈善入手,更能增强民间的互动"。③ 换而言之,积极调动和发挥宗教群体中蕴涵的巨大慈善能量,不仅仅能给社会带来看得见的温暖,而且它还具有强大的联动辐射作用,在社会上增强善的感召力,带动社会道德力量的进一步提升。

三、关键、重点、突破口

道德代价调控是一个全局性的设计和安排,要有序、顺利地实现道德代价调控的目标,必须重视方法论。换而言之,道德代价的调控必须有一个明确的、实在的、有效的策略选择。

(一) 关键:深化政治体制改革与加强执政党道德建设

在新的历史条件下加强道德建设、调控并降低道德代价,是一项复杂而艰巨的社会系统工程",必须"深化政治体制改革、经济体制改革、文化体制改革、司法体制改革,完善法律法规,使有道德的企业和个人受到法律的保护和社会的尊重,使违法乱纪、道德败坏者受到法律的制裁和社会的唾弃"。从调控道德代价的视角看,在需要深化的系列改革中,最关键的就是要深化政治体

---

① 刘培峰:《宗教与慈善从同一个站台出发的列车或走向同一站点的不同交通工具?》,《世界宗教文化》2012 年第 1 期。
② 艾已晴:《国家宗教事务局政策法规司副司长焦自伟:宗教慈善创新——鼓励与规范并行》,《公益时报》2012 年 11 月 13 日第 6 版。
③ 艾已晴:《国家宗教事务局政策法规司副司长焦自伟:宗教慈善创新——鼓励与规范并行》,《公益时报》2012 年 11 月 13 日第 6 版。

制改革,在深化政治体制改革的同时要加强执政党的道德建设。如此,才能从根本上降低道德代价的付出。

1. 深化政治体制改革

中国的改革包括经济体制改革、政治体制改革、文化体制改革、社会体制改革在内的全面改革。回顾改革开放的历程,中国的改革开放是从解放思想、放弃"以阶级斗争为纲"开始的,1978 年以后,政治体制改革有过短暂的探索期,之后在很长一段时间里以经济体制改革为主体,文化体制改革、社会体制改革逐步铺开;21 世纪初以后,社会体制改革加大了力度,并逐渐成为中国改革事业的新重点。在这几个领域中,经济体制改革力度最强,通过改革大大解放了生产力,经济获得长足发展,成果显赫;文化体制改革、社会体制改革也取得了较大的进步,政治体制改革虽也有一定进展,但相比较而言,其滞后性则非常明显。

马克思主义创始人认为,"政治、法、哲学、宗教、文学、艺术等的发展是以经济发展为基础的"①,"随着经济基础的变更,全部庞大的上层建筑也或慢或快地发生变革"②。列宁也指出:"今后在发展生产力和文化方面,我们每前进一步和每提高一步都必定要同时改善和改造我们的苏维埃制度。"③换而言之,经济发展了,政治体制改革也必须同步进行。改革开放以来,中国经济迅速发展,与此同时,人们的思维方式、价值观念、行为选择、精神文化需求等也产生了巨大变化。经济社会生活的深刻变化,必然要求对现行的政治结构进行相应的调整,政治体制也必须进行更深层次的改革。早在 20 世纪 80 年代,邓小平就已经意识到政治体制改革的必要性。他指出:"政治体制改革同经济体制改革应该相互依赖,相互配合。只搞经济体制改革,不搞政治体制改革,经济体制改革也搞不通"④,"现在经济体制改革每前进一步,都深深感到政治体制改革的必要性。不改革政治体制,就不能保障经济体制改革的成果,不能使经济体制改革继续前进,就会阻碍生产力的发展,阻碍四个现代化的实

---

① 《马克思恩格斯选集》第 4 卷,人民出版社 1995 年版,第 732 页。
② 《马克思恩格斯选集》第 2 卷,人民出版社 1995 年版,第 33 页。
③ 《列宁选集》第 4 卷,人民出版社 1995 年版,第 613 页。
④ 《邓小平文选》第三卷,人民出版社 1993 年版,第 164 页。

现"①。到了今天,政治体制的改革显得更加迫切。

从道德代价的角度看,当前中国改革开放进程中所付出的沉重道德代价,与传统政治体制的弊端紧密相关。有学者总结了传统政治体制渐显的几大弊害,例如:容易滋生消极腐败现象、容易产生官僚主义、容易催生形式主义和假大空现象、容易造成实用主义和短期行为、容易在政治生活中形成圈圈派派、传统政治体制下不可能有真正的法治等。② 改革开放以来的许多道德代价,大都可以从传统政治体制的弊端中找到对应的根源。例如:钱权交易——权力的经济逻辑是在资本集团中获取财富,资本的政治逻辑是在权力集团中获取效益最大化,传统政治体制的弊病使得政治体制难以对权力和资本的勾结形成有效的制度约束,使得腐败现象日益突出。又如分配不公——在改革开放的过程中,人民群众是最大的贡献者,有时甚至是牺牲者,但在利益分配中却并不是最大利益的获得者、甚至是受伤害者,而党政干部却和普通群众之间获益悬殊,这与部分党政干部的官僚主义、特权心理密切相关,导致其心中没有群众、对群众利益漠不关心。此外,社会上人皆谴责的诚信缺失、假冒伪劣盛行现象,也很难撇清传统政治体制的责任——即对政府公信力不足以及形式主义、弄虚作假等现象的"上行下效"。兼之当前社会上出现了一些影响改革和发展大局、甚至影响政局稳定和党的执政地位的变数,例如社会不满情绪滋长、累积,"如果社会不满严重累积的话,那么社会就会变成一个随时都可能爆炸的火药库"③,又如党的群众基础受到一定损害、国内的敌对势力有所抬头等,使得政治体制改革已经迫在眉睫、刻不容缓。虽然现在有越来越多的人认识到当前中国社会的许多问题大都是传统政治体制的弊端所致,但学界、社会上仍然有一种观点,认为政治体制改革太敏感、太艰巨、风险太高,应先开展社会改革,最后再启动政治体制改革。客观而言,在当前的阶段,大力推行社会改革对平缓社会矛盾在短期的确会有助益,但社会改革不可能代替政治体制改革。因为社会改革必然触及权贵利益,利益问题又必定会引起各方博

---

① 《邓小平文选》第三卷,人民出版社1993年版,第176页。

② 陈武明:《新的历史跨越——关于当前的政治体制改革》,浙江大学出版社2008年版,第64—117页。

③ 陈武明:《新的历史跨越——关于当前的政治体制改革》,浙江大学出版社2008年版,第124页。

弈,最终还是要由政治体制改革来调整权力问题。不进行政治体制改革,难以保障社会的公平正义;不进行政治体制改革,难以从根本上解决当前沉重的道德代价问题;不进行政治体制改革,甚至难以保住中国共产党的执政地位。

既然政治体制改革刻不容缓,那就需要有合理的顶层设计,更主动、更有计划地去解决问题,让人民群众看到决心、增强信心。党的十八大报告指出:"政治体制改革是我国全面改革的重要组成部分。必须继续积极稳妥推进政治体制改革,发展更加广泛、更加充分、更加健全的人民民主。""要把制度建设摆在突出位置,充分发挥我国社会主义政治制度优越性,积极借鉴人类政治文明有益成果,绝不照搬西方政治制度模式。""必须坚持党的领导、人民当家作主、依法治国有机统一,以保证人民当家作主为根本,以增强党和国家活力、调动人民积极性为目标,扩大社会主义民主,加快建设社会主义法治国家,发展社会主义政治文明。"[1]党的十八大报告非常明确地回答了政治体制改革要不要改、改什么、怎么改的问题。

2. 加强执政党道德建设

中国共产党是执政党,在中国政治体制中处于核心地位,是整个国家和社会的领导力量,同时也是政治体制改革的直接推动者,这是我们思考政治体制改革的前提和出发点。由此而论,中国的政治体制改革必须把握好两条基本原则:第一,改革成功的关键是政府,是政府职能的转变;而政府体制改革和政府职能转变这个关键中的关键,则是执政党自身的改革;第二,党的自身改革旨在改善党的领导和执政,而不是取消党的领导。[2] 因而,政治体制改革的成功与否,最关键还是在于执政党自身的改革。执政党自身的改革主要包括两个方面:一是加强党的道德、思想、组织、队伍等各方面的建设,增强党的凝聚力和战斗力;二是加强党的执政能力建设,改革、改善党的领导体制和工作机制,提高党的科学执政水平、民主执政水平和依法执政水平,巩固党的执政地位。就道德代价的调控而言,在执政党自身的改革内容中,最关键的还是加强执政党的道德建设。

---

① 胡锦涛:《坚定不移沿着中国特色社会主义道路前进 为全面建成小康社会而奋斗——在中国共产党第十八次全国代表大会上的报告》,人民出版社2012年版,第25—26页。
② 参见周天勇、王长江、王安岭主编:《攻坚:十七大后中国政治体制改革研究报告》,新疆生产建设兵团出版社2007年版。

加强执政党道德建设之所以重要,首先是因为执政党执政道德与执政党的执政合法性之间紧密关联。"合法性"一词源于英文的"Legitimacy",现在已成为现代政治学的一个关键术语,它与政治紧密相关。"合法性意味着某种政治秩序被认可的价值","只有政治秩序才拥有着或者丧失着合法性,只有它们才需要合法化";①而合法性是政治体系权威或政党权威的基本来源。一个执政党执政合法性的获得,一方面要依赖于合法律性(其产生是否合法、执政后是否依法执政);另一方面依赖于合道德性。在西方自然法学家看来,合法性的"法"指的是"自然法",而不是"实体法";评价一个政治秩序是否合法,首先在于它是否符合以自然法为基础的道德标准,因而"合道德性优于合法律性"②。历代统治者和政治家们都很重视合道德性,古人所言的"得民心者得天下,失民心者失天下",就是对政治权力合法性的一种道德判断。对于执政党而言,合道德性主要仰仗执政党道德。执政党道德是执政党治党治国所应当具备的行为规范体系的总称,是执政党治理国家、整合社会的道义基础。执政党道德状况是否良好,关系着执政党的形象和执政合法性,关系着执政党所提供的政治秩序是否得到大众的认可。现代世界各国政党的实践表明,一个有作为的政党、特别是执政党,都非常注意维护自身的道德形象,非常重视自身的道德建设,以赢得民心、获得支持;相反,不重视道德形象和道德建设的政党、执政党,往往难以获得支持,也往往容易失去执政权。苏联解体、东欧剧变,以及世纪之交墨西哥革命制度党、印度国大党这两个长期执政的政党也失去政权,尽管其中原因多样,但共性问题都在于党自身出现问题,执政党道德建设乏力,导致政党脱离群众、腐败严重、官僚主义现象突出、威望下降,失去民众的认可和支持,以致失去政权。因而,执政党要巩固自己执政的合法性地位,必须重视自身的道德建设。无论是在革命战争年代,还是在执政后的和平年代,中国共产党都非常重视道德建设。但从理论和实践上来看,执政党长期执政,本身容易产生"道德麻痹症"③,导致权力寻租、官僚主义、执政腐败等现象,从而危及到党执政的合法性。要防止这种"道德麻痹症"的产生和蔓

---

① [德]哈贝马斯:《交往与社会进化》,张博树译,重庆出版社1989年版,第184页。

② 李建华等:《执政与善政——执政党伦理问题研究》,人民出版社2006年版,第7页。

③ 陈宝生:《政治秩序的道义基础与以德治党——论执政党的秩序供给与道德建设》,《中共中央党校学报》2003年第3期。

延,就必须时刻重视执政党道德建设,把它作为一项关系党的生死存亡的战略任务来落实。

其次,加强执政党道德建设之所以重要,是由执政党的领导地位决定的。马克思、恩格斯认为:"统治阶级的思想在每一时代都是占统治地位的思想。"①因此,执政党所倡导的道德规范在全社会道德规范体系中占主导地位;而且执政党所展示的道德水平,也直接影响社会道德建设的成效,就如古人所言:"官德如风,民德如草,风行则草偃"。如果执政党及其成员不断践行、示范其所倡导的道德规范,那么这些道德规范可以潜移默化地影响一般社会成员,并逐渐转化成社会大多数成员自觉接受的道德规范。这些道德规范转化得越多,执政党所提供的秩序也就越高程度地被社会成员所认可和接受,这个社会也就越稳定、越和谐。换而言之,执政党发挥了良好的道德垂范、道德教化的导向作用。相反,如果执政党在道德规范的倡导和践行上出现反差和脱节,那么其所倡导的道德规范体系往往缺乏说服力,其所推行的道德建设的成效也会大打折扣。而一旦执政党道德风尚衰变,社会整体道德风尚也会随之衰变,二者还会互相拖动,造成社会风气败坏、每况愈下。此外,作为执政党,其组织和成员的道德状况如何,还直接影响到其对党和国家的各项路线、方针、政策的贯彻执行,从而影响到社会的进步和发展。因而作为执政党,中国共产党必须对自身的道德建设保持警醒意识,必须加强自身的道德建设,以产生和强化社会示范效应,从而切实推进社会道德建设的顺利展开,实现调控道德代价、降低道德代价的目标。

加强执政党道德建设,主要包括个体和组织两个层面:

第一,个体层面,主要是强化执政党成员的道德自律意识。康德曾指出,自律原则是唯一的道德原则;马克思也指出:"道德的基础是人类精神的自律"②。自律是道德主体能动性的重要表现,也是道德在最高原则,即道德主体的自我立法,是人们能够达到的一种精神境界。加强执政党道德建设,应重视道德自律的积极作用,鼓励党员领导干部不仅在行为上"不违法",而且还要追求更高的精神境界,由他律转为自律。只有当执政党成员"使这些原本

---

① 《马克思恩格斯选集》第1卷,人民出版社1995年版,第98页。
② 《马克思恩格斯全集》第1卷,人民出版社1995年版,第119页。

外在于自己的道德,成为自己的道德,成为自己的需要时,即成为主体的道德。唯有这样,道德主体与道德规范才达到了相互依存、不可分离的程度;唯有这样,道德的力量才能最大限度地发挥出来"①。

第二,组织层面,包含三个基本内容。首先,必须树立"以人为本、执政为民"的核心价值理念。执政党道德建设必须有一个核心的价值理念,这个理念反映执政党的性质、立党宗旨、执政目的、理想信念,决定执政党道德建设的方向,也为执政党的路线、方针、政策的制定提供价值取向。胡锦涛曾强调:"只有坚持以人为本、执政为民,我们党的执政地位才能牢不可破,我们的事业才能蓬勃发展。"②其次,必须切实推进执政党道德建设的制度化。核心价值理念属于方向性引导,但要转化为现实必须通过制度化的途径,因为"价值规定了行为的总方向",但"价值并不告诉个人在既定的情境中干些什么"③。所以核心价值理念要依靠制度化来实现。在当下的时代,执政党要经受住金钱、权力等等诱惑的考验,履行好执政党的道德要求,单纯依靠思想教育和执政党成员的道德自律是非常乏力的;必须诉诸制度化的约束机制,落实执政党道德建设的强制性。正如邓小平所指出的:"这些方面的制度好可以使坏人无法任意横行,制度不好可以使好人无法充分做好事,甚至会走向反面。"④因而,"制度问题更带有根本性、全局性、稳定性和长期性"⑤。最后,必须重视和加强执政党内部的道德教育。"人不学,不知义;玉不琢,不成器。"高尚的道德情操决不会自发地产生和保持,需要不断地灌输和学习。因而应重视和加强执政党内部的道德教育,要把执政党伦理道德教育作为各级党校的必修课。

(二) 重点:深化教育改革与加强未成年人道德建设

未成年人在全国人口中占据 30% 左右,是中国未来的生力军;他们目前正处于道德品质形成的关键时期,他们的道德状况如何,直接关系到国家前途和民族命运。但当前时代、社会、形势都发生了深刻变化,给未成年人道德建

---

① 夏伟东:《道德本质论》,中国人民大学出版社 1991 年版,第 152 页。
② 《胡锦涛在第十七届中央纪委第六次全体会议上讲话》,《人民日报》2011 年 1 月 12 日。
③ [美]塔尔科特·帕森斯:《现代社会的结构与过程》,张明德、夏遇南、彭刚译,光明日报出版社 1988 年版,第 145 页。
④ 《邓小平文选》第二卷,人民出版社 1994 年版,第 333 页。
⑤ 《江泽民文选》第三卷,人民出版社 2006 年版,第 29 页。

设带来了严峻挑战。而教育体系中德育还存在着许多不适应新形势、新变化、新任务的地方和亟待加强的环节。进行道德代价的调控，必须认识到未成年人道德建设的极端重要性和紧迫性，必须适应新形势新任务的要求，积极应对挑战，进行教育改革和进一步加强未成年人道德建设。

1. 教育改革

雅斯贝尔斯在其著作《什么是教育》中指出，教育是人的灵魂的教育，而非理性知识和认识的堆积。换而言之，提升教育对象的生命境界，使其精神更加完善、使其人格更加高尚，应是教育的首要责任和价值追求；"育人为本、德育为先"，立德树人应是教育的根本任务。但是由于种种原因，改革开放以来，教育的这种定位在实践中不但没有被真正体现，反而被淡化甚至被边缘化。即使进入新世纪以后，党和政府连续发布《公民道德建设实施纲要》、《中共中央国务院关于进一步加强和改进未成年人思想道德建设的若干意见》、《关于进一步加强和改进大学生思想政治教育的意见》等文件，也未能真正扭转这一局面。造成教育中德育遇冷的境况，主要有以下两个原因：

第一，社会大环境因素。十年动乱让中国国民经济几近崩溃，1978年的十一届三中全会以后，恢复经济、振兴经济、发展经济成为党和国家的工作重心。但改革开放以来，由于过度突出"以经济建设为中心"、片面追求物质层面的发展，导致了物质文明建设"硬"、精神文明建设"软"的局面，作为精神文明建设的核心内容，道德建设也处于被忽视的境地。在改革开放的具体实践中，因为道德建设不能直接带来经济利益，而且难度大、见效慢，所以往往被轻视。不少人甚至认为，经济建设与道德建设之间存在着"先与后"的逻辑关系：即先提高经济水平、再进行道德建设；前者提高了，后者自然会水到渠成。由于道德建设在整个社会大环境中都没有得到应有的重视，在改革开放浪潮洗礼中的国民教育体系也很难独善其身，重视德育的传统受到巨大冲击。

第二，教育自身的取向出现偏差。一是工具化取向。受物质利益至上、推崇工具理性的社会风气影响，教育自身也被工具化——原本以培养人自身为目的的教育，被扭曲为培养作为工具和手段存在的人。在这种功利、实用的思想主导下，"个人要求更多的教育，不是为了智慧，而是为了维持下去；国家要求更多的教育，是为了要胜过其他国家；一个阶层要求更多的教育，是为了要胜过其他阶层，或者至少不被其他阶层所胜过。因此，教育一方面同技术效力相联系;另一方面同国家地位的提高相联系……要不是教育意味着更多的金钱,或更大的支配人的权利或更高的社会地位,或至少有一份相当体面的工作,那么费心获得教育的人便会寥寥无几了"①,"是否有用"成了衡量教育的最主要标准。在工具化取向的主导下,教育的内容呈现出重科学轻人文、重成才轻成人、重知识轻道德、重社会适应性轻超越性的倾向。二是应试化取向。教育的工具化取向衍生出另一个取向,即应试化。应试教育,是指以升学考试作为教育追求的根本目的的教育模式;它以单向传授知识为主要内容,以单一的考试手段为评价学生的主要方式。当前的应试教育主要围绕着高考指挥棒和与此相关联的各级重点学校。在科学的教学测评机制出台之前,升学率成为衡量一切的尺度,与学校教育成就、社会声望,教师工资待遇、岗位、职称等直接相关;致使许多学校把工作重心放在提高升学率上,德育等与升学考试关联不大的内容被边缘化。正是因为教育的工具化取向和应试化取向,使德育处于"口号上重要,实际上不重要"的尴尬境地。同时,也正是因为德育的不受重视、被边缘化,使得德育的内容、方法远远落后于时代,革新动力不足,这又进一步加剧了德育的被边缘化状态。结果,这种落后于时代发展、不适应社会变革要求的德育内容和方式"因其忽视现代社会开放和价值多元的事实,忽视道德教育之固有的主体性本质,以及忽视现代社会对自主性和创造精神的呼唤,而在解释现实的社会道德问题、解决青少年道德价值观冲突面前日显苍白,不能充分发挥其应有的传递时代精神、塑造时代品格,从而为社会发展提供精神动力的作用"②。

无独有偶,在 20 世纪 80—90 年代,日本的教育体系也曾经出现过相类似的情形。一方面,战后日本教育体系偏重智育,升学压力大、考试竞争激烈,德育长期被忽略;另一方面,由于当时日本社会生产高度发展,物质生活比较富裕,年轻一代不需辛劳就可以享受到父辈创造的优越生活条件,宽裕的生活消磨了年轻一代的斗志,而且他们在道德价值观层面形成了物质中心主义的价值取向,使其追求物质的欲望膨胀,个人主义、享乐主义盛行,缺乏社会责任感、唯我独尊等。这种种表现引起日本各界的忧虑,他们把这种现象称为"道

---

① [英]T.S.艾略特:《艾略特诗学文集》,王恩衷编译,国际文化出版公司 1989 年版,第 204 页。
② 戚万学:《关于建构中国现代道德教育理论的几点设想》,《教育研究》1997 年第 12 期。

德荒废"、"教育荒废"。针对这种"道德荒废"、"教育荒废"的现象,日本教育家井深大批评道:"日本迄今的教育只追求智育'这一半教育',而忘记了精神教育或人性教育的'树人'这'另一半教育',我要大声疾呼,为了认真地研究'何谓教育'这个教育本来的目的,并向着由此引导出来的长远设想前进,最重要的是必须把注意力转向'另一半教育'。"①20 世纪末日本年轻一代道德水准的滑坡和日本各界对此的担忧和焦虑,引起了日本政府的高度重视,促使日本政府加快了教育改革的步伐。1989 年,日本临时教育审议会在其教改报告中指出:"能否培养出在道德情操和创造力方面都足以承担起 21 世纪日本的发展任务的年轻一代,将决定未来的命运。当务之急是要加强学校的道德教育。"②1998 年,日本召开"加强道德教育全国大会",再次强调"道德教育工作是关系日本 21 世纪命运的关键。"③在此期间日本开展了面向 21 世纪的第三次教育改革,把战后长期形成的"智、德、体"三育的顺序重新改回到传统的"德、智、体",突出了德育的重要地位。

除了日本,近 10 年来不少欧美国家和亚洲其他国家也纷纷进行教育改革,都不约而同地凸显德育的重要地位,以积极回应经济快速发展、信息时代来临对道德教育的新要求、新挑战。当前中国也亟需加大教育改革的力度,全面、系统地进行改革,纠正当前国民教育体系存在的取向偏差,真正回归德育首位,并以此带动道德教育的改革,真正实现"立德树人"的教育目的,这样才能符合道德代价调控的长远考虑。

在此,值得我们欣慰的是,党的十八届三中全会终于吹响了"深化教育领域综合改革"的进军号:"全面贯彻党的教育方针,坚持立德树人,加强社会主义核心价值体系教育,完善中华优秀传统文化教育,形成爱学习、爱劳动、爱祖国活动的有效形式和长效机制,增强学生社会责任感、创新精神、实践能力。强化体育课和课外锻炼,促进青少年身心健康、体魄强健。改进美育教学,提高学生审美和人文素养。"④

---

① [日]井深大:《精神·道德·情操——无视另一半教育的日本人》,骆为龙、陈耐轩译,社会科学文献出版社 1987 年版,第 77 页。

② 转引自焦焕章、徐恩芳:《关于国外学校德育的若干考察——兼谈对我们的启示》,《比较教育研究》1995 年第 5 期。

③ 转引自崔景贵:《国外青少年道德教育的走向及其启示》,《外国教育研究》2002 年第 3 期。

④ 《中共中央关于全面深化改革若干重大问题的决定》,人民出版社 2013 年版,第 42—43 页。

2. 加强未成年人道德建设

从道德代价调控的对象这一角度看,要降低道德代价,当前的道德建设工作应涵盖三个重要群体:执政党及其成员、成年人、未成年人。第一个群体是执政党层面的,第二个、第三个群体是大众层面的。在这三个群体中,未成年人道德建设特别农村的留守儿童和进城务工人员子女的道德建设是当前道德建设中最紧迫的,也是当前中国社会中人们最关注、最担忧的。根据有关数据统计,中国当前18岁以下的未成年人接近4亿人,这是一个不小的数字。而长期以来未成年人的犯罪率以高达12%的速度增长,超过GDP的增长率,这不能不让人十分担忧。未成年期是道德价值观的塑造期,未成年人道德建设不仅关系到未成年人自身道德素质的提高、关系到其健康成长;同时因为未成年人是国家和民族的未来和希望、是潜在的生力军、是中国特色社会主义事业的接班人,所以未成年人道德建设状况也是左右未来中国社会道德风尚、关系中华民族的整体素质、决定国家和民族未来兴衰成败的关键因素。"一般来说,未成年人道德建设,实质上就是要把社会主导道德价值观传输给未成年人的过程。这就决定了未成年人道德建设通常是由'社会'(包括国家和政府)来进行的,因而往往表现为一种政府行为或社会组织行为。"①由国家和政府所进行的未成年人道德建设,主要的渠道即是学校教育,学校是对未成年人进行系统的道德教育的重要阵地。但当前德育在国民教育体系中的被淡化、被边缘化境遇势必大大削弱未成年人道德建设的成效,兼之当前社会环境对未成年人道德价值观的非正面影响,使未成年人道德建设状况令人担忧。因此,调控道德代价、降低道德代价,必须加强未成年人道德建设。但加强未成年人道德建设,仅仅依靠学校是远远不够的,因为未成年人的生活、成长环境并不是单一的学校环境,他们会受到来自家庭、社会以及现代传媒等多方面的影响。因而加强未成年人道德建设,需要学校和校外两个层面相互配合:

第一,学校层面。首先,应摆正教育的价值取向,让德育回归本位。《中共中央国务院关于进一步加强和改进未成年人思想道德建设的若干意见》明确指出:"学校是对未成年人进行思想道德教育的主渠道,必须按照党的教育

①　廖小平:《代际互动——未成年人道德建设的代际维度》,人民出版社2009年版,第355页。

方针,把德育工作摆在素质教育的首要位置,贯穿于教育教学的各个环节。"①但要让学校真正贯彻这一精神,需要政府、社会给予更多的支持。例如加大教育投入,不断扩充教育资源,缩小教育资源之间的差异,建立新的教育评价标准等,才能从根本上扭转教育价值取向错位的局面。其次,应改革和充实德育内容。一方面,要立足中国社会的现实生活、立足中国社会主义现代化的实践,融汇中西价值观念,对传统德育进行批判、继承和返本开新;另一方面,要不断充实德育内容,把社会科学如心理学、伦理学、社会学等研究成果纳入德育范畴,使德育内容更丰富、更鲜活、更深刻;再一方面,应加强德育内容的现实针对性——不局限于书本,要针对未成年人的思想问题、思维特点等有的放矢。再次,应改进德育的方式。一方面,要确立教育对象——未成年人在德育教学活动中的主体地位,由传统的教师主导转变为教师引导,充分调动未成年人的积极性、主动性,引导其开展形式活泼的道德教育活动,提高其道德自我教育能力;另一方面,要强调实践性。皮亚杰认为,人的认知是在与外界互动的过程中才逐渐掌握的。同理,"道德教育只有通过给个人作出道德决定的具体经验和道德推理技能的实践才能促进人的发展"②。因此,道德教育要取得良好效果,也必须把道德认识和道德实践结合起来,要走出课堂、走出学校、走进生活、走进社会。可以通过开展生动、新颖的道德实践活动,例如参观访问、社会调研、社会服务等,既在活动中提出日常生活中或者设想的问题,让未成年人在讨论、辩论中明辨是非、提高认识,也可以引导未成年人从小事做起、从自己做起,培养其公益意识和社会责任感,使其自觉提升道德认识和道德境界。

第二,校外层面。要创造一个有利于未成年人健康成长的家庭和社会环境。环境对人的影响不可忽视。马克思指出:"人们的观念、观点和概念,一句话,人们的意识,随着人们的生活条件、人们的社会关系、人们的社会存在的改变而改变。"③家庭在对未成年人道德价值观的形成和塑造上的重要性众所周知,而社会对未成年人道德价值观的影响也非常大。因为社会是未成年人

---

① 《十六大以来重要文献选编》(上),中央文献出版社 2005 年版,第 795 页。
② 鲁洁、王逢贤主编:《德育新论》,江苏教育出版社 2000 年版,第 618 页。
③ 《马克思恩格斯选集》第 1 卷,人民出版社 1995 年版,第 291 页。

成长的外部环境,也是未成年人进行道德认识和道德实践的大平台。但未成年人正处于人生观、价值观的形成阶段,虽好奇心、接受能力强,辨别能力、自律能力却仍比较弱;如果缺乏一个健康向上的社会环境、缺乏社会教育资源的有力支持,会抵消、降低学校德育、家庭德育的效果。① 因而在社会层面,需要以政府为主导,一方面加大投入,积极为未成年人提供有益于其身心健康成长的精神文化产品,使其在休闲消遣中增长知识、开阔视野,并提高理性思考、辨别是非的能力;另一方面整顿和净化社会环境,严厉打击非法制作、放映和售卖色情、暴力等内容的个人、单位,严格查处和依法取缔宣扬不健康内容的网站和场所,严格控制那些可能对未成年人造成消极影响的节目的播放时间和播放频道,等等。

(三) 突破口:深化社会改革与加强职业操守建设

社会改革在人民群众中的涉及面最广,职业操守建设中人民群众的参与性最高。人民群众是社会道德建设的主体力量,如果能够把社会改革和职业操守建设工作做好,必将令道德调控达到奇效,大大改善社会道德风尚状况。因而进行道德代价调控,必须以此为突破口。

1. 社会改革

中国作为一个后发展国家,在改革开放的第一阶段,具有强烈的发展意愿;"发展才是硬道理"成为全国上下一致的呼声,经济改革成为优先考虑的事项。随着经济体制改革的深入和经济生活的迅猛发展,利益分化和社会分层越来越明显,计划经济体制下的各项福利措施和保障制度开始逐渐由国家化走向社会化、市场化。这时社会改革已悄然启动。到了 21 世纪初,社会改革才开始加大力度,以强劲势头表现出来。

社会改革在此时突然发力,有其深刻的社会背景。因为这个阶段正是中国改革发展的一个关键期。根据国际发展经验,人均国内生产总值在 1000 美元到 3000 美元的阶段是一个关键时期,既是黄金发展期,也是矛盾凸显期。这个阶段,中国的经济、政治、文化、社会等各个方面都取得了显著成就,但与此同时,"我们正面临着并将长期面对一些亟待解决的突出矛盾和问题,我国

① 余泽娜、刘尚明:《农村未成年人思想道德建设问题探析》,《社科纵横》2011 年第 9 期。

经济社会发展也出现了一些必须认真把握的新趋势新特点,主要是:资源能源紧缺压力加大,对经济社会发展的瓶颈制约日益突出,转变经济增长方式要求十分迫切;城乡发展不平衡、地区发展不平衡、经济社会发展不平衡的矛盾更加突出,缩小发展差距和促进经济社会协调发展任务艰巨;人民群众的物质文化需要不断提高并更趋多样化,社会利益关系更趋复杂,特别是受经济文化发展水平等多方面的限制,统筹兼顾各方面利益的难度加大;体制创新进入攻坚阶段,深化改革,扩大开放,进一步触及深层次矛盾和问题;劳动者就业结构和方式不断变化,人员流动性大大加强,社会组织和管理面临新问题;人民群众的民主法制意识不断增强,政治参与的积极性不断提高,对发展社会主义民主政治和落实依法治国基本方略提出了新要求;各种思想文化相互激荡,人们受各种思想观念影响的渠道明显增多、程度明显加深,人们思想活动的独立性、选择性、多变性、差异性明显增强;社会上存在的消极腐败现象以及各类严重犯罪活动等也给社会稳定与和谐带来了严重影响,等等。"①在这个时期,举措得当则社会平稳前进,举措不当则社会长期动荡,甚至引发全局性的危机。

在经济社会生活存在的不稳定因素越来越多,社会不公平、不公正、不和谐问题越来越突出的背景下,必须在保障社会长远的根本利益得到实现的前提下,实行系统的社会改革,对不同社会阶层的各种利益进行合理的重新分配与协调,以防止社会分化、社会动荡,推动社会和谐、社会公平正义的实现。在当前阶段,社会改革的焦点主要包括社会保障、医疗卫生、教育、环保等。从道德代价调控的角度看,政府进行系统的社会改革不仅仅是在消化前期经济改革所产生的收入分配差距、社会分化和环保等负面问题,而且是在为调控道德代价、降低道德代价奠基人心工程、提供后方支持。这是因为:首先,如果离开广大人民群众切身利益进行道德代价调控,即使调控方案设计得再精美也只能沦为空谈,难以获得支持,也不可能有预期成效。邓小平指出:"如果只讲牺牲精神,不讲物质利益,那就是唯心论。"②同样,在全社会进行道德代价调控,如果忽略广大人民群众的切身利益、漠视人民群众疾苦、无视人民群众意愿,要求人民群众离开现实谈崇高,这种可能性、可行性非常小。其次,系统地

---

① 《十六大以来重要文献选编》(中),中央文献出版社 2006 年版,第 697 页。
② 《邓小平文选》第二卷,人民出版社 1994 年版,第 146 页。

推进社会改革和改善民生、关心人民群众疾苦、尊重人民群众意愿,可以消减社会积怨、缓和社会矛盾,这必将在相当大程度上降低社会不稳定指数,也减少了社会不必要道德代价的付出。正因为社会改革与广大人民群众切实利益密切相关,可以为道德代价调控奠定人心基础,因而社会改革恰好可以作为道德代价调控的一个突破口。为了更好地进行社会改革,有两个主要的方面是值得关注的:

第一,要始终把"以人为本"作为社会改革的核心价值。"社会"的主体是广大人民群众。社会改革要真正实现对"社会"——广大人民群众的保护,就必须确立并始终坚持以人为本的核心价值。"以人为本"作为社会改革的核心价值,它所推动的相关的制度安排和政策实施,将涉及一系列救助贫困和化解危机的国家行为,尽可能让所有人都过上合乎体面的、有尊严的生活;将促使政府运用各种行政手段缩小贫富差距、地区差距、收入分配差距,提高福利水平;将推动医疗、就业、教育、住房、养老等民生问题得到进一步的解决,"在学有所教、劳有所得、病有所医、老有所养、住有所居上持续取得新进展,努力让人民过上更好生活"[1]。

第二,发动民间社会力量进行社会改革。西方很多国家的社会改革,主要是靠社会运动和民权运动推动的。例如在美国现代化进程中,针对美国经济、政治领域的变革以及由此带来的一系列弊端和社会问题,美国社会掀起了一场场自下而上的社会运动,激发整个美国社会的道德感和社会责任感,为改革创造了舆论环境和社会基础。"社会是美国人找到的一条对现代化进程中出现的问题表达呼声的有效渠道。通过和政治体制的有机结合,社会运动使社会各阶层对变革的不满和要求得以宣泄、传达和可能的解决。美国人在社会中逐渐养成了在民主社会中参政的能力,沉默不是美国人的习惯。"[2]在当今中国,民间的社会力量在壮大,执政党要善于采取办法领导民间社会力量,发动民间社会力量参与社会改革。民间社会力量一方面可以帮助执政党发现社会改革的盲点和不足之处,推动社会改革的不断完善和发展;另一方面也可以在执政党进行社会改革的过程中提供鞭策和监督力量。

---

① 胡锦涛:《坚定不移沿着中国特色社会主义道路前进 为全面建成小康社会而奋斗——在中国共产党第十八次全国代表大会上的报告》,人民出版社 2012 年版,第 34 页。

② 高兆明、李萍等:《现代化进程中的伦理秩序研究》,人民出版社 2007 年版,第 322 页。

2.加强职业道德建设

职业道德就是"所有从业人员在职业活动中应该遵循的行为准则,涵盖了从业人员与服务对象、职业与职工、职业与职业之间的关系"①。职业道德建设是强化职业操守建设与道德代价调控的一个突破口。

首先,是因为职业道德是整个社会道德生活的重要组成部分。在现代社会,职业道德在道德生活中的分量越来越重。在传统社会,为道德提供权威基础的是宗教或家庭;但随着现代工业社会、市场经济的发展,随着社会分工的深化和利益群体的分化,宗教的力量已经式微、家庭的意义也发生变化,传统上作为社会权威的宗教和家庭很难再发挥维持社会整合的作用了。与此同时,由于职业生活是整个社会生活的主体和基础,在职业生活中生成的道德能够控制职业行为,更能让人们理解并接受和遵守,因而职业道德能够作为新的道德权威出现。法国社会学家涂尔干就认为,在工业社会,只有由职业联合体所产生的道德才能维持工业社会的整合和稳定。正是在这个意义上,一个社会的整体职业道德状况如何,直接影响到整个社会生活的正常运转、影响到整个社会的道德风尚。"职业道德是传统道德中没有的新兴的道德类型,它是现代社会最重要、最有力的道德领域。职业道德群体就是现实社会的主导群体。"②

其次,是因为职业道德建设具有更有力的组织保障。从事职业活动的人,都生活在一定的社会组织之中,直接受到所在组织的制约。相比起社会公共道德、家庭道德,职业道德由于具有严密的组织性、具有制度化和长效化的特点,也就具有更有力的组织保障,建设起来更易见效。通过各个职业团体的组织化、制度化、长效化干预,可以更加有效地敦促社会各行各业的人员提高工作效率,保证工作质量,调节好职业交往中从业人员内部以及从业人员与服务对象之间的关系,维护和提高本行业的信誉,促进本行业的发展,承担起本行业对社会所负的道德责任和义务。

而加强职业道德建设,主要有以下几条途径:

第一,社会各行各业要制定切实可行的职业道德规范。加强职业道德建

---

① 《十五大以来重要文献选编》(下),人民出版社2003年版,第1985页。
② 李德顺:《德治还是法治? ——不可回避的选择》,《党政干部学刊》2007年第6期。

设,首要的切入点就是各行各业要根据各自的特点和要求,根据不同岗位、工种的工作内容、要求和标准,制定好切实可行的职业道德规范。通过建立量化、标准化、具有可操作性、便于检查和考核的职业道德规范,使本行业从业人员明确自己在职业活动中应该做什么、不应该做什么,以规范指导行为,使其在职业实践中养成良好的职业道德习惯。

第二,积极开展职业道德教育。各行各业有了清晰明确的职业道德规范,就必须通过开展相关的职业培训教育,让本行业的职业道德规范为从业人员所掌握,内化为其自觉的行为,从而使职业道德规范真正落实在从业人员的职业实践之中。各行各业应真正把职业道德培训教育纳入业务管理范围,实现职业道德培训教育的制度化,在从业人员入职之时、在职期间,经常进行职业道德的教育和相关培训,建立定期学习、调查访问、检查监督等相关制度。通过这类职业道德培训教育活动,使从业人员在思想上提高对职业道德建设的必要性和重要性的认识,让从业人员了解本行业的工作要求和道德责任。

第三,突出职业道德建设的重点。要重点抓好国家公务员、企业经营者和单位领导者的职业道德建设。这是因为在各种职业中,国家公务员队伍是道德建设的引导力量,在道德建设中起榜样和垂范作用;这个群体掌握公共权力、公共资源,人民群众对其职业道德状况非常关注,也更加敏感。而企业经营者掌管着企业的经营管理权力,对所在企业的生产、经营活动具有直接影响力,其企业的生产活动、所生产的产品、所提供的服务大都关系到人民群众的衣食住行,关系到人民群众的正常生活和生命的健康与安全。单位领导者的职业道德水准对本单位的普通从业人员具有直接的影响和示范作用。因此,必须重点抓好这些群体的职业道德建设,使其以身作则、严于律己、率先垂范,消除普通从业人员对职业道德规范的消极、懈怠心理,带动本行业的职业道德水平不断提高。

第四,建立健全职业道德激励机制,加强法纪建设和舆论监督。一方面,要建立健全职业道德激励机制。例如把职业道德考核纳入任职资格制度,把就业、上岗、任职同职业道德建设联系起来,在选择上岗员工、选拔管理干部时优先选用一贯遵守职业道德的人员,对职业道德素养不高者应进行严格限制,以激励从业人员自觉遵守职业道德规范;另一方面,要加强舆论监督和相关法纪建设。当前存在的行业不正之风问题,主要起因是职业活动、职业行为、职业道德规范缺乏强有力的监督和法治力量。因此,加强职业道德建设必须加大舆论监督和执法力度,对职业道德缺失行为甚至违法乱纪者予以严惩,以保证社会主义市场经济的正常秩序,在全社会形成遵守职业道德的良好风尚,促进社会风气的好转。

第九章　道德代价机制论

要降低中国改革开放所付出的道德代价,除了要有针对性地确定正确的道德代价调控的路径和方法之外,从根本与长远来说,还必须建立健全降低道德代价的调控机制。而这种调控机制,从系统论的视角来说,不仅有道德系统自身运行的内在机制,还有道德系统与整个社会发展系统之间相互作用的外部机制。

一、调控道德代价的内机制

（一）机制及其意义

1. 机制与道德机制

"机制"一词最早源于希腊文,原指机器的构造和工作原理。生物学和医学通过类比借用此词,指生物机体结构组成部分的相互关系,以及其间发生的各种变化过程的物理、化学性质和相互关系。现已广泛应用于自然现象和社会现象,指其系统内部各个构成要素、组成部分相互协调、相互促进的联结方式和运作方式。

道德机制是一种社会运行机制。"道德机制,是道德活动各个构成要素、组成部分相互协调、相互促进的联结方式和运作方式。社会主义道德机制是人类道德机制发展的最新成果,是道德机制的一般与社会主义社会特殊条件相结合的产物,在现阶段则是与社会主义市场经济特殊条件相结合的结晶。"[1]

---

[1]　吴灿新:《略论社会主义新时期道德机制》,《哲学研究》1996 年第 5 期。

道德代价的调控机制由两部分构成:一是道德内部机制;二是道德外部机制。道德代价的内部调控机制,可称为"道德机制"。它是指道德代价调控活动中道德内部各个构成要素、组成部分相互协调、相互促进的联结方式和运作方式。而道德代价的外部调控机制,可称为"社会机制"。它是指道德代价调控活动中道德与社会各个构成要素、组成部分相互协调、相互促进的联结方式和运作方式。

道德机制从道德主体来划分,可以分为个体道德机制和社会道德机制。前者主要是从个体道德行为的运行方式和道德素质自我建设过程的角度来探讨和规定道德代价调控的道德机制;后者则主要是从社会道德活动的运行方式和道德建设的内在结构的角度去探讨和规定道德代价调控的道德机制。

2.建立道德机制的意义

在任何一个系统中,机制都起着基础性的、根本的作用。在理想状态下,有了良好的机制,甚至可以使一个社会系统接近于一个自适应系统——在外部条件发生不确定变化时,能自动地迅速作出反应,调整原定的策略和措施,实现优化目标。

社会主义道德是人类精神文明发展的新境界,为了适应改革开放特别是市场经济时代社会发展的客观要求,克服当前道德建设的"疲软"局面,最大限度地降低道德代价,必须重视研究和建立、完善社会主义新时期道德代价调控的道德机制,从而有效地推进社会主义新时期道德进步的蓬勃发展。

降低道德代价是一项长期的战略性工程,仅靠人的主观性、突击性的措施是完全不够的。因为人的主观性固然重要,但是人的主观性最大的局限性就是不稳定,它往往因人而异,因人而移;同时,突击性的措施固然需要,但是,它只能解决一时的问题,甚至只能解决表层的问题,而不能解决长期的问题和更深层的问题。要弥补这些不足,要使问题的解决上升到科学的层面,就必须依靠机制。因为机制的建立,一靠体制,二靠制度。这里所谓的体制,主要指的是组织职能和岗位责权的调整与配置;所谓制度,广义上讲包括国家和地方的法律、法规以及任何组织内部的规章制度。也可以说,通过与之相应的体制和制度的建立(或者变革),机制在实践中才能得到体现。因此,机制有着客观性、稳定性、长期性、约束性的特征,而正是由于这些特征,使机制能够为降低道德代价提供坚实的保障。邓小平在谈到制度的极其重要性时指出:"我们过去发生的各种错误,固然与某些领导人的思想、作风有关,但是组织制度、工作制度方面的问题更重要。这些方面的制度好可以使坏人无法任意横行,制度不好可以使好人无法充分做好事,甚至会走向反面。……不是说个人没有责任,而是说领导制度、组织制度问题更带有根本性、全局性、稳定性和长期性。"①邓小平虽然谈的是政治制度,但特殊性中包含着普遍性,这些真知灼见对于降低道德代价的调控机制来说,也是同样适用的。

当然,除机制外,还应当特别重视人的因素。体制再合理,制度再健全,执行的人不行,机制还是到不了位。因此,要降低道德代价,不仅要靠机制也要靠教育。教育和机制尽管二者范畴不同,但它们都是降低道德代价的重要手段。如同鸟之双翼、车之两轮,相辅相成,相互促进。教育是动之以情,晓之以理,以其说服力和劝导力提高广大人民群众的思想道德觉悟;机制则是约之以典章,规之以准则,以其权威的制约性规范人们的行为方式。教育是"软约束",机制是"硬约束"。教育是基础,机制是保证。

(二) 社会道德机制

降低道德代价的社会机制主要由管理协调机制、教育引导机制、监督评价机制和处罚激励机制四个方面组成。

1.管理协调机制

降低道德代价的管理协调机制,是降低道德代价的社会调控机制中最重要的机制。降低道德代价是一项复杂而艰巨的系统工程,它牵涉到方方面面、上上下下,需要人、财、物的支持和投入,因而矛盾和冲突在所难免。为了保证降低道德代价实践的顺利进行,必须有领导、有组织、有计划地协调进行。并且,在市场经济条件下,虽然改革开放的发展为社会道德建设奠定了坚实的物质基础,提供了丰富的道德实践经验,但是,社会道德不会自然而然地发展进步,道德代价更不会自然而然地降低。同时,退一步来说,社会道德的发生虽有一定的自发性,甚至在某些范围与某种程度上道德代价的减少也会有一定的自发性,但这种自发性不仅层次低,偶然性较大,而且往往鱼龙混杂,不确定性强,亟须社会有领导、有组织地将道德实践经验提升到社会的道德理论理性

---

① 《邓小平文选》第二卷,人民出版社 1994 年版,第 333 页。

的高度,使社会道德具有普遍性和明晰性;否则,道德代价难以降低下去,社会道德难以发展起来。

降低道德代价的管理协调机制,从根本上说,就是建立和完善社会道德建设的管理体系和管理方式,并通过其有效的管理,使社会道德建设在良性运作的基础上,获得社会道德建设的最佳成果,从而最大限度地降低道德代价。

降低道德代价的管理协调机制,又包括领导机制、决策机制、管理机制和协调机制四个方面。

(1)领导机制

降低道德代价的领导机制,也是道德建设的领导机制,它是适应改革开放道德建设要求而建立起来的从中央到地方、从事业到企业等的一系列领导机构,主要职责是发挥执政党各级组织在社会道德建设中的主导作用。因为道德建设是精神文明建设和文化建设的重要内容,中国共产党作为执政党,建设物质文明关键在党,建设精神文明关键也在党。要切实加强和改善党对道德建设的领导,就必须建立健全道德建设的领导机制。建立健全道德建设的领导机制,除了加强党对道德建设的组织领导,还应当加强党对道德建设的思想领导。

为此,第一,提高党的领导水平和执政能力。一个国家和民族,不仅要在经济上富强,而且还要在文化道德上进步,才能真正强大。改革开放以来,中国整个社会都发生了深刻的变化,而且还会随着改革开放的深化进一步展开。只有不断提高党的领导水平和执政能力,才能纠正和克服党在道德建设工作中存在的问题和不足,才能与改革开放、深化发展的新形势相适应。第二,改进党的领导方式和领导方法,实现领导工作的规范化、法制化。采取正确的领导方式和领导方法,是执政党必须具备的能力。邓小平指出,要改革党的权力运行机制,使党的领导工作规范化、制度化、法律化;保证党的领导必须使民主制度化、法律化,使这种制度和法律,"使之不因领导人的改变而改变,不因领导人的看法和注意力的改变而改变"①,这既是党的建设的根本要求,也是党领导道德建设和不断推进降低道德代价实践进程的根本要求。第三,从严治党,端正党风,是建立健全道德建设领导机制的重点。中国共产党是中国工人

---

① 《邓小平文选》第二卷,人民出版社 1994 年版,第 146 页。

阶级的先锋队,共产党员要在全社会发挥表率作用,党的领导干部要在全党发挥表率作用。领导干部要自重、自省、自警、自励,以身作则,言行一致,自觉接受党和人民的监督,经受住权力、金钱、美色的考验。要坚定共产主义信念,带头实践共产主义道德和社会主义道德,大公无私,清正廉洁,服从大局,艰苦奋斗,全心全意为人民服务。要加强党风廉政建设,谨防"一丑遮百俊"效应发生。这既关系到道德代价付出的多少、高低,也关系到党和国家前途、命运的兴衰。

（2）决策机制

降低道德代价的决策机制是根据社会发展的实际,适应社会发展需要,作出降低道德代价的科学决策。降低道德代价的领导机构,同时也是降低道德代价的决策核心机构。当然,整个决策机构比领导机构更复杂。由于改革开放、深化发展进程中社会生活的复杂化,降低道德代价有相当的难度,因此,降低道德代价决策机构应由三大部分组成:一是最高决策机构,主要由各级党组织或工会组织与各级行政首长或企业厂长经理组成;二是专职决策机构,主要由专职的部门及其人员组成;三是专家咨询决策机构,由研究道德建设的专家学者组成。后两者主要是通过调查研究,提供决策信息,制定推进社会道德建设、降低道德代价的具体步骤和初步方案,最后供最高决策机构进行决策。

要保证决策的科学化,第一,坚持马克思主义为指导。马克思主义是在人类社会实践和无产阶级革命实践的基础上,揭示了自然界和人类社会历史发展的普遍规律,吸收和改造了人类思想史上一切优秀成果,熔铸而成的科学理论。它不仅具有严谨的科学性和真理性,而且具有鲜明的阶级性和实践性。它的伟大价值,不仅在于正确地认识和解释世界,更重要的是在于指导和改造世界。坚持马克思主义的指导地位,是立党立国的根本,也是进行道德建设和降低道德代价的根本。第二,坚持四个有利于原则。降低道德代价必须坚持"一切有利于解放和发展社会主义生产力"、"一切有利于国家统一、民族团结、社会进步"、"一切有利于追求真善美、抵制假恶丑、弘扬正气"、"一切有利于履行公民权利与义务、用诚实劳动争取美好生活"的原则。第三,坚持"二为"方向。道德建设要为社会主义服务,为人民服务。为了发展先进文化,培养有理想、有道德、有文化、有纪律的公民,必须坚持为人民服务、为社会主义服务的方向;这是发展科学文化事业的根本方向,是科学文化事业的出发点和归宿。① 第四,坚持"双百"方针。"百花齐放、百家争鸣"作为社会主义文化事业的指导方针,其基本点是:在宪法允许的范围内,在学术上实行民主讨论,在艺术上实行民主讨论,在艺术上实行自由竞争,通过批评和自我批评,发展正确和先进的东西,纠正错误和落后的东西,用真善美克服假恶丑,从而保证科学文化事业的健康发展,保证道德建设的科学发展,保证道德代价的有效降低。

(3)管理机制

在改革开放、深化发展的新形势下,为了保证道德代价的有效降低,除了要切实加强执政党对降低道德代价工程实施的领导,还要建立起良性循环的管理机制。由于社会有着广泛的领域、各种复杂的社会关系、多元的利益格局,因此就会有各种不同的道德要求,形成不同的道德原则和规范。在建立社会主义市场经济体制的过程中,在世界范围各种思想文化相互激荡的条件下,应当综合利用各种手段,对降低道德代价进行切实、有效的管理,使降低道德代价实践迈上一个新的台阶。

目前,降低道德代价的管理机制中存在着管理渠道单一、管理方式零散、管理网络欠缺等问题,所以,应该从以下几个方面来加强:一要理论和实际生活相结合。在推进降低道德代价实践的过程中,管理工作不仅要找准管理的关键点,即"以科学的理论武装人,以正确的舆论引导人,以高尚的精神塑造人,以优秀的作品鼓舞人",使全体公民牢固树立正确的世界观、人生观、价值观;还要和现实生活紧密结合起来。在管理上面向现实生活,构建多层次的动态的降低道德代价体系,让社会主义道德观念和规范要求进入家庭、进入社区、进入学校、进入行业,融入整个社会生活。二要加强协调交流,结合情感实施管理。在降低道德代价管理的方式上,还应加强与公民之间的交流和协调,注重情感投入。改变过去那种管理者只顾宣传、公民只是被动接受的方式,真正地培养全体公民自觉的道德意识,调动他们的主体积极性,在日常生活中处理好人与人、人与社会、人与自然的关系。三要完善规范、全面细致。在降低道德代价实践过程中,应当完善各方面的体制与制度,重视薄弱环节的管理,

---

① 参见本书编写组:《十六大报告辅导读本》,人民出版社 2002 年版,第 34 页。

管理方式上要再细致一些,做好细致的管理工作和思想政治工作,启发公民自觉管理、自我提高。①

(4)协调机制

降低道德代价的协调机制,是指协调降低道德代价实施过程中出现的矛盾与问题而建立起来的机制,其目的是保证改革开放不断深化进程中降低道德代价实践的顺利进行。降低道德代价的实践过程,是一个平衡与不平衡不断转化发展的过程。因为降低道德代价工程的实施,要涉及方方面面,难免会遇到各种矛盾和问题。当这些矛盾和问题出现后,就会出现不平衡的局面。而这时,要保证改革开放不断深化进程中降低道德代价实践的顺利进行,就必须进行及时协调。

协调机制的基本形式主要通过党或工会与政府或企业领导机关的联席会议来实现,各有关部门首长也应当参加会议。通过这种具有权威性的协调形式,来使降低道德代价和社会道德建设的运作从不平衡转化为新的平衡。在协调中,一是要坚持两手抓、两手都要硬的方针,进一步形成齐抓共管降低道德代价的合力。降低道德代价工程是一项重大战略任务,它贯穿于经济和社会生活的各个方面,是一项复杂的系统工程。必须在执政党的正确领导之下,有组织、有计划地进行。各级宣传、教育、文化、科技、组织人事、纪检监察等党政部门和工会、共青团、妇联等群众团体以及社会各界,都应当在党委的统一领导之下,各尽其职,相互配合,齐抓共管降低道德代价工作,形成合力,上下同步,协调一致,落实降低道德代价各项任务。第二,各级文明委和党委宣传部,在降低道德代价工程实施过程中要担负起指导、协调、组织的具体职责。要深入实际,调查研究,了解新情况,分析新问题,及时发现、总结和推广群众创造的新鲜经验,探索降低道德代价的规律,改进方式方法,指导面上工作。要在一定时期内,集中力量抓好若干社会影响大、示范作用强、受群众欢迎的实事,促进一些重点难点问题的解决。

2.教育引导机制

降低道德代价的教育引导机制,是降低道德代价工程实施的核心,它的根

---

① 参见吴灿新主编:《当代中国道德建设》,中国社会科学出版社2009年版,第307—309页。

本任务,就是提高每一个社会成员的道德素质。

降低道德代价的教育引导机制,主要由理论建设机制、教育组织机制和教育实施机制构成。

(1)理论建设机制

理论建设机制是降低道德代价的教育引导机制的基础,没有必要的道德理论作为指导,降低道德代价与社会道德教育的实践只能是陷入盲目性和自发性;尤其在市场经济条件下,出现了一系列新情况、新矛盾和新问题,而原有的道德理论和道德规范体系已被冲破,新的道德理论和道德规范体系又尚未形成,就更急需重视加强道德理论建设。

加强社会道德理论建设,首先要有一支过硬的科研队伍。十七届六中全会指出:"推动社会主义文化大发展大繁荣,队伍是基础,人才是关键。要坚持尊重劳动、尊重知识、尊重人才、尊重创造,深入实施人才强国战略,牢固树立人才是第一资源思想,全面贯彻党管人才原则,加快培养造就德才兼备、锐意创新、结构合理、规模宏大的文化人才队伍。"①理论建设是一项艰巨的创新性的科学研究工作,它必须要有受过专业训练、有着坚实的专业知识和理论功底的专业人才来进行。人才是理论创新的根本,只有建立一支具有政治强、业务精、作风正的专业人才组成的过硬的科研理论队伍,理论建设才能不断向前发展。其次,要重视国家的宏观调控。随着市场经济的发展,市场日趋社会化、国际化;同时,现实又要把社会主义的价值取向与市场经济的多样性统一起来,因此,主流的道德理论和准则要求多层性与一元化相结合。而这只能通过国家有意识地引导道德理论工作者达成共识,进而组织道德理论工作者把社会丰富的道德经验和市场经济内在的客观道德要求,提升为理性认识,形成相对统一的主流道德理论体系和道德规范体系,以指导和规范新的历史条件下人们的道德活动。最后,在微观上,社会道德理论建设,要坚持理论和实际相结合的原则,把一般的道德准则,具体化为各个领域、各个方面、各个层次的具体规则和要求,使其具有明晰性、实在性和可操作性,以便让社会成员接受和履行。

---

① 《中共中央关于深化文化体制改革推动社会主义文化大发展大繁荣若干重大问题的决定》,《广东宣传》2011年第10期。

（2）教育组织机制

教育组织机制是降低道德代价的道德教育机制的中心环节。因为道德的本质在于自律，养成自律的根本途径在于教化与修养。在中国，道德教育一般分为四个方面：一是家庭道德教育；二是社会公德教育；三是职业道德教育；四是学校道德教育。每一个方面的教育，应有相应的组织机构。

家庭道德教育是道德教育的起点，家庭道德教育是个体道德品质形成的基础。在家庭教育中，首要的是让受教育者学习做人，即怎样做一个符合社会道德规范以及行为准则的人。而要做到这一点，家庭道德教育的教育者应当将"言教"与"身教"统一起来，这是家庭道德教育的最基本要求。孔子说："其身正，不令而行；其身不正，虽令不从。"①除了妇联、工会等相关组织外，家庭道德教育的直接承担者通常是家长；因此，家长应当努力提高自己的道德水平，言传身教，以身作则，才能使其他家庭成员特别是子女的良好道德品质和行为习惯更好地形成。

社会公德是社会公共生活中的基本行为规范，是道德规范体系的基础，它的水平的高低直接影响社会秩序、社会风气和社会凝聚力。加强社会公德教育，必须大力推进法制建设和社会主义核心价值体系建设。一方面，用法制的力量支撑道德教育。法制建设应当把道德规范体系中相对稳定、成熟且比较重要的东西用法律的形式固定下来。同时，加大打击社会各种违法犯罪行为的力度，为道德教育提供强大的坚实后盾。另一方面，用精神的力量来推进道德建设的进步。核心价值体系统辖着道德，只有加强社会主义核心价值体系建设，才能有效地推进道德教育的发展。

职业道德是所有从业人员在职业活动中应该遵循的行为准则，涵盖了从业人员与服务对象、职业与职工、职业与职业之间的关系。随着现代社会分工的发展和专业化程度的提高，市场竞争日趋激烈，整个社会对从业人员职业道德的要求越来越高。加强职业道德教育，必须将职业道德行为列入岗位考核内容。这样每一个行业的从业人员就会实际地、具体地、不断地自我检查，不断地校正自己的行为方向，自觉地学习和践行职业道德规范，最终养成良好的职业道德。

---

① 金良年撰：《论语译注》，上海古籍出版社1995年版，第148页。

学校道德教育是一种最重要的道德教育,因为它具有明确的组织安排、教育计划、教育内容、教育手段与教育目的,教育效果相对会比较好。同时,它正是伴随着青少年心理成长与世界观、人生观、价值观形成过程,相对来说,影响也会比较深远。学校道德教育最重要的是要克服应试教育带来的巨大负作用,应当按照青少年心理成长的规律与特点,有针对性地、符合规律地进行道德教化,而不应把道德教育变成一门纯粹的"知识"课程来实施。

(3)教育实施机制

教育实施机制是降低道德代价的道德教育机制的关键环节。要降低道德代价,必须保证道德教育实施的有效性。因此,一是要实现道德教育的制度化。只有把道德教育作为社会生活和社会生产不可缺少的一个重要环节或方面,以制度的外化形式确定下来,才能保证道德教育的正常开展与长期实施。二是要加强道德教育队伍的建设,包括其数量的保证和素质的提高。不仅要重视专业道德教育队人员伍的建设,也要重视非专业道德教育人员队伍的培养。在今天,特别应重视大众传播媒介工作者在道德教育中的作用。由于现代社会大众传播媒介在社会生活中的巨大作用和影响,致使大众传播媒介工作者在道德教育中起着举足轻重的作用,他们进行道德教育的正确性、导向性、积极性、自觉性都对道德教育发生着巨大的影响,而提高他们自身的道德素质也是刻不容缓。三是要注重道德教育实施的灵活性。应当依据现代社会和市场经济发展的特点,多渠道、多形式、多方法地开展道德教育与道德实践活动。可以说,凡是有效地促进社会成员道德素质不断提高、道德代价有效降低的道德教育实施渠道、形式和方法,都应该大胆运用,在这方面要解放思想,不拘一格。

3.监督评价机制

降低道德代价的监督评价机制,是降低道德代价工程实施的基本保证。道德的践行,虽然从根本上说依赖于道德主体的自觉性,但是,第一,道德主体的成长是一个过程,其自律性的养成需要一个由不自觉逐渐转化为自觉、由外在道德要求逐渐内化为内在道德需要的发展过程。在这个过程中,外在的道德监督评价是这种转化得以实现的必要条件。第二,道德主体的成长没有最终的完结点,社会实践总是不断地向前发展,各种现实矛盾总是不断涌现,道德主体要保证自我健康发展,不断完善,不仅要依靠自身自觉的修养锤炼,而且还需要借助于外力——道德监督评价,才能使这种保证不仅有主观的依据,还有客观的基础。第三,市场经济条件下,利益不仅成为人们积极向上的巨大驱动力,也可以异化为人们走向堕落毁灭的巨大诱惑力。在这种巨大的诱惑力面前,对绝大多数人来说,由于修养和境界的程度所限,仅仅指望自身的主观抵御力是远远不够的,还必须有外在的道德约束和监督评价,从而把道德践行奠定在客观的基石之上,避免主观随意性和动摇性。第四,市场经济的多层性和开放性,使人们的行为多样化和复杂化,人们履行各种道德准则时往往遇到各种矛盾和冲突,由于个人或某一团体在认识上的局限性,往往会发生各种误差,这就必须运用道德监督评价,对其进行必要的导向和监控。

降低道德代价的监督评价机制,主要由监督机制、评价机制、警测机制组成。

(1)监督机制

降低道德代价的监督机制,主要由社会组织自我监督、政府监督和社会监督三大方面构成。社会组织自我监督,主要由社会、经济组织内部的专门机构对组织内各成员的道德行为,以及对整个组织自身的道德活动状态进行监督。政府监督,是对整个社会的监督,主要由监察、纪检、宣传部等有关监督部门组成。社会监督机制,是一种自我监督和外部监督相结合的监督机制,它包括有行业协会监督、民众团体监督、群众社会组织监督和新闻部门监督等多种监督机构。当前,社会主义市场经济体制尚未完善,许多道德监督机构不是尚未建立就是尚未完善,因此,尽快建立和完善各种道德监督机构,并加强相互间的协同合作,形成一个强大而广泛的监督网络,是当前降低道德代价工程实施的重要而迫切的任务。

(2)评价机制

降低道德代价的评价机制,主要包含评价主体、科学的道德代价评价标准和降低道德代价的原则。评价主体主要有两类:一类是"官方"主体,包含代表"官方"评价的各种组织与个人;二类是"民间"主体,包括非"官方"代表的社会组织与个人。

既然道德代价其实质是社会发展实践活动在道德上的否定性方面,它是与人类追求社会进步价值取向相悖的负面道德价值和道德价值损失。那么,道德代价评价标准就是评定各种道德现象是否具有道德否定性、负面性、背反性、损害性、损失性、牺牲性即恶的尺度。这种尺度具体有两个：一是总标准：即是否有利于人的自由全面发展；凡是不利于人的自由全面发展的道德现象都是"恶"，都是一种道德代价。二是具体标准：即是否符合社会主义道德准则的要求，凡是不符合社会主义道德准则要求的道德现象都是"恶"，都是一种道德代价。

降低道德代价的原则，主要有三条：一是道德代价的付出越少、越低越好。根据道德进步与道德代价之间的良性逆向互动、反向变化规律，道德代价的付出，一般来说应当是越少、越低越好。二是道德代价该付出的只能付出，不该付出的绝对不能付出。因为道德代价的产生有着不同的根源与类型，如果是由于社会发展的客观要求而必然性付出的，其具有一定的历史合理性，只能付出。当然，也不能任由其泛滥成灾；必须最大限度地抑制它的发展，尽量把它减少与降低到最少、最低的程度。而有些道德代价并非社会发展的客观要求而必然性付出的，因此，对于这种道德代价不是降低的问题，而是克服与消除的问题。三是道德代价的付出应当注意适度性。道德代价的付出，一般来说应当是越少、越低越好。然而，有些道德代价由于历史的发展要求和历史局限性，却并非都是越少、越低越好。因为在历史必然性上，没有一定的道德代价的付出，就没有道德的进步与社会的进步。

(3) 警测机制

降低道德代价的警测机制，主要包含监测、预警、应急三大机制。监测机制要有专门的监测机构实施，重点是对社会发展进程中道德代价发展的整体状况进行监测，包括道德代价可能发生的重点领域与一般领域、重点行业与一般行业、道德代价的质与量的监测。在监测的基础上，对严重的道德代价状况要及时预警，警报党和政府及其各相关组织与部门采取各种有效应对措施，防止道德代价不断加重发展造成社会危机，给社会发展造成巨大的灾难。

4. 处罚激励机制

降低道德代价的赏罚机制，是降低道德代价的监督评价机制有效性的重要保证。监督评价机制主要对各种道德现象特别是对道德行为进行检查、监测、评价和揭露，而赏罚机制则依据监督评价机制对各种道德现象特别是道德行为检查、监测、评价和揭露的问题和结果，进行裁决和奖赏或惩罚。通过这种机制来维护和保证监督评价机制的权威性，发挥其扬善抑恶、降低道德代价的巨大作用。

降低道德代价的赏罚机制,从根本上来说,就是对人们道德行为进行强化激励的一种机制。这种强化激励机制是通过对人的需要的肯定或否定,从而实现扬善抑恶,保障道德建设顺利进行,最终降低道德代价之目的。

道德行为的赏罚,依据人的需要可以概括为两大类,物质赏罚和精神赏罚。由于人的需要是多方面的、多层次的,因此,物质赏罚和精神赏罚不可偏废,应当结合起来。当然,依据不同的人及其行为的性质等具体情况,偏重于物质赏罚或精神赏罚也是必要的。

降低道德代价的赏罚机制,包括行政赏罚、舆论赏罚、组织赏罚和法律赏罚四个方面。

(1)行政赏罚

行政赏罚,是一定的行政主体,对其所隶属的人员,依据他们道德行为的性质和影响程度,给予一定的行政奖励或处罚,达到扬善抑恶的目的。行政赏罚由行政单位明文式的行政化条例、条令构成。是一定的行政组织主要针对其内部成员或与内部成员相关的道德现象和道德行为进行道德裁决,并依据裁决结论作出物质性和精神性的赏罚。行政道德赏罚机制,是在一定的行政组织和行政区域内发生作用的一种机制,具有赏罚的直接性、强制性和有效性。因此,只有各种类型的行政组织均担负起道德赏罚的责任,这样,才能使道德赏罚不断地由自发、分散的状态向有组织的、集中的方向发展,通过组织上的落实,就能够对一定的行政组织和行政区域内的当事人的道德行为进行道德赏罚。在高度发达的现代信息社会中,形成道德赏罚的纵向和横向组织网络,已成为扬善抑恶,从而促进道德建设、降低道德代价不可缺少的重要方面。

(2)舆论赏罚

舆论赏罚是一定的社会舆论主体对某一种道德现象或道德活动进行善恶评价,对高尚的道德行为和良好的道德现象予以赞扬、歌颂,对卑鄙的不道德行为和恶劣的不道德现象予以谴责、鞭挞。它可以在不同范围发生作用,甚至在社会和国际上发生作用,具有赏罚的间接性、广泛性和巨大影响性,主要是进行精神赏罚。充分运用现代传播媒体形成赏善罚恶、降低道德代价的社会舆论和文化氛围,在降低道德代价实践与道德建设中具有重要的意义。大众媒体对现实中道德代价与恶人恶行的广泛揭露和批评,能够形成"千夫所指"的强调效应和舆论攻势,其结果不仅激发行为者的知耻心和荣辱感,使其弃恶从善、弃旧图新;而且使社会大众深刻认识道德代价与恶行的恶劣影响和负面道德价值,"见不贤而内省",由此形成良好的道德自律能力和高尚的道德情操。

(3)组织赏罚

组织就是指人们为实现一定的目标,互相协作结合而成的集体或团体,如党团组织、工会组织、企业、军事组织等。在现代社会生活中,组织是人们按照一定的目的、任务和形式编制起来的社会集团,组织不仅是社会的细胞、社会的基本单元,而且可以说是社会的基础。因此,组织赏罚,是一定的集体或团体主要针对其内部成员或与内部成员相关的道德现象和道德行为进行道德裁决,依据裁决结论作出物质性和精神性的赏罚。组织赏罚离不开一定的集体或团体,因为每一个社会成员,作为行为的主体,他都生活在特定的集体或团体之中,而这一集体或团体又是有组织的。组织赏罚与行政赏罚有一个共同特点,它们都是在一定的组织内发生作用的一种机制,因而都具有赏罚的直接性、强制性和有效性。而这种特性,使组织赏罚已成为扬善抑恶,从而降低道德代价的重要机制。

(4)法律赏罚

法律赏罚是国家执法机关对严重违反道德准则并已构成违法犯罪行为的当事人依法制裁,它具有强制性、惩戒性和权威性等特点,是现代社会降低道德代价赏罚机制的一个重要方面。法律赏罚之所以成为降低道德代价赏罚机制的重要因素,首先在于不仅法律规范内包含着相应的伦理精神,许多法律规范和道德规范具有重叠性;而且在一定的意义上,道德是最高的法律,法律是最低的道德。其次,法律规范虽是一元性的,与道德规范的多层次性相区别,但作为一个社会占统治地位的道德规范则是一元性与多层性的结合,因而,这种一元性与法律规范的一元性是相通的,共同反映了统治阶级的根本利益。再次,在现代社会中,市场经济作为一种法治经济,导致着道德规范的法规化发展趋向,相当一部分道德规范已逐步进入法规化的范畴。最后,法律赏罚与道德赏罚紧密结合,道德赏罚是法律赏罚的道义依据和道义支撑,而法律赏罚是道德赏罚的一种补充和保障。

降低道德代价的调控机制,是一个复杂的系统,该系统内的各个要素之间都相互联系、相互渗透、相互作用,构成降低道德代价工程的有机体。因此,建立和不断完善降低道德代价的调控机制,发挥其整体功能和整体效应,是降低道德代价的根本举措。

(三) 个体道德机制

降低道德代价的个体机制包括道德动机发生机制、道德行为选择机制、道德后果评价机制和道德素质培养机制。

1. 道德动机发生机制

动机对人的道德行为的作用是巨大的。一般来说,人们的行动的一切动力都必定来自于其明确的动机,只有在一定的动机驱使下,才能使他行动起来。这就是说,人的自觉行为是从具有一定社会意义的动机开始的,动机就体现着行为所追求的东西和动因。在这个意义上,黑格尔甚至说过:"行动的动机就是我们叫做道德的东西"。① 因此,从个体来说,降低道德代价最重要和最首要的,就是让人们确定良善的行为动机。

道德动机发生机制是指道德动机产生和运作的方式。道德动机的发生有两方面的原因:一是内部原因;二是外部原因。

(1)道德动机的内部原因是道德需要

在道德需要的基础上,首先形成一定的道德兴趣,道德兴趣是道德动机的初级形式和基本要素之一。道德兴趣作为主体的一种认识和实践倾向,它既与人际利益关系有关,又与人们的道德境界相关。在市场经济的历史条件下,由于物质利益的追求成为市场经济发展的强大动力,市场主体的激烈竞争成为市场经济发展的强有力杠杆,因此,在兼顾国家、集体、个人三者利益的前提下,追求个人正当的物质利益,以及在独立自主的前提下,追求个人的价值和尊严,已成为人们普遍的道德兴趣。这就决定了在降低道德代价的道德实践过程中,必须重视义利统一原则、物质利益原则和加强导向原则,既充分肯定人们的这种普遍道德兴趣成为道德行为的巨大原动力,又应当把人们这种道德兴趣引向更高的层次。

---

① ［德］黑格尔:《法哲学原理》,范扬等译,商务印书馆 1961 年版,第 124 页。

在道德兴趣的发展中,会形成道德意图,它是道德动机的中级形式和基本要素之一,道德意图具有道德兴趣所不具有的相对稳定性,是主体具有确切指向的道德动机,可以贯穿道德行为的全过程,成为一种持续的道德动因。道德意图具有企图(道德主体在明确意识到需要的条件和准备利用的手段时所形成的预谋动机)、幻想(道德主体通过想象活动而创造出来的本人希望达到的形象)和理想(道德主体以对社会发展规律等的认识为基础而形成的具有某些现实因素的未来形象和目标)三种基本形式。当道德意图发展到理想状态时,就进入到动机的高级形式,这就是道德信念。它是道德主体对世界、社会、人生等某种坚定、执着的理解和信仰,是激励人们按照这一理解和信仰去行为处事的高级道德动机。在改革开放时代,人们的道德意图和道德信念具有多层性和多样性,因而,引导个体的道德意图和道德信念向较高层次和最佳状态发展就显得格外重要。

(2)道德动机的外部原因是道德刺激

道德刺激来自道德主体所处的社会道德环境。社会道德环境包括在一定社会经济、政治、文化制度和体制下所形成的道德关系状态、社会舆论导向、社会道德风尚等。当前,中国处于改革开放不断深化发展的关键时期,由于社会道德关系的动荡性与复杂性,社会舆论导向的不确定性与多样性,造成了外部道德刺激的多样性、多层性和复杂性,给道德刺激的正向强化带来了一定的难度。因此,加强道德建设,完善降低道德代价机制,给个体道德的正向强化创造良好条件,是降低道德代价十分关键的一环。

2. 道德行为选择机制

道德行为选择机制是指道德主体在一定道德动机驱使下选择和采取一定道德行动的运行机制。它主要包括确立道德目标、道德目标导向和确定道德手段等要素。

(1)确立道德目标是道德行为的前提

道德动机作为从道德需要到道德行为过程的最初环节,还仅仅是主观性的东西,还带有随意性或任性的弱点。在向道德行为实践的转化过程中,可能要受到主体已有主观因素的影响。正如恩格斯所指明的:"愿望是由激情或思虑来决定的。而直接决定激情或思虑的杠杆是各式各样的。有的可能是外界的事物,有的可能是精神方面的动机,如功名心、'对真理和正义的热忱'、个人的憎恶,或者甚至是各种纯粹个人的怪想。"①因此,这就需要使动机进一步稳定、专一和明确化,这就是道德行为的目的和目标。

"目的使各种动机所希求的特殊方面与客观性、普遍性的要求相结合,构成规定着行为的内容。行为的目的是行为的灵魂,它给行为以价值规定,并贯穿行为的全过程。"②由此可见,道德动机虽然激发了道德行动,但其本身既不等于行动,也没有确定的道德目标,仅仅提供了目标的可能性,从而在开始阶段就使行为呈现出几种可能的发展趋势。因此,行动的首要环节是确定目标,摆脱由动机构成的自身不确定状态。当然,确立道德目标不仅仅受道德动机的影响,还受道德主体的知识、态度和意志倾向的左右。从根本上来说,道德目标的确立不过是主体内在价值观在行为过程开始的投射,因此,道德主体的价值取向对道德目标的确定有着极为重大的影响。因此,要降低道德代价,就必须重视主流价值观的宣传教育,引导人们树立正确的价值观,以利于人们确立正确的道德目标。

道德目标导向是一个动态过程。确定一定的道德目标后,如何始终如一地保持行动的方向,仅有目标是不够的,还必须有"方向盘"和"驾驶员",不断地进行航向的协调和导向。在这里,所谓"方向盘",就是把握正确的价值取向,正确处理各种利益关系,力求做到个人利益与他人利益的契合,个人利益与集体利益的统一,局部利益与整体利益的结合,眼前利益与长远利益的一致。所谓"驾驶员",就是要有清醒的道德理性和坚毅的道德意志,使行动能够始终如一,不为各种负面因素所困惑、所动摇、所中止。

(2)道德手段的选择是道德行动中难度最大的一环

人们的行动不仅要符合正确的道德目标,而且要采取道德的手段。但是,一方面,由于道德手段是十分具体的;另一方面,手段的道德性质在特定条件下会变化,因此造成了人们行动的难度。为保证道德手段的正当合理性,还应当遵循以下原则:

一是以低就高原则。在道德准则体系中,不同的道德准则,所处的地位不同,在两者冲突时,应以低就高进行选择。例如孝亲与卫国,在一般情况下是

---

① 《马克思恩格斯选集》第4卷,人民出版社1995年版,第248页。
② 罗国杰主编:《伦理学》,人民出版社1989年版,第385页。

统一的,但在战争年代就某个人而言,往往会冲突,这时孝亲应当服从卫国。二是功利主义原则。在一般情况下,不能简单地运用功利主义,但是,在特定条件下,可以采用功利主义。这时,当一个行动会引起弊大而利少的后果,或会损害多数人利益时,无论这一行动本身的道德性质如何,都应当放弃;相反,应当选择。三是人道主义原则。人的价值是世间最高的价值,它与其他事物的价值相比,总是排在首位,当人与物的价值发生冲突时,应当以人的价值、以人道主义为选择取向。当然,在许多场合下,人道主义原则要与功利主义原则综合在一起来定取舍。四是推己及人的原则,当道德主体把握不住道德手段的取舍时,应当按照推己及人原则进行选择。这一原则,孔子曾经这样表述过:"己所不欲,勿施于人",进一步则"己欲立而立人,己欲达而达人"。①

3.道德后果评价机制

道德后果评价机制,就个体而言,是指道德主体对行动后果进行评判的内在运行方式,它包括道德理性和道德良心。

(1)道德理性

道德理性是道德主体站在认知和思维的高度,运用道德理性原则对行为后果自觉进行评判的一种机制。道德理性原则在改革开放条件下具体表现在三个方面:

一是道德责任的确定。人们的道德选择,要受到种种主客观条件的制约,因此,人们对行为后果的道德责任的确有一定的限度。这种限度,通常由三个因素综合构成:一是当代社会已形成表达历史必然性的道德行为要求,使人们能够根据这种要求来抉择行为;二是当时道德选择处境的几种可能的行为决定中,包括了人们应当选择的行为决定;三是个人具有或可以具有的认识和支配符合历史必然性的行为的能力。凡是在这样的范围内,个人就应当而且必须对自己的行为承担责任。今天,随着社会文明的发展、道德主体性的不断增强,以及道德选择自由范围的扩大,个人对自己行为后果应负的责任也会增强和提高。这就相应地要求每个人都应当不断提高自己行为选择的能力,增强道德自律性。

二是道德评价标准。道德评价的标准,一般来说主要有两个:一是总标

---

① 金良年撰:《论语译注》,上海古籍出版社 1995 年版,第 132、64 页。

准:即是否有利于人的自由全面发展;凡是不利于人的自由全面发展的道德现象都是"恶",都是一种道德代价。二是具体标准:即是否符合社会道德准则的普遍要求,凡是不符合社会道德准则普遍要求的道德现象都是"恶",都是一种道德代价。然而,道德评价标准的根基在于,一定社会和时代的根本利益都有着鲜明的社会性与时代性,在改革开放时代,以社会主义集体主义为原则,以为人民服务为核心的社会主义道德规范体系,则是具体的道德评价标准。

三是道德行为后果的价值依据。从静态分析,道德行为的价值首先来自主体,而道德行为是主体能动地作用于对象的活动,因此,其主体价值的依据在于主体与对象的统一上。从动态分析,道德行为也是从动机到效果的过程,因此,其价值的依据又在于动机与效果的统一。同时,道德行为价值的实现还有赖于目的与手段的统一,因为任何行为都只有使用一定手段实现预定的目的,才能表现出行为主体的价值倾向,才能达到主体尺度与对象尺度的统一,即实现行为的价值。

(2)道德良心

除了道德理性之外,道德良心就是道德行为及其后果评价的最普遍、最重要的要素。道德良心是个体意识中一种强烈的责任感,是个体意识中进行自我评价的能力,它既可以在个体行动前,对选择行动的动机起检查作用;也可以在行动进行中,对主体的情感、意志、信念以及行动方式和手段起着监控作用;还可以在行为之后,对行为的后果和影响起着评价作用。可以说,道德良心是道德主体内心的法庭,它通过对主体行为后果的道德审判,形成一种巨大的扬善抑恶的力量。在社会转型时期,经济价值的过分提升,道德价值的过分沉沦,导致人们对培育自身道德良心的轻视和忽视,造成个体自觉扬善抑恶的力量的软弱,引发大量消极和不道德现象的出现。因此,降低道德代价,就要加强道德良心的培育,这是当代社会最迫切的任务之一。

为了保障道德个体的道德动机发生机制、道德行为选择机制、道德后果评价机制的完善和良性运行,道德素质培养机制的确立与完善极为重要。

4.道德素质培养机制

道德素质培养机制的根本内容在于道德主体自觉而不懈的道德修养。道德修养是降低道德代价的根本举措,它是人们在道德品质、道德情感、道德意志、道德习惯等方面进行的自觉的自我改造、自我陶冶、自我锻炼和自我培养。道德修养的重要意义就在于,道德教化固然十分重要,但是,只有通过道德主体自觉的道德修养,才能将外在的道德律令内化为自己的内在的道德灵魂。这正如毛泽东所说:"唯物辩证法认为外因是变化的条件,内因是变化的根据,外因通过内因而起作用。"①

在改革开放时代,一方面,社会发展的自由度、开放度、自主度日趋提高,对道德主体的自律性提出了更高的要求,相应的,也对道德主体进行道德修养的自觉性提出了更高的要求;另一方面,社会生活的日益复杂化、快节奏化和商品化,也给道德主体进行道德修养带来了很大的难度,造成了当今道德主体自律性与道德素质较低的矛盾。而解决这一矛盾的根本出路,就道德主体而言,依然在于自觉而不懈的道德修养。只有通过自觉而不懈的道德修养,才能将外在的道德要求,变成道德主体的内在需要及内在道德素质,从而保证道德主体的道德行为的正向道德价值,从而才能降低道德代价。

道德修养包括道德认识的修养、道德情感的修养、道德意志的修养、道德习惯的修养、道德信念的修养五个方面。道德认识的修养,是一个自我教育、自我学习的过程,通过这一环节,提高道德行为选择的能力和识别善恶的能力。道德情感的修养,在于培养道德主体爱善恶恶的感情,使道德主体既爱且乐于自觉自愿于行善,形成扬善抑恶的情感力量。道德意志的修养,培育道德主体克服一切困难、坚持不懈行善止恶的自控能力。道德信念的修养,使道德主体把扬善抑恶的外在要求变为内在的坚定信仰,成为人生的精神支柱。道德习惯的修养,使道德主体的道德行为变成一种自然而然的行为,内化为道德主体的人格和品德。通过这五个方面和环节的道德修养,就能有效地提高道德主体的道德素质,形成道德主体强有力的道德自律能力,保障道德个体整个道德行为机制的良性运转,从而有效地降低道德代价。

降低道德代价的调控机制,在理论上可以分为社会道德机制与个体道德机制;然而,在实践上,社会道德机制与个体道德机制是紧密结合、相互渗透、相互促进的;也只有这样,才能真正发挥两者的作用。

---

① 《毛泽东选集》第一卷,人民出版社1991年版,第302页。

二、调控道德代价的外机制

降低道德代价不仅涉及道德内部的问题,还涉及道德外部的问题。因而,要降低道德代价,不仅要建立健全降低道德代价的内机制,也要建立健全降低道德代价的外机制。其主要包含:降低道德代价的经济生态机制、降低道德代价的政治生态机制、降低道德代价的文化生态机制、降低道德代价的社会生态机制等。

(一) 降低道德代价的经济生态机制

经济关系对道德具有决定性意义,要降低道德代价,必须要有降低道德代价的良好经济生态。

1. 完善降低道德代价的经济制度

当代中国的经济基础,是社会主义市场经济体制,即以社会主义公有制为主体、多种所有制经济共同发展的基本经济制度。道德作为一种社会意识形态,是社会物质生活的反映,受着社会关系特别是社会经济关系的制约。因此,降低道德代价必须以完善社会主义市场经济体制为基础。改革开放以来,随着计划经济体制向社会主义市场经济体制的转变,在市场经济的两重效应下,一方面,催生了一系列崭新的道德观念涌现出来,推动社会道德的文明进步;另一方面,也导致了社会道德生活出现道德失范,甚至混乱的状态,为此付出了沉重的道德代价。当然,从根本上来说,道德代价的涌现,与市场经济体制的不成熟、不完善直接相关。所以,完善当前降低道德代价的经济制度,理顺当前的社会经济关系,对降低道德代价具有重要的意义。

市场经济体制是指以市场机制作为配置社会资源基本手段的一种经济体制。它是高度发达的、与社会化大生产相联系的大商品经济,其最基本的特征是经济资源商品化、经济关系货币化、市场价格自由化和经济系统开放化。现代政府作为经济运行的调节者,对经济运行起着宏观调控的作用。社会主义市场经济体制的建立,经历过四个历史阶段:第一阶段是 1979—1982 年,实行"计划经济为主,市场调节为辅"的经济管理原则;第二阶段是 1983—1986

年,实行的是"有计划的商品经济";第三阶段是 1987—1992 年,实行的是"国家调节市场,市场引导企业";第四阶段是 1992 年以后,确立和建设"社会主义市场经济体制"。然而迄今为止,社会主义市场经济体制尚未真正成熟,更没有真正完善。因此,必须大力推进社会主义市场经济体制的不断成熟与完善。

社会主义市场经济体制,从根本上来说,应包含三层含义:一是市场经济体制建立在社会主义基本制度基础之上,必须在社会主义基本制度的框架内运行。二是市场经济体制是手段,社会主义是目的,市场经济体制必须为社会主义目的服务,而不是相反。三是利用社会主义的优势对市场经济体制的缺陷进行弥补、制约和控制。因此,社会主义市场经济除具有一般市场经济的共性外,还具有自己的特征:第一,在所有制结构上,以公有制为主体,多种所有制经济共同发展。不同所有制经济的企业可以自愿实行多种形式的联合经营。第二,在分配制度上,以按劳分配为主体,多种分配方式并存,把按劳分配和按生产要素分配结合起来,兼顾效率与公平。第三,在宏观调控上,国家把人民当前利益与长远利益、局部利益与整体利益结合起来,更好地发挥计划和市场两种手段的长处。

社会主义市场经济是一个史无前例的产物,虽然坚持和完善社会主义市场经济体制必然困难重重,但是,当今中国没有退路。党的十八届三中全会指出:"经济体制改革是全面深化改革的重点,核心问题是处理好政府和市场的关系,使市场在资源配置中起决定性作用和更好发挥政府作用。市场决定资源配置是市场经济的一般规律,健全社会主义市场经济体制必须遵循这条规律,着力解决市场体系不完善、政府干预过多和监管不到位问题。必须积极稳妥从广度和深度上推进市场化改革,大幅度减少政府对资源的直接配置,推动资源配置依据市场规则、市场价格、市场竞争实现效益最大化和效率最优化。政府的职责和作用主要是保持宏观经济稳定,加强和优化公共服务,保障公平竞争,加强市场监管,维护市场秩序,推动可持续发展,促进共同富裕,弥补市场失灵。"①必须通过完善社会主义市场经济的基本经济制度,健全现代市场体系,才能不断进步。当下要想真正改变市场经济条件下的道德面貌,真正促

---

① 《中共中央关于全面深化改革若干重大问题的决定》,人民出版社 2013 年版,第 5—6 页。

进道德进步,就必须依靠经济制度的变更,依靠经济体制的改革,坚持社会主义价值取向,理顺人与自然(生产力)的关系、劳动者之间的生产交往关系,确保合作互助成为社会的基本原则。"公有制为主体、多种所有制经济共同发展的基本经济制度,是中国特色社会主义制度的重要支柱,也是社会主义市场经济体制的根基。公有制经济和非公有制经济都是社会主义市场经济的重要组成部分,都是我国经济社会发展的重要基础。必须毫不动摇巩固和发展公有制经济,坚持公有制主体地位,发挥国有经济主导作用,不断增强国有经济活力、控制力、影响力。必须毫不动摇鼓励、支持、引导非公有制经济发展,激发非公有制经济活力和创造力。"①只有坚持和完善社会主义市场经济体制,才能兼顾效率与公平,促进社会公正的实现。在社会主义市场经济体制运行中,国家运用包括市场在内的各种调节手段,既鼓励先进,促进效率,合理拉开收入差距,又防止两极分化,逐步实现共同富裕,充分体现了注重效率、维护公平的价值观念。只有充分发挥社会主义市场经济体制的积极作用,才能不断增强人们的自立意识、竞争意识、民主法制意识,正确地运用物质利益原则,兼顾效率与公平,促进社会公正的实现。随着社会主义市场经济体制的不断完善,道德建设的不断推进,降低道德代价的实践也必然不断前进。

2. 改善降低道德代价的物质条件

降低道德代价是一个长期、复杂的过程,在经济生态上,除了不断完善降低道德代价的经济制度之外,加强降低道德代价的设施建设、改善降低道德代价的物质条件,则是一个十分重要的方面。

当前,中国还处于社会主义初级阶段,社会的主要矛盾依然是人民群众日益增长的物质文化需要与相对落后的社会生产之间的矛盾,因此,大力发展社会生产力,改善降低道德代价的物质条件尤为重要。物资资料的生产是人类生存和发展的基础,降低道德代价也离不开这个基础。"以经济建设为中心是兴国之要,发展仍是解决我国所有问题的关键。只有推动经济持续健康发展,才能筑牢国家繁荣富强、人民幸福安康、社会和谐稳定的物质基础。"②30多年改革开放的实践证明,走社会主义市场经济之路,是中国发展社会生产力

---

① 《中共中央关于全面深化改革若干重大问题的决定》,人民出版社 2013 年版,第 7—8 页。

② 胡锦涛:《坚定不移沿着中国特色社会主义道路前进为全面建成小康社会而奋斗——在中国共产党第十八次全国代表大会上的报告》,人民出版社 2012 年版,第 19 页。

的必由之路,是中国富民强国的必由之路。社会主义市场经济的发展,有力地解放和发展了社会生产力,从而推动着中国国民经济飞速发展。在改革开放前,中国的 GDP 只有 3000 多亿元人民币;而经过改革开放的 30 多年后,中国的 GDP 已经飞跃到世界的第二位,达到近 50 万亿元人民币。从而为降低道德代价提供了雄厚的物质基础,有力地促进了当代中国降低道德代价实践的进展。

不断提高人民群众的物质文化生活水平,为降低道德代价工程的顺利实施奠定了广泛的群众基础。无论是社会主义市场经济体制建设,还是降低道德代价,都需要充分调动人民群众的积极性和创造性来完成;广大人民群众是降低道德代价的主体,降低道德代价工程的实施如果离开了人民群众的广泛、自觉的参与,就会变为风中残烛、空中楼阁,最终脱离人民群众的社会实践而流产。从根本上来说,调动人民群众的积极性既要靠物质利益动力也要靠精神动力,就是要不断满足人民群众日益增长的物质和文化生活需要,不断提高人民群众的物质文化生活水平。①

不断完善文化基础设施的建设,为降低道德代价实践的进行打下了坚实的物质基础。文化基础设施主要包括群艺馆、文化馆、图书馆、文化站、博物馆等。文化基础设施与人民群众的文化精神生活息息相关,是广大人民群众开展文化活动、进行思想道德建设的重要载体与重要场所。要通过为广大群众提供更多更好的文化宣传阵地和休闲娱乐场所,活跃和丰富人民群众的精神文化生活,进而提高广大群众的思想道德水平和科学文化素质。因此,应当不断完善文化基础设施的建设。一是构建公共文化服务体系。加强公共文化服务是实现人民基本文化权益的主要途径。要以公共财政为支撑,以公益性文化单位为骨干,以全体人民为服务对象,以保障人民群众基本文化权益为主要内容,完善覆盖城乡、结构合理、功能健全、实用高效的公共文化服务体系。二是加大投入和实施力度。解决文化投入不足的问题并加大重大文化工程的实施力度。"把主要公共文化产品和服务项目、公益性文化活动纳入公共财政经常性支出预算。采取政府采购、项目补贴、定向资助、贷款贴息、税收减免等政策措施鼓励各类文化企业参与公共文化服务。鼓励

---

① 参见吴灿新主编:《当代中国道德建设》,中国社会科学出版社 2009 年版,第 255—258 页。

国家投资、资助或拥有版权的文化产品无偿用于公共文化服务。……统筹规划和建设基层公共文化服务设施,坚持项目建设和运行管理并重,实现资源整合、共建共享。"①三是重视东西部之间、城乡之间的文化发展差距,努力解决不平衡问题,切实推进欠发达地区的文化基础设施的建设,为降低道德代价打下坚实的物质基础。

(二) 降低道德代价的政治生态机制

降低道德代价,除了要有良好的经济生态之外,最重要的则是要有良好的政治生态。由于政治生活关涉到政治权力与法制,它们是整个社会生活的核心与枢纽,是整个社会生活的指挥部与警卫部,特别是对于道德生活有着深刻的影响。因此,要有效地降低道德代价,必须要创建一个良好的政治生态。

1. 坚持、加强和改进执政党的建设

道德建设的关键在党,坚持、加强和改进党的建设,是降低道德代价最重要的政治条件和政治保证。

坚持、加强和改进党的建设,推进降低道德代价的实践,必须高度重视加强党的思想道德建设,坚持依法治党与以德治党相结合。党的思想道德建设是党的建设的重要组成部分,也是降低道德代价的关键环节。实行依法治国和以德治国相结合,首先就要做到依法治党、以德治党。为此,必须要"抓好道德建设这个基础,教育引导党员、干部模范践行社会主义荣辱观,讲党性、重品行、作表率,做社会主义道德的示范者、诚信风尚的引领者、公平正义的维护者,以实际行动彰显共产党人的人格力量"②。抓好道德建设这个基础,必须从提高每一个党员、干部的思想道德素质入手。"中国共产党是在一个几万万人的大民族中领导伟大革命斗争的党,没有多数才德兼备的领导干部,是不能完成其历史任务的。"③要培养德才兼备的党员干部,就必须加强马克思主义的学习,加强社会主义核心价值体系建设,加强党政干部的思想道德教育,

---

① 《中共中央关于深化文化体制改革推动社会主义文化大发展大繁荣若干重大问题的决定》,《广东宣传》2011 年第 10 期。
② 胡锦涛:《坚定不移沿着中国特色社会主义道路前进为全面建成小康社会而奋斗——在中国共产党第十八次全国代表大会上的报告》,人民出版社 2012 年版,第 50 页。
③ 《毛泽东选集》第二卷,人民出版社 1991 年版,第 526 页。

把党政干部的道德建设制度化,坚持依法治党与以德治党相结合。应当制定《中华人民共和国党员干部道德法》和《中华人民共和国公务员伦理法》,加强党政干部的道德操守考核,努力营造一个良好的思想道德建设的政治生态。世界上许多国家都认识到执政者道德素质的重要性,纷纷推出各种道德法规,强化政治道德建设。如1958年,美国国会就颁布了关于联邦政府行政人员伦理的法案——《政府工作人员伦理准则》;1978年,美国国会进一步通过了《美国政府伦理法》、《公务员道德法》;1992年,美国政府颁布了由政府伦理办公室制定的内容更为详细、操作性更强的普遍适用于联邦政府的伦理行为标准,即《美国行政部门工作人员伦理行为准则》,并在美国众议院设立常设机构"伦理委员会",负责对公务员伦理的监督考核工作。日本政府和韩国政府也基本仿效美国,在《国家公务员法》的基础上,由国会颁布《国家公务员伦理法》、《公职人员伦理法》,并由政府制定、由总统或首相颁布《国家公务员伦理行为规程》、《公务员服务规定》。与此同时,还把重点放在反腐败上,如英国制定了《防止贪污法》,韩国制定了《韩国防止腐败法》,新加坡制定了《反贪污法》,瑞典制定了《反贿赂法》,法国制定了《政治家财产透明法》,进一步将行政伦理的重点法律化。正因为如此,有力地保证了这些国家政治道德建设和反腐倡廉建设的进步。

坚持、加强和改进党的建设,推进降低道德代价的实践,必须加强党的组织建设和制度建设。加强党的组织建设和制度建设,目前重点应当做好:一是科学发展党员。改革开放以来,许多地方发展党员往往重数量轻质量,重文凭轻操守。虽然中国共产党是一个拥有8000多万党员的大党,但是在这么多党员中,究竟有多少个党员不仅是在组织上入了党,而且也在思想上入了党的真正的共产党员?"一个共产党员,应该是襟怀坦白,忠实,积极,以革命利益为第一生命,以个人利益服从革命利益;无论何时何地,坚持正确的原则,同一切不正确的思想和行为作不疲倦的斗争,用于巩固党的集体生活,巩固党和群众的联系;关心党和群众比关心个人为重,关心他人比关心自己为重。这样才算得一个共产党员。"①一个党员只有达到这种境界才是一个真正的共产党员,党才能真正保持其纯洁性和先进性,也才能真正具有战斗力和凝聚力。同时,

① 《毛泽东选集》第二卷,人民出版社1991年版,第361页。

由于往往重发展而轻清退，许多混入党内的不合格党员，许多连普通百姓都不如的党员，得不到及时的清退与清除，始终留在党内，从而削弱了党对人民群众的向心力、吸引力、亲和力、凝聚力。二是做好任免干部工作。干部任免是一个十分重要的价值导向标。任用什么干部，人们就会向什么方向努力；而有时任用错了一个干部，就很可能对党的道德形象乃至党的事业造成重大损失。然而在干部任用中，许多地方重才不重德，唯亲不唯贤，正直老实忠厚有德之人常常被挡在干部任用的大门之外；而满身带"病"的党员干部依旧得到提拔，阿谀奉承之辈青云直上，买官卖官成为进入官场的通行证，庸俗腐朽的官场潜规则左右着党员干部的命运。甚至讲道德、讲原则之人居然成为被人耻笑的"傻瓜"。正是在这种政治道德普遍缺损的政治生态中，许多党员干部丧失了理想、信念和信仰，丧失了一个执政者应有的起码的政治道德良心，腐败现象和官僚主义于是乎便"流行"起来。"党管干部"就必须管好干部，党的组织部门首先就必须过硬，不能近水楼台先得月，更不能假公济私，任人唯亲，任人唯利。干部任免必须由集体决定，不能由一把手说了算，更不能私下运作。要实行干部任免的公开化、透明化、民主化、程序化、法制化。三是加强党内监督。目前党内监督存在的主要问题是监督成本过高，监督效益偏低；向下监督较易，同级监督特别是向上监督很难；对一把手监督乏力，对集体腐败监督无力。要解决这些问题，最重要的一是发展党内民主和人民民主；二是应将纪检部门独立化，不受同级党委制约；三是要将监督法制化，加大监督的立法与制度化建设。

正如党的十七届四中全会决议所指出："全党必须牢记，党的先进性和党的执政地位都不是一劳永逸、一成不变的，过去先进不等于现在先进，现在先进不等于永远先进；过去拥有不等于现在拥有，现在拥有不等于永远拥有。世情、国情、党情的深刻变化对党的建设提出了新的要求，党面临的执政考验、改革开放考验、市场经济考验、外部环境考验是长期的、复杂的、严峻的，落实党要管党、从严治党的任务比过去任何时候都更为繁重和紧迫。全党必须居安思危，增强忧患意识，常怀忧党之心，恪尽兴党之责，勇于变革、勇于创新，永不僵化、永不停滞，继续推进党的建设新的伟大工程，确保党在世界形势深刻变化的历史进程中始终走在时代前列，在应对国内外各种风险和考验的历史进程中始终成为全国人民的主心骨，在发展中国特色社会主义的历史进程中始终成为坚强的领导核心。"①唯此,才能有效地推进降低道德代价的实践进程。

2. 推进和完善社会主义民主政治体制和法制建设

政治制度是国家政权的组织形式及其相关的制度,文明的政治制度内含着进步的政治伦理精神,政治制度的不断进步和完善也带动着社会道德的发展与进步。现代政治文明建设的核心是民主政治,人民民主不仅是社会主义的生命,也是社会主义道德主体生成的重要条件,民主精神的弘扬对社会主义道德进步有着巨大的驱动力。完善社会主义民主政治体制,实现政治民主化和民主制度化、规范化、程序化,既能促进政治制度自身的完善与发展,同时也为当代中国有效地降低道德代价创造了良好的政治生态。

坚持和完善人民代表大会制度。人民代表大会制度是中国的根本政治制度,人民代表大会是中国的最高权力机关。坚持和完善人民代表大会制度,就要"支持人民代表大会依法履行职能,善于使党的主张通过法定程序成为国家意志;保障人大代表依法行使职权,密切人大代表同人民的联系,建议逐步实行城乡按相同人口比例选举人大代表;加强人大常委会制度建设,优化组成人员知识结构和年龄结构"②。但是目前中国的人民代表大会制度还不够完善,突出表现为人大的监督能力不足,监督权力不落实,对权力约束的力度不够等等。为此,必须改进和完善人民代表大会的选举制度、代表制度和监督制度,真正落实权力制衡制度;这既是政治制度文明的要求,也是有效地降低道德代价的要求。

加强和完善民主决策机制,推进协商民主,扩大基层民主,保证人民当家做主。人民当家做主是社会主义民主政治的本质和核心。"要健全民主制度,丰富民主形式,拓宽民主渠道,依法实行民主选举、民主决策、民主管理、民主监督,保障人民的知情权、参与权、表达权、监督权。"③而其中,决策民主是社会主义民主的重要内容,是人民当家做主的重要体现。改革和完善民主决策机制,核心是要坚持和完善民主集中制,保证决策公正、公平、合理、透明,有效防止决策中滋生的腐败。民主决策机制也要进一步向基层扩散,健全基层

① 《中共中央关于加强和改进新形势下党的建设若干重大问题的决定》,人民出版社2009年版,第5页。
② 本书编写组:《十七大报告辅导读本》,人民出版社2007年版,第28页。
③ 本书编写组:《十七大报告辅导读本》,人民出版社2007年版,第28页。

的民主选举制度、监督制度等,实行和完善村民或社区自治制度等基层民主制度,保障人民民主权力的充分实现。另外,人民依法直接行使民主权利,管理基层公共事务和公益事业,实行自我管理、自我服务、自我教育、自我监督,对干部实行民主监督,是人民当家做主最有效、广泛的途径,必须作为发展社会主义民主政治的基础性工程重点推进。

完善制约和监督机制,保证人民赋予的权力始终用来为人民谋利益。目前,政治体制最大的问题,就是政治权力的制约和监督机制十分薄弱,导致政治道德滑坡严重,政治腐败现象突出。自古以来的历史经验教训都反复证明,没有制约的权力必然导致腐败。而政治腐败既是改革开放道德代价的突出表现,又是改革开放道德代价涌现的强大助推器。当前,必须尽快建立健全官员财产申报和公示制度,加快车改和餐改进度,加强“三公”消费的审批、审计和问责制度等。要有效地降低道德代价,必须让权力在阳光下运行,确保权力正确行使。“坚持用制度管权管事管人,保障人民知情权、参与权、表达权、监督权,是权力正确运行的重要保证。要确保决策权、执行权、监督权既相互制约又相互协调,确保国家机关按照法定权限和程序行使权力。坚持科学决策、民主决策、依法决策,健全决策机制和程序,发挥思想库作用,建立健全决策问责和纠错制度。凡是涉及群众切身利益的决策都要充分听取群众意见,凡是损害群众利益的做法都要坚决防止和纠正。推进权力运行公开化、规范化,完善党务公开、政务公开、司法公开和各领域办事公开制度,健全质询、问责、经济责任审计、引咎辞职、罢免等制度,加强党内监督、民主监督、法律监督、舆论监督,让人民监督权力,让权力在阳光下运行。”①

社会主义法制建设是社会主义民主政治体制建设的保障,也是降低道德代价的重要保障。加强法制建设,是对底线道德的完善与加强,为降低道德代价提供了有力保障。法律要求人们“不能怎样”,道德要求人们“应当怎样”。在一定意义上可以说,法律是道德的最低标准,即法律是道德的底线。这就是说,当一种行为侵犯特定的社会关系或社会秩序,仅靠道德约束和谴责已不足以制止时,就需要将该道德规范确认为法律规范,运用国家强制力来予以实

---

①　胡锦涛:《坚定不移沿着中国特色社会主义道路前进为全面建成小康社会而奋斗——在中国共产党第十八次全国代表大会上的报告》,人民出版社 2012 年版,第28—29 页。

施。因为道德对人的约束主要是通过人的内心信念及社会舆论等来实施的"软约束"。当前中国正处于社会转型时期,道德代价不断产生。要降低道德代价,仅靠道德的软约束,缺乏强制力的保障是不可能实现的。针对这种状况,道德律法化应当成为降低道德代价的有效手段。道德律法化不仅使伦理精神成为立法的内在根据,而且通过立法将一些特定的道德规范直接上升为法律规范,使道德的一些基本准则和要求具有法律的属性,成为法律上的义务,从而保障了道德准则的有效实施,有效地降低道德代价。

(三) 降低道德代价的文化生态机制

文化是一定社会经济和政治的反映,是民族的血脉,是人民的精神家园。这种"精神文化"主要由知识系统和价值系统组成。道德隶属于价值系统,其本身就是文化的一个重要组成部分,因而,降低道德代价的实践只有在良好的文化生态中才能顺利进行。

1. 执政党要牢牢把握文化改革发展的领导权

文化的领导权是执政党执掌政权的题中应有之意。文化的领导权事关文化的发展方向,事关社会发展的方向,事关谁拥有广大人民群众的根本问题。在一定意义上甚至可以说,谁把握了文化的领导权,谁就拥有了广大人民群众,没有政权可以夺取政权;反之,谁丧失了文化的领导权,谁就丢掉了广大人民群众,有了政权也会丧失政权。中国共产党作为执政党,牢牢把握文化领导权是其义不容辞的历史使命与历史责任。"加强和改进党对文化工作的领导,是推进文化改革发展的根本保证,也是加强党的执政能力建设和先进性建设的内在要求。"①

要牢牢把握文化改革发展的领导权,必须强化推进文化改革发展的政治责任。在改革开放以来的较长一段时期里,在传统发展观的深刻影响下,把社会发展等同于经济增长,把以经济建设为中心异化为 GDP 主义,物本主义横行,见物不见人。所有的一切都变成了经济增长的手段,文化、人本身也都变成了经济发展的手段,最典型的莫过于这样两个口号:"文化搭台,经济唱

---

① 《中共中央关于深化文化体制改革推动社会主义文化大发展大繁荣若干重大问题的决定》,《广东宣传》2011 年第 10 期。

戏"，"GDP 高于一切"。因而，许多地方党委和政府，最重视的就是两件大事：一是提升 GDP，二是市容建设。因为这些都是实实在在的、看得见摸得着的政绩。而文化建设特别是道德建设在他们看来，既不重要，也无法体现政绩。因此，有意无意地放松了文化的领导权，从而造成了思想道德建设问题成堆的困境。针对这一情况，党的十七届六中全会要求："各级党委和政府要把文化建设摆在全局工作重要位置，深入研究意识形态和宣传文化工作新情况新特点，及时研究文化改革发展重大问题，加强和改进思想政治工作，牢牢把握意识形态工作主导权，掌握文化改革发展领导权。"[1]为了落实文化领导权，首先必须要让各级领导干部认识到文化发展的战略意义："文化在综合国力竞争中的地位和作用更加凸显，维护国家文化安全任务更加艰巨，增强国家文化软实力、中华文化影响力要求更加紧迫。"尤其要懂得，"物质贫乏不是社会主义，精神空虚也不是社会主义。没有社会主义文化繁荣发展，就没有社会主义现代化。"在此基础上，要强化推进文化改革发展的政治责任，"在坚持以经济建设为中心的同时，自觉把文化繁荣发展作为坚持发展是硬道理、发展是党执政兴国第一要务的重要内容，作为深入贯彻落实科学发展观的一个基本要求"[2]，把它做好做强。其次，要把文化建设纳入经济社会发展总体规划，与经济社会发展一同研究部署、一同组织实施、一同督促检查。把文化改革发展成效纳入科学发展考核评价体系，作为衡量领导班子和领导干部工作业绩的重要依据。再次，加强文化领域领导班子和党组织建设。"坚持德才兼备、以德为先用人标准，选好配强文化领域各级领导班子，把政治立场坚定、思想理论水平高、熟悉文化工作、善于驾驭意识形态领域复杂局面的干部充实到领导岗位上来，把文化领域各级领导班子建设成为坚强领导集体。"[3]

2. 大力推进社会主义核心价值体系建设

大力推进社会主义核心价值体系建设，巩固中华民族团结奋斗的共同思想道德基础，建设中华民族共有精神家园，以利于最大限度地降低道德代价。

---

[1] 《中共中央关于深化文化体制改革推动社会主义文化大发展大繁荣若干重大问题的决定》，《广东宣传》2011 年第 10 期。

[2] 《中共中央关于深化文化体制改革推动社会主义文化大发展大繁荣若干重大问题的决定》，《广东宣传》2011 年第 10 期。

[3] 《中共中央关于深化文化体制改革推动社会主义文化大发展大繁荣若干重大问题的决定》，《广东宣传》2011 年第 10 期。

社会主义核心价值体系是社会主义意识形态的本质体现,是社会主义先进文化的精髓,是社会主义和谐文化的根本。总之,"社会主义核心价值体系是兴国之魂,决定着中国特色社会主义发展方向"①。一定的精神文化与社会意识形态,总是以一定的核心价值体系为根本。自从人类文明产生以来,在不同的社会和民族发展的历史中,都曾经创造过不同的精神文化与社会意识形态。这些不同的精神文化与社会意识形态的根本区别,就在于其有着不同的核心价值体系。一般而论,精神文化是由两大部类构成:一类是科学教育部类。它主要反映的是社会生产力的要求,反映的是人与自然的关系,属于一般社会意识形式的范畴,不具有特定的社会属性和阶级属性。另一类为思想道德部类。其核心就是核心价值体系,它反映的是社会经济基础的本质要求,反映的是人与社会的本质关系,因此,核心价值体系不仅属于社会意识形态范畴,而且由于其集中反映了一定精神文化与社会意识形态的社会属性和阶级属性,是一定意识形态价值认识的集中体现与核心成果,成为一定精神文化与社会意识形态的社会性质和发展方向的根本体现。同时,社会主义核心价值体系是人类认识的重要成果。而人类的认识方式最基本的有两种:一是真理认识;二是价值认识。真理认识是确定事物真假、是非的认识,是主观与客观相符合、相一致的认识。价值认识是确定利害、善恶、美丑的认识,是客体与主体相趋近、相完善的认识。价值认识以真理认识为基础,真理认识以价值认识为指导。核心价值体系则是价值认识的集中体现与核心成果,因此,核心价值体系是确定文化的社会性质的根本依据,也是区别不同文化的根本标准。

社会主义先进文化是社会主义社会先进经济基础的反映,它是面向现代化、面向世界、面向未来的,民族的科学的大众的文化,是马克思主义政党思想精神上的旗帜。马克思主义指导思想,中国特色社会主义共同理想,以爱国主义为核心的民族精神和以改革创新为核心的时代精神,社会主义荣辱观,构成社会主义先进文化精髓的社会主义核心价值体系的基本内容。为此,要深入开展社会主义核心价值体系学习教育,用社会主义核心价值体系引领社会思潮、凝聚社会共识。推进马克思主义中国化时代化大众化,坚持不懈用中国特

---

① 胡锦涛:《坚定不移沿着中国特色社会主义道路前进为全面建成小康社会而奋斗——在中国共产党第十八次全国代表大会上的报告》,人民出版社 2012 年版,第 31 页。

色社会主义理论体系武装全党、教育人民。广泛开展理想信念教育,把广大人民团结凝聚在中国特色社会主义伟大旗帜之下。大力弘扬民族精神和时代精神,深入开展爱国主义、集体主义、社会主义教育,丰富人民精神世界,增强人民精神力量。倡导富强、民主、文明、和谐,倡导自由、平等、公正、法治,倡导爱国、敬业、诚信、友善,积极培育社会主义核心价值观。

(四) 降低道德代价的社会生态机制

降低改革开放的道德代价,还有赖于良好的社会生态的支持和保障。社会和谐是中国特色社会主义的本质属性,是国家富强、民族振兴、人民幸福的重要保证,也是降低道德代价的重要保证。

1. 正确处理各种社会矛盾

当前,中国已进入全面深化改革的关键时期,经济体制深刻变革,社会结构深刻变动,利益格局深刻调整,思想观念深刻变化。这种空前的社会变革,给中国发展带来巨大活力,也带来这样那样的矛盾和问题。事实上,一方面,当前中国经济仍然快速发展;另一方面,各种社会矛盾也不断凸显,出现了多发多样、并发爆发的态势。社会矛盾如果得不到正确的处理与化解,必将不仅严重阻碍社会主义现代化建设的进程,也严重影响降低道德代价的实践进程。

在处理各类社会矛盾中,当前最突出的是要正确处理好干群之间的矛盾,而干群之间矛盾激化的根源,在于当前干部中存在的严重的贪腐、官僚主义现象。因此,处理好干群矛盾,就必须要深入开展党风廉政建设和反腐败斗争。党风正则干群和,干群和则社会稳。反腐倡廉是加强党的执政能力建设和先进性建设的重大任务,也是维护社会公平正义和促进社会和谐的紧迫任务。为此,"要坚持中国特色反腐倡廉道路,坚持标本兼治、综合治理、惩防并举、注重预防方针,全面推进惩治和预防腐败体系建设,做到干部清正、政府清廉、政治清明。加强反腐倡廉教育和廉政文化建设。各级领导干部特别是高级干部必须自觉遵守廉政准则,严格执行领导干部重大事项报告制度,既严于律己,又加强对亲属和身边工作人员的教育和约束,决不允许搞特权。严格规范权力行使,加强对领导干部特别是主要领导干部行使权力的监督。深化重点领域和关键环节改革,健全反腐败法律制度,防控廉政风险,防止利益冲突,更加科学有效地防治腐败。加强反腐败国际合作。严格执行党风廉政建设责任制。健全纪检监察体制,完善派驻机构统一管理,更好发挥巡视制度监督作用。始终保持惩治腐败高压态势,坚决查处大案要案,着力解决发生在群众身边的腐败问题。不管涉及什么人,无论权力大小、职位高低,只要触犯党纪国法,都要严惩不贷"①。

2. 建立健全利益协调机制

在改革开放中降低道德代价的实践,必须立足于当下的实际,高度重视各种社会矛盾的客观存在,努力建立健全利益协调机制。

利益协调机制是指在社会系统变化中协调不同利益主体之间相互关系的组织、制度及发挥其功能的作用方式。利益本质上是一种社会关系,反映了人与人之间的利害关系。利益关系是人类社会最基本的关系,社会成员之间的利益关系构成了一定的社会利益结构,它通过各种政治经济规则作用于社会并成为社会政治生活的原动力。但与此同时,也会形成利益的矛盾与冲突。在社会转型期,原有的利益格局不断地被打破,新的利益格局、新的利益主体不断涌现,利益主体多元化正在形成,利益矛盾与冲突也开始凸显,社会急需建立健全利益协调机制来调节不同的利益主体之间的关系。要适应中国社会结构和利益格局的发展变化,形成科学有效的利益协调机制、诉求表达机制、矛盾调处机制、权益保障机制。坚持把改善人民生活作为正确处理改革发展稳定关系的结合点,正确把握最广大人民群众的根本利益、现阶段群众的共同利益和不同群体的特殊利益的关系,统筹兼顾各方面群众的利益。

利益协调机制通常是通过经济、政治、法律与道德的方式来处理不同利益主体之间的关系,道德在利益协调机制的完善和发展过程中起着重要的作用。无疑,人们获取利益的行为通常都要受到法律和道德的双重约束,它们是利益需求和利益行为的重要调节器和控制器。道德是引导人们合理确定利益目标、自觉调整利益需求、正确选择利益行为的内在约束力量,从而自觉自愿地规范自己的利益行为,协调不同利益主体之间的关系,这种调节过程也是降低道德代价实践不断推进的过程。但由于道德的"软约束性",还必须强化整个利益协调机制。与此同时,随着利益协调机制的强化与完善,道德发挥作用的

---

① 胡锦涛:《坚定不移沿着中国特色社会主义道路前进为全面建成小康社会而奋斗——在中国共产党第十八次全国代表大会上的报告》,人民出版社 2012 年版,第 54—55 页。

平台也越来越大,从而也越来越有利于道德代价的降低。

健全利益协调机制,以多元化利益观念引导人,有利于人们建立正确的义利观,有利于强化人们合理合法合德获取正当利益的行为,为降低道德代价提供良好的社会条件。利益是人们生存发展的基本条件,人们对利益的追求有着巨大的内在冲动,这些冲动如果没有合理的渠道得以疏通,往往就会冲破道德的防线,发生各种不良甚至是违法犯罪行为。因此,必须建立健全利益协调机制,合理调节人们之间的利益关系。随着市场主体的多元化和阶层化,利益需求也日渐多元化,不同利益群体之间总是存在着矛盾与冲突,如果没有畅通的利益表达渠道和及时的信息沟通与反馈渠道,那么很容易激化矛盾。通过建立健全利益协调机制,树立正确的利益观念,有助于平息和化解矛盾。而多元化利益观念的引导,实际上就是利用宣传教化,让人们树立合理合法、公平公正的利益观念,引领人们合理处理个人与集体、局部与全局、当前与长远的利益关系。

利益协调,最重要的是要把最广大人民的根本利益作为社会政策制定的出发点和归宿,因为从根本上来说,以人为本的科学发展观指明,"全心全意为人民服务是党的根本宗旨,党的一切奋斗和工作都是为了造福人民"①。在社会主义国家,一切发展都是为了满足人民日益增长的物质文化需要,是为了人的全面发展。人是社会发展的最高目的。因此,在制定各项社会政策时,必须坚持以人为本的原则,必须把尊重人民群众的意愿、实现人民群众的利益、维护人民群众的权利作为根本前提,只有这样,社会政策的制定才能真正体现以人为本的精神。同时,制定社会政策应当尊重人民群众的主体性地位。人民群众是中国共产党的力量源泉,人民群众是国家政权的真正主人。无论发展生产力还是发展与生产力相适应的生产关系,无论发展政治文明还是发展精神文明,无论是进行生态建设还是社会建设,都离不开广大人民群众的实践活动;因而,制定各项社会政策也要以广大人民群众的实践经验和创造精神为基础,应当将"公民参与"看成是社会政策的基石。应当从生动丰富的群众实践中获得启示,赋于人民群众在决定重大社会政策问题上的知情权、参与权、选择权和监督权,为人民群众的全面发展创造良好的社会政策环境。

---

① 本书编写组:《十七大报告辅导读本》,人民出版社 2007 年版,第 15 页。

结　语

　　中国改革开放已经整整 35 年了。35 年来，我们取得了令整个世界都不能不为之瞩目的巨大成就，我们也付出了令整个世界都不能不为之关注的巨大道德代价。在我们全面深化改革的今天，我们又重新站在了新的历史起点上，我们不能不特别高度重视道德代价的研究。

　　道德代价是人类社会发展进程中不可避免的一种精神性的社会代价，是"道德领域"中的"社会代价"。它特指的是在社会发展进程中，那些具有道德意义并能够进行道德评价的活动、行为和事件等的道德价值被牺牲、损害、否定的一种特殊社会代价。因此可以说，道德代价就是指人类在社会发展的历史进程中，为追求社会进步所引起的道德的损害、损失和牺牲，即主要指正向的、合乎道德的、善的价值的损害、损失和牺牲，以及为实现这种进步所承担的消极道德后果；它是社会发展的矛盾或背反性质的道德体现，是否定的道德外化或对象化形式，它是与人类追求社会进步价值取向相悖的负面道德价值和道德价值损失。其本质是人类社会发展进程中道德实践活动中的否定性方面，是道德实践主体对自身道德能力及其道德成果的否定，它既是对道德创价的否定；也是对人们道德认识与道德实践活动的否定；是人类社会道德发展实践活动所产生的发展恶。

　　道德代价可以分为广义的道德代价和狭义的道德代价。广义的道德代价包括（宏观的）"伦理的代价"（即社会发展进程中出现的伦理价值的损害、沦丧和背弃，诸如环境污染、生态破坏、贫富分化、政治腐败等）和（微观的）"道德的代价"（即一定道德主体在具体的善恶选择中对一定善的价值的背离与放弃，诸如诚信缺失、损人利己等）。狭义的道德代价主要是指（微观的）"道德的代价"，即一定道德主体在具体的善恶选择中对一定善的价值的背离与

442

放弃,以及直接使道德主体的道德素质、道德人格受损、丧失等方面的代价。

道德代价在人类社会历史发展进程中具有二重性:即具有负面价值和正面价值。道德代价就其主要的价值和基本方面的价值来说,具有不可否认的负价值:一是毁坏道德主体的道德人格,导致道德主体的道德异化;二是损毁道德主体的精神支柱,荒芜道德主体的精神家园;三是错误道德主体的价值取向,引导道德主体走上发展邪路,从而严重阻碍着人类社会的进步和道德进步。然而,道德代价也有其正价值:一是道德进步和社会进步的一个前提条件;二是道德进步和社会进步的一个必然环节;三是历史发展动力的表现形式。也即是说,社会进步和道德进步往往要通过付出一定的道德代价并扬弃特定的道德代价来为自己开辟道路。

道德代价尽管自古以来就存在,但在不同的时代和社会中,它有不同的表现形式与发展程度。在人类社会历史发展进程中,许多中外思想家对道德代价现象进行了不同方面与不同程度的思考,给后人予深刻的启迪。特别是马克思主义关于道德代价问题的思想,是我们正确认识道德代价问题的科学指南。

中国改革开放以来,由于我们缺乏道德自觉,因此,在我们取得了举世瞩目的辉煌成就的同时,也付出了极其沉重的道德代价。事实上,这些极为沉重的道德代价已经严重地阻碍着中国的社会进步和道德进步。为了顺利推进全面深化改革,早日实现伟大的中国梦,我们必须在最大的限度内减少道德代价的付出,为此,就必须尽最大努力地去降低道德代价。

习近平总书记在 2013 年 11 月考察山东省曲阜市时就指出:"国无德不兴,人无德不立"。

我们相信,随着中国改革开放的全面深化发展,随着人们道德自觉性的不断提高,随着降低道德代价实践的努力推进,随着中国的道德文明的不断进步,我们一定能够全面建成小康社会,实现社会主义现代化和中华民族的伟大复兴。

参考文献

著作类

1.《马克思恩格斯文集》第1—10卷,人民出版社2009年版。

2.《马克思恩格斯选集》第1—4卷,人民出版社1995年版。

3.《马克思恩格斯全集》第1卷,人民出版社1960年版。

4.《马克思恩格斯全集》第2卷,人民出版社1998年版。

5.《马克思恩格斯全集》第12卷,人民出版社1960年版。

6.《马克思恩格斯全集》第17卷,人民出版社1963年版。

7.《马克思恩格斯全集》第18卷,人民出版社1965年版。

8.《马克思恩格斯全集》第20卷,人民出版社1995年版。

9.《马克思恩格斯全集》第21卷,人民出版社1965年版。

10.《马克思恩格斯全集》第23卷,人民出版社1995年版。

11.《马克思恩格斯全集》第25卷,人民出版社1975年版。

12.《马克思恩格斯全集》第26卷Ⅱ,人民出版社1973年版。

13.《马克思恩格斯全集》第30卷,人民出版社1998年版。

14.《马克思恩格斯全集》第31卷,人民出版社1998年版。

15.《马克思恩格斯全集》第42卷,人民出版社1960年版。

16.马克思:《1844年经济学哲学手稿》,人民出版社2000年版。

17.《列宁选集》第1—4卷,人民出版社1995年版。

18.《毛泽东文集》第一—八卷,人民出版社1999年版。

19.《毛泽东选集》第一—四卷,人民出版社1991年版。

20.《毛泽东选集》第五卷,人民出版社1977年版。

21.《邓小平文选》第一—三卷,人民出版社1993年版。

22.《江泽民文选》第一—三卷,人民出版社2006年版。

23.《江泽民论有中国特色社会主义(专题摘编)》,中央文献出版社2002年版。

24.本书编写组:《十六大报告辅导读本》,人民出版社2002年版。

25.本书编写组:《十七大报告辅导读本》,人民出版社2007年版。

26.胡锦涛:《坚定不移沿着中国特色社会主义道路前进为全面建成小康社会而奋

斗——在中国共产党第十八次全国代表大会上的报告》,人民出版社 2012 年版。

27. 薄一波著:《若干重大决策与事件的回顾》(上下卷),中共党史出版社 2008 年版。

28. 罗国杰主编:《伦理学》,人民出版社 1989 年版。

29. 邱耕田著:《低代价发展论》,人民出版社 2006 年版。

30. 王玲玲、冯皓著:《发展伦理探究》,人民出版社 2010 年版。

31. 费正清:《剑桥中国晚清史》(上卷),中国社会科学出版社 1983 年版。

32. 郑也夫著:《代价论》,三联书店 1995 年版。

33. 袁吉富等著:《社会发展的代价》,北京大学出版社 2004 年版。

34. 毛园芳著:《社会发展与社会代价》,浙江大学出版社 2009 年版。

35. 丰子义著:《现代化进程的矛盾与探求》,北京大学出版社 1999 年版。

36. 韩庆祥著:《发展与代价》,人民出版社 2002 年版。

37. 周安伯等著:《发展理论与中国现代化》,国家行政学院出版社 1998 年版。

38. 李钢著:《社会转型代价论》,山西教育出版社 1999 年版。

39. 高兆明著:《社会失范论》,江苏人民出版社 2000 年版。

40. 高兆明著:《制度公正论:变革时期道德失范研究》,上海文艺出版社 2002 年版。

41. 周显信著:《目标与代价》,人民出版社 2003 年版。

42. 徐崇温著:《全球问题和"人类困境"——罗马俱乐部思想和活动》,辽宁人民出版社 1986 年版。

43. 罗荣渠著:《现代化新论》,北京大学出版社 1993 年版。

44. 胡福明主编:《中国现代化的历史进程》,安徽人民出版社 1994 年版。

45. 梁言顺著:《低代价经济增长论》,人民出版社 1999 年版。

46. 卢风、刘湘溶主编:《现代发展观与环境伦理》,河北大学出版社 2004 年版。

47. 徐禾等编:《政治经济学概论》,人民出版社 1975 年版。

48. 杨通进著:《环境伦理:全球话语 中国视野》,重庆出版社 2007 年版。

49. 宋希仁主编:《西方伦理思想史》,中国人民大学出版社 2004 年版。

50. 厉以宁著:《经济学的伦理问题》,三联书店 1995 年版。

51. 李秀林、王于、李淮春主编:《辩证唯物主义和历史唯物主义原理》,中国人民大学出版社 1995 年版。

52. 姚蜀平著:《现代化与文化的变迁》,陕西科学技术出版社 1988 年版。

53. 刘智峰著:《道德中国》,中国社会科学出版社 2001 年版。

54. 王小锡等著:《道德资本论》,人民出版社 2005 年版。

55. 万俊人主编:《20 世纪西方伦理学经典》,中国人民大学出版社 2005 年版。

56. 万俊人:《义利之间:现代经济伦理十一讲》,团结出版社 2003 年版。

57. 万俊人著:《现代性的伦理话语》,黑龙江人民出版社 2002 年版。

58. 刘福森著:《西方文明的危机与发展伦理学》,江西教育出版社 2005 年版。

59. 张锡勤、柴文华主编:《中国伦理道德变迁史稿》上、下卷,人民出版社 2008 年版。

60. 朱贻庭主编:《中国传统伦理思想史》,华东师范大学出版社 2009 年版。

61. 冯友兰著:《中国哲学简史》,北京大学出版社 1996 年版。

62. 黄仁宇著:《中国大历史》,三联书店 2003 年版。

63. 劳思光著:《新编中国哲学史》第 1—4 册,广西师范大学出版社 2005 年版。

64. 侯外庐主编:《中国思想史纲》,上海书店出版社 2004 年版。

65. 吴来苏、安云凤著:《中国传统伦理思想评介》,首都师范大学出版社 2002 年版。

66. 张岂之、陈国庆著:《近代伦理思想的变迁》,中华书局 2000 年版。

67. 洪谦主编:《西方现代资产阶级哲学论著选辑》,商务印书馆 1982 年版。

68. 汪丁丁著:《市场经济与道德基础》,上海人民出版社 2006 年版。

69. 茅于轼著:《中国人的道德前景》(第 3 版),暨南大学出版社 2008 年版。

70. 茅于轼著:《道德·经济·制度》,河南人民出版社 2002 年版。

71. 鲁品越著:《社会主义对资本力量:驾驭与导控》,重庆出版社 2008 年版。

72. 胡适著:《中国哲学史大纲》,上海古籍出版社 1997 年版。

73. 孙承叔著:《资本与社会和谐》,重庆出版社 2008 年版。

74. 张立波著:《后现代境遇中的马克思》,民族出版社 2002 年版。

75. 赵汀阳编:《长话短说》,东方出版社 2001 年版。

76. 王岳川著:《后现代后殖民主义在中国》,首都师范大学出版社 2001 年版。

77. 张岱年著:《中国伦理思想研究》,江苏教育出版社 2005 年版。

78. 庞元正等著:《发展理论论纲》,中共中央党校出版社 2000 年版。

79. 梁漱溟著:《中国文化要义》,学林出版社 1987 年版。

80. 郑师渠著:《中国传统文化漫谈》,北京师范大学出版社 1990 年版。

81. 柏杨著:《中国人史纲》,时代文艺出版社 1987 年版。

82. 罗荣渠主编:《从"西化"到现代化》,北京大学出版社 1990 年版。

83. 袁伟时编著:《告别中世纪——五四文献选粹与解读》,广东人民出版社 2004 年版。

84. 高兆明、李萍等著:《现代化进程中的伦理秩序研究》,人民出版社 2007 年版。

85. 宫志刚著:《社会转型与秩序重建》,中国人民公安大学出版社 2004 年版。

86. 李建华等著:《执政与善政——执政党伦理问题研究》,人民出版社 2006 年版。

87. 陈武明著:《新的历史跨越——关于当前的政治体制改革》,浙江大学出版社 2008 年版。

88. 王志成、安伦著:《全球化时代宗教的发展与未来》,学林出版社 2011 年版。

89. 钱弘道著:《治道的选择——从德治到法治的必然逻辑》,清华大学出版社 2006 年版。

90. 卓新平著:《"全球化"的宗教与当代中国》,社会科学文献出版社 2008 年版。

91. 廖小平著:《代际互动——未成年人道德建设的代际维度》,人民出版社 2009 年版。

92. 万俊人、唐文明主编:《20 世纪西方伦理学经典 III——伦理学限阈:道德与宗教》,中国人民大学出版社 2004 年版。

93. 吴灿新著:《情爱的探索》,湖南人民出版社 1988 年版。

94. 吴灿新主编:《市场道德论》,广东人民出版社 1995 年版。

95. 吴灿新著:《当代中国伦理精神》,广东人民出版社 2001 年版。

96. 吴灿新著:《辩证道德论》,中国社会科学出版社 2004 年版。

97. 吴灿新著:《中国伦理精神》,广东人民出版社 2007 年版。

98. 吴灿新主编:《当代中国道德建设论纲》,中国社会科学出版社 2009 年版。

99. [英]阿·汤因比、[日]池田大作:《展望 21 世纪》,荀春生等译,国际文化出版公司 1985 年版。

100. [德]黑格尔:《历史哲学》,王造时译,上海书店出版社 2001 年版。

101. [德]黑格尔:《法哲学原理》,范扬等译,商务印书馆 1961 年版。

102. [英]爱德华·霍列特·卡尔:《历史是什么》,吴柱存译,商务印书馆 1981 年版。

103. [美]艾恺:《世界范围内的反现代化思潮》,贵州人民出版社 1991 年版。

104. [意]维柯:《新科学》,朱光潜译,人民文学出版社 1986 年版。

105. [德]康德:《历史理性批判文集》,何兆武译,商务印书馆 1997 年版。

106. [德]康德:《道德形而上学原理》,苗力田译,上海人民出版社 1986 年版。

107. [美]D.梅多斯等:《增长的极限》,于树生译,商务印书馆 1984 年版。

108. [法]弗朗索瓦·佩鲁:《新发展观》,张宁、丰子义译,华夏出版社 1987 年版。

109. [美]道格拉斯·凯尔纳、斯蒂文·贝斯特:《后现代理论:批判性的质疑》,张志斌译,中央编译出版社 2011 年版。

110. [美]E.拉兹洛:《决定命运的选择》,李吟波等译,三联书店 1997 年版。

111. [英]艾瑞克·霍布斯鲍姆:《极端的年代》,郑明萱译,江苏人民出版社 1999 年版。

112. [英]安东尼·吉登斯:《失控的世界》,周红云译,江西人民出版社 2001 年版。

113. [法]卢梭:《论人类不平等的起源和基础》,李常山译,商务印书馆 1996 年版。

114. [法]卢梭:《论科学与艺术》,何兆武译,商务印书馆 1997 年版。

115. [法]卢梭:《社会契约论》,李平沤译,商务印书馆 2011 年版。

116. [法]卢梭:《忏悔录》,黎星等译,商务印书馆 1986 年版。

117. [美]塞缪尔·亨廷顿:《现代化:理论与历史经验的再探讨》,罗荣渠主编,上海译文出版社 1993 年版。

118. [美]埃里希·弗罗姆:《占有还是生存》,关山译,三联书店 1989 年版。

119. [美]埃里希·弗罗姆:《逃避自由》,陈学明译,工人出版社 1987 年版。

120. [美]埃利希·弗洛姆:《健全的社会》,欧阳谦译,中国文联出版公司 1988 年版。

121. [英]R.W.费夫尔:《西方文化的终结》,丁万江等译,江苏人民出版社 2004 年版。

122. [法]米歇尔·福柯:《癫狂与文明——理性时代的精神病史》,孙淑强等译,浙江人民出版社 1991 年版。

123. [古希腊]柏拉图:《理想国》,郭斌和、张竹明译,商务印书馆 2002 年版。

124. [古希腊]亚里士多德:《尼各马可伦理学》,廖申白译,商务印书馆 2003 年版。

125. [古希腊]亚里士多德:《政治学》,吴寿彭译,商务印书馆1983年版。

126. [古罗马]西塞罗:《论老年　论友谊　论责任》,徐奕春译,商务印书馆2004年版。

127. [古罗马]奥古斯丁:《上帝之城》,王晓朝译,人民出版社2006年版。

128. [古罗马]奥古斯丁:《忏悔录》,周士良译,华文出版社2003年版。

129. [意]阿奎那:《阿奎那政治著作选》,马清槐译,商务印书馆1982年版。

130. [英]托马斯·莫尔:《乌托邦》,戴镏龄译,商务印书馆1996年版。

131. [英]霍布斯:《利维坦》,黎思复、黎廷弼译,商务印书馆1985年版。

132. [荷]斯宾诺莎:《神学政治论》,温锡增译,商务印书馆1997年版。

133. [英]洛克:《政府论》,叶启芳、瞿菊农译,商务印书馆1996年版。

134. [荷]曼德维尔:《蜜蜂的寓言:私人的恶德,公众的利益》,肖聿译,中国社会科学出版社2002年版。

135. [德]霍克海默、阿多诺:《启蒙辩证法》,洪佩郁等译,重庆出版社1990年版。

136. [德]哈贝马斯:《作为"意识形态"的技术与科学》,李黎、郭官义译,学林出版社1999年版。

137. [美]赫伯特·马尔库塞:《单向度的人》,张峰、吕世平译,重庆出版社1988年版。

138. [美]赫伯特·马尔库塞:《工业社会和新左派》,任立编译,商务印书馆1982年版。

139. [美]赫伯特·马尔库塞:《爱欲与文明》,黄勇译,上海译文出版社1989年版。

140. [美]大卫·雷·格里芬:《后现代精神》,王成兵译,中央编译出版社1997年版。

141. [英]齐格蒙特·鲍曼:《后现代伦理学》,张成岗译,江苏人民出版社2003年版。

142. [英]齐格蒙特·鲍曼:《生活在碎片之中:论后现代道德》,郁建兴等译,学林出版社2002年版。

143. [英]齐格蒙特·鲍曼:《流动的现代性》,欧阳景根译,上海三联书店2002年版。

144. [英]齐格蒙特·鲍曼:《现代性与大屠杀》,杨渝东、史建华译,译林出版社2011年版。

145. [美]汉娜·阿伦特:《极权主义的起源》,林骧华译,三联书店2008年版。

146. [美]德尼·古莱:《发展伦理学》,高铦等译,社会科学文献出版社2003年版。

147. [印度]阿马蒂亚·森:《以自由看待发展》,任颐、于真译,中国人民大学出版社2002年版。

148. [日]山口重克:《市场经济:历史思想现在》,张季风等译,社会科学文献出版社2007年版。

149. [德]彼得·科斯洛夫斯基:《伦理经济学原理》,孙瑜译,中国社会科学出版社1997年版。

150. [美]丹尼尔·贝尔:《资本主义文化矛盾》,严蓓雯译,人民出版社2010年版。

151. [英]安东尼·吉登斯:《现代性的后果》,田禾译,译林出版社2011年版。

152. [美]凯恩斯:《政治经济学的范围与方法》,党国英、刘惠译,华夏出版社2001

年版。

153. [美]阿玛蒂亚·森:《伦理学与经济学》,王宇、王文玉译,商务印书馆2000年版。

154. [美]诺兰等:《伦理学与现实生活》,姚新中等译,华夏出版社1988年版。

155. [美]乔治:《经济伦理学》,李布译,北京大学出版社2002年版。

156. [美]弗里德曼:《经济增长的道德意义》,李天有译,中国人民大学出版社2008年版。

157. [德]格罗·詹纳:《资本主义的未来:一种经济制度的胜利还是失败?》,宋玮等译,社会科学文献出版社2004年版。

158. [英]亚当·斯密:《道德情操论》,蒋自强等译,商务印书馆2002年版。

159. [英]亚当·斯密:《亚当·斯密关于法律、警察、岁入及军备的演讲》,[英]坎南编,陈福生、陈振骅译,商务印书馆1962年版。

160. [英]亚当·斯密:《国民财富的性质和原因的研究》,郭大力、王亚南译,商务印书馆2003年版。

161. [英]米德克罗夫特:《市场的伦理》,王首贞、王巧贞译,复旦大学出版社2012年版。

162. [美]福山:《大分裂:人类本性与社会秩序的重建》,刘榜离等译,中国社会科学出版社2002年版。

163. [德]米歇尔·鲍曼:《道德的市场》,肖君、黄承业译,中国社会科学出版社2003年版。

164. [德]巴斯夏:《和谐经济论》,许明龙译,中国社会科学出版社1995年版。

165. [美]罗斯巴德:《权力与市场》,刘云鹏等译,新星出版社2007年版。

166. [德]马克斯·韦伯:《经济与社会》第1卷,阎克文译,上海人民出版社2009年版。

167. [德]马克斯·韦伯:《新教伦理与资本主义精神》,康乐、简惠美译,广西师范大学出版社2010年版。

168. [德]马克斯·韦伯:《学术与政治》,冯克利译,三联书店1998年版。

169. [德]施路赫特:《信念与责任——马克斯·韦伯论伦理》,李康译,上海人民出版社2001年版。

170. [德]海德格尔:《林中路》,孙周兴等译,上海译文出版社2004年版。

171. [德]海德格尔:《尼采》,孙周兴译,商务印书馆2002年版。

172. [美]伊曼纽尔·沃勒斯坦:《资本主义市场:理论与现实》,载《反市场的资本主义》,许宝强、渠敬东选编,中央编译出版社2000年版。

173. [德]格罗·詹纳:《资本主义的未来:一种经济制度的胜利还是失败?》,宋玮等译,社会科学文献出版社2004年版。

174. [英]伊格尔顿:《马克思为什么是对的》,李杨等译,新星出版社2012年版。

175. [法]米歇尔·博德:《资本主义史(1500—1980)》,吴艾美等译,东方出版社1986年版。

176.［英］彼得·桑德斯：《资本主义：一项社会审视》，张浩译，吉林人民出版社 2005 年版。

177.［美］大卫·哈维：《资本之谜：人人需要知道的资本主义真相》，陈静译，电子工业出版社 2011 年版。

178.［美］奥康纳：《自然的理由：生态学马克思主义研究》，唐正东译，南京大学出版社 2003 年版。

179.［美］约翰·贝拉米·福斯特：《马克思的生态学——历史唯物主义与自然》，刘仁胜译，高等教育出版社 2006 年版。

180.［日］伊藤诚：《市场经济与社会主义》，尚晶晶译，中共中央党校出版社 1996 年版。

181.［波］布鲁斯、拉斯基：《从马克思到市场：社会主义对经济体制的求索》，银温泉译，上海人民出版社 2010 年版。

182.［英］弗里德里希·奥古斯特·冯·哈耶克：《通往奴役之路》，王明毅等译，中国社会科学出版社 1997 年版。

183.［英］哈耶克：《致命的自负：社会主义的自负》，冯克利、胡晋华译，中国社会科学出版社 2000 年版。

184.［法］德勒兹：《哲学与权力的谈判》，刘汉全译，商务印书馆 2000 年版。

185.［法］利奥塔：《后现代道德》，莫伟民译，学林出版社 2000 年版。

186.［匈］阿格尼丝·赫勒：《现代性理论》，李瑞华译，商务印书馆 2005 年版。

187.［美］哈维：《后现代的状况：对文化变迁之缘起的研究》，阎嘉译，商务印书馆 2003 年版。

188.［英］约翰·密尔：《论自由》，程崇华译，商务印书馆 1979 年版。

189.［美］罗尔斯：《正义论》，中国社会科学出版社 2003 年版。

190.［美］彼得·布劳、马歇尔·梅耶：《现代社会中的科层制》，马戎等译，学林出版社 2001 年版。

191.［英］安东尼·吉登斯：《现代性与自我认同》，赵旭东等译，三联书店 1998 年版。

论文类

1. 韩庆祥等：《代价论与当代中国发展——关于发展与代价问题的哲学反思》，《中国社会科学》2000 年第 3 期。

2. 郝立新：《发展含义的哲学反思》，《天津社会科学》2003 年第 4 期。

3. 倪愫襄：《道德的代价及其合理性》，《社会科学家》2001 年第 3 期。

4. 韩庆祥：《发展代价论》，《求索》1999 年第 1 期。

5. 许先春：《社会发展代价及其调控》，《人文杂志》2000 年第 2 期。

6. 邱耕田、张荣洁：《简论社会发展的代价规律》，《社会科学》2000 年第 7 期。

7. 孙来斌、田辉：《社会发展代价问题研究综述》，《北京行政学院学报》2006 年第 3 期。

8. 袁吉富：《社会发展代价理论建构的四个哲学维度》，《北京大学学报》(哲学社会科学版)2002 年第 4 期。

9. 张明仓：《论创价代价矛盾》，《东岳论丛》1997 年第 1 期。

10. 牛西平：《试论社会：发展代价理论的历史嬗变及其现代价值》，《理论导刊》2005 年第 11 期。

11. 赵冰：《道德异化的合理性意蕴》，《齐鲁学刊》2011 年第 3 期。

12. 魏继让、陈立旭：《论精神支柱及其转换》，《浙江社会科学》1989 年第 3 期。

13. 宫丽：《"精神家园"国内研究现状述评》，《理论与现代化》2010 年第 3 期。

14. 詹七一、张立新：《重构、守护与拓展精神家园》，《教育学》(人大复印资料)2001 年第 6 期。

15. 胡海波：《中华民族精神家园的生命精神》，《东北师大学报》(哲学社会科学版)2008 年第 3 期。

16. 纪宝成：《弘扬中华优秀传统文化建设民族共有精神家园》，《教学与研究》2008 年第 4 期。

17. 侯小丰：《精神家园、情感依恋与马克思主义哲学中国化》，《学术研究》2007 年第 9 期。

18. 严春友：《"精神家园"综论》，《太原师范学院学报》2010 年第 1 期。

19. 倪愫襄：《试析恶在历史中的作用》，《武汉科技大学学报》(社会科学版)2001 年第 3 卷第 3 期。

20. 赵家祥：《一种不可遗忘的历史动力——关于"恶"的历史作用》，《湖南科技大学学报》(社会科学版)2005 年第 8 卷第 6 期。

21. 赵家祥：《马克思历史进步评价尺度理论的历史考察》，《贵州师范大学学报》(社会科学版)2010 年第 6 期。

22. 商逾：《马克思历史决定论新释：历史尺度与价值尺度的相互转换》，《山东大学学报》2004 年第 5 期。

23. 丰子义：《关于社会发展的代价问题》，《哲学研究》1995 年第 7 期。

24. 孔圣根：《谈历史进步的代价》，《北京社会科学》1994 年第 3 期。

25. 贺善侃：《社会发展代价的实质及支付原则》，《学术月刊》2000 年第 8 期。

26. 吴苑华：《实践语境下的"代价"追问》，《新疆大学学报》2003 年第 1 期。

27. 范燕宁：《社会代价问题的历史考察与现实分析》，《武汉大学学报》2001 年第 6 期。

28. 许先春：《社会发展代价及其调控》，《社会科学战线》2000 年第 1 期。

29. 张军：《道德：经济活动与经济学研究的一个重要变量》，《中国社会科学》1999 年第 2 期。

30. 万俊人：《论市场经济的道德维度》，《中国社会科学》2000 年第 2 期。

31. 万俊人：《"泡沫道德"与"大跃进"》，《社会科学论坛》2000 年第 2 期。

32. 万俊人：《世纪回眸："道德中国"的道德问题》，《天津社会科学》2001 年第 3 期。

33. 徐大建：《经济学家如何讲道德》，《道德与文明》2002 年第 5 期。

34. 王小锡：《论经济与伦理的内在结合》，《哲学研究》2007 年第 6 期。

35. 樊纲：《"不道德"的经济学》，《读书》1998 年第 6 期。

36. 樊浩：《市场经济与现代中国伦理的转换点》，《毛泽东邓小平理论研究》1994 年第 1 期。

37. 高兆明：《当代中国价值构建中的方法论问题》，《江海学刊》1997 年第 6 期。

38. 何中华：《试谈市场经济与道德的关系问题》，《哲学研究》1994 年第 4 期。

39. 鲁鹏：《道德形而上学与现实——与何中华同志商榷》，《哲学研究》1994 年第 12 期。

40. 王淑琴：《论市场经济与道德的关系——与何中华同志商榷》，《哲学研究》1995 年第 2 期。

41. 刘可风：《论市场经济领域中道德的适度定位问题》，《哲学研究》2004 年第 6 期。

42. 何中华：《再谈市场经济与道德的关系问题——答鲁鹏、王淑琴同志》，《哲学研究》1995 年第 6 期。

43. 程广云：《后现代：走向"多元"的现代性》，《哲学研究》2005 年第 5 期。

44. 黄小勇：《传统社会的道德化行政及其当代影响》，《中国行政管理》2010 年第 12 期。

45. 陈力祥：《中国古代社会道德践行机制及其当代价值探析》，《道德与文明》2010 年第 1 期。

46. 樊浩：《道德体系与市场经济"相适应"的价值资源难题》，《东南大学学报》（哲学社会科学版）2005 年第 1 期。

47. 袁绪程：《中国传统社会制度研究》，《改革与战略》2003 年第 10 期。

48. 赵林：《中世纪基督教道德的蜕化》，《宗教学研究》2000 年第 4 期。

49. 杨通进：《中国伦理道德观念的近代转型及其局限》，《贵州大学学报》1991 年第 4 期。

50. 邵道生：《社会的发展与道德的衰退》，《中国社会科学》1994 年第 3 期。

51. 徐贵权：《改革开放以来中国社会价值观范型的转变》，《探索与争鸣》2004 年第 5 期。

52. 张传有、刘科：《改革开放与中国社会伦理价值观的转向》，《哲学动态》2008 年第 8 期。

53. 衣俊卿：《现代性的维度及当代命运》，《中国社会科学》2004 年第 4 期。

54. 万俊人：《现代社会发展模式的伦理再反思》，《天津社会科学》2011 年第 6 期。

55. 邱耕田：《科学发展观：一种代价论视角的分析》，《教学与研究》2008 年第 8 期。

56. 王维：《西方国家法治和德治思想探析》，《吉首大学学报》2007 年第 4 期。

57. 叶国平：《论和谐社会中的道德舆论建设》，《社科纵横》2007 年第 7 期。

58. 徐蓉：《社会主义核心价值体系引领舆论导向研究》，《社会主义研究》2009 年第 2 期。

59. 范毅、冯爱芹：《良心的基本内涵与培育机制》，《南京财经大学学报》2010 年第 5 期。

60. 唐凯麟、曹刚：《论道德的法律支持及其限度》，《哲学研究》2000 年第 4 期。

61. 赵静：《中国共产党执政道德建设的三维探析》，《思想理论教育》2012 年第 11 期。

62. 曹海军：《中国未来改革之路：社会改革基础论》，《理论与改革》2008 年第 1 期。

63. 吴灿新：《略论社会主义新时期道德机制》，《哲学研究》1996 年第 5 期。

64. 吴灿新：《市场经济的道德价值评价标准和方法论》，《哲学研究》1997 年第 2 期。

65. 吴灿新：《略论社会主义市场经济的本质》，《现代哲学》2000 年第 3 期。

66. 吴灿新：《道德建设与市场经济：适应、引导、超越》，《伦理学研究》2009 年第 6 期。

67. 吴灿新：《中国改革开放历史进程中的道德代价》，《伦理学研究》2011 年第 3 期。

68. ［美］格里芬：《后现代精神和后现代社会》，谢文郁译，《国外社会科学快报》1992 年第 11 期。

69. ［丹］克里斯腾森：《社会主义与市场经济的一体化》，赵慧广译，《马克思主义与现实》2008 年第 6 期。

70. ［美］阿曼·巴格多亚：《马克思〈资本论〉与现代中国的市场经济》，甘鸿鸣译，《经济思想史评论》2007 年第 2 期。

71. ［以］艾森斯塔德：《论传统社会、现代社会和后现代社会》，晓良译，《国外社会科学》1991 年第 12 期。

72. ［美］约翰·黑尔：《西方文化中的"道德缺口"》，工晓朝译，《学术月刊》2003 年第 4 期。

索　引

后　记

2011年7月,正值我逐步走近"耳顺"之年,由我主持的国家社会科学基金项目——"中国改革开放的道德代价研究"的立项通知书下达。接到通知书,我的心情是复杂的,可以说是又高兴又担忧。高兴者,是自己申报的课题能够获得遴选国家课题专家评委们的认同与认可,是自己能够把研究的成果奉献给社会;担忧者,是怕自己做不好这一课题,辜负了人们的信任与期望。虽然在自己一生的教研生涯中,做国家课题已经不是一次两次了,但这次的研究难度比以往主持过的所有课题都大得多;而且这一课题也许就是我主持的最后一个国家课题了,所以,也想能为我的教研生涯画上一个比较圆满的句号。

所幸,在我研究此课题之前,许多学者在研究社会发展与社会代价问题上,已经取得了较为丰硕的成果;而在道德代价的研究方面,也有了一些成果。如果没有这些学者的"前期"研究,我是很难迈出对道德代价问题的研究步伐的。正是他们搭建了研究的楼梯,我们才能向上前行。因而,在此对他们表示崇高的敬意和真挚的谢意!

在主持此课题研究的过程中,整个研究与写作的基本框架与三级提纲,由我提出并最终确定,同时,我研究写作了导论、第一章、第三章、第四章和第九章。为了使此课题的研究有更高的质量和更强的时代性,我特邀了三位博士(教授、副教授)加入我的课题的研究写作。周峰博士(教授)研究写作了第五章,余泽娜博士(教授)研究写作了第八章,陈培永博士(副教授)研究写作了第六章和第七章;他们三人还合作研究写作了第二章(陈培永博士研究写作了西方道德代价思想,余泽娜博士研究写作了中国传统道德代价思想,周峰博士研究写作了马克思主义道德代价思想)。在此,对于他们的大力支持,也表

459

示衷心的感谢!

在课题结项后,我们根据五位评审专家的修改意见,对课题成果做了一些适当的修正,因此,对他们的合理化建议,我们也表示感谢!

《道德代价论》一书的出版,还得感谢人民出版社的大力支持,特别是方国根主任和责任编辑的大力支持。

《道德代价论》一书的出版,如能引起国人对中国改革开放历程中付出的沉重道德代价的重视与警惕,走上道德自觉,使中国的未来发展少些道德"阵痛",多些道德幸福,也就不枉我们为此付出的一番心血了。

吴灿新

写于广州黄华园

2013 年 12 月 6 日

责任编辑:方国根
封面设计:吴燕妮

图书在版编目(CIP)数据

道德代价论/吴灿新等 著. -北京:人民出版社,2014.10
ISBN 978－7－01－013674－5

Ⅰ.①道… Ⅱ.①吴… Ⅲ.①道德社会学-研究-中国 Ⅳ.①B82-052

中国版本图书馆 CIP 数据核字(2014)第 140324 号

道德代价论
DAODE DAIJIA LUN

吴灿新等 著

人民出版社 出版发行
(100706 北京市东城区隆福寺街 99 号)

北京新魏印刷厂印刷 新华书店经销

2014 年 10 月第 1 版 2014 年 10 月北京第 1 次印刷
开本:710 毫米×1000 毫米 1/16 印张:29.25
字数:477 千字 印数:0,001-2,000 册

ISBN 978－7－01－013674－5 定价:68.00 元

邮购地址 100706 北京市东城区隆福寺街 99 号
人民东方图书销售中心 电话 (010)65250042 65289539

版权所有·侵权必究
凡购买本社图书,如有印制质量问题,我社负责调换。
服务电话:(010)65250042